全国普通高等教育“十二五”规划教材

植物学

王文和　关雪莲　主编

中国林业出版社

内 容 提 要

本教材根据高等农林院校植物学教学大纲的基本要求和各专业使用的植物学教材的知识体系编写。本教材共分为11章，系统介绍了植物解剖学和植物系统分类的相关内容，图文并茂，在每一章后面开设了“窗口”，用于介绍与本章相关的热点问题和前沿学术观点。

本教材可供高等农林院校林学、园林、生物技术、农学、园艺、植保、农业资源与环境相关专业的本科生、研究生使用，也可供从事植物学相关的教学、科研人员参考使用。

图书在版编目（CIP）数据

植物学/王文和，关雪莲主编. —北京：中国林业出版社，2015.1（2024.12 重印）
全国普通高等教育“十二五”规划教材
ISBN 978-7-5038-7829-9

Ⅰ.①植…　Ⅱ.①王…　②关…　Ⅲ.①植物学－高等学校－教材　Ⅳ.①Q94

中国版本图书馆 CIP 数据核字（2015）第 012621 号

责任编辑：范立鹏

出版发行　中国林业出版社
（100009，北京市西城区刘海胡同 7 号，电话 83143626）
电子邮箱　jiaocaipublic@163.com
网　　址　https://www.cfph.net
印　　刷　北京中科印刷有限公司
版　　次　2015 年 1 月第 1 版
印　　次　2024 年 12 月第 6 次印刷
开　　本　787mm×1092mm　1/16
印　　张　22.75　　彩插　4
字　　数　512 千字
定　　价　48.00 元

全国普通高等教育“十二五”规划教材

《植物学》编写人员

主　　编　王文和　关雪莲

编写人员　（按姓氏笔画排序）

王文和（北京农学院）

王　丹（天津农学院）

王瑞云（山西农业大学）

田晔林（北京农学院）

许玉凤（沈阳农业大学）

关雪莲（北京农学院）

曲　波（沈阳农业大学）

肖红梅（内蒙古农业大学）

孟凡华（内蒙古农业大学）

张睿鹂（北京农学院）

武春霞（天津农学院）

黄国春（山西农业大学）

前 言

植物学是一门以植物形态解剖和系统分类为主要内容的基础学科。植物学历史悠久，近年来，伴随着其他生物学科，特别是分子生物学、细胞生物学和生物化学等的迅猛发展，古老的植物学科也迅速发展，不断加深我们对植物个体的形态结构、生理活动和系统演化等方面的认识和了解。同时，伴随着高等教育人才培养模式的转变，我们既注重培养学生知识体系的完整性，同时也注重培养学生创新精神和动手实践能力。在这样的背景下，我们在中国林业出版社的支持下，与4所兄弟院校历时3年共同合作编写了植物学教材。

本教材具有如下编写特色：第一，在阐明植物学基本概念和基本理论的基础上，注重理论联系实际，也关注到学科发展中的新知识、新热点，在每一章后面都开设了一个“窗口”，介绍与本章相关的学科发展热点和新知识等内容，引导学生对本学科知识做更深入的思考，激发学生的学习兴趣。第二，遵循目前多数植物学教材的内容体系，按照植物形态解剖和系统分类的顺序进行描述和介绍，对与人类关系密切及在植物演化上占有重要地位的被子植物予以重点阐述。第三，以植物个体发育和系统发育为主线组织教材内容，尽量做到图文并茂，体现了植物学知识体系的科学性、完整性和先进性。第四，对重要的名词术语均列出了英文，涉及的大部分植物给出了拉丁学名。第五，各章后附有“本章小结”和“思考题”，帮助学生复习总结和归纳。

本教材由王文和、关雪莲任主编。编写分工如下：绪论由关雪莲编写；第一章由孟凡华编写；第二章由黄国春编写；第三章由王瑞云编写；第四章由许玉凤编写，第五、六章由曲波编写；第七章由王丹编写；第八章由武春霞编写；第九章由张睿鹂编写；第十章由田晔林、王文和共同编写；第十一章由肖红梅编写；全书由王文和、关雪莲负责修改、补充、审核、定稿。

本教材在编写过程中得到了北京农学院教务处和北京市教委专项(PXM2013－014207－000025）出版经费的支持，同时各参编院校的教师和教务部门对本教材的编写和出版给予了大力支持，在此一并表示感谢。

本教材的编写集中了北方地区5所高等农林院校的优秀教师，他们均在“植物学”教学、科研一线工作多年，有丰富的教学经验。虽然我们在本书的编写过程中做了很大努力，但由于水平所限，书中错误和不妥之处敬请广大师生批评指正。

编　者

2014年7月

目 录

绪 论

植物学是研究植物的形态构造、生理机能、生长发育、系统演化及与环境的相互关系和分布等规律的科学。“植物学”课程是以植物为生产或研究对象的专业的重要基础课。

一、植物的多样性

地球上不仅植物种类繁多而且数量浩瀚。目前全球大约有 50 万种植物，分布在高山、平原、丘陵、海洋、湖泊、赤道、冰原。它们与其他生物一起构筑了各式各样的生态系统。这些植物的形态结构丰富多彩，有单细胞的衣藻，多细胞的团藻及有完善的器官分化的有花植物。不仅如此，植物的营养方式也多种多样，既有光合自养植物、化学自养植物，还有寄生植物和腐生植物。另外，植物的生命周期也差别很大：细菌的寿命仅为 20～30min；草本植物多为一年、两年生植物；多年生的木本种子植物树龄可达成百上千年，如非洲的龙血树树龄可达 8000 年。植物种类的多样性是植物长期与环境相互作用下，通过适应性变异、遗传和自然选择的结果。

我国植物资源非常丰富，仅记载过的高等植物就约 3 万种，占世界高等植物的 1/8，是植物种类最丰富的国家之一，仅次于巴西和哥伦比亚，位居第三位。

二、植物在生物分界中的位置

在整个地球圈，除了植物还分布很多其他的生物，如微小的病毒以及细菌、真菌、各种动物等，这些生物构成了丰富多彩的生命世界。面对这些形态各异的生物，如何按照它们系统演化的规律及彼此的亲缘关系，把它们分门别类一直是生物学家们感兴趣的课题。早在 18 世纪，瑞典植物学家林奈(C. Linnaeus)把生物界分为植物界(Kingdom Plantae)和动物界(Kingdom Animalia)；19 世纪前后，由于显微镜的广泛使用，人们发现有些生物兼具有动、植物的特征。据此 1886 年由海克尔(E. Haeckel)提出三界系统，即在植物界和动物界的基础上，把具有色素体、眼点、鞭毛、能游动的单细胞低等生物独立为一界，称为原生生物界(Protista)。到了 1956 年，可培兰德(H. F. Copeland)，又将原核生物独立归为一界，把原来的原生生物界改为原始有核界。将生物界分为原核生物界(Monera)、原始有核界(Protoctista)和后生植物界(Metaphyta)、后生动物界(Metazoa)的四界系统。1959年，魏泰克(R. H. Whittaker)也提出四界分类系统，他将不含叶绿素的真菌从植物界分离出来成为真菌界(Fungi)，又将细菌和蓝藻从原生生物界中独立分出，其他三界是原核生物界、植物界和动物界。1969年，魏泰克(R. H. Whittaker)在他的四界分类系统上又提出把生物界划分为五界：原核生物界、原生生物界、植物界、真菌界、动物界。目前五界分类系统被广泛使用。很多的生物学教材采用了五界分类系统。但五界分类系统中原生生物界的争议较多、不尽合理，且没有病毒的分类地位。因此，在1979年我国的生物学家陈世骧根据生命进化的主要阶段，提出将生物划分为由3个总界构成的六界系统，即病毒界、细菌界、蓝藻界、植物界、动物界和真菌界，第一次提出了病毒在生物界的地位。本教材采用传统的两界分类系统。

三、植物的重要性

(一)参与生物圈的形成，推动生物界的发展

在生物系统发展演化的过程中，能够进行光合作用的植物发挥了特殊的作用。在地球上生命诞生之初，含有光合色素的蓝藻和其他原始生物的出现，使得它们以大气中的二氧化碳为碳源，以水中的氢离子为还原剂，利用光能进行光合作用来制造有机物。在此过程中，增加了大气中氧的含量，逐渐为后来其他生物的生存和发展提供了条件。

(二)转存能量，为其他生物提供生命活动能源

太阳能是自然界取之不尽的能量，绿色植物通过光合作用将光能转化为化学能，并将光能储存在光合作用产物中，供自身和其他生物利用，成为生命活动的能源。绿色植物是自然界的第一生产力。

(三)参与物质循环，维持生态平衡

植物在自然界的物质循环中起着重要的作用。植物的合成和矿化作用使自然界的物质运动得以循环往复。例如，碳素循环(carbon cycle)中通过植物的光合作用使大气中的二氧化碳保持平衡；通过生物固氮作用(biological nitrogen fixation)维持氮素循环(nitrogen cycle)。另外，植物还具有净化大气、水体、土壤和保持水土、防风固沙等作用。

在整个自然界的物质循环中，通过植物和动物等生物群体的共同参与使物质合成和分解、吸收和释放协调进行，维持生态上的平衡和正常发展。

(四)植物是发展国民经济的物质资源

人类的衣、食、住、行、药物及工业原料，大部分来源于植物。棉、亚麻、苎麻等都是衣着主要的原料；粮、菜、果、油、糖、茶、咖啡等食品和饮料，都

是由植物提供的；肉食、毛皮、羊毛、蚕丝等是由动物提供的，但是动物依赖植物生活，所以也是间接来自植物；住和行方面，木材和竹材对房屋、家具、桥梁、枕木等提供了大量材料；在药物和工业原料方面，也都离不开植物，例如，薄荷、三七、人参、当归、甘草、天麻等都是著名的药材，其他如造纸、纺织、橡胶、涂料、油脂、淀粉、染料、制糖、烟草、酿造等工业，也都要以植物为原料。

当前在我国高速发展经济的形势下，自然环境的保护面临巨大的挑战，特别是水、大气和土壤的污染已经到了事关人们生存的地步，而改善这些自然条件都需要很好地保护和利用植物资源。另外，丰富的植物资源也为人类提供了巨大的基因资源，充分地保护利用这个天然基因库也是我们面临的紧迫问题。

四、植物科学的发展简史

植物学的发展，是和生产实践分不开的。早期的人类，在接触和采收野生植物的过程中，逐步积累了有关植物的知识。随着生产的发展，特别是人类从事农牧业生产后，对野生植物和栽培植物的生活习性、形态结构，以及它们和外界环境间的相互关系，又有了更进一步的认识。社会的发展和劳动生产不断地提高，植物学就在生产活动中，逐步地成长和建立起来。

大约在旧石器时代，人类在采集植物块根和果实种子供食用的时候就认识了某些植物。古希腊亚里士多德的学生提奥夫拉斯图(E. Theophrastus)被视为植物学的创始人。他在公元前300年写的《植物历史》或称《植物调查》一书，对植物进行了分类并描绘了植物的习性和用途。后陆续出现许多有关植物方面的著述。如公元1世纪希腊医生迪奥斯科里德斯在其著作《药物论》中记述了600种植物及其医药用途的引证，成为以后描述药用植物的基础。15～16世纪本草著作中最有价值的是日耳曼的布龙费尔斯、意大利的马蒂奥利和英国的特纳等的著作。此时期约与中国明代中叶以后李时珍完成《本草纲目》同时。总之至17世纪前植物学几乎全限于描述和定性药用植物。17世纪的初期植物学从描述为主转到更有目的、有计划、有系统地收集资料、观测现象，以至于在控制条件下进行试验，并提出和考验理论与学说。1753年瑞典植物学家林奈发表“植物种志”确立了双名制。他将生殖性状(花)用作重要分类依据，这一时期植物解剖学、植物生理学、植物胚胎学等的研究也发展起来。18世纪光学显微镜问世，英国人胡克(R. Hooke)发现细胞。日耳曼人施莱登(M. J. Shleiden)和他的同伴动物学家施旺(T. Schwann)在1839年首次提出细胞学说。从此细胞学成为一个独立的学科。17～18世纪，卡梅拉里乌斯及布尔哈夫等人观察到植物的性别、花粉及受精作用等现象，推动了植物胚胎学等的发展。到19世纪中期植物学各分支学科已基本形成。达尔文、孟德尔的工作更为植物进化观和遗传机制的确立打下了基础。

我国是一个文明古国，地大物博，植物资源非常丰富，是最早研究植物的国家之一。约在两千年前，《诗经》就已经提到了200多种植物。在农、林、园艺方面，公元6世纪，北魏贾思勰的《齐民要术》，概括了当时农、林、果树和野生植物的利用，提出豆科植物可以肥田，豆谷轮作可以增产，并叙述了接枝技术。其他如郭橐驼的《种树法》、王桢的《农书》等，都是很好的农业植物学。明代徐光启(1562—1633)的《农政全书》，共60卷，总结过去经验，并提到救荒植物，是这方面集大成的著作。其他有关果蔬、花卉等的著作，为数更多，如晋代戴凯之的《竹谱》、唐代陆羽的《茶经》、宋代刘蒙的《菊谱》、蔡襄的《荔枝谱》、陈景沂的《全芳备祖》、明代王象晋的《群芳谱》、清康熙时的《广群芳谱》、陈淏子的《花镜》等，都是有名的专著。在药用植物方面，汉代的《神农本草经》积累了古代相传的药用植物的知识。以后历代都有专论药用植物的"本草"问世，其中以明代李时珍(1518—1593)的《本草纲目》(1578)为最著名，为世界的学者所推崇，至今仍有重要参考价值。清代吴其濬(1789—1847)的《植物名实图考》和《植物名实图考长编》，为我国植物学又一巨著，记载野生植物和栽培植物共1714种，图文并茂，是研究我国植物的重要文献。

20世纪60年代以来，伴随着植物生理学、生物化学和遗传学等领域的新成就，如光合作用机理的阐明，光敏素、植物激素的发现，遗传育种技术、同位素计年法的建立，以及抗生物质的分离等，植物学又有了飞速发展。近30年来由于分子生物学在各个生命学科领域的应用，使得人们对植物生命活动的认识更加深入。

五、植物科学的分科

根据研究的内容，植物科学可分为植物形态学(plant morphology)、植物细胞学(plant cytology)、植物解剖学(plant anatomy)、植物胚胎学(plant embryology)、植物分类学(plant taxonomy)、植物生理学(plant physiology)、植物遗传学(plant genetics)、植物生态学(plant ecology)和地植物学(geobotany)等。

近年来随着物理学、数学、化学等学科的发展，电子显微镜、电子计算机、激光以及其他技术的应用和生命科学本身的发展，又形成许多新的分科。如植物分子生物学、植物细胞生物学、植物发育生物学、植物生殖生物学、结构植物学等，在宏观方面进一步揭示植物间的分布和演化规律，在微观分子水平上对生命活动本质进行研究。

六、学习和研究植物学的方法

自然界是一个相互依存，相互制约，错综复杂的整体。学习自然界中的植物时，只有从整体的观点出发，在空间上，以对立统一的规律来看待植物与周围环境间的关系；在时间上，以发展的眼光看待植物的过去与现在。学习植物学，必须多方面接触自然实际和生产实践，丰富感性认识，然后通过整理和概括，提高到理性阶段，才能提高对与植物有关的本质问题的认识。

观察、比较和实验等方法是植物学学习和研究中常用的方法。通过认真细致的观察，了解植物的形态结构和生活习性，系统地加以描述和记录下来。观察需熟练地应用一些设备和技术，描述需正确地运用植物学术语，并重视定量的记载。比较也是学习植物学的重要方法。通过对不同植物的整体或部分做系统的比较，才能鉴别它们的异同，从而能更深入地分析和识别，并得出一般的规律。植物学中各类植物的形态特征以及各分类单位的概括，就是从比较中获得的。在植物学研究中，根据研究目的，利用科学仪器等手段，人为地控制、模拟或变革研究对象，获取科学事实的实验方法已成为目前植物学学习研究中非常重要的方法。

对初学植物学的大学生一定要在认真听课、钻研教材和阅读有关参考资料（包括有关植物学的期刊）的同时，实事求是地、细致地进行实验工作，有效地进行自学，才能为提高分析问题、解决问题的能力打下较好的基础。

第一章　植物的细胞与组织

细胞的发现始于17世纪，与显微镜的发明密不可分。细胞最早是由英国的光学仪器修理师胡克(R. Hooke)于1665年发现。胡克最初的想法是想了解作瓶塞的软木轻的原因，他将软木削成薄片放在自制的复式显微镜下观察，结果发现软木是由一个一个极小的小室构成的，他就将这些小室称为cell，即细胞。其实，当时他所看到的小室实际上仅仅是植物木栓细胞的细胞壁和细胞腔，其内容物早已分解消失是死细胞。细胞的重大发现引起人们研究生物显微构造的极大兴趣，打开了生物显微世界的大门。19世纪30年代布朗在兰科植物叶片的表皮细胞中发现了核与质，至此发现了细胞的基本结构，它标志着人类对生物微观世界认识的开始。1838年，德国植物学家施莱登第一个提出："一切植物，如果它们不是单细胞的话，都完全由细胞集合而成。细胞是植物结构的基本单位。"几乎同时，德国的动物学家施旺在研究动物时也证实以上的结论。至此，首次提出了"细胞学说"(cell theory)这一名词。此学说主要包含以下几个方面的含义：一切生命有机体都是由细胞构成的；所有的细胞都是由细胞分裂或融合而产生；卵和精子都是细胞；一个细胞可以分裂而形成组织。恩格斯对细胞学说的创立给予了高度的评价，将其列为19世纪自然科学的三大发现之一。细胞学说是自胡克发现细胞以来，人们对细胞进行的第一次理论性的概括，在理论上确立了细胞在整个生物界的地位。明确提出细胞构造是一切生物有机体构造的一般原则。细胞学说的创立从细胞水平提供了有机界统一的证据，证明了植物与动物有着细胞——这一共同的起源；同时也为近代生物学的发展，接受生物进化的观点奠定了基础，推动了近代生物学的研究。在20世纪初期，细胞的各主要显微结构均已查明。但对各结构与其功能的关系还不甚了解。到20世纪30~40年代，由于细胞学与生物化学的结合，对细胞结构与功能的关系开始有所了解，从而提高了对细胞的认识。认识到细胞不仅是生物体结构的基本单位，而且是生物体功能的基本单位。此理论的揭示源于透射电子显微镜(transmission electron microscopy，TEM)的研制成功，以电磁透镜代替了玻璃透镜，突破了光学显微镜的局限性。应用于生物学的研究中，从而揭示了细胞的一个新研究领域——超微结构。20世纪60年代末，扫描电子显微镜(scanning electron microscopy，SEM)问世并被广泛应用，使人们能直接观察到生物，乃至细胞立体结构(图1-1)。随着现代化观察仪器如X射线

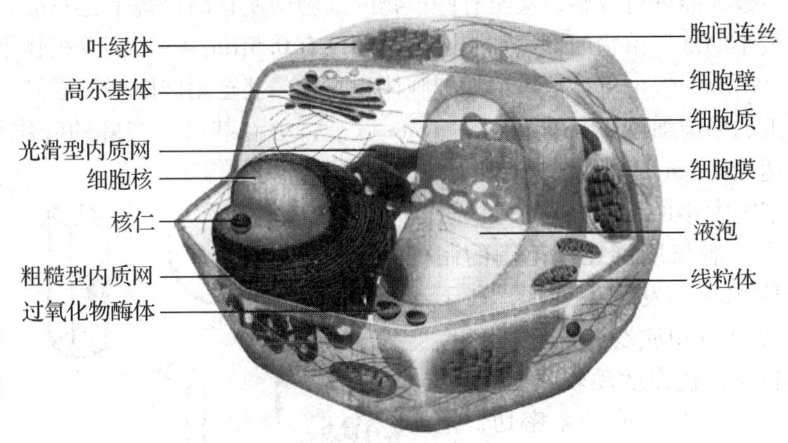

图 1-1　植物细胞结构图解(引自强胜)

衍射、同位素和放射自显影等设备的研制和应用，人类对细胞的结构、功能和发育有了更深入的了解。

应当指出：在生物界还存在着比细胞更为简单的生命有机体，如病毒(virus)、噬菌体(bacteriophage)等。它们尚未分化出一般细胞的结构，故称非细胞生物(non-cellular life)。但当它生活在一定种类的寄主体内，就表现出生命特征，有增殖、遗传、变异等生命现象。因此，细胞不是生命有机体的最小结构单位。

第一节　植物细胞

植物体是由细胞组成的，植物的生命活动也是通过细胞的生命活动实现的。单细胞植物由一个细胞构成一个个体，一切生命活动(如生长、发育、繁殖等)都由一个细胞来完成。多细胞植物，尤其高等植物的个体是由许多大小、形态各不相同的细胞组成，不同的细胞在植物体中具有特殊的功能和作用。如植物的生长发育等复杂的生命活动都以细胞为基础，通过细胞分裂、细胞体积增大和细胞分化来实现。这些不同类型的细胞既相互联系、相互配合、协调一致，体现着植物的整体性；同时不同类型细胞又相互独立，各有其特性。这种独立性和整体性的矛盾统一是多细胞植物体的主要特征之一。

一、植物细胞的基本特征

普通的植物细胞都是很微小的，形状也多种多样。细胞的遗传性、生理功能和对环境条件的适应性是影响细胞的形状和大小的主要因素。伴随着植物的生长、发育及细胞的分化，细胞的形态、大小也将发生相应的变化。

(一)植物细胞的大小

不同种类的细胞，大小差别悬殊。大部分植物细胞是无法用肉眼看到的，要借助于显微镜才能进行观察，甚至有些植物的细胞即使在高倍镜下也只能看到轮廓。现知最小的低等植物的球菌细胞，其直径仅有0.5μm。一般高等植物细胞的大小10~100μm，但也有少数植物的细胞体积很大，甚至用肉眼就可看到，如西红柿、西瓜的果肉细胞，其直径可达1mm以上；更有甚者，苎麻的纤维细胞，其长度可达550 mm。

影响细胞大小的因素较多。首先，细胞大小受细胞核所能控制范围的制约。细胞体积小，表面积大，有利于细胞与外界进行物质交换。往往新生的细胞都较小，代谢活动较强。其次，细胞的大小也与其功能关系密切，担任运输、支持或保护功能的细胞一般较大，例如，三叶胶属的无节乳管，长达数米至数十米。另外，细胞的大小还受许多外界条件的影响，如水肥供应的多少、光照的强弱、温度的高低或化学药剂的使用等。例如，植物种植过密时，植株往往长得细而高，这主要是因为它们的叶相互遮光，导致体内生长素积累，引起茎杆细胞特别伸长的缘故。一个生命有机体都是由许许多多、千差万别和大小不同的各类细胞所组成，它们各司其职，执行复杂的生理功能。

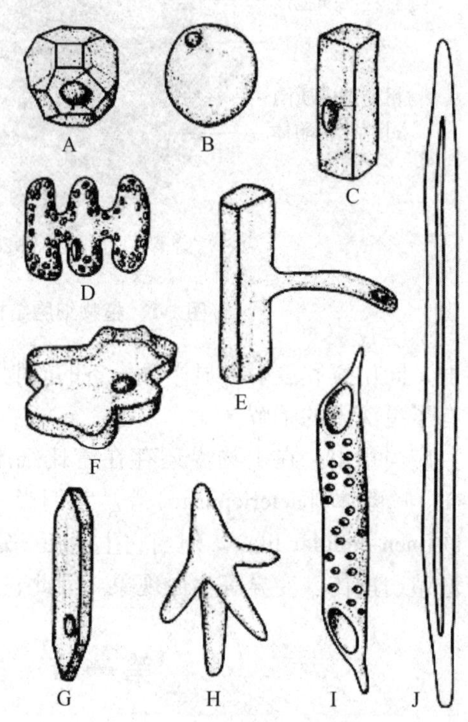

图1-2 种子植物各种形状的细胞(引自周云龙)
A. 十四面体的细胞 B. 球形的果肉细胞 C. 长方形的木薄壁细胞 D. 波状的小麦叶肉细胞 E. 根毛细胞 F. 扁平的表皮细胞 G. 纺锤形细胞 H. 星状细胞 I. 管状的导管分子 J. 细长的纤维

(二)植物细胞的形状

植物细胞的形状多种多样，根据其所处环境条件和所担负的生理功能不同，其形状不同(图1-2)，充分体现着形态与功能的相互统一。单细胞植物体或分离的单个细胞，因细胞处于游离状态常常呈球形、类圆形或椭圆形，如单细胞藻类和细菌。多细胞植物体，细胞排列紧密相互挤压而呈各种形态——多面体。执行支持功能的细胞常呈纺锤形(长梭形)，细胞壁增厚，并聚集成束。叶片中的栅栏组织，是植物光合作用的主要组织形式，组织内含有大量叶绿体。其形状为长柱形，与叶表面呈垂直排列，从而扩大了叶的光合表面积，有利于光合吸收及气候交换；而输导组织的细胞多为长筒形，与器官的纵轴平行排列，从而有利于水分和养分的运输。

二、植物细胞的基本结构

植物细胞虽然大小不同，形状多样，但是一般有相同的基本结构。由细胞壁和原生质体构成。

(一)细胞壁

1. 细胞壁的主要化学成分

细胞壁(cell wall)是包围在原生质体外围坚硬的外壳，是植物细胞特有的结构。构成细胞壁的结构中，90%是多糖，10%是蛋白质、酶类及脂肪酸等。细胞壁中的主要多糖是纤维素，其次是果胶质、半纤维素等，它们是由葡萄糖、阿拉伯糖和半乳糖醛酸等聚合而成。纤维素构成细胞壁的基本框架，果胶类物质使相邻的细胞黏合在一起。细胞壁中最早被发现的蛋白质是富含羟脯氨酸的伸展蛋白，主要存在于双子叶植物的初生壁当中，参与植物细胞防御和抗病抗逆等生理活动；在玉米等禾本科植物中还发现了富含苏氨酸和羟脯氨酸的糖蛋白，大豆种皮中还有富含甘氨酸的结构蛋白等。另外，在细胞壁中还存在有十几种酶类，大部分是水解酶，如果胶甲酯酶；其余是氧化还原酶类，如过氧化氢酶。具有参与细胞壁大分子物质的合成、转移、水解、细胞外物质输送到细胞内以及防御作用等生理功能。

2. 细胞壁的主要功能

(1)使细胞具有一定的形状，保护原生质体，维持器官与植株的固有形态。

(2)控制细胞的生长。

(3)参与细胞内外物质的运输、信息的传递和防病抗逆。

3. 细胞壁的结构

根据细胞壁发育的时间、化学成分的不同，细胞壁大体上可分为三层：胞间层、初生壁和次生壁(图 1-3)。

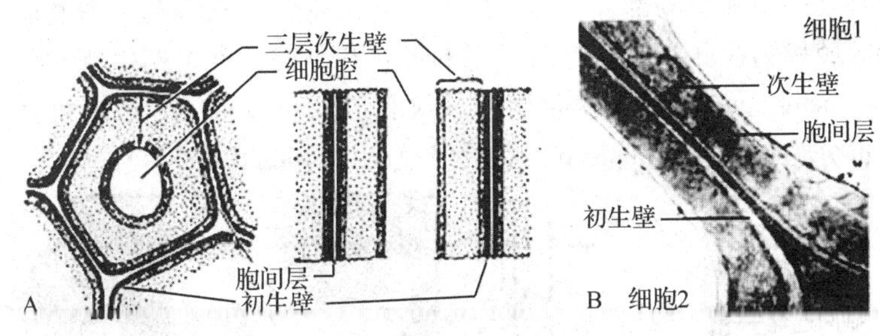

图 1-3 细胞壁的结构(引自李扬汉)

A. 细胞壁分层示意图 B. 电镜下细胞壁亚显微结构

(1)胞间层(intercellulae layer) 又称中层(middle lamella)，位于细胞壁的最外侧，为相邻两个细胞所共有，形成于细胞分裂时。主要化学成分是果胶质——一种无定形的胶质，具强亲水性，黏着而柔软，即可使相邻细胞粘连一起，又可缓冲细胞间的压力。但易被酸、碱及果胶酶分解，致使细胞彼此分离。如西瓜、西红柿等果实成熟时，部分果肉细胞彼此分离便为其故。

(2)初生壁(primary wall) 位于胞间层的内侧，是原生质体在细胞停止生长前分泌形成的。主要化学成分是纤维素、半纤维素及果胶质。初生壁一般较薄，约1～3 μm，但有些细胞例外，细胞壁均匀或局部增厚，如柿胚乳细胞和厚角组织，但在生长发育的不同阶段厚壁可转化为薄壁。除此之外，初生壁质地较柔软，弹性好，可塑性强，既可使细胞维持一定的形状，又不妨碍细胞的生长。还有许多组织的细胞，其初生壁是唯一仅有的壁层，如分生组织及细胞分化成熟后原生质体尚存的组织细胞均如此，即无次生壁。

(3)次生壁(secondary wall) 位于初生壁的内侧，与质膜相贴近，一般只在那些细胞分化成熟后原生质体消失的细胞(即死细胞)中分化产生。其主要化学成分是纤维素、半纤维素及木质素等。次生壁一般较厚，约5～10 μm，质地坚韧，具有增强细胞壁机械强度的作用。如纤维细胞、导管和管胞等。

根据细胞壁物质沉积方式的不同，次生壁还可分为内、中、外三层(图1-3)。

有些植物细胞在生长分化过程中，其胞间层溶解，使相邻细胞彼此分离，形成细胞间隙，用以通气和贮气。

4. 纹孔与胞间连丝

通过细胞壁使多细胞植物各个细胞间隔离开，但在执行功能时，细胞间又是分工协作的关系。植物体的整体性主要是靠细胞壁上的纹孔和胞间连丝来实现的。

(1)纹孔(pit) 在细胞的生长、发育过程中，在没有次生壁发育，仅具初生壁的细胞壁上，有较薄的凹陷区域，称为初生纹孔场(primary pit field)(图1-4)。若有次生壁发生，随着细胞的生长、发育，一些细胞的初生纹孔场逐渐变形以致模糊不清，而另一些细胞则在初生纹孔场中形成一个或几个纹孔。换句话说就是在细胞的生长、发育过程中，次生壁并不是均匀地、完整地包围在原生质体的外围，而是有许多不加厚的部分，这些区域没有次生壁，只有初生壁和胞间层，于是将这些区域称为纹孔。纹孔具有一定的形状和结构，常由初生壁和胞间层构成纹孔膜(pit membrane)，而由次生壁围成纹孔腔(pit cavity)。根据纹孔的结构特征，纹孔可分为单纹孔(simple pit)和具缘纹孔(bordered pit)。

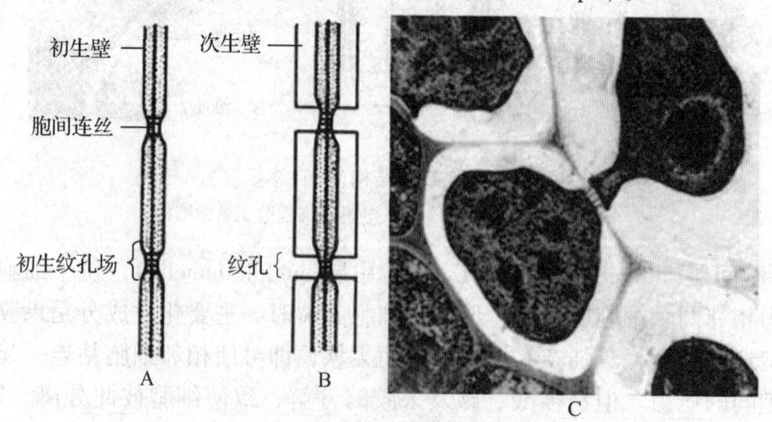

图1-4 初生纹孔场和纹孔(引自强胜)

A. 初生纹孔场示意图 B. 纹孔示意图 C. 电镜下纹孔亚显微结构

单纹孔　单纹孔次生壁在纹孔腔边缘终止而不延伸，整个纹孔腔的直径上下一致。如石细胞、纤维细胞具有单纹孔。

具缘纹孔　具缘纹孔次生壁在纹孔边缘向内延伸，形成穹形的延伸物，拱起在纹孔腔上，仅在中央形成一小开口——纹孔口(pit aperture)。导管细胞、管胞等具有具缘纹孔，松科、柏科植物的细胞具缘纹孔膜中部常加厚而形成纹孔塞(torus)，周围未加厚部分称为塞周缘(margo)，受压时具有暂时封堵纹孔口的功能。

纹孔在相邻两细胞的细胞壁上常成对而生，形成纹孔对。根据纹孔的类型，有单纹孔对、具缘纹孔对及半具缘纹孔对(图1-5)。

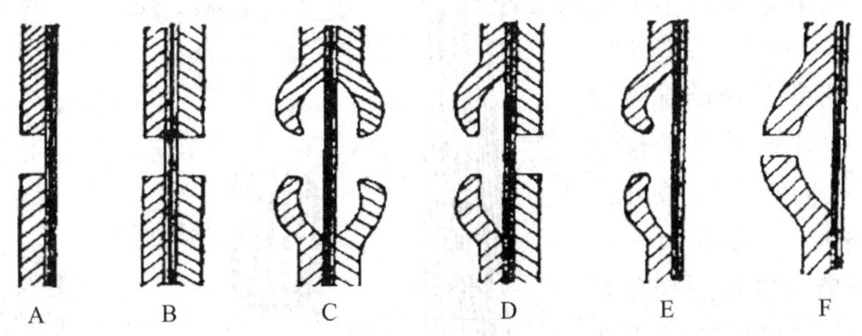

图1-5　纹孔的类型示意图(仿强胜)

A. 单纹孔　B. 单纹孔对　C. 具缘纹孔对　D. 半具缘纹孔对　E、F. 半具缘纹孔

(2)胞间连丝(plasmodesma)　是穿过细胞壁的细胞质细丝，连接相邻两细胞的原生质体。初生纹孔场中常生有许多小孔，胞间连丝就在此穿过。在初生纹孔场中、次生壁上纹孔的纹孔膜上和初生壁上都有许多胞间连丝，特别是在生活旺盛的细胞上，胞间连丝数量较多，通过染色处理后可在显微镜下观测到(图1-6)。胞间连丝是细胞间物质运输、信息传递的主要桥梁，水分和小分子物质都可以从这里通过。

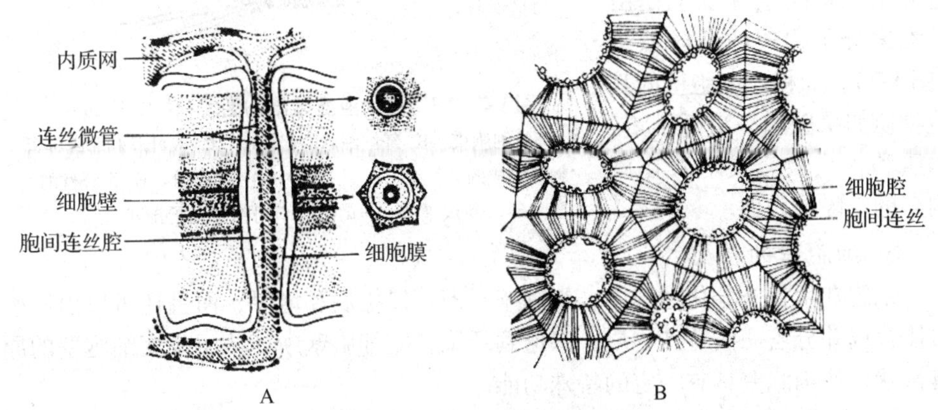

图1-6　胞间连丝(仿王全喜)

A. 胞间连丝超微结构　B. 柿胚乳细胞胞间连丝

根据细胞间具有胞间连丝的特点，植物体的结构可以分成两个部分：共质体(symplast)和质外体(apoplast)。共质体指通过胞间连丝结合在一起的原生质，其余的部分都称为质外体，包括细胞壁、细胞间隙和死细胞的细胞腔。可见细胞间在有机物运载上的整体性是通过胞间连丝来体现的。这种共质体被认为是植物生长发育的基本单位，在细胞的生长分化、生理生化进程及基因表达等诸多方面都起重要的作用。

5. 细胞壁的亚显微结构

大量研究表明，在细胞壁内首先是大约40个纤维素分子排列成束称为基本纤丝(elementary fibril)。在基本纤维中一些纤维素分子排列较散乱，一些纤维素分子排列较整齐，我们把平等整齐排列的段落称为微团(micro-celle)，一般二者是间隔存在的；基本纤丝再聚集成更大的束称作微纤丝(microfi-bril)，其直径约为100 Å，在电镜下观察清楚可见；微纤丝进一步聚合，便形成在光学显微镜下即可分辨出的大纤丝(macrofibril)。大纤丝相互交织成网状便构成了细胞壁的基本框架。因此，细胞壁的基本构架实际上就是由纤维素分子构成的纤丝系统(图1-7)，而构成细胞壁的其他物质如果胶质、半纤维素、木质和栓质填充或附着在该构架的空隙或表面。

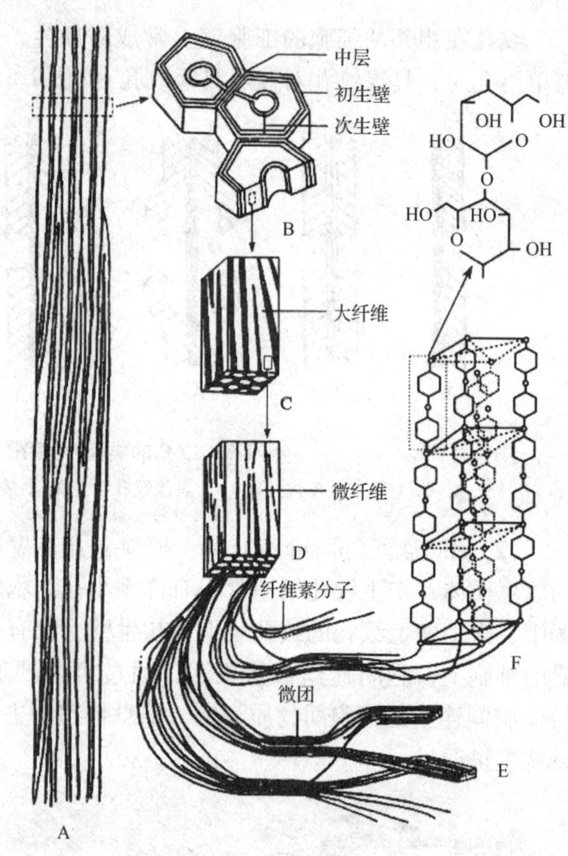

图1-7　细胞壁的亚显微结构图解(仿K. Esau)

A. 纤维细胞束　B. 纤维细胞的横切面　C. 大纤丝和非纤维素物质构成的大纤维　D. 大纤丝中的一小部分　E. 微纤丝的组成单位——微团　F. 纤维素分子排列

6. 细胞壁的特化

细胞在生长、分化过程中，细胞壁不但可以扩展和增厚，而且还可以由原生质体合成并分泌一些特殊物质，渗透到纤维素的细胞壁中，从而改变细胞壁的原有性状，使细胞壁具有一定的特殊功能。

(1)木质化　细胞在代谢过程中产生一种木质，它是由三种醇类化合物脱氢形成的高分子聚合物，填充于纤维素的框架内而木化，以增强细胞壁的硬度，增强细胞的支持力量，如导管、纤维等。

(2)角质化 叶和幼茎的表皮细胞外壁常为角质(脂类化合物)所浸透，并常在细胞壁外堆积起来，形成角质层或角质膜。细胞壁角化后透水性降低，但透光。

(3)木栓化 木栓质为一种脂肪酸，可渗入细胞壁导致细胞壁既不透气，也不透水，增加了细胞的保护作用。栓化的细胞常呈褐色，富有弹性。

(4)矿质化 细胞壁渗入二氧化硅或碳酸钙等就会发生矿化。稻、麦等禾谷类作物的叶片和茎秆的表皮细胞常含有大量的二氧化硅。细胞壁的矿化能增强作物茎、叶的机械强度，提高抗倒伏和抗病虫害的能力。

(5)黏液化 细胞壁中果胶质和纤维素变成黏液和树胶使细胞壁黏液化，如亚麻、木瓜的种子和鼠尾草果实的一些表皮细胞。

(二)原生质体

构成原生质体(protoplast)的主要物质是原生质(protoplasm)。原生质是细胞内具有生命活性的物质的总称，是细胞结构和生命的物质基础。化学分析结果显示其主要由水、无机盐、蛋白质、核酸、糖类和脂肪等无机物和有机物构成。按结构层次来划分，原生质体包括细胞膜、细胞质和细胞核三个明显的单元。

1. 细胞膜

细胞膜(cell membrane)也叫质膜(plasmalemma)，包围在活细胞的外表面，将原生质体的内容物与细胞壁分隔开。广义上，也包括细胞质内各种细胞器(内质网、高尔基体、质体、线粒体、液泡等)的膜。厚度约7~10 nm。

(1)细胞膜的结构 细胞膜的成分主要是磷脂和蛋白质，其次还有少量的多糖、微量的核酸、金属离子及水。生物膜的结构和功能是现代生物学研究的一个活跃领域，对膜的分子结构提出了许多模型。

单位膜模型 1959年，J. D. Robertson用电子显微镜观察了细胞膜超薄切片，发现细胞膜横断面呈现“暗—明—暗”三条平行的带，膜的厚度约7.5 nm，由厚约3.5 nm的双层脂分子和内外表面各厚约2 nm的蛋白质构成。由此他提出“单位膜模型”假说，要点是：膜的主体是由连续的脂质双分子层组成，磷脂的非极性端朝向膜内侧，极性端朝向膜外两侧，蛋白质以单层肽链的厚度，通过静电作用与磷脂极性端相结合，从而形成蛋白质—磷脂—蛋白质的三层结构，称此种结构为单位膜。此模型的主要不足在于：把生物膜的结构描述成静止的、不变的，没有揭示出细胞膜的相关功能。

流动镶嵌模型 1972年，S. J. Singer和G. Nicolson提出了流动镶嵌模型，目前该模型被广泛接受。要点是：磷脂双分子层构成了生物膜的基本支架，这个支架不是静止的。其中磷脂分子的亲水性头部朝向两侧，疏水亲脂性的尾部相对朝向内侧。球形膜蛋白分子以各种镶嵌形式与磷脂双分子层相结合，有的镶在磷脂双分子层表面，有的全部或部分嵌入磷脂双分子层中，有的贯穿于整个磷脂双分子层。膜蛋白上连有糖链。大多数蛋白质分子和磷脂分子都能够以扩散的形式运动，使细胞膜具有流动性。这个模型突出了膜流动性的特点(图1-8)。

晶格镶嵌模型 1975年，Wallach提出了晶格镶嵌模型。他在流动镶嵌模型

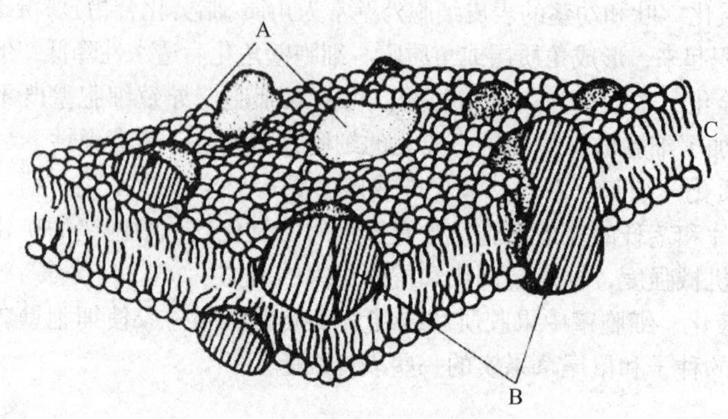

图1-8 细胞膜流动镶嵌模型(仿王全喜)

A. 表面蛋白 B. 嵌入蛋白 C. 脂质双分子层

的基础上，进一步强调：生物膜中流动性脂质的可逆性变化，这种变化区域呈点状分布在膜上。

板块镶嵌模型 1977年，Jain和White提出了板块镶嵌模型，其内容本质上与晶格镶嵌模型相同。他们认为在流动的脂双分子层中，存在许多大小不同的、刚度较大的、彼此独立运动的脂质“板块”(有序结构区)，板块之间被无序的流动的脂质区所分割，这两种区域处于一种连续的动态平衡之中。

脂筏模型 1997年，K. Simons等提出了脂筏模型，即在生物膜上由胆固醇富集而形成有序脂相，如同脂筏一样载着各种蛋白。脂筏是质膜上富含胆固醇和鞘磷脂的微结构域。大小约70 nm，是一种动态结构，位于质膜的外小页。由于鞘磷脂具有较长的饱和脂肪酸链，分子间的作用力较强，所以这些区域结构致密，介于无序液体与液晶之间，称为有序液体。脂筏就像一个蛋白质停泊的平台，与膜的信号转导、蛋白质分选均有密切的关系。脂筏最初可能在内质网上形成，再转运到细胞膜上后，有些脂筏可在不同程度上与膜下细胞骨架蛋白交联。

从以上提出的各种细胞膜的模型可容易看出细胞膜具有流动性和不对称性。

(2)质膜的功能 质膜具有选择渗透性，能主动调节和选择物质的进出，从而控制细胞与外界环境的物质交换，使细胞维持稳定的胞内环境，确保细胞生命活动的正常进行。细胞膜还具有接受胞外信息和细胞识别(cell recognition)的功能。不同的生物膜其功能也不同，叶绿体内的类囊体膜和光合细菌膜可将光能分化为化学能；线粒体内膜可将细胞呼吸中释放的能量合成ATP；内质网膜是蛋白质及脂类生物合成的场所。

2. 细胞质

细胞质(cytoplasm)是原生质体中位于细胞核和细胞膜之间的部分。细胞质可进一步分为胞基质与细胞器。

(1)胞基质(cytolpasm matrix) 是细胞质中除细胞器外的无定型、透明的胶状物质，具有一定的弹性和黏滞性。其化学组成较为复杂，主要有水、无机离子和溶解的气体等小分子和蛋白质、多糖、脂类和核酸等大分子，同时还有单糖、核苷酸、氨基酸和脂肪酸等各种代谢中间物。在生活细胞中，胞基质总是处于不断的运动状态，称胞质运动(cytoplasm streaming)。胞质运动的方向在具单个液泡的细胞中围着液泡沿一个方向运动，而在有多个液泡的细胞中，则有几个不同的运动方向。胞质运动的速度因细胞的生理状态而不同，同时也受环境条件的影响。胞基质在运动中完成了细胞内各种物质运转、能量交换和信息代谢等重要功能，同时也加快了新陈代谢，为各类细胞器行使功能提供原料，充分体现着细胞的生命现象。

(2)细胞器(organelle)　指细胞内包埋在胞基质中，具有特定形态结构和功能的亚细胞结构。细胞器的种类很多，具有双层膜结构的有质体、线粒体，单层膜结构的有内质网、高尔基体、液泡、溶酶体、圆球体和微体，无膜结构的有核糖体、微管和微丝等。

质体(plastid)　这是植物细胞特有的细胞器，动物、菌类及蓝藻均无此结构。质体体积较小，呈圆盘形或扁卵圆形，直径约为5~8 μm，厚约1 μm。分化成熟的质体可根据颜色及功能的不同分为三种：叶绿体(chloroplast)、有色体(chromoplast)及白色体(leucoplast)。

①叶绿体　叶绿体是植物进行光合作用(photosynthesis)的场所。叶绿体含有DNA，是具有遗传半自主性的细胞器。其形状和大小因植物种类不同而不同。特别是藻类植物的叶绿体变化较大。典型的叶绿体呈透镜形，从叶绿体表面观察为椭圆形，长轴4~10 μm，短轴2~4 μm，厚度1~2 μm。大多数高等植物叶肉细胞含50~200个叶绿体。

叶绿体含有4种色素：叶绿素a(蓝绿)、叶绿素b(黄绿)、叶黄素及胡萝卜素。其中前二者为主要的光合色素，直接参与光合作用；后二者仅起吸收、传递光能的作用，而不能参与光合作用。由于不同植物体中或同一植物不同发育时期，细胞中所含四种色素的比例不断变化，因而植物(尤其为叶)在颜色上表现出深浅黄绿色的不同。

叶绿体的内部结构十分复杂。在电镜下观察叶绿体(图1-9)可见，叶绿体的外表是由双层平滑的膜构成的叶绿体被膜(chloroplast envelop)，其内是无色的基质(matrix)，其主要成分是亲水的蛋白质，基质中分布着若干个含有叶绿素的基粒(granum)。这些基粒由许多片层结构构成。这些片层结构被称为类囊体(thylokoid)。类囊体由单层膜围合而成。囊内含有液状的内含物。类囊体除平行垛叠成基粒外，还在基质内到处延伸，构成复杂的类囊体系统(thylokoid system)。其中构成基粒的类囊体部分称基粒片层(grana lamella)，而连接基粒的类囊体部分，称为基质片层(stroma lamella)。叶绿体所含的色素存在于类囊体膜上，与蛋白质结合形成复合体，包藏或连接在类囊体膜的磷脂双分子层中，光合作用就在这里进行。光反应在基粒上，暗反应在基质中进行。基质中含有水溶性酶、核糖体、DNA和同化淀粉粒等。

在个体发育中，叶绿体来自前质体(proplastid)——即未分化的质体，存在于根尖、茎尖，其结构较为简单。在直接光照下，幼叶中的前质体的内层膜在许多

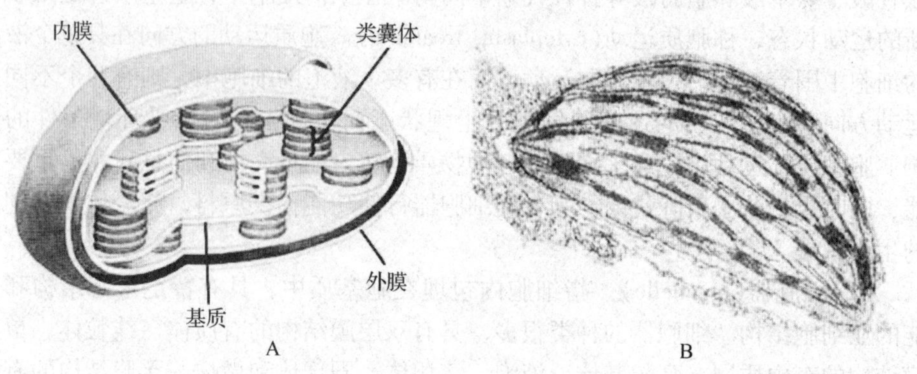

图 1-9　叶绿体

A. 叶绿体结构示意图　B. 电镜下叶绿体亚显微结构

部位内折而伸入基质中，并逐渐扩展增大，最终脱离内层膜，形成扁平的囊状结构——类囊体。许多个类囊体垛合在一起便形成基粒，由此前质体逐步地发育成为成熟的叶绿体。但在黑暗或光照不足的情况下，就不能形成正常的类囊体系统，而形成由许多小泡组成的网格状结构，称前片层体（prollamellabody）。这样的质体称为黄化体（etioplast）。一般在获取光照后，黄化体中的前片层体可进一步转变，发育成为具有基粒结构的正常叶绿体。

②有色体　有色体即可由前质体发育而来，也可由叶绿体失去叶绿素转化而来，如果实的成熟。另外，还可由白色体转化而来，如胡萝卜。有色体形状多种多样，有球形、同心圆形和管状等，大小也不规则（图 1-10）。有色体所含色素主要是叶黄素（黄色）和胡萝卜素（红色），并因所含色素比例的不同而呈现红色—橙色—黄色之间的色彩梯度变化。有色体主要存在于花瓣、果实、储藏根及衰老的叶片中。主要功能尚不十分清楚，但有一点较为明确，即积聚淀粉和脂类。由于其赋予花、果实等鲜艳的颜色并可吸引昆虫帮助传粉。

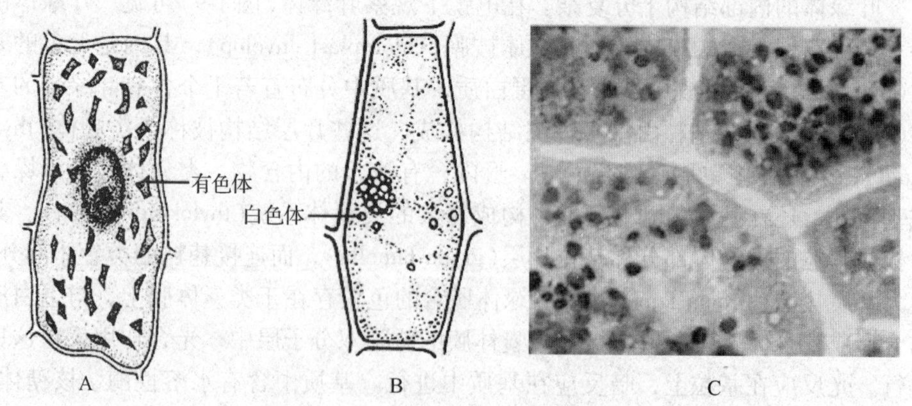

图 1-10　细胞内有色体和白色体（A. B. 引自王全喜；强胜）

A. 旱金莲萼片细胞　B. 紫鸭跖草叶表皮细胞　C. 光镜下红辣椒果皮细胞（红色颗粒为有色体）

③白色体　白色体来自于前质体，是不含可见色素的无色质体，呈颗粒状，大小约2~5 μm(图1-10)。存在于一些植物的储藏器官中，如甘薯、土豆的地下器官及种子的胚中。白色体的主要功能是积累淀粉、蛋白质及脂肪，从而使其相应地转化为淀粉粒、糊粉粒和油滴，故而白色体又分为造粉体、造油体和造蛋白体。应注意的是，白色体虽不含可见色素，却含无色的原叶绿素，故见光后便可转化为叶绿体。如土豆见光后变绿。

有色体和白色体的结构虽不及叶绿体，但也较复杂。它们的表面均为双层膜构成的质体被膜，内有以亲水蛋白质为主的液状基质，由于没有基粒和发达的类囊体系统而区别于叶绿体。总之，质体是一类合成和积累同化产物的细胞器，都由原质体转化而来，并且三者之间可以互相转化，如黄豆、绿豆在黑暗中发芽生长，形成的黄化苗就是原生质体产生的小管形成的网状结构，发育成白色体。如果将黄化的植株转入光照，会产生色素发育成叶绿体。番茄发育成熟的过程就是白色体转化为叶绿体最终转化为有色体的过程，表现在果实颜色的变化中。

线粒体　除细菌、蓝藻和厌氧真菌外，线粒体(mitochondrion)普遍存在于动、植物细胞中。体积较小，直径一般约为0.1~1 μm，其形状有短棒状、颗粒状、细丝状和圆球状等，并可随细胞质的流动而改变。在不同植物的细胞中，线粒体的数量差异很大，具有分泌功能和代谢活动旺盛的细胞内线粒体的数目较多，如在玉米的一个根冠细胞中，约有100~3000个线粒体。线粒体的主要化学成分是脂类和蛋白质，并含有一系列与呼吸作用有关的酶，是细胞内化学能转化为生物能的场所。

电镜下观察，线粒体由双层被膜和基质组成(图1-11)。其中内膜在许多部位向内延伸，形成片状、管状或搁板状的突出，称为嵴(cristae)。在内膜和嵴的内表面均匀地排布着形同大头针状的结构称为ATP合成酶(ATPase)复合体。其结构由头部和柄部两部分组成，头部直径约9 nm，由多个亚基组成，能催化ATP的合成。在线粒体腔内，充满以可溶性蛋白质为主的液状基质，其中含有DNA、蛋白质、核糖体和类脂球等，能保证线粒体各类化学反应得以进行。应该指出的是线粒体的遗传物质是独立于核基因组的，呈环形，并有小的核糖体，能完成自体蛋白的合成。关于线粒体遗传信息的研究也是目前科研领域的一个热点。

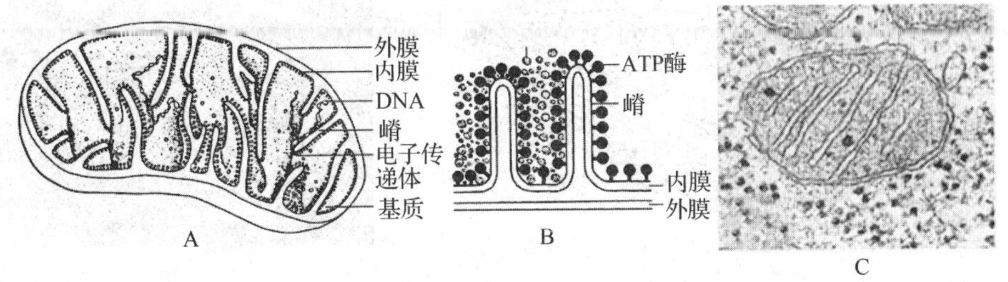

图1-11　线粒体(A. B. 引自强胜)

A. 线粒体结构示意图　B. 线粒体部分切面图　C. 电镜下线粒体亚显微结构

线粒体是细胞进行呼吸作用的主要细胞器和细胞能量代谢的中心。细胞所有主要供能物质包括糖、脂肪及氨基酸的最终氧化都是由线粒体完成的，同时释放出能量，供给细胞的生命活动的需要。故有人将线粒体称为细胞的“动力工厂”。

核糖体 核糖体(ribosome)又称为核糖核蛋白体(简称核蛋白体)，活细胞中都含有核糖体，是蛋白质合成的场所。根据沉降系数不同核糖体又分为70S型(原核生物)和80S型(真核生物)。核糖体由大小两个亚基组成(图1-12)。70S型核糖体其小亚基为30S，大亚基为50S。80S型其小亚基为40S，大亚基为60S。代谢旺盛和活跃的细胞中核糖体数量较多。核糖体通常为球状的超微颗粒，直径在150～300 Å。核糖体的主要化学成分是rRNA和蛋白质，其中RNA占60%，蛋白质占40%。

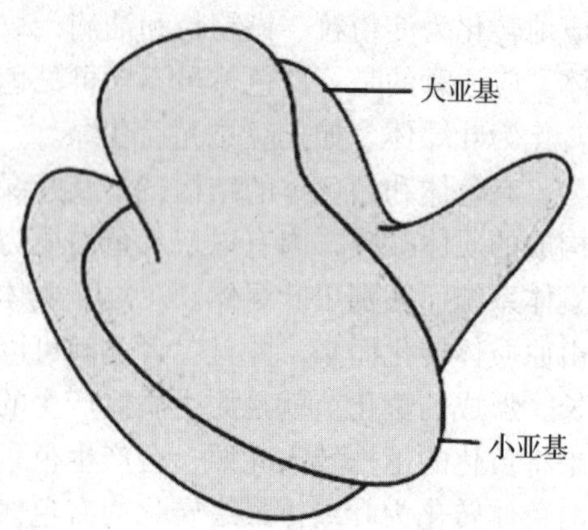

图1-12 核糖体结构示意图

核糖体主要存在于细胞质的基质中，但在细胞核、粗糙型内质网、线粒体及质体的被膜上也有分布，一般呈游离状态或附着在膜上。多数分泌型蛋白质的合成主要在粗面内质网上进行，而游离核糖体主要合成细胞的结构蛋白。细胞增殖速度较快时，往往几个至几十个核糖体同时工作。

内质网 内质网(endoplasmic reticulum，ER)是分布在细胞的胞基质中的一种非常发达的膜系统。是由单层膜围成的囊、槽、泡或管相互连通而成的网状管道系统，在切面上，表现为具有一定间隔成对而平行的膜及大小不等的小池、小泡等，内质网内充满液状基质。内质网的膜既可与核的外层膜相连，也可通过胞间连丝与相邻细胞的内质网相接，但不与细胞膜相连。内质网有2种类型：粗糙型内质网(rough endoplasmic reticulum，rER)：膜上结合有核糖体(图1-13)；光滑型内质网(smooth endoplasmic reticulum，sER)：膜没有结合核糖体。

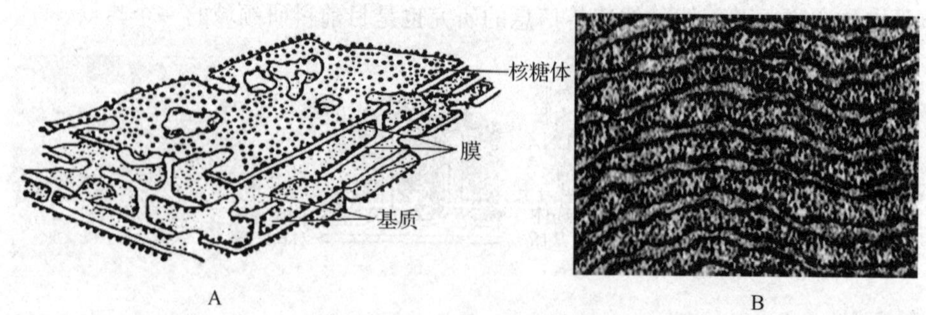

图1-13 粗面内质网

A. 粗面内质网结构示意图 B. 电镜下粗面内质网亚显微结构

内质网是一种易变的结构，其形态、数量、类型以及在细胞中的分布位置，均因细胞类型而异，并随细胞的发育、生理活动状态而相应地发生变化。如蚕豆种子成熟后期，其细胞随着储藏物质的不断积累，粗糙型内质网逐渐增多；又如，休眠状态下的形成层细胞有光滑型内质网，而处于旺盛分裂活动时期的形成层细胞则有粗糙型内质网。

内质网的生理功能主要是合成和运输细胞内的蛋白质、脂肪和糖类等代谢产物，是细胞内重要的运输、储藏系统；对细胞具有一定的支持作用；另外内质网扩大了细胞内表面积，以利于各种生化反应的进行；它也是许多其他细胞器，如高尔基体、圆球体、微体等来源之一；同时还参与细胞壁的形成等。

高尔基体　高尔基体(golgi body，dictyosome)又称高尔基器或高尔基复合体。它不仅存在于动植物细胞中，也存在于原生动物和真菌细胞内，是由意大利细胞学家高尔基(Golgi)于1898年用银染方法在神经细胞中发现的。高尔基体由一摞扁平的囊(一般5～8个)组成，为有极性的细胞器(图1-14)，常分布在内质网和细胞膜之间，呈弓形或半球形，直径约1～3 μm。每一个囊由单层膜围合，扁圆形，边缘膨大并具穿孔，形同网状，厚约0.014～0.12 μm。凸出的一面对着内质网称为形成面(forming face)。凹进的一面对着质膜称为成熟面(mature face)。两面都有一些或大或小的运输小泡——高尔基小泡。

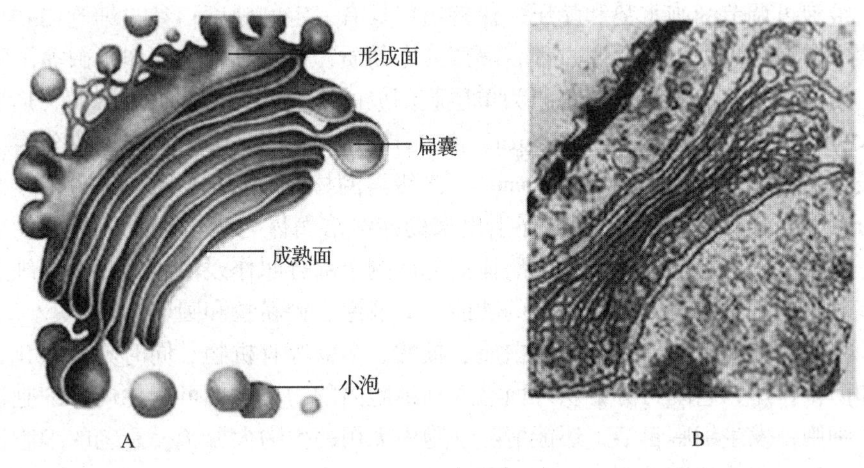

图1-14　高尔基体

A. 高尔基体结构示意图　B. 电镜下高尔基体亚显微结构

高尔基体的主要生理功能主要是将由粗糙型内质网腔合成的，经小泡输送到高尔基体的蛋白质逐步加工成熟后运送到特定的部位；合成纤维素、半纤维素等多糖类物质并运送到细胞壁部位；同时还具有参与形成溶酶体等作用。

液泡　液泡(vacuole)是由单位膜构成的细胞器，中央大液泡是成熟植物生活细胞的显著特征，也是植物细胞区别于动物细胞的又一显著特征。在幼嫩细胞中液泡很小，不明显，数量很多；随着细胞的生长和分化，小液泡相应地增大，并逐渐汇合为少数几个直至一个大液泡——中央大液泡。在成熟的植物细胞中，中央大液泡可占整个细胞体积的90%，细胞质和细胞核均被大液泡推挤而贴近细胞壁。

液泡外的单层膜结构称液泡膜(tonoplast)。在电镜下观察，可见液泡膜的形态、结构与质膜相似，但其选择透性要高于质膜，并且与内质网联系密切。茎尖和根尖分生组织细胞有许多小型的原液泡。它来源于内质网，内质网位于高尔基体附近，又由于它产生的原液具溶酶体性质，故称高尔基体—内质网—溶酶体系统(GERL)。随着细胞生长、分化，原液泡融合、自体吞噬和水合作用不断扩大形成较大的液泡至中央大液泡。

液泡膜所包围的内含物称为细胞液(cell sap)。细胞液的成分很复杂，一般细胞液常呈酸性。细胞类型和发育时期不同，细胞液的成分、浓度不同，细胞液主要是大量的水及各种有机物和无机物，其中有储藏物，如糖类、有机酸、蛋白质、磷脂等，还有分泌物，如草酸钙、花青素、单宁等。这些物质多呈溶解状态存在，但也有少量呈固体状，如各种结晶体。例如，甘蔗茎、甜菜块根细胞中的液泡含糖量很高，而茶叶、石榴、柿子的果皮细胞的液泡中含有大量的单宁。花瓣、果实上红色或蓝色是因含有花青素，花青素的颜色随着细胞液的酸碱性不同而有变化，酸性时呈红色，碱性时呈蓝色。除绿色外，植物体其他的颜色大多由液泡中的色素所产生。

液泡可调节细胞水势和膨压，保持组织具有一定的硬度；参与细胞内物质的积累、转移和多种新陈代谢过程；隔离有害物质，避免细胞受害和防御等作用。

溶酶体　溶酶体(lysosomes)为单层膜围成的小泡，内含多种水解酶，形态差异大，常为圆球形，直径约0.5 μm。溶酶体在执行生理功能时可大致分为三个阶段：初级溶酶体(primary lysosome)、次级溶酶体(secondary lysosome)、残余小体(residual body)。从高尔基体芽生出来的初级溶酶体与来自细胞内外的物质结合，就形成次级溶酶体。次级溶酶体消化后剩余部分叫作残渣体。在植物细胞中很多其他的细胞器也具有溶酶体的功能，如液泡、糊粉粒和圆球体等。

溶酶体的生理功能是分解蛋白质、核酸、多糖等有机物。同时具有消化、自吞和防御作用，它既可分解从外面进入到细胞内的物质，也可消化局部细胞器或整个细胞，发生细胞自溶，还能清除细胞中无用的生物大分子，衰老的细胞器和病原体等。在分泌活动中还具有调节功能。

微体　微体(microbody)是由一层膜包围的细胞器，呈球形，直径约0.2～1.7 μm，内含无定形颗粒基质，在植物细胞中分为过氧化物酶体和乙醛酸循环体两种主要类型。

①过氧化物酶体　过氧化物酶体中只含有过氧化氢酶，存在于叶片细胞中，常和叶绿体、线粒体结合在一起，参与光呼吸，还与解除过氧化氢毒性有关。

②乙醛酸循环体　乙醛酸循环体存在于油料植物种子中，含有乙醛酸循环酶系，在油料种子萌发时可将子叶中的脂肪转变为糖。

圆球体　圆球体(spherosome)也是一层膜包围的球状细胞器，由于其包被的膜较薄，只有一般生物膜厚度的一半。圆球体平均直径为1μm，分布广泛，但在油料种子如蓖麻、花生和向日葵种子中数量较多。圆球体含有脂肪酶，是积累脂肪的场所，具有储藏油滴、脂肪等的功能，在一定条件下，圆球体内的脂肪酶也能水解脂肪，所以圆球体也具有溶酶体的性质。

细胞骨架　细胞骨架是真核细胞的细胞质内普遍存在的蛋白质纤维网络系统，植物的细胞骨架包括三类蛋白质纤维：微管、微丝和中间纤维，三者合称为微梁系统(microtrabecular system)或细胞骨架(cytoskeleton)(图 1-15)。细胞骨架主要功能是维持细胞形态、保持细胞内细胞器的有序性，从而使其更好地行使各自的功能；同时还参与许多重要的生命活动，如在细胞分裂、物质运输、信号传导及细胞壁合成等。

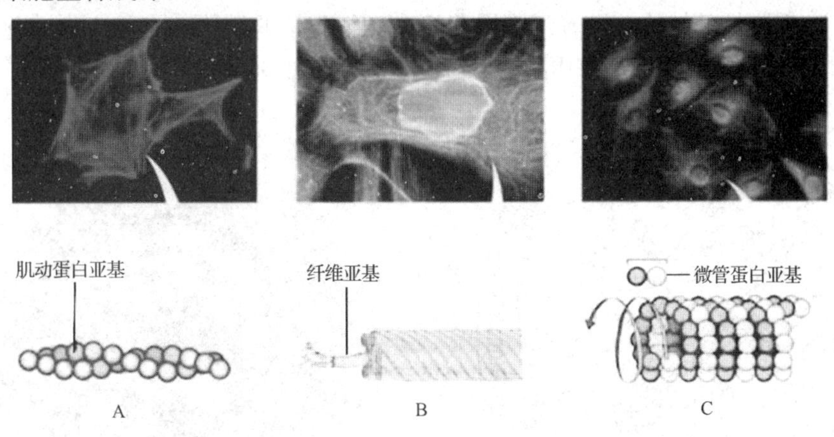

图 1-15　细胞骨架(A. B. C. 仿强胜)

A. 微丝结构　B. 中间纤维结构　C. 微管结构

①微管(microtubule)　微管是一种中空的长管状结构，普遍存在于各种植物细胞中，直径约 25 nm。由两种结构不同的球状蛋白(α、β)组成，两种微管蛋白先形成二聚体，再组合成聚合体，称为原丝体(protofilament)。每个微管大概由 13 个原丝体围绕而成，长度不等，是一种不稳定的细胞器。其主要生理功能表现在支架作用，维持细胞的固有形态；能控制细胞和细胞器的运动；在细胞分裂中还参与纺锤丝的形成；染色体运动、同时还参与细胞壁的生长和分化。

②微丝(Microfilament)　微丝是两种蛋白聚合成的细丝彼此缠绕成双螺旋，直径 6 ~ 8 nm。构成植物微丝的两种蛋白类似于动物的肌动蛋白，有伸缩性，主要功能是参与细胞质流动、叶绿体运动、胞质分裂、物质运输以及内吞、外排作用等。研究发现细胞松弛素 B(cytochalasin B)和 D(cytochalasin D)对微丝有抑制和稳定作用。

③中间纤维(intermediate fiber)　中间纤维又称为中间丝，是细胞内比微管更细的纤丝状结构，直径约为 10 nm，介于微丝和微管之间。植物的中间纤维与前两者共同在细胞形态维持、固定细胞器和细胞核位置及物质转运等方面起重要作用。

3. 细胞核

细胞核(nucleus)是生活细胞中最重要、最显著的结构，细胞内的遗传物质

DNA 几乎都存在于核内，是细胞的控制中心。

(1)细胞核的形态　在生物界，除最低等的蓝藻和细菌外，几乎所有的生活细胞都含有细胞核。通常每一个植物细胞中仅含有一个细胞核，但也有一些植物细胞中，可以含有两个以上的细胞核。细胞核在细胞中的形状、大小及位置随着植物的生长而发生相应改变。在幼嫩的植物细胞中，细胞核的体积较大，直径约 7～10 μm，在细胞中所占比例较大，一般位于细胞的中央，形状多呈球形；在成熟植物细胞中，细胞核的直径一般为 35～50 μm(个别例外，如苏铁的卵核，其直径可达 1 mm，肉眼可见)，在细胞中所占比例小。随着细胞中央液泡的形成，细胞核也被挤向一侧，靠近细胞壁，其形状也改变为半球形、瓶状等形式。

(2)细胞核的结构　随着细胞周期的改变细胞核的结构会有相应地变化。在光镜下观察可见间期细胞核由核膜、核仁及核质三个部分构成(图 1-16)。

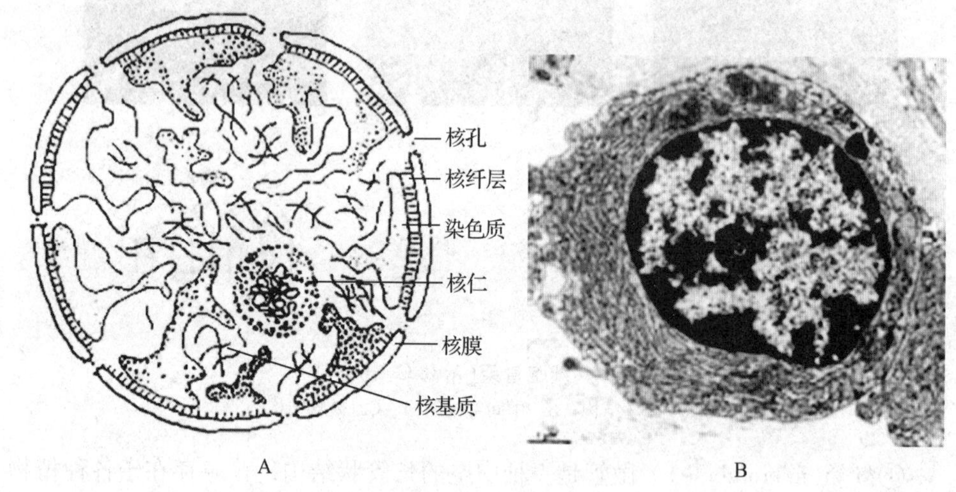

图 1-16　细胞核

A. 细胞核结构示意图　B. 电镜下细胞核亚显微结构

核膜　核膜(nuclear membrane)包被在细胞核的外围，与细胞质紧密接触。核膜为双层膜结构，分为内膜和外膜，其中内膜较厚，外膜较薄，在外膜的外侧分布有核糖体。核膜上分布有核孔(nuclear pore)。据测算，一般高等植物细胞核上约有 3000 多个核孔。核孔是细胞核与细胞质之间进行物质交换的通道，但并非完全自由地通过，而受某些机制控制。核膜具选择透性，可允许盐类、糖类、多肽及相对分子质量较低的蛋白质，如核酸酶、组蛋白、精蛋白等物质通过。大分子的转运与膜上的蛋白质有关，一些特殊的大分子如 mRNA，要成熟后才能被转运出。同时细胞核的结构还受到植物的生理状况和特性的制约。核膜内测有一层蛋白质构成的核纤层(nuclear lamina)，它为核膜和染色质提供了结构支架，与染色质上一些特别位点结合；在细胞分裂过程中会随着核膜崩解和重现。

核仁　核仁(nucleolus)位于核内，一般为一个，也有的具有几个，为球形小体。其大小随细胞的生理状态而变化，细胞代谢活动旺盛，核仁就大；代谢活动缓慢，核仁就小。核仁的折光率较强，故在光学显微镜下常呈亮点。核仁的嗜碱性较强，可被碱性染料，如番红、地衣红等染色。在电子显微镜下，可见核仁分区，中央是含染色质细丝的纤维中心，外围是核糖核蛋白组成的颗粒区。核仁是核内非常重要的结构，主要作用是利用DNA做模板合成rRNA，加工成熟后与蛋白质结合装配成核糖体亚单位，通过核孔转运到细胞质中。

核质　核质(nucleoplasm)是核膜以内，核仁以外的均匀透明的胶态物质。核质经碱性染料染色后，着色重的部分为染色质(chromatin)，而着色浅或不着色的部分称为核液(karyolymph)。染色质呈颗粒状，细丝状或结成网状而分散在核液中，主要成分是DNA和组蛋白，还有少量的非组蛋白和RNA。当细胞进行分裂时，染色质聚合成染色体(chromosome)。构成染色体的基本结构单位称为核小体，每个核小体中心是8聚体的组蛋白，外面左手方向缠绕着DNA双螺旋，并通过另一种组蛋白固定，核小体之间有DNA双螺旋相连，形成串珠样结构，非组蛋白结合到组蛋白上，再经系列折叠、压缩便形成杆状的染色体。染色体是细胞中遗传物质存在的主要形式。

核液　核液(karyolymph)又称为核基质(nuclear matrix)，是由蛋白质构成的纤维网状结构，网孔中充以液体。核基质是核的支架，有的研究者又称其为核骨架(nuclear skeleton)。含有核DNA复制和RNA转录的各种调控蛋白、酶类和原料等。

(3)细胞核的功能　由于细胞内遗传物质(DNA)主要存在于细胞核中，所以细胞核的主要功能是贮存、复制及传递遗传信息，在遗传中起重要作用。细胞核还控制蛋白质的合成、细胞内的各项生理活动和物质代谢的途径，从而指导细胞的生长、发育和遗传等。

三、植物细胞的后含物

植物细胞在生活过程中，不仅为其生长、发育提供营养物质和所需的能量，同时也产生储藏物、中间代谢产物及废物，这些物质统称为后含物(ergastic substance)。后含物中有的存在于液泡中，有的存在于细胞器里，还有的则分散在细胞质中。在各类后含物中，以淀粉、蛋白质和脂肪为代表的储藏物最为重要。

(一)淀粉

淀粉(starch)为植物细胞中最常见的一类储藏物。以颗粒状存在于细胞质中，特称淀粉粒(starch grain)。一般贮存于储藏器官的细胞中，如一些农作物种子的胚乳细胞中，甘薯、马铃薯的储藏薄壁组织细胞中，都有大量淀粉存在。

在淀粉粒中，有一脐点(hilum)为最初积累淀粉的起点，围绕着脐点形成有许多同心环绕的轮纹，呈明暗相间排列。轮纹的出现乃是由于沉积淀粉时，两种结构不同的淀粉——直链淀粉和支链淀粉相互交替分层沉积的缘故。由于这两种淀粉的亲水性不同，遇水膨胀程度不一，故显现明暗相间的差异。在各类植物中，脐可能位于淀粉粒的中央，称为同心淀粉粒，如小麦；也可能偏向一侧，称为离心淀粉粒，如马铃薯。

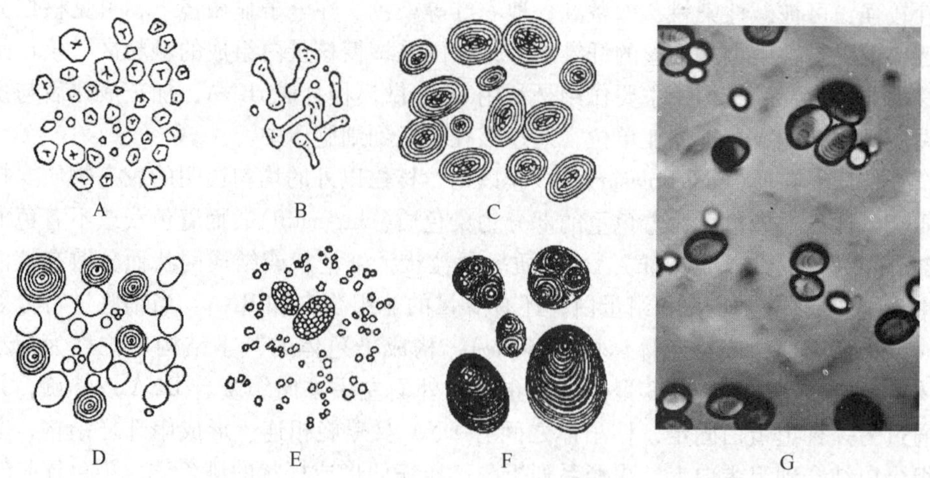

图 1-17 植物淀粉粒(A. B. C. D. E. F. 引自强胜)

A. 玉米 B. 大戟 C. 菜豆 D. 小麦 E. 水稻 F. 马铃薯 G. 光镜下马铃薯淀粉粒

淀粉粒有三种类型，分别称为单粒、复粒和半复粒(图 1-17)。单粒指淀粉粒中仅有一个脐点，亦仅有一套轮纹；复粒指淀粉粒具有两个以上的脐点，围缘着每一脐点各有一套轮纹。半复粒指淀粉粒具有两个以上的脐点，每一脐点除各有一套轮纹，在所有脐点外，还有共同的轮纹。在不同物种的同一细胞中，可以出现一种淀粉粒，也能兼有三者。马铃薯块茎中存在单粒、复粒和半复粒三种，小麦种有单粒和复粒两种。淀粉遇碘呈蓝色反应。

(二)蛋白质

蛋白质(protein)是植物细胞中又一常见的储藏物。储藏蛋白质一般呈固体状态，生理活性稳定，不参与细胞的生理活动，以此区别于原生质中呈胶体状态存在的生活蛋白。储藏蛋白质以多种形式存在于细胞质和液泡中，其中最常见的是糊粉粒(aleurone grain)，这是一团无定形的蛋白质，外被一层膜，围合成圆球状的颗粒。糊粉粒集中分布的细胞层，称糊粉层，如小麦、玉米种子中胚乳的最外一层细胞因含大量糊粉粒而形成糊粉层(图 1-18)。

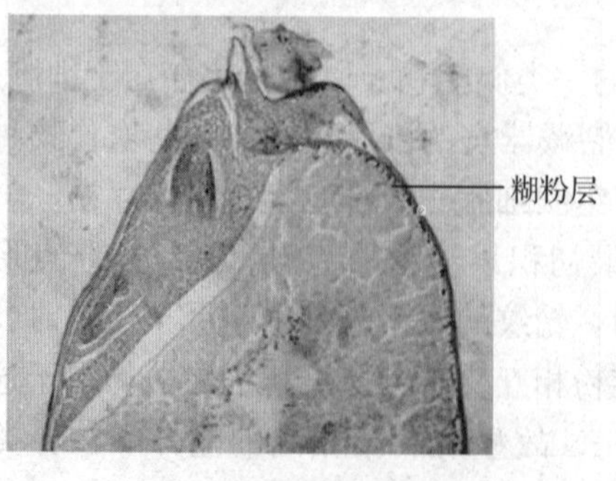

图 1-18 小麦胚纵切及部分胚乳切片

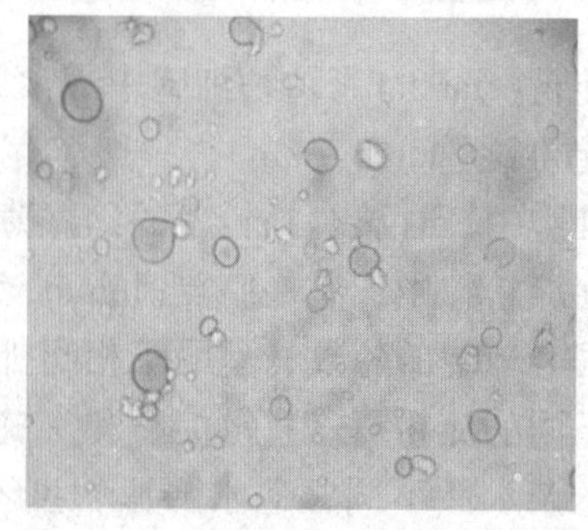

图 1-19 光镜下向日葵果实油滴

在有些糊粉粒中，除无定形的蛋白质外，还含有非蛋白结构的球晶体和蛋白质结构拟晶体，这两类晶体因具有晶体和胶体的双重性而区别于真正的晶体，如蓖麻种子胚乳细胞中所含的糊粒粉。

一般在糊粉粒中常含有水解酶，所以糊粉粒不仅仅是蛋白质的储藏结构，而且可看作是一种被隔离的溶酶体。储藏蛋白质遇碘呈黄色反应。

（三）脂类

脂类（lipoid）是植物中存在的又一重要的储藏物。其以液态或固态大量地存在于一些油料作物的种子或果实内，主要贮存在细胞质中。常温下，呈固体状的为脂肪（fat），呈液体状的为油滴（oil）。脂类属高能化合物，是由造油体合成的，如花生、大豆、油菜的子叶，蓖麻、椰子的胚乳，都含有大量脂肪（图 1-19）。脂类在苏丹Ⅲ或Ⅳ作用下呈橙红色反应。

（四）单宁与色素

单宁（tannin）属酚类化合物的衍生物，多以颗粒状存在于细胞质、液泡或细胞壁中，主要分布于叶、周皮及未成熟果实的果肉细胞中，具有抗水解、抗腐烂及动物损伤等生理功能，即具有保护植物的作用。

植物细胞中的色素（pigment），除存在于质体内的叶绿素、类胡萝卜素等外，还有存在于液泡内的水溶色素——类黄酮色素（花色素苷、黄酮或黄酮醇）。它们主要分布于果实和花瓣内。常见的色素为花青素，一般溶解在细胞液中。花青素的颜色随细胞液 pH 值的变化而呈现不同的色彩，pH 值为酸性时呈红色，中性时呈紫色，碱性时则呈蓝色。因此，生产上可利用花青素的颜色变化作为形态指标检验植物的生长状态。

（五）晶体

晶体（crystal）被认为是细胞排泄的废物，是在液泡内沉积形成的，后被集中到个别细胞内。在植物细胞中，常见各种形状的晶体，其中主要为草酸钙、碳酸钙的结晶体。晶体的形状多样，草酸钙晶体形状主要有方晶、针晶、砂晶、晶簇、柱晶等，方晶存在于甘草、黄柏等细胞中；针晶存在于半夏块茎、玉竹的块茎黏液细胞中；砂晶存在于颠茄、土牛膝等植物细胞中；晶簇存在

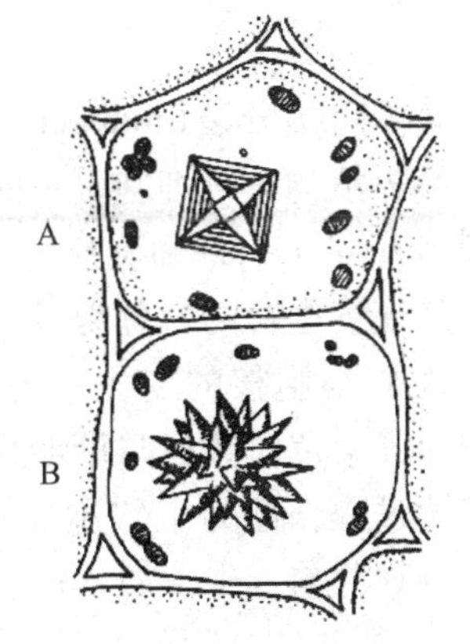

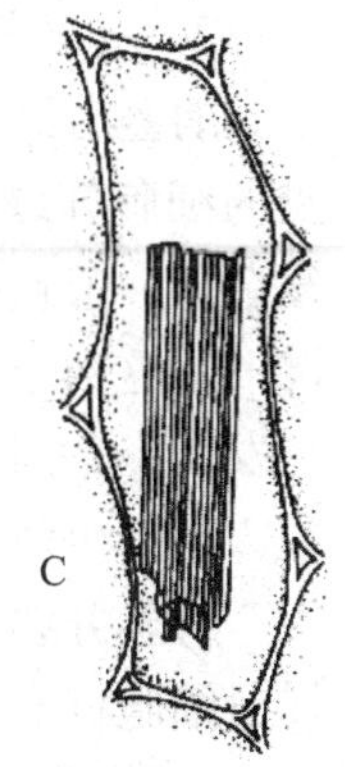

图 1-20　晶体（仿强胜）

A. 棱状结晶体　B. 晶簇　C. 针晶体

于人参、大黄根茎细胞中；柱晶存在于射干等鸢尾科植物细胞中等(图 1-20)。

另外，在禾本科、莎草科和棕榈科等植物的茎、叶和细胞内含有二氧化硅晶体，称为硅质小体。

四、植物细胞的分裂、生长和分化

(一)植物细胞的分裂

植物体之所以能够不断地生长、壮大，除了细胞本身体积的增大以外，更主要的是通过细胞分裂进行繁殖，以增加细胞的数量。因此，细胞分裂，就单细胞植物而言，每分裂一次，就产生了一个新个体；对多细胞植物来说，细胞分裂为植物体的个体建成提供了所需的新细胞。因此，细胞繁殖(分裂)对植物生活和繁衍后代均有重大意义。

植物细胞的分裂方式主要有 3 种，分别是有丝分裂、无丝分裂及减数分裂。

1. 细胞周期

细胞周期(cell cycle)是指持续分裂的细胞，自上一次分裂结束时开始，至本次分裂结束时为止的全过程。即包括细胞分裂准备阶段(间期)和整个细胞分裂阶段(分裂期)。间期又包括 DNA 合成前期(G1 期)、DNA 合成期(S 期)与 DNA 合成后期(G2 期)3 个时期。

(1)G1 期　细胞从前一次分裂结束到 DNA 复制前的一段时期，又称合成前期，此期主要为 DNA 的复制作准备，合成各种 RNA、蛋白质及酶类。这一时期物质代谢活跃，物质合成快速，各种细胞内组分都在增加，细胞体积显著增大。

(2)S 期　即 DNA 复制期，在此期，合成 DNA 复制所需的所有酶类，并利用其合成 DNA，使得细胞内 DNA 的含量增加一倍；同时还要合成组蛋白和非组蛋白。

(3)G2 期　即 DNA 复制后期。在这一时期，DNA 合成终止，RNA 及蛋白质合成继续进行，主要合成的是微管蛋白、促成熟因子和 ATP 等，为细胞的分裂作准备。

2. 有丝分裂

有丝分裂(mitosis)又称间接分裂(indirect division)，是一种十分普遍而又常见的细胞分裂方式，是高等植物进行细胞繁殖的主要方式。有丝分裂的过程较为复杂，一般包括核分裂(karyokinesis)和胞质分裂(cytokinesis)两个方面。多数情况下，这两个分裂过程是连续进行的。分裂时，细胞核、细胞质及其他细胞器都将发生一系列的变化，尤以细胞核的变化最为显著。一个细胞经过一次有丝分裂，可产生两个子细胞，其染色体数目与母细胞保持一致。

有丝分裂是一个连续过程，但为了叙述方便，人为地将有丝分裂整个过程，根据细胞核形态变化特点划分前、中、后、末 4 个时期(图 1-21)。

(1)前期(prophase)　是有丝分裂的开始，在细胞核里散乱的染色质丝聚集并高度螺旋化，逐渐变粗变短，形态逐渐清晰可见，最后形成可以分辨出的由两条染色单体构成的染色体(chromosome)，染色单体间仅以着丝点(centromere)相连。当染色体缩至最短时，核仁解体，核膜破裂，核液与细胞质相混合。同时，在核的两极出现少量由微管组成的细丝称为纺锤丝(spindle fiber)，至此前期结束。

(2)中期(metaphase) 纺锤丝从细胞的两极伸向赤道面，呈纺锤形，称为纺锤体(spindle)。组成纺锤体的纺锤丝有两种，一是染色体纺锤丝，是由染色体的着丝点伸向两极的；另一种是连续纺锤丝，它不与着丝点相连，是从核的一极伸向另一极。染色体在纺锤丝的牵引下，从原来散乱分布的状态，逐渐集中到细胞中部，并使染色体的着丝点均匀地排列在赤道面(equatorial plane)上成为赤道板。此时，由于染色体既短又粗，且彼此分开，是观察染色体形态和数目统计的最佳时间。

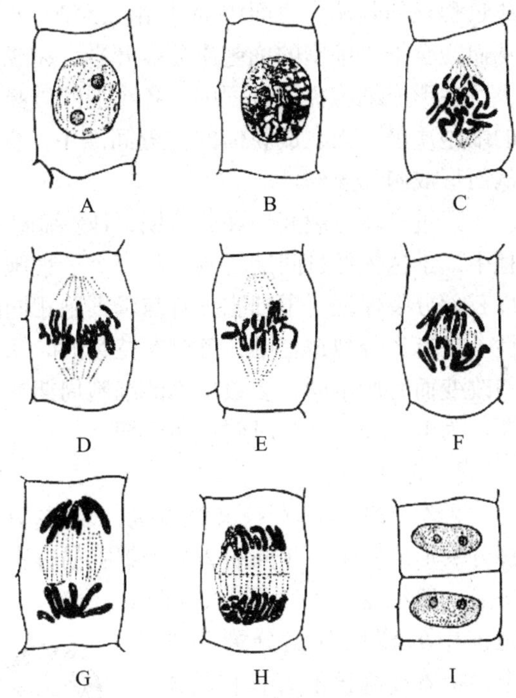

图 1-21 细胞有丝分裂全过程示意图

A. 间期 B. 前期一 C. 前期二 D. 中期一 E. 中期二 F. 后期一 G. 后期二 H. 末期一 I. 末期二

(3)后期(anaphase) 排列在赤道面上的每条染色体的 2 条染色单体自着丝点分开，并在纺锤丝的牵引下，开始向核的两极移动。同时，细胞被拉长。经过分裂后期，核的两极各自出现一组数目相同的染色体。

实验证明，染色体之所以能够向两极移动，是由于纺锤丝的牵引和着丝点的存在，二者缺一不可。若用药剂，如秋水仙素处理细胞，使纺锤体解体或不形成纺锤体，染色体就不会发生移动，因而导致二倍体或多倍体的形成。染色体到达两极，后期结束。

(4)末期(telophase) 到达两极的染色单体逐渐膨胀，经解螺旋，变成细丝状的染色质丝。同时，进行核的重建过程：首先在核区周围出现核膜，随之核内出现核仁。于是，细胞内形成两个核。

接着进行胞质分裂，一般发生在核分裂的早末期或晚后期，染色体接近两极时。首先，两极的纺锤丝消失，而子核之间的纺锤丝却保留下来，并且位于赤道面附近的连续纺锤丝中出现许多新的微管——短纺锤丝，形成一个纺锤丝密集的桶状区域，叫作成膜体(phragmoplast)。伴随着成膜体的形成，细胞内发生活跃的生理活动。首先内质网分离出小泡并移至成膜体；接着，高尔基体合成大量造壁物质，并在高尔基体小泡的携带下移至成膜体。当各类小泡汇集到赤道面附近后，与成膜体的微管融合，释放出多糖类物质，形成细胞板(cell plate)。这一形成过程最初是从赤道面中部开始，逐渐向两极扩展，最终与母细胞的侧壁相连，从而完全把母细胞的细胞质分隔开来，完成胞质分裂，形成两个子细胞。

在形成细胞板的过程中，各小泡的被膜相互融合在细胞板的两侧，以形成新的细胞质膜，而在成膜体的部分间隙中，保留有部分细胞质结构，如内质网等，从而形成胞间连丝。

经过有丝分裂间期和分裂期，1 个细胞分裂为 2 个细胞。由于在有丝分裂过程中，染色体经过间期复制，故每个子细胞所获得染色体数目与母细胞相同，所以有丝分裂保证了子细胞具有与母细胞相同的遗传潜能，确保了细胞遗传的稳定性。在有丝分裂过程中，各时期持续的时间各不相同，并随植物种类及环境条件的改变而有所不同，多数植物的细胞周期在 1 d 内完成，即 24 h 左右，其中分裂期仅为 1～2 h，其余时间均属间期。

3. 无丝分裂

无丝分裂(amitosis)又称直接分裂，指间期核不经过任何有丝分裂时期，直接分裂形成差不多相同的 2 个子细胞的过程。

一般细胞开始分裂时，细胞核中的核仁首先分裂为两个，接着细胞核沿着核仁的排列方向伸长并且中部凹陷变细，最终自中部断开，形成两个子核。随后在双核间形成新壁，从而把 1 个细胞分裂为 2 个。无丝分裂的最大缺点是因遗传物质不能均等地分配到子细胞中，故不能确保细胞遗传的稳定性，但由于分裂过程简单，所以耗能少，速度快。

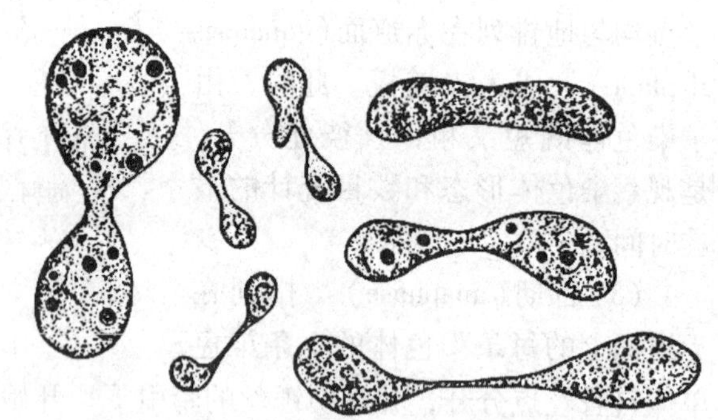

图 1-22　棉花胚乳形成中细胞无丝分裂过程
（引自强胜）

无丝分裂的形式多种多样，较为常见的有横缢、纵缢、出芽等，其中以横缢为最常见。过去一直认为无丝分裂多见于低等植物，高等植物中仅见于衰老的和病变的细胞。但近年来发现，无丝分裂在高等植物中也是比较普遍的，如胚乳形成(图 1-22)及植物愈伤组织形成过程中都有无丝分裂。

4. 减数分裂

减数分裂(meiosis)是植物生活周期中的一个重要环节，与植物的有性生殖有关。减数分裂的全过程包括两次连续分裂，每次分裂的过程基本与有丝分裂相同，差异是 DNA 的复制只有一次，即染色体的复制仅一次。于是，1 个母细胞经过减数分裂，可产生 4 个子细胞，而每个子细胞的染色体数目仅为原来母细胞的一半，因此称为减数分裂。它发生在花粉母细胞开始形成花粉粒及胚囊母细胞开始形成胚囊的时候，即产生精细胞和卵细胞的过程，减数分裂是维持物种遗传稳定性的基础。

减数分裂的全过程由分裂前准备阶段（间期）和分裂阶段（分裂期）构成。其中间期的过程与有丝分裂相同，持续的时间较长，主要任务是进行 DNA 的复制。分裂期比较复杂，包括两次连续的分裂（图 1-23）。

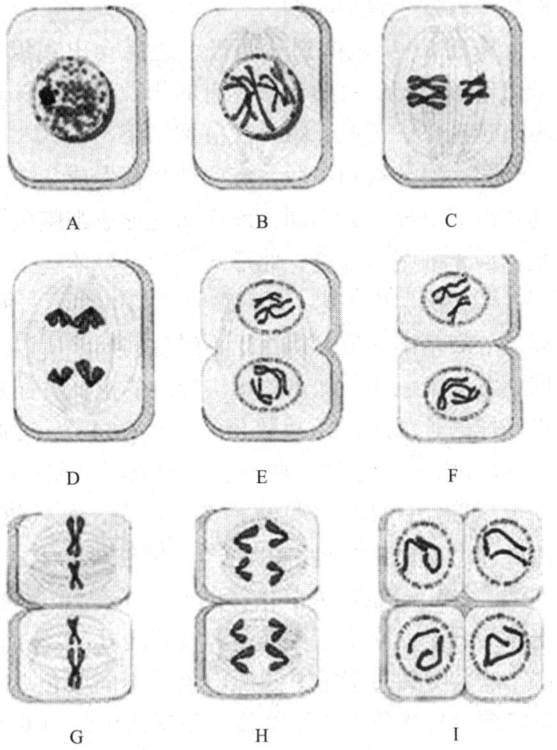

A B C

D E F

G H I

图 1-23 细胞减数分裂全过程示意图

A. 间期 B. 第一次减速分裂前期 C. 第一次减速分裂中期 D. 第一次减速分裂后期 E. 第一次减速分裂末期 F. 第二次减数分裂前期 G. 第二次减数分裂中期 H. 第二次减数分裂后期 I. 第二次减数分裂末期

（1）第一次分裂 在间期结束后，细胞完成了染色体的加倍，接着进入第一次分裂期，这个时期持续的时间较长，变化复杂，可分为 4 个阶段。

前期Ⅰ 这个阶段比较复杂，大概分为 5 个时期。

①细线期（leptotene） 染色质开始凝缩成细长、线状的染色体，染色单体之间通过着丝粒相连，核和核仁的体积增大。

②偶线期（zygotene） 分别来自于雌性和雄性生殖细胞的两条同源染色体配对，该现象又称为联会（synapsis），每对含有四条染色单体，构成一个单位，称为四联体（tetrad）。

③粗线期（pachytene） 染色体缩短变粗。此时，每对同源染色体称为二价体，由四条染色单体构成。其中，不同染色体的两条染色单体之间可发生染色体片段的交换，发生同源重组，即出现遗传变异。

④双线期（diplotene） 染色体继续缩短变粗，且同源染色体开始相互排斥，并发生分离，但由于染色体片段的交换而使其在交换点上相连。此时，是观察四条染色单体的最佳时期。

⑤终变期（diakinesis） 染色体缩至最小程度，并移向核膜的内侧。最后，核膜、核仁消失，纺锤丝出现。

中期Ⅰ 同源染色体以交叉点为基点排列在细胞中央的赤道面上，随之，纺锤体形成。与有丝分裂不同的是同源染色体是配对的。

后期Ⅰ 同源染色体在纺锤丝的牵引下，彼此分离。分别移向核的两极。于是在两极各有一组染色体，其数量仅为原来细胞的一半，减数分裂中染色体数目的减半就发生在该时期。

末期Ⅰ 染色体到达两极。之后会出现以下两种情况：有的物种核膜形成，染色体解螺旋形成染色质；有的物种不形成核膜，仍保持染色体状态。但两者都不出现核仁。至此，第一次分裂结束。

第一次分裂结束后，有些植物仅形成 2 个子核，不进行胞质分裂，而有的植物在形成双核后，随即在赤道面处形成细胞板分隔母细胞质，于是形成 2 个子细胞，但子细胞不分离，此形式称为二分体。

(2)第二次分裂 第一次分裂结束后不久便进入第二次分裂，过程及特征与有丝分裂基本一致，但由于不经过间期，所以分裂前细胞不再进行 DNA 的复制，即不发生染色体的加倍；本次分裂的主要特征是染色单体的分离，从而形成四个单倍体的子细胞；经减数分裂产生的 4 个子细胞起初是连在一起的，称为四分体。以后，4 个细胞彼此分裂，形成四个独立的细胞。

减数分裂具有重要的意义。首先，经减数分裂产生的细胞只含有一套染色体，即为单倍体细胞，由此进一步分裂产生的细胞，无论雌性细胞(卵)还是雄性细胞(精子)也均为单倍体的。两个单倍体的生殖细胞(精、卵)结合便形成二倍体的合子，恢复了染色体的原有数目，从而确保了细胞遗传的相对稳定。其次，减数分裂过程中，同源染色体不同染色单体之间发生了染色体片段的交换，意味着遗传物质发生了交换，使得遗传基因发生了重新组合，丰富了植物遗传的变异性，有利于产生适应能力更强的后代。

(二)细胞的生长与分化

在物种发育过程中，要经历细胞生长(cell growth)和细胞分化(cell differentiation)两个过程，单细胞植物要经历细胞的重量和体积增加的过程。而对于多细胞植物而言，从合子开始，要先发育成胚胎，再发育成个体，细胞除了生长之外，其形态结构和功能也在发生改变，从而构成植株的组织，器官并完成各种生命活动，这种改变即为细胞的分化过程。

1. 细胞生长

细胞的生长是指细胞的体积和重量的增加。细胞分裂后产生的子细胞，体积仅为母细胞的一半大小，须经生长至母细胞的大小才能进行下一次的分裂；若不再进行分裂，体积可增至几倍，甚至几十倍。细胞有两种生长方式，一种是细胞的生长与周围细胞的生长同步，称为协调生长；还有一种是生长出的部分插入到其他已停止生长的细胞之间，称为侵入生长。植物细胞的生长包括两个方面，即原生质体生长和细胞壁生长。原生质体生长过程中最为显著的变化是液泡化程度的增加，最后形成中央大液泡，细胞质其余部分则变成一薄层紧贴于细胞壁，细胞核移至侧面；此外，原生质体中的其他细胞器在数量和分布上也发生着各种复杂变化。细胞壁生长包括表面积增加和厚度增加，原生质体在细胞生长过程中不断分泌壁物质，使细胞壁随原生质体长大而延伸，同时壁的厚度和化学组成也发生相应变化。

植物细胞的生长有一定限度，当体积达到一定大小后，便会停止生长。细胞最后的大小，随植物细胞的类型而异，受多种因素的控制。首先细胞核与细胞质一起，共同控制着细胞的生长发育及各种代谢活动。细胞核对于细胞质的影响，表现在细胞质不能无限地增多。因为细胞核与细胞质之间的物质交换，必须通过细胞核表面膜的作用。所以为了便于细胞核的功能发挥，以细胞核控制范围制约着细胞体积的大小。再者细胞代谢活动强的部位，其细胞体积小，表面积大，而代谢活动弱的部位，其细胞体积大，表面积小。还有环境因素改变时，比如干旱、少雨、低温、光照不足的情况下，细胞的体积都会相应减小。

2. 细胞分化

多细胞植物体内不同的细胞执行不同的功能，与之相适应，细胞在形态或结构上也发生各种变化。如起保护作用的表皮细胞会形成明显的角质层；行使输导作用的细胞，其形状为长方形，中空，侧壁加厚，利于水分的运送；具有储藏作用的细胞，一般都具有大的液泡和大量的白质体；叶肉细胞中发育形成了大量的叶绿体以适应光合作用的需要等，所有这些都是细胞分化的结果。细胞分化使多细胞植物体中的细胞功能趋于专门化，这样有利于提高各种生理功能的效率。

细胞分化是植物系统发育到一定阶段的产物，是植物进化的一个突出的表现。被子植物是最高等的植物，细胞分工最精细，结构最复杂，功能最完善，吸收、运输、储藏、保护、支持等各种功能几乎都由专一的细胞类型分别承担。

细胞分化是一个非常复杂的过程，它涉及许多调节和控制因素，因为组成同一植物体的所有细胞均来自于受精卵，它们具有相同的遗传组成，但它们为什么会分化成不同的形态？是哪些因素在控制？这是生物学研究领域中的热点问题之一。目前对植物个体发育过程中某些特殊类型细胞的分化和发育机制已经有了一定程度的了解，其实质即为基因的差异表达，使得不同的细胞内功能蛋白的种类不同。通过一系列研究证实，控制细胞分化的基因大致可分为两类，一类称为管家基因(housekeeping gene)，它是维持细胞最低限度的功能所不可缺少的基因，但对细胞分化一般只有协助作用。管家基因在各类细胞的任何时间内都可以得到表达，其产物是维持细胞生命活动所必需的。另一类称为奢侈基因(luxury gene)，是指与各种分化细胞的特殊性状有直接关系的基因，丧失这类基因对细胞的生存并无直接影响。但奢侈基因只在特定的分化细胞中表达并受时间的限制，其编码产物赋予了细胞不同的形态和功能。同时细胞分化受到多种内外因素的影响，如光照、温度和湿度的诱导；细胞在植物体中存在的位置，以及细胞间相互作用等都有影响效应。

(三)植物细胞全能性

植物细胞全能性(totipotency)的概念是1902年由德国著名植物学家Haberlandt首先提出的。他认为高等植物的器官和组织可以不断分割直至单个细胞，每个细胞都具有进一步分裂和发育的能力。

植物细胞全能性是指植物体的每个细胞都具有分化发育成一株完整植物的潜

能。植物体的所有细胞都来源于一个受精卵的分裂。当受精卵均等分裂时，染色体进行复制，这样分裂形成两个子细胞里均含有与受精卵同样的遗传物质——染色体。因此，经过不断的细胞分裂所形成的成千上万个子细胞，尽管它们在分化过程中会形成不同器官或组织，但它们具备相同的基因组成，都携带着亲本的全套遗传特性，即在遗传上具有“全能性”。因此，只要培养条件适合，离体培养的细胞就有发育成一株植物的潜在能力。细胞和组织培养技术的发展和应用，从实验基础上有力地验证了植物细胞“全能性”的理论。

第二节　植物组织

细胞经过细胞分裂和生长，体积扩大，数目增多。由于其执行功能的需要又分化出形态结构各异的细胞群。通常把个体发育中来源相同、形态结构相似、担负一定生理功能的细胞组合所构成的结构和功能单位称为组织(tissue)。构成组织的细胞群可以由同一细胞分化而来，也可以由同一群分生细胞分化而来。在较低等的植物中仅具有单一组织，在高等植物中还需要各种组织紧密配合、有机联系以复合组织和组织系统的形式共同完成各项生理活动。

一、植物组织的类型

构成植物体的组织种类很多，根据组织的发育程度和生理功能的不同，以及形态结构的分化特点进行分类，一般可分为分生组织和成熟组织两大类。

(一)分生组织

分生组织(meristem)是指能持续分裂或周期性分裂细胞组成的细胞群。在胚胎发育的初期，所有的胚性细胞都能进行细胞分裂，但发育到一定阶段，只有植株的特定组织可以继续保持分裂的特征。这类组织一般位于植物体的生长部位，如根尖、茎尖等。植物体内的其他组织都是分生组织分裂产生的细胞经过生长、分化，逐渐发育而来的。所以分生组织的活动直接影响着植物的生长。

大多数分生组织的细胞特点是细胞体积小，呈多面体；排列比较紧密，一般无胞间隙；细胞核较大，细胞质浓，无液泡，质体处于前质体阶段；细胞壁薄，仅具初生壁；生活力强，代谢旺盛并能进行反复的分裂；一般无后含物；有较多的细胞器和发达的膜系统等。

根据分类依据不同，分生组织又有不同的分类方法。

1. 根据分生组织在植物体内的分布位置分类

分生组织可分为顶端分生组织、侧生分生组织和居间分生组织(图1-24)。

(1)顶端分生组织　顶端分生组织(apical meristem)位于根尖(图1-25)、茎尖的分生区部位。由短轴或近于等径的胚性细胞构成，细胞排列紧密，除上述特点外，顶端分生组织中的生长素含量较高。其特点是能较长时期地保持旺盛的分裂能力，其活动结果直接决定着植物体的伸长生长。有的顶端分生组织分裂产生的细胞中有的继续分裂，保持着很强的分裂能力；有的生长、并渐渐发生分化，最终失去分裂能力成为成熟组织。比如，有些有花植物由营养生长即从根、茎、叶的生长转化为开花、结果的生殖生长时，茎顶端的分生组织可转向花和花序的方向分裂分化。由此可见，顶端分生组织是植株形成中各种组织和器官的主要来源。

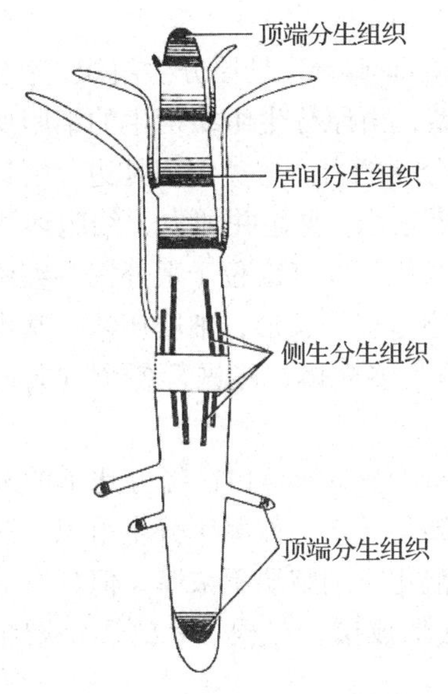

图 1-24　分生组织在植物体中的分布位置图

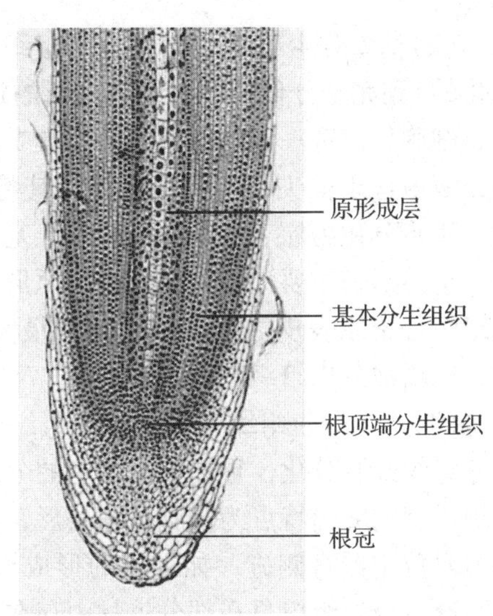

图 1-25　洋葱根尖纵切（示顶端分生组织）

（2）侧生分生组织　侧生分生组织（lateral meristem）位于裸子植物和双子叶植物根、茎的周围，与器官的长轴方向平行排列，包括维管形成层和木栓形成层。其特点是细胞已有一定的液泡化，但仍能保持长期而旺盛的分裂能力。其活动结果直接决定着植物体的加粗生长。

在多年生植物体内，维管形成层可逐年活动，产生新的细胞向内分化为次生木质部、向外分化为次生韧皮部，活动的结果使根茎增粗。木栓形成层由薄壁细胞经脱分化而来，产生的细胞向外分化形成由多层细胞构成的木栓层，向内分化为由一到两层细胞构成的栓内层，覆盖于老根和老茎表面的外周，分裂活动的结果形成覆盖老根老茎表面的一种新的保护结构——周皮。

（3）居间分生组织　居间分生组织（intercalary meristem）位于植物体内已经分化了的成熟组织之间，是顶端分生组织衍生、遗留在某些器官局部的分生组织。其特点是只能保持一段时期的分裂能力，以后则完全转变为成熟组织。其活动结果对植物体的伸长生长有一定作用。

居间分生组织在禾本科植物及其他一些植物体内较常见。如小麦、玉米等的拔节、抽穗生长现象，就是由于在其茎节间的基部及穗轴的基部存在这类分生组织，并由于其活动而产生。又如，花生的“入土结实”、韭菜的割茬再生长等现象都是由于在它们的子房柄及叶基部存在着居间分生组织活动的结果。

2. 根据分生组织的性质及来源分类

分生组织可分为原分生组织、初生分生组织和次生分生组织。

(1)原生分生组织　原生分生组织(promeristem)由胚胎遗留下来的胚性细胞所构成，细胞较小，近等径，无任何分化；细胞核较大；细胞质丰富，无明显液泡；有强烈、持久分裂能力；位于根尖、茎尖的前端，是形成其他组织的最初来源。

(2)初生分生组织　初生分生组织(primary meristem)是原分生组织(完全未分化的)到完全分化的成熟组织之间的过渡类型，由原分生组织衍生的细胞所构成，细胞已出现一定的分化，但仍具有旺盛的分裂能力。这类细胞是边分裂边分化，一般位于根尖，茎尖稍后处。其特点是液泡逐渐明显并加大，细胞体积扩大，逐步分化为原表皮、原形成层、基本分生组织。原表皮位于最外围，细胞较扁，呈砖形，主要进行径向分裂；原形成层细胞呈扁平长形，细胞质浓；基本分生组织位于原表皮之内，细胞比例最大，细胞为多面体，能进行各个方向的分裂，以增加分生组织的体积。

(3)次生分生组织　次生分生组织(secondary meristem)由已经分化了的成熟薄壁组织经脱分化，重新恢复细胞的分裂能力转化而来，如侧生分生组织。这类组织细胞的突出特点为细胞呈扁长形，明显液泡化，细胞质不浓厚，但具有分裂能力。位于器官侧方，如根茎的形成层与木栓形成层，与根、茎的逐年增粗有关。次生分生组织只在部分植物中存在。

分生组织的两种分类方法是相互独立又密切相关的，顶端分生组织既具有原分生组织较强的分裂能力，又具有初生分生组织向成熟组织分化的能力。因此原分生组织和初生分生组织都属于顶端分生组织；居间分生组织是由茎尖顶端分生组织衍生而遗留在某些器官局部的分生组织，属于初生分生组织；侧生分生组织的细胞是由成熟组织经脱分化、恢复分裂而来。因此，侧生分生组织属于次生分生组织。

(二)成熟组织

细胞形态特征和生理机能稳定的植物组织称为成熟组织(mature tissue)。是由分生组织分裂产生的细胞，经过细胞生长、分化，逐渐转化而来的。在一般情况下，这类组织的细胞不再进行分裂，故又称永久组织(permanent tissue)。但事实上，由于分化程度不同，其中的某些组织仍具有潜在的分裂能力，在一定条件下，细胞经脱分化，又可恢复分裂能力转变为分生组织。次生分生组织正是由此而来。

根据细胞形态特征和生理功能的不同，成熟组织一般可分为五大类。

1. 薄壁组织

薄壁组织(parenchyma)又称营养组织(vegetative tissue)，指构成植物体最基本的组织，也称为基本组织(ground tissue)。这类组织在植物体内分布极广，如根和茎的皮层及髓部、花的各部、叶肉细胞以及许多果实和种子中，主要是薄壁组织，其他多种组织如输导组织等，常包埋于其中。因此，基本组织是构成植物体的基础，担负着植物的吸收、同化、储藏、通气和传递等多项营养功能，是植物进行各种生理活动的主要场所。

构成薄壁组织的薄壁细胞形态多样，一般呈等径的多面体；排列疏松，间隙大，仅有较薄的初生壁，细胞中含有细胞核、质体、线粒体、内质网和高尔基体等多种细胞器和大量后含物，液泡发达。薄壁组织分化程度较低，具有潜在的分裂能力，在一定条件下可经脱分化，激发分裂潜能，进而转化为分生组织。可塑性也较强，还能进一步发育为特化程度更高的其他组织，如发育为厚壁组织。柿胚乳细胞的初生壁较厚，含有丰富的半纤维素，作为胚发育的营养来源。因此，通过薄壁组织的脱分化与再分化使可创伤修复，扦插、嫁接成活以及植物组织培养获得再生植株等在农业生产上具有重要意义。

薄壁组织因结构和生理功能不同可将其分为吸收组织、同化组织、储藏组织、通气组织、传递细胞五类(图 1-26)，它们在形态上各具特点。

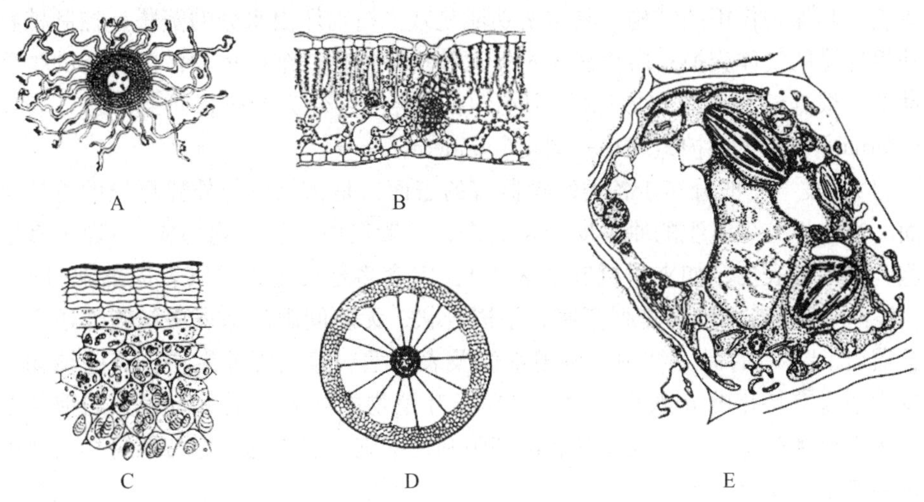

图 1-26　薄壁组织的类型(仿王全喜；K. Esau)

A. 吸收组织　B. 同化组织　C. 储藏组织　D. 通气组织　E. 传递细胞

(1)吸收组织(absorptive tissue)　根尖根毛区表皮细胞壁向外突起形成许多根毛，其主要生理功能是从土壤中吸收水分和营养物质，属于吸收组织。带土移栽，保护根毛不受损伤是提高移栽成活率的重要手段。

(2)同化组织(assimilating tissue)　主要分布在叶肉中，幼茎中也有少量分布。这类组织细胞的突出特点是细胞叶绿体含量丰富。其主要生理功能是通过光合作用制造有机物供给植物的各项生命活动需要。

(3)储藏组织(storage tissue)　主要存在于植物的各类储藏器官中，如块根、块茎、根状茎及种子中，常见的如小麦、玉米种子的胚乳细胞(淀粉)、马铃薯块茎的薄壁细胞(淀粉)、豆类植物种子的子叶薄壁细胞(蛋白质)、蓖麻种子的胚乳细胞(脂肪及蛋白质)。其主要生理功能是储藏营养物质，如淀粉、蛋白质和脂肪等。某些耐旱多浆植物，如仙人掌、龙舌兰、景天等植物体内有能储藏大量水分或黏液的细胞，使这类植物能够适应干旱条件。

(4)通气组织(aerenchyma) 主要存在于水生和湿生植物体内。其主要特征是胞间隙极为发达，形成很大的空腔，有的还相互贯通形成气道，其内充满大量空气。其主要生理功能是蓄积大量的空气，以便于呼吸时气体的交换。

(5)传递细胞(transfer cell) 在植物体分布很广，主要分布在溶质需急剧运转的部位。传递细胞的突出特点是细胞壁内突生长，形成许多不规则的突起；细胞质膜随着细胞壁的内突生长，相应扩大表面积，从而提高了细胞吸收、分泌及物质交换的能力；细胞壁上有丰富的胞间连丝，增强了细胞之间物质交换和信息传递的能力；细胞核大，细胞质浓厚，细胞器丰富。其主要生理功能是吸收与分泌，行使物质短途运输的功能。

2. 保护结构

保护结构(protictive structure)也称为保护组织(protictive tissue)，指覆盖于植物体表，起保护作用的结构。其主要功能是减少植物体内水分的蒸腾；控制植物与外界环境的气体交换；防止病虫害侵入和机械损伤；维护植物体内正常的生理活动等。根据细胞来源和形态的不同，保护结构可分为初生保护组织——表皮(epidermis)和次生保护组织——周皮(periderm)。

(1)表皮 一般分布于各类幼嫩器官的表面，是植物体与外界环境的直接接触面。由初生分生组织的原表皮分化而来，一般仅由一层细胞构成(少数为多层细胞，特称复表皮，如夹竹桃叶的表皮)，内含多种细胞，但以表皮细胞(图1-27)为主。表皮各细胞间排列紧密，呈嵌合状，无胞间隙。除表皮细胞外还存在气孔器(图1-27)的保卫细胞、副卫细胞及表皮毛、腺毛等外生物。有些植物的表皮中还含有特化的异细胞，如许多单子叶植物的叶表皮上常有较大的泡状细胞，禾本科和莎草科的表皮还常有硅细胞和栓细胞。表皮的形态特征可作为物种识别与鉴定的重要依据。

表皮细胞呈扁平体，正面观形状多样，如不规则形(叶表皮细胞)、长方形(茎、根)，具有中央大液泡，缺少叶绿体，但有白色体及有色体。表皮细胞的

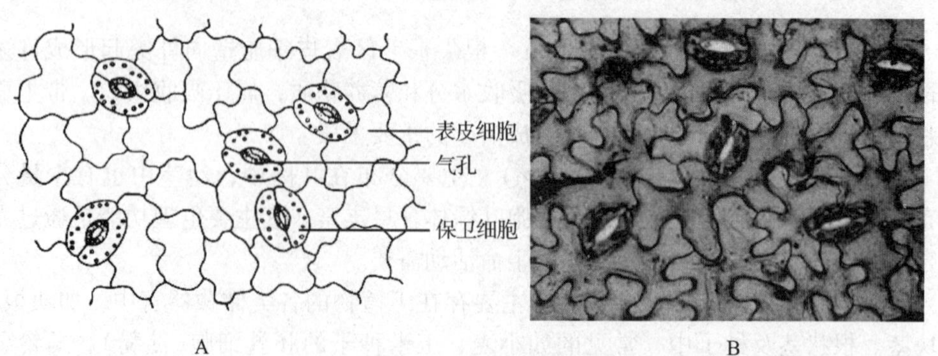

图1-27 表 皮

A. 表皮结构示意图 B. 光镜下蚕豆叶表皮

突出特点是在细胞外壁常角质化形成角质层(cuticle)，变成角质膜(cuticular membrane)(图 1-28)。角质化的细胞壁有通光作用，但不透气和水。有的植物在角质膜的外侧还形成有蜡被(图 1-29)。角质层(或角质膜)和蜡被的存在，对于减少水分蒸腾、防止病虫害均有重要作用，从而增加了表皮的保护功能。

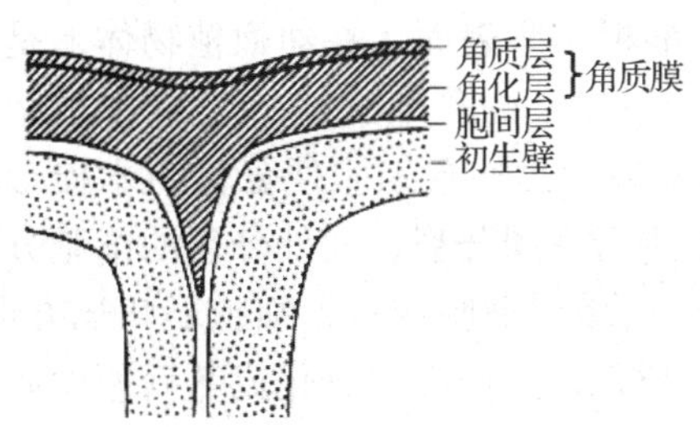

图 1-28　表皮上的角质膜
(引自李扬汉)

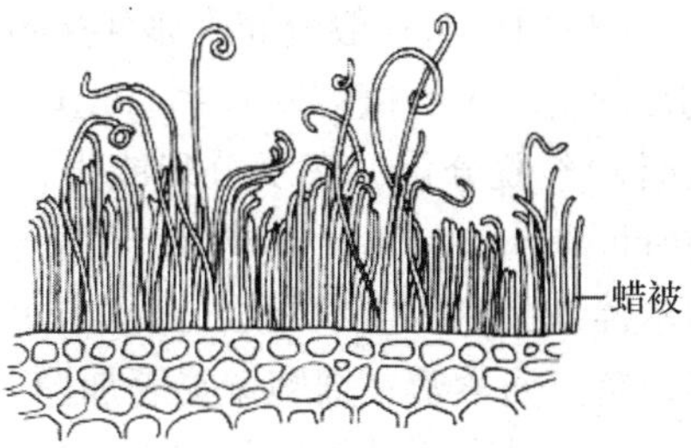

蜡被

图 1-29　表皮上的蜡被
(引自 Bary)

在植物的绿色气生部分，尤其是叶子的表皮中，分布着大量气孔器，它是气体进入植物体的门户，起调节水分蒸腾和气体交换的作用。气孔器是由两个相对排列的保卫细胞构成的。在其外侧常有副卫细胞。保卫细胞为生活细胞，内有中央大液泡和发达的细胞器，其突出特点是内有丰富的、大颗粒的叶绿体，及不均匀加厚的细胞壁，即只有气孔相对的外侧壁不加厚，正因如此，保卫细胞具有控制气孔开闭的机能。副卫细胞的数目、分布位置取决于气孔器的类型。

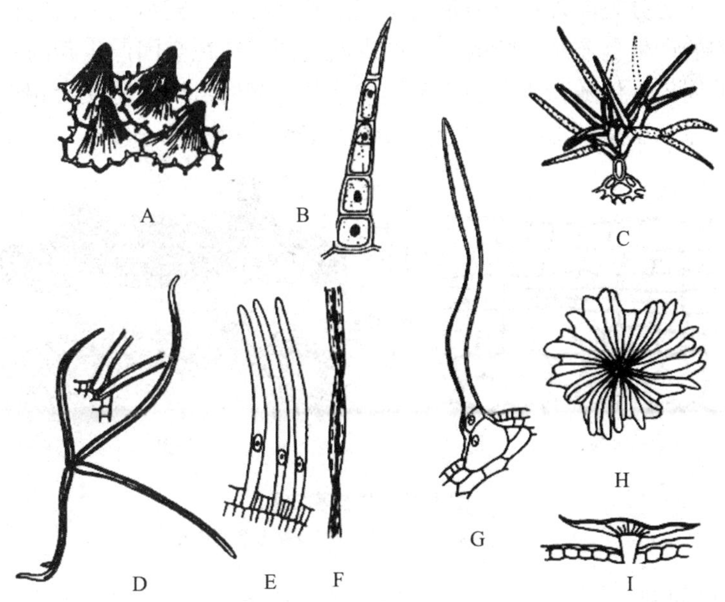

图 1-30　表皮附属物(引自 Esau；Fahn；Schenck)

A. 三色堇花瓣上的乳头毛　B. 南瓜的多细胞表皮毛　C. 薰衣草叶上的分支毛　D. 棉叶上的簇生毛　E、F. 棉种子上的表皮毛(幼期和成熟期)　G. 大豆叶上的表皮毛　H、I. 橄榄的盾状毛(顶面和侧面)

表皮细胞特化可形成表皮毛、腺毛等表皮附属物(图 1-30)。表皮附属物类型和功能各异，其结构有单细胞的，也有多细胞的。其作用是使表皮的保护功能增强。如沙枣叶片上的表皮毛呈灰色的伞形状，用以反光及保护，防止水分蒸腾。荨麻叶片上的表皮毛基部膨大，内含蚁酸，用以保护其免受其他生物的损伤。

(2)周皮　一般分布在多年生成年植株的根、茎表面。在幼嫩植物体上是不存在周皮的，当植物发育到一定时期，位于表皮下的薄壁细胞(茎)或中柱鞘细胞(根)经脱分化，恢复分裂能力，经平周分裂，其外层细胞便分化为木栓形成层(phellogen)。木栓形成层产生后，便不断进行平周分裂，向外分裂的细胞分化为木栓细胞，构成木栓层(phellem)。木栓层由多层细胞构成，细胞形状长方形，排列整齐而紧密；细胞壁显著加厚并高度栓质化，致使细胞分化成熟后原生质体消失，并具有不透气、不透水、抗压、隔热、绝缘、质地轻、弹性好、抗有机溶剂及多种化学药品的特性，故木栓层是极好的保护材料，是周皮中真正起保护作用的结构部分。木栓形成层向内分裂的细胞分化为薄壁细胞，构成栓内层(phelloderm)。栓内层一般仅由一层生活的薄壁细胞构成，其形状和排列方式与木栓层细胞基本一致，细胞内常含叶绿体。所以，周皮是由木栓层、木栓形成层及栓内层三者共同构成的(图 1-31A)。

构成周皮各结构部分的特点决定，周皮具有不透气、不透水的特性。但由于植物正常生活的气体交换的需要，在周皮上分化出了一种孔状次生结构——皮孔(lentical)(图 1-31B)，帮助老茎与外界进行水分和气体的互换。在形成皮孔的部位，木栓形成层分裂向外形成大量的薄壁细胞被称为补充组织。向内仍然形成栓内层。周皮的产生是连续不断的，在周皮的内侧，往往会因产生新的木栓形成层而形成新的周皮。伴随新周皮的出现，位于其外侧的组织细胞便会相继死亡，并逐渐积累增厚，于是便形成了在老的枝干上俗称的树皮(bark)。

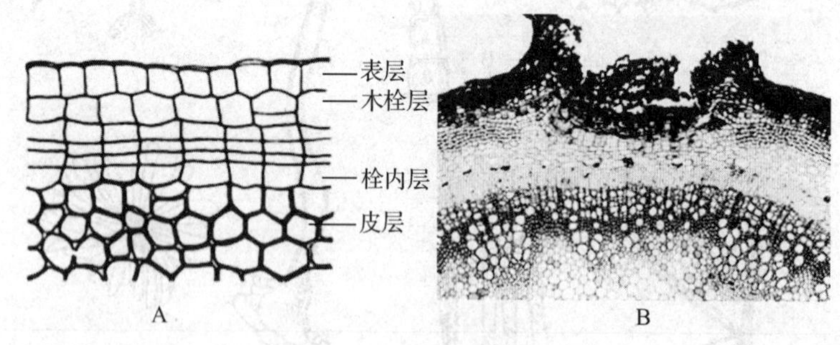

图 1-31　周皮和皮孔

A. 棉茎的周皮示意图　B. 接骨木茎的皮孔

3. 机械组织

机械组织(mechanical tissue)是指在植物体内起支持和巩固等机械作用的组织。这类组织在植物体的幼嫩器官中是很不发达的，但在成年植物体及老器官中，分化较为完全。由于其细胞壁局部或全部发生不同程度的加厚，有的甚至还发生木质化，所以它有很强的抗压、抗张和抗曲折的能力。机械组织细胞的突出特点是细胞壁加厚，根据细胞形态及细胞壁加厚的不同，可将机械组织分为两大类，即厚角组织和厚壁组织。

(1)厚角组织(collenchyma tissue)　厚角组织细胞的突出特点是细胞壁呈初生壁性质的不均匀增厚，增厚部位一般位于角隅处。主要分布于生长中的幼嫩茎(图1-32)、叶柄、叶片、花梗等部位，根中一般不存在；常位于表皮或周皮的内侧。构成厚角组织的细胞为长梭状的生活细胞，连接成束，内含叶绿体，具有潜在的分裂能力，可参与木栓形成层的形成。因此，使其具有一定的坚韧性、可塑性及延展性，即对植物体或器官有一定的支持作用，同时又能适应器官的生长。

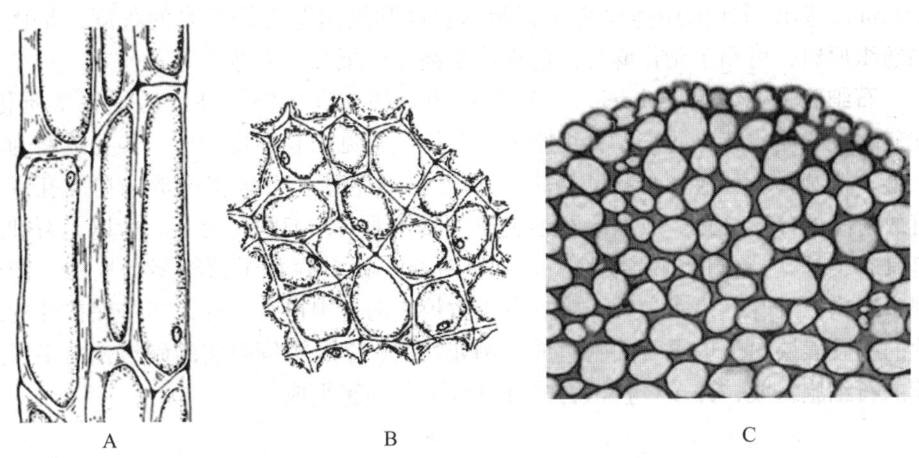

图1-32　芹菜叶柄的厚角组织(A. B. 引自李扬汉)
A. 纵切面　B. 横切面　C. 厚角组织横切

(2)厚壁组织(sclerenchyma tissue)　分布在维管组织和基本组织之间，细胞的特点是具均匀增厚的次生壁，细胞腔很小；分化成熟的细胞中无原生质体。根据细胞形态和存在形式不同，厚壁组织可分为两大类：纤维和石细胞。

纤维　纤维(fiber)是两端尖细呈梭状的细胞。细胞壁明显地次生增厚，常木质化、坚硬。细胞壁上纹孔稀少，并常呈缝隙状。大多数纤维细胞成熟时原生质体都消失。纤维的尖端通常在植物体内相互穿插、重叠排列、连接成束状。因此，使植物器官具有较大的抗压能力和弹性，在成熟植物体中起主要的支持作用。根据纤维在植物体内的分布和细胞壁特化程度不同，可分为木纤维

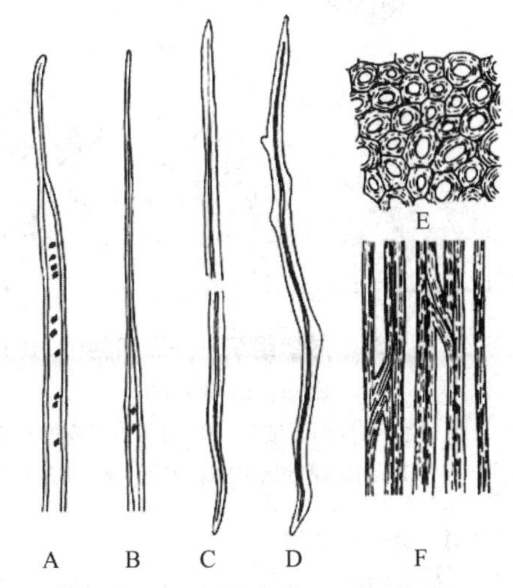

图1-33　厚壁组织——纤维(引自 Eamesand; Haupt)
A. 苹果的木纤维　B. 白栎的木纤维　C. 黑柳的韧皮纤维　D. 苹果的韧皮纤维　E. 向日葵的韧皮纤维横切面　F. 向日葵的韧皮纤维纵切面

(xylem fiber)和韧皮纤维(phloem fiber)两类。

木纤维分布于植物体内的木质部中(图 1-33A、B)，与韧皮纤维相比细胞稍短，一般长约 1 mm，杨树、桉树等阔叶木中含有木纤维。细胞壁木质化程度较高，坚硬度和抗压力增强，由于无弹力容易折断，起机械巩固作用。在生产中常用作建筑用材、造纸和制造人造纤维的原料。

韧皮纤维分布于植物体内的韧皮部中(图 1-33C、D、E)。韧皮纤维细胞壁厚，并含有大量的纤维素，木质化程度较低，弹力较大。植物种类不同木质化程度和长度差异较大，在 1~2 mm 间变化。最长的要属麻类作物，苎麻最长的可达 550 mm。韧皮纤维的用途决定于细胞的长度和细胞壁含纤维素的程度，是优质的纺织原料，可用于制作麻袋、麻绳或更高级的纸张和人造棉等。

石细胞 石细胞(sclereid)一般是由薄壁细胞发生壁的高度增厚并木质化、栓质化或角质化特化而来。石细胞形状多样，常见的有不规则形、等径或略为伸长形、椭圆形、球形和分枝状(图 1-34)。石细胞壁上有很多圆形的单纹孔，也有放射状的分支纹孔。成熟的石细胞原生质体消失，细胞腔变小。所以，石细胞是具有良好支持作用的死细胞。石细胞分布广泛，存在于植物茎的皮层、韧皮部、髓内以及叶、果实和种子中。在少数植物的根中也有发现，某些保护性的鳞片的坚硬表层通常也由石细胞组成。例如，桃、李、杏等果实的硬核是由多层连续的石细胞组成；许多豆科植物的种皮也由石细胞组成。

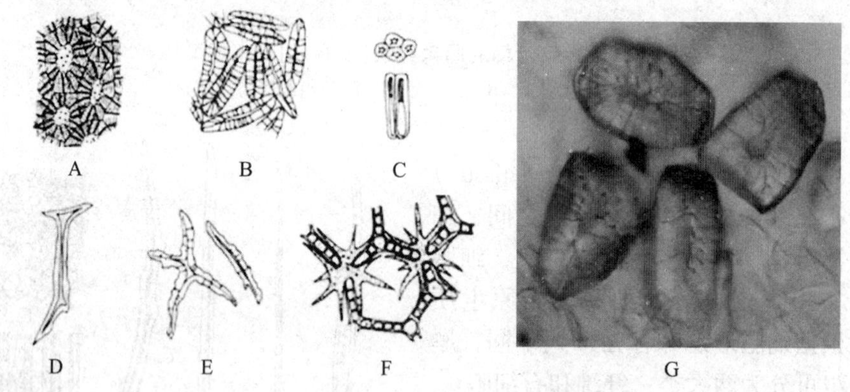

图 1-34 厚壁组织——石细胞(A. B. C. D. E. F. G. 引自 Haupt；Cronquist；Eames；Esau；Dalitzsch)

A. 桃内果皮的石细胞 B. 椰子内果皮的石细胞 C. 菜豆种皮的石细胞 D. 茶叶叶片的石细胞 E. 山茶属叶柄中的石细胞 F. 萍蓬草属叶柄中的石细胞 G. 光镜下梨果肉的石细胞

4. 输导组织

输导组织(conducting tissue)存在于维管植物体内，尤以被子植物和裸子植物更为发达，其主要生理功能是担负水溶液及营养物质的长途运输。输导组织的细胞特点是分化成长管状细胞，分布于植物体的各器官之中，并在各器官间相互连接形成贯穿于全植物体的连续的输导系统，目的是使植物更好地适应陆生生活。根据结构和所输送的主要物质不同，可将输导组织分为两种类型，一类是输送水分和无机盐类的导管和管胞；另一类是输送有机营养物质即同化产物的筛管和筛胞。

(1)导管(vessel) 主要存在于被子植物体内的木质部中，由一系列中空长管状细胞壁木质化的死细胞纵向连接而成，其中的每一细胞称为导管分子(vessel element)。导管直径相差较大，长度可从几厘米至1m不等，甚至有些植物如藤本植物的导管长度可达数米。如紫藤茎的导管长度可达5 m。处于发育早期的导管分子比较狭窄，细胞内含有原生质体，可见到内质网、微管、高尔基体等细胞器。随着细胞的生长，导管分子的直径显著增大，而且导管分子侧壁呈不同程度的木质化增厚，但内质网与质膜相连处细胞壁不增厚。细胞内逐渐分化出大液泡并在微管聚集分布的部位逐渐形成各种各样的花纹状的次生壁。不久，导管分子发生胞溶现象，大液泡膜破裂，水解酶被释放出来，原生质体被分解，细胞程序性死亡。同时释放的水解酶对未被木质化的次生壁所覆盖的一些初生壁部位，也会进行不同程度的溶解。尤其导管分子纵向连接处的端壁(end wall)，经过黏化、膨胀，局部解体、消失，最终形成不同程度的穿孔(perforation)(图1-35)。有的形成大的单穿孔(simple perforation)，有的形成由数个孔穴组成的复穿孔(compound perforation)。穿孔的出现及原生质体的消失，使导管分子上下连接，形成中空的连续长管——导管，有利于水分和无机盐类物质的纵向运输。在输导作用方面，单穿孔的导管分子比复穿孔的导管分子的输导能力更强。

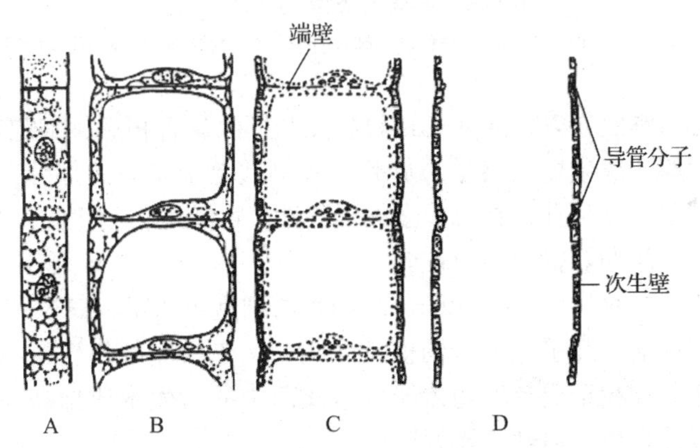

图1-35 导管分子的发育过程(引自强胜)

A. 导管分子的前身，无次生壁生成 B. 细胞增大，液泡化显著，次生壁开始沉积
C. 次生壁加厚，液泡膜破裂，细胞核变形，壁端处部分解体
D. 原生质消失，壁端形成穿孔，导管形成

根据细胞侧壁木质化次生壁增厚的纹络，导管可分为5种类型，即环纹导管、螺纹导管、梯纹导管、网纹导管和孔纹导管(图1-36)。

环纹导管 环纹导管(annular vessel)一般在植物的初生木质部中的原生木质部存在。环纹导管细胞细长、口径较小；次生壁在导管的初生壁内侧每隔一定距离有一个呈环状的木质化增厚，无穿孔；端壁具较长的尾端，并具复穿孔。由于木质化增厚的部分少，未增厚的导管壁仍可随着植物器官的生长而延伸，但由于韧性较差，易被拉断。环纹导管的输水能力较弱。

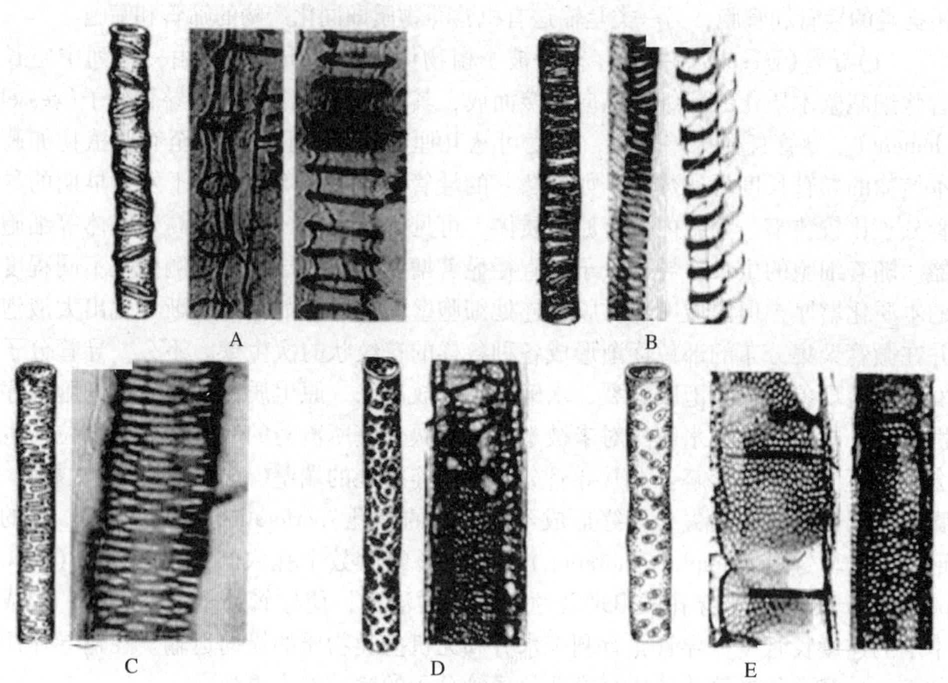

图 1-36 导管的类型(引自金银根)

A. 环纹导管 B. 螺纹导管 C. 梯纹导管 D. 网纹导管 E. 孔纹导管

螺纹导管 螺纹导管(spiral vessel)特点与环纹导管相近，细胞细长。只是侧壁上木质化增厚的次生壁纹络呈螺旋状。管侧壁上未增厚的部分，均为初生壁，面积较大，端壁具复穿孔，具有较强的延展性，可随植物的生长而伸长，所以多产生于植物的幼年期。输导能力较弱。

梯纹导管 梯纹导管(scalariform vessel)的细胞短而粗、口径大，侧壁上次生壁木质化增厚的部分几乎呈平行的横条状隆起，未增厚的初生壁与此相间排列，端壁具复穿孔。存在于成年植物体初生木质部中的后生木质部和次生木质部中。梯纹导管延展性较小，但输导能力较强。

网纹导管 网纹导管(reticulated vessel)的特点与梯纹导管相近，但侧壁上的次生壁呈网状增厚，仅网眼为未增厚的初生壁，端壁具复穿孔，存在部位与梯纹导管相同。细胞壁的延伸性较小，但由于导管腔的直径较大，输导能力明显增强。

孔纹导管 孔纹导管(pitted vessel)既短又粗，口径很大，侧壁均木质化次生增厚，仅留有部分孔状结构未增厚，并被溶解形成纹孔，端壁具单穿孔。它与梯纹导管和网纹导管相似，由于管径很大，输导能力较强、效率较高。

上述5类导管在植物体的个体发育或器官形成过程中，其发育顺序依次为：环纹→螺纹→梯纹→网纹→孔纹导管。导管虽然是一种输导结构比较完善的输导组织，水分和无机盐的运输可顺利通过导管细胞腔及穿孔上升，也可以通过侧壁上的纹孔横向运输。但植物的水分和无机盐的运输，不是由一条导管直接从根直通运输到顶端，而是分段经过许多条导管曲折连贯向上运输的。

导管的输导功能不能永久保持，它的生存期限因植物种类不同而不同，几个月到数十年不等。在植物体的生长过程中，新的导管产生后，一些较老的导管，其周围的薄壁组织细胞或射线细胞体积不断增大，通过导管侧壁上未木质化增厚的部分或纹孔处侵入导管腔内生长，形成大小不等的囊泡状突出物充满了导管腔。起初侵入导管腔内的只是薄壁细胞细胞质和细胞核，后来又有大量次生物质累积，囊泡状突出物逐渐增大，以致将导管腔完全堵塞，这些老化的导管渐渐丧失输导能力，而由新的导管来代替。这种堵塞物称为侵填体(图 1-37)。侵填体在双子叶木本植物中甚为普遍。这种侵填体的形成，增强了植物的自然抗腐力并对防止病虫害的侵袭以及增强木材的致密度和耐水性都有一定的作用。

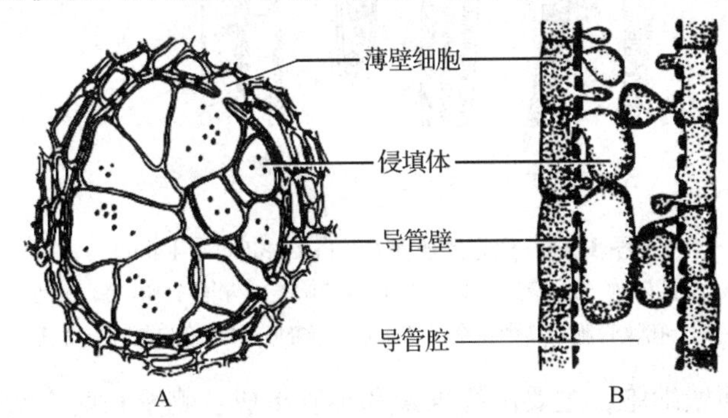

图 1-37　侵填体（引自 Strasburger）

A. 导管及其周围薄壁细胞的横切面　B. 导管及其周围薄壁细胞的纵切面

(2)管胞(tracheid)　主要存在于蕨类植物和裸子植物体内。同导管分子相似，管胞细胞为单个的长梭形，纵向连接以偏斜的尾端相互穿插、彼此贴合延伸成管状，故较坚固。长度一般约为 1 ~ 2 mm。横切面呈三角形、方形或多角形。当管胞细胞发育成熟时，原生质体消失并丧失生活力，变成仅剩有木质化不均匀增厚的细胞壁的死细胞。管胞的端壁没有穿孔，形成许多典型的具缘纹孔。管胞有输导水分和支持作用的双重功能，水溶液的输送主要向上或横向运输，但由于管腔小，所以输导能力较弱。

管胞在系统发育过程中，主要向两个方向演化：一个方向是细胞壁更趋于加厚，壁上纹孔孔径变窄，特化为专具支持功能的木纤维；另一个方向为细胞的端壁溶解，特化为专营输导功能的导管分子。

管胞的次生壁木质化和增厚方式与导管相似。所以依据细胞侧壁上的木质化增厚形式不同，也同导管一样分为环纹、螺纹、梯纹和孔纹 4 种类型(图 1-38)。环纹管胞和螺纹管胞都有较小的加厚面，支持力低，多分布在植物的幼嫩器官中；其他两类管胞多出现在植物较老的器官中。比较导管和管胞的起源和演化，大量的资料显示管胞发育较早，而导管发育较晚，并且导管是由管胞演化而来。

(3)筛管(sieve tube)　主要存在于被子植物体内的韧皮中，由一些长管状的生活细胞纵向连接而成。其中，把组成筛管的每一个细胞称为筛管分子(sieve element)(图 1-39B)。筛管的长度一般为 0.1 ~ 2 mm，宽 10 ~ 70 μm。其细胞壁仅

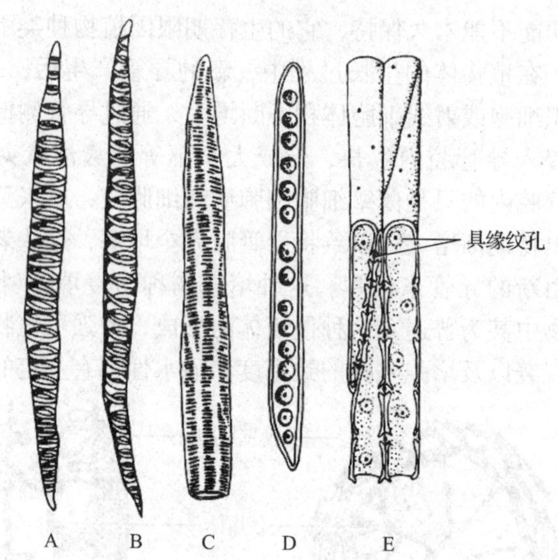

图 1-38　管胞的类型(引自 Greulach；Fahn)

A. 环纹管胞　B. 螺纹管胞　C. 梯纹管胞　D. 孔纹管胞　E. 毗邻的4个孔纹管胞，其中3个纵切，示孔纹的分布与管胞的连接方式

具初生壁，为薄壁细胞，主要由纤维素和果胶组成。侧壁和两个端壁上有一些区域凹陷称为筛域(sieve area)，这些凹陷区域即为初生纹孔场。筛域主导筛管分子与相邻的细胞之间进行密切的物质交换。在筛域上分化出许多成群分布、胞间连丝扩大形成的小孔，称为筛孔(sieve pore)(图 1-39B)，具筛孔的端壁称为筛板(图 1-39B)。只有一个筛域的筛板称为单筛板(simple sieve plate)，如南瓜的筛管；具有数个筛域分布的筛板称为复筛板（compound sieve plate)，例如，烟草的

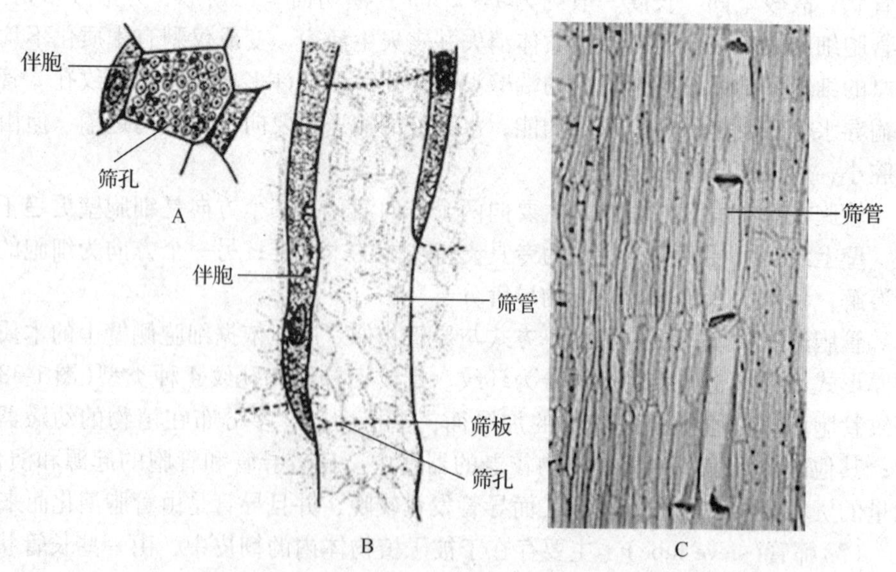

图 1-39　筛管和伴胞(A. B. 引自周云龙)

A. 筛管和伴胞横切面　B. 筛管和伴胞纵切面　C. 南瓜茎的纵切照片

筛管。筛孔中的原生质丝比初生纹孔场中的胞间连丝粗，周围有胼胝质分布，称为联络索(connecting strand)。经过筛孔的每一个联络索，其周围都有胼胝质(callose)——β-1，3-葡聚糖围绕，胼胝质在联络索的外层加厚，有时也在筛域的表面沉积。

筛管分子在发育初期，具有细胞核、细胞质、特殊的黏液体以及各种细胞器如液泡、高尔基体、线粒体、内质网、质体等。黏液体中存在一种特殊的蛋白质，是筛管分子所特有的，称为P-蛋白质(phloem protein)。P-蛋白质有管状、纤维状、颗粒状等多种形态并具有ATP酶的活性，有人认为它与同化物的运输紧密相关。也有实验证明P-蛋白质对于受损筛管的筛板孔被堵塞有明显的作用。当筛管分子发育成熟后，仅保留与物质运输和维持生命活动有关的部分退化细胞器如线粒体、质体、内质网以及P-蛋白质，其他的结构如细胞核等全部解体消失。P-蛋白质也由原来的分散状态逐渐趋向于细胞腔的侧面和筛孔附近集聚。随着筛管细胞的成熟老化，其上的胼胝质会不断增多，进而形成垫状结构——称为胼胝体(callosity)沉积在整个筛板上，联络索相应收缩变细，以致完全消失，筛孔被堵塞，细胞失去输导能力。但胼胝体具有可逆性，一般单子叶植物体内的筛管，其输导功能可维系其终生。而多年生双子叶植物在冬季来临之前，其筛管在胼胝体形成后，会临时停止输导作用，到翌年春天，胼胝质会部分融解，于是筛管便会恢复输导功能。但由于胼胝质沉积的多，溶解的少，日积月累，最终会将筛孔完全堵塞，使筛管丧失输导功能，并由新的筛管来完成。

筛管分子不是独立存在的，通常在它的旁边有一至多个特化的薄壁细胞，称为伴胞(companion cell)(图1-39A)。伴胞细胞的特点为纵向伸长、细胞核大、细胞质较浓厚、含有较丰富的细胞器、新陈代谢活跃。伴胞与筛管分子在发育上具有同源性，即来源于分生组织的同一个母细胞，母细胞经过不均等的纵裂一分为二，较大的细胞进一步发育形成筛管分子，较小的细胞发育成伴胞。如果伴胞再进行横向分裂，就形成一到数个伴胞。在一些双子叶植物中，有的伴胞甚至形成内突的细胞壁，发育成传递细胞，起短距离运输作用。在伴胞和筛管分子的侧壁之间，有较多的胞间连丝相连，还有与筛管分子共死亡等特点，两者密切配合共同完成有机物的运输。

(4)筛胞(sieve cell)　主要存在裸子植物和蕨类植物体内，是一种细长、两端稍尖并且倾斜的管状活细胞。细胞具有生活的原生质体，无细胞核。细胞壁为初生壁，侧壁上有特化程度不大的筛域出现，筛域上有筛孔，但筛孔的孔径狭小，有细的原生质丝从中穿过。细胞的端壁一般不形成筛板和筛孔。功能是承担有机物的运输。

筛胞的旁边没有伴胞，但在某些裸子植物中却存在与筛胞有关的蛋白质细胞。这些蛋白质细胞是韧皮部薄壁细胞或韧皮射线细胞经过特化而形成的。蛋白质细胞的细胞质比较浓厚；对染料有强的亲和力，和筛胞相邻的细胞壁上有胞间连丝穿过，细胞的后含物如淀粉粒缺乏；但具有较强的呼吸能力和酸性磷酸酶活性，此活性的强弱通常与筛胞在春夏季节间装卸有机养料相对应。当筛胞衰老丧失输导功能时，蛋白质细胞也随之死亡。因此，蛋白质细胞与筛胞的关系与伴胞和筛管分子之间的关系相似。

筛胞和筛管都由薄壁细胞演化而来，是植物体内输送有机物的组织，但二者在结构和输导方式方面又存在差异。并且筛胞运输有机物质的效率要比筛管低得多，发育也较原始。

被子植物体内虽然有导管、管胞、筛管和筛胞4种类型的输导组织运输物质，但起主要作用的是导管和筛管。导管和筛管在运输物质的同时容易感染病菌，成为传播扩散病菌的主要通道。如生存于土壤中的枯萎病菌如果侵入植物的根部后，其菌丝可随导管到达植物体地上部分的茎和叶，使得病菌进一步感染茎叶。因此，了解植物的主要致病途径，对于合理施用农药，有效防治病虫害具有重要的指导意义。

5. 分泌结构

植物在新陈代谢过程中，有些细胞能合成一些特殊的有机物或无机物，这些物质称为分泌物，它们积累在植物体内或排到植物体外。植物体中凡能产生、储藏、运输分泌物质的细胞或细胞组合称为分泌结构(secretory structure)。分泌物排出体外的现象称为分泌现象。分泌细胞的特点是细胞核较大，细胞质浓厚，细胞器丰富，液泡较小，胞间连丝发达。并且分泌细胞常常还具有同传递细胞一样的物质运输能力。

植物的分泌物的种类较多，常见的有有机酸、挥发油、树脂、糖类、生物碱、蛋白质、酶、鞣质、杀菌素、油类、维生素、单宁、生长乳汁、蜜汁、黏液以及多种无机盐类等。由于植物产生分泌物的细胞来源不同，形态多样，分布方式也各不相同。根据分泌结构产生的部位和分泌物是否排出体外，将分泌结构分为外分泌结构和内分泌结构两大类型。

(1)外分泌结构(external secretory structure) 大部分分布在植物体表，将分泌物排出植物体外，常见的类型有腺毛、腺表皮、腺鳞、蜜腺、盐腺和排水器(图1-40)等。

腺毛 腺毛(glandular hair)是具有分泌作用的表皮毛状附属物，能分泌黏液和水分，保护幼嫩茎叶免受病虫害及不利环境的侵蚀。通常有头部和柄部两部分组成，头部膨大而扁平，由单个或多个能产生分泌物的细胞组成；柄部由无分泌功能的薄壁细胞组成。如天竺葵、烟草、棉和薰衣草等植物的茎叶上都有分泌黏液功能的腺毛(图1-40A、B)。不同植物腺毛的形态和类型不一样。在植物分类方面，常常把腺毛的有无及其形态类型作为鉴定植物的重要依据。

腺鳞 腺鳞(glandular scale)是指头部通常由很多分泌细胞组成并且这些细胞排列在一个平面上而形成的大而扁平、呈鳞片状的腺毛。其柄部很短，甚至没有。腺鳞在植物中普遍存在，尤其见于桑科、菊科和唇形科的一些植物中，如薄荷腺鳞的头部有6~8个细胞组成，能分泌具有特异清凉香气的淡黄色的薄荷油(图1-40G)。薄荷油具有抑制金黄色葡萄球菌、多种杆菌及止痛痒与兴奋中枢神经系统等功效。

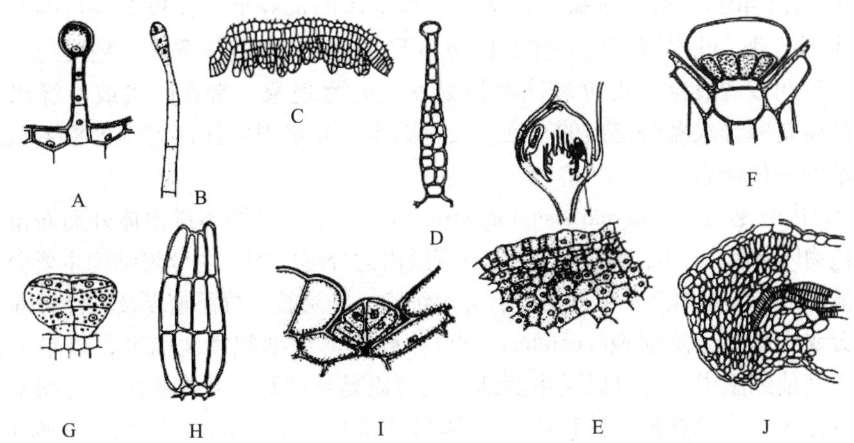

图 1-40 外分泌结构(引自 Esau; Schnepf; Bary; Fahn; 徐汉卿)

A. 天竺葵属茎上的腺毛 B. 烟草具多细胞头部的腺毛 C. 棉叶主脉处的蜜腺 D. 荨麻属花萼的蜜腺毛 E. 草莓的花蜜腺毛 F. 百里香叶表皮上的腺鳞 G. 薄荷属的腺鳞 H. 大酸模的黏液分泌毛 I. 柽柳属叶上的盐腺 J. 番茄叶缘的排水器

腺表皮 腺表皮(glandular epidermis)又称表皮腺，是植物体某些部位如茎叶和花的表皮上的细胞经过特化形成的具有分泌功能的细胞。腺表皮的细胞成乳头状突起，一般比表皮细胞略小、细胞核较大，细胞质浓厚、细胞壁薄、有发达的内质网及丰富的线粒体和高尔基体等细胞器。许多植物如玫瑰、蔷薇、紫丁香、铃兰等花的柱头表皮即为腺表皮，能分泌出含有氨基酸、糖类及酚类化合物等组成成分的柱头液，有利于花粉的附着和促进花粉的萌发。

盐腺 盐腺(salt gland)一般是分布在盐碱地环境的植物中，为了适应盐分太多的生存环境而在体表形成的外分泌结构。由分泌细胞、分泌腔或分泌道和乳汁管组成。如滨藜属、鸢尾属、麻黄属、白蜡属及柽柳属等植物体茎、叶的表面都有盐腺的分布(图 1-40I)。耐盐碱植物盐腺的存在能有效地改良土壤。

蜜腺 蜜腺(nectary)是能分泌蜜汁的、由多细胞组成的一种外分泌结构，由表皮及表皮以内几层薄壁细胞共同组成。蜜腺的内部结构比较一致，细胞的主要特征是细胞较小，核较大，质浓厚，含有内质网、高尔基体、线粒体和核糖体等比较丰富的细胞器。其中高尔基体小泡的释放和糖液的分泌密切相关，而且高尔基体和内质网有时可发育成传递细胞。有蜜腺分布的植物的维管束韧皮部的汁液，经过蜜腺细胞内酶的作用，可转变为蜜汁(图 1-40C)。

排水器 排水器(hydathode)是植物将体内多余的水分直接排出体外的结构。通常分布在植物叶片的叶尖和叶缘，如小麦、燕麦和水稻等禾本科植物的排水器位于叶尖；葡萄、地榆的排水器位于叶缘。排水器由水孔(water pore)、通水组织(epithem)及维管束构成。水孔位于排水器的表面，为一至数个，由保卫细胞组成。通水组织位于排水器的内部，是紧挨水孔下方的一团细胞，细胞较小、排列疏松、无叶绿体。通水组织与叶脉末梢的管胞相连。当植物体内水分过剩时，水从叶片小叶脉末端的管胞流出，经过通水组织，最终从水孔排出体外，形成吐水现象(图 1-40J)。吐水现象是植物为了维持体内水分平衡，根系进行的一种正常的生理活动。吐水液中含一些有机物和无机盐类，如谷氨酰胺、糖类等。夏季温湿的夜间或清晨空气湿度较高时极易发生吐水现象，常在叶尖或叶缘出现水滴，这就是经排水器分泌出的水液，又称露水。吐水现象往往可作为根系正常生长活动的一种标志。

(2)内分泌结构(internal secretory structure)　是分泌物不排出体外而滞留并积聚于植物体细胞内、细胞间隙、腔穴或管道内的分泌结构。内分泌结构主要分布在植物体的基本组织内。常见的类型有分泌细胞、分泌腔、分泌道以及乳汁管等。

分泌细胞　分泌细胞(secretory cell)一般由薄壁细胞特化而来，以单个细胞分散于其他细胞中，既可以是生活细胞也可以是死细胞；并在细胞腔内积聚有特殊的分泌物。分泌细胞(图 1-41A)的体积常常比其周围的细胞大，其细胞壁稍厚，外形各异，有的呈囊状，有的呈管状或分支状等，有的甚至可成为特大型细胞，容易识别，因此，又把它称为异细胞(图 1-41B)。分泌细胞在植物体根、茎、花、果实和种子中均有分布。根据分泌物的性质不同可分为：油细胞，存在于樟科、木兰科、芸香科等植物的茎叶及种子中；黏液细胞，如存在于仙人掌科、锦葵科等植物茎内；晶细胞，存在于桑科、鸭跖草科等植物体内，主要含有碳酸钙、草酸钙等结晶；鞣质细胞，存在于葡萄科、景天科、蔷薇科、桃金娘科等植物茎、叶中；芥子酶细胞，存在于十字花科、白花菜科等植物中。

分泌腔　分泌腔(secretory cavity)也称分泌囊，是植物体内由多细胞组成的储藏分泌物的腔室结构。根据发育情况主要分为 2 种类型：第一种为裂生(schizogenous)分泌腔，是由有分泌能力的细胞群因胞间层溶解，细胞间隙扩大而形成的间隙腔(图 1-41C)，裂生分泌腔周围的一至多层分泌细胞将分泌物排入腔室中。裂生分泌腔也称离生分泌腔，如存在于桉树属植物的叶中。第二种为溶生(lysigenous)分泌腔，是由一群最初具有分泌能力的薄壁细胞群因为细胞内的分泌物增多，细胞壁溶解形成的囊状间隙腔。如存在于棉的茎、叶、子叶中，橘子的果皮中的分裂腔就是这种类型(图 1-41D)。

分泌道　分泌道(secretory canal)是植物体内由多细胞组成的一种管状伸长的储藏分泌物的内分泌结构。分泌物主要有松节油、冷杉胶、乳汁和黏液等。分泌道同分泌腔一样，也可分为 3 种类型，分别为溶生分泌道、裂生分泌道和裂溶生分泌道，其中以裂生分泌道居多。溶生分泌道是一群最初具有分泌能力的薄壁细胞群因细胞壁溶解而形成的管道状的细胞间隙，如心叶椴的芽鳞内具有；裂生分泌道是分泌细胞之间的胞中层溶解，使相邻细胞相互分开形成的纵向或横向的长形细胞间隙。如分布于漆树韧皮部中的裂生分泌道，由于积累大量的漆液，称为漆树道、漆液管或漆汁道(图 1-41E)。漆液是木材外表很好的保护剂，经加工后成为优良的天然生漆涂料。松柏类植物茎、叶的皮层、维管柱木质部中的分泌道，在管状的分泌道周围，环生有分泌能力的薄壁细胞，分泌物松节油，即松脂，储存于管道内，称为树脂道(图 1-41H)。裂溶生分泌道是分泌道在形成过程中既有细胞的解体又有胞间层的溶解两种形式共同形成的狭长的细胞间隙，如杧

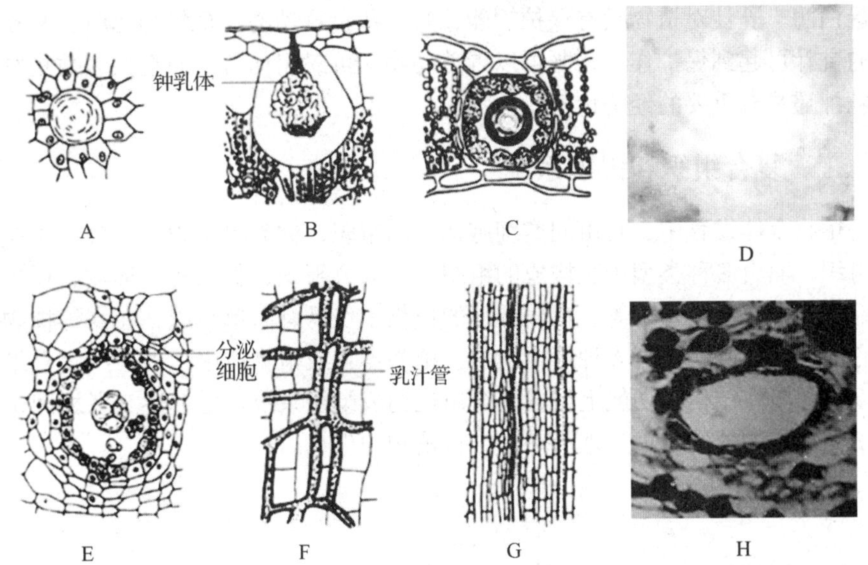

图 1-41　内分泌结构（A. B. C. E. F. G. 引自 Eames；Macdaniels；Esau；Haberlandt；Tschirfch；Fiting；陆时万）

A. 鹅掌楸芽鳞中的分泌细胞　B. 三叶橡胶叶的异细胞　C. 金丝桃叶中的裂生分泌腔　D. 光镜下柑橘属果皮中的溶生分泌腔　E. 漆树的漆汁道　F. 蒲公英的乳汁管　G. 大蒜叶中的有节乳汁管　H. 光镜下松茎的树脂道横切

果属植物的叶和茎中的分泌道。

乳汁管　乳汁管（laticifer）是植物体内一些含有乳汁的细胞互相连接并融合而形成的、能分泌乳汁的长管状结构。乳汁管根据其发生和形态结构特点可分为两种类型，即有节乳汁管（articulate laticifer）和无节乳汁管（nonarticulate laticifer）。有节乳汁管是由许多长管状细胞在发育过程中相互连接构成的，即连接的端壁溶解消失或相邻的乳汁管之间进行的水平或对角线方向的连接而在植物体内形成复杂的网络结构，如蒲公英（图 1-41F）、大蒜（图 1-41G）、木薯、罂粟、地梢瓜等植物的乳汁管。无节乳汁管起源于胚性细胞，是由单个细胞在发育过程中，细胞核多次重复分裂，不产生横壁，而是沿着植物体的生长方向不断进行延伸生长和产生分枝，然后侵入植物体各器官内形成的连贯的乳汁管。无节乳汁管又称为乳汁细胞，其长度可达数米。如银色橡胶菊和杜仲、一品红、大麻等植物体内的乳汁管。有时在同一植物体内同时存在无节乳汁管和有节乳汁管，如三叶橡胶树和印度橡胶树。生产上采割的橡胶就是由有节乳汁管贮存的天然橡胶的橡胶树经割胶流出的胶乳凝固及干燥而制得的，有极其广泛的用途。

乳汁的颜色和成分因植物种类不同而有差异。乳汁的颜色有透明无色、白色、乳白色、黄色、橙色及红色。乳汁的成分极其复杂，除含有水分、碳水化合物、蛋白质、脂肪、盐类和植物碱外，还含有萜烯类、油类、树脂和橡胶等各种成分的颗粒，有的甚至还含有结晶体、淀粉粒和单宁的小颗粒悬浮于乳汁中。菊科的乳汁常含有糖类；罂粟的乳汁含有大量的植物碱；番木瓜的乳汁含有一些木瓜蛋白酶。乳汁对植物具有保护功能，当一些食草动物咬食植物体时，从伤口流出的乳汁可起到保护作用，既可以毒杀动物又可封闭伤口，而且大多数植物分泌的乳汁还具有重要的经济价值。

二、复合组织和组织系统

植物个体发育中，凡由同类细胞构成的组织，称简单组织，如分生组织、薄壁组织。而由多种类型细胞构成的组织，称复合组织，如表皮、周皮、树皮、木质部、韧皮部、维管束等。在较低等的植物中仅具有简单组织，在高等植物中除具有简单组织外，还有多种复合组织。植物器官或植物体中，由一些复合组织还可以进一步在结构和功能上组成复合单位构成组织系统。由上述三者之间密切配合来完成植物体的各项生理活动，维持植物的生长。

(一)复合组织

1. 维管组织

木质部和韧皮部是植物体中主要起运输作用的典型的两种复合组织。木质部主要由导管、管胞、木薄壁细胞和木纤维等构成；韧皮部由筛管、筛胞、韧皮薄壁细胞和韧皮纤维构成。因两者的组成中都有输导组织、薄壁组织和机械组织，这些组成分子都是管状系统，所以称这两种复合组织为维管组织(vascular tissue)。维管组织的出现使植物能更好适应陆生生活。从蕨类植物开始，已有维管组织的分化，种子植物体内的维管组织更为发达、完善。通常将具有维管组织的植物统称为维管植物(vascular plant)。

2. 维管束

维管植物的木质部和韧皮部常常紧密结合在一起，形成束状结构，称为维管束(vascular bundle)。维管束存在于蕨类植物和种子植物中，它由原形成层分化而来，植物种类不同、器官不同，原形成层分化成木质部和韧皮部的情形不同，于是形成了不同类型的维管束。根据维管束内束中形成层的有无或能否进行次生生长，将维管束分为有限维管束和无限维管束两大类(图 1-42)。

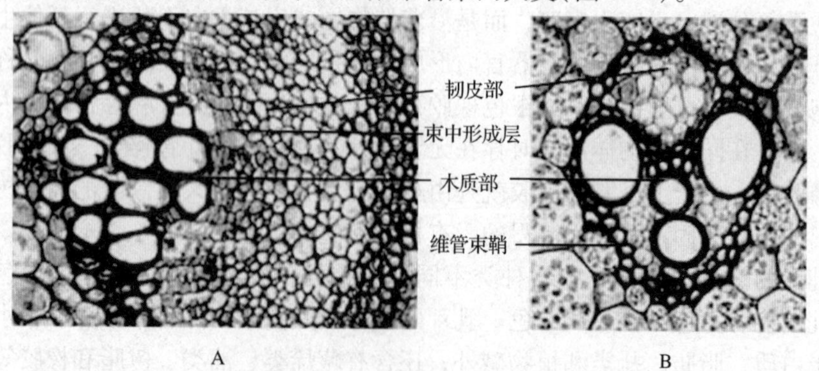

图 1-42　维管束(引自强胜)

A. 无限维管束　B. 有限维管束

(1)有限维管束　有些植物的维管束在形成时，原形成层完全分化为初生木质部和初生韧皮部，不形成能继续分裂出新细胞的形成层。这样的维管束不能继续进行增粗，称为有限维管束(closed vascular bundle)，如大多数单子叶植物中的维管束属有限维管束。

(2)无限维管束　有些植物的维管束在由原形成层形成发育时，除大部分分化成初生木质部和初生韧皮部外，在两者之间还保留一层分生组织——束中形成层，能分裂产生木质部和韧皮部，使得维管束继续扩大，这样的维管束称为无限维管束(unclosed vascular bundle)，如裸子植物和大多数双子叶植物的维管束属无限维管束。

此外，根据维管束中木质部和韧皮部的排列方式，维管束又可分为4种，即外韧维管束、双韧维管束、周木维管束和周韧维管束(图1-43)。

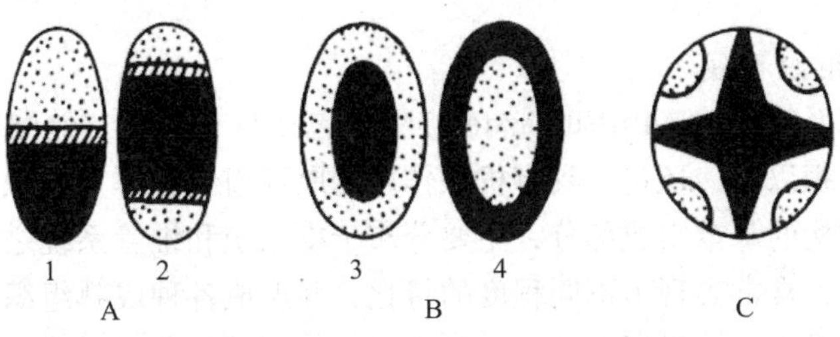

图1-43　维管束的类型(引自强胜)

A. 并生排列(1. 外韧维管束　2. 双韧维管束)　B. 同心排列(3. 周韧维管束　4. 周木维管束)　C. 辐射排列

(缀点部分表示韧皮部，黑色部分表示木质部，斜线表示形成层)

外韧维管束(collateral vascular bundle)　外韧维管束的韧皮部排列在外侧，木质部排列在内侧，两者内外排列生成束。如大多数裸子植物和被子植物茎和叶的维管束。

双韧维管束(bicollateral vascular bundle)　双韧维管束的木质部内外两侧都有韧皮部的排列，如双子叶植物马铃薯、瓜类和茄类等茎中的维管束。

周韧维管束(amphicribral vascular bundle)　周韧维管束的韧皮部围绕木质部。如被子植物的花丝；大黄、秋海棠等植物的茎；蕨类植物根状茎中的维管束。

周木维管束(amphivasal vascular bundle)　周木维管束的木质部围绕韧皮部呈同心排列，如芹菜、胡椒科的一些植物茎和少数单子叶植物如鸢尾、香蒲的根状茎中的维管束。

此外，在一些植物根的初生结构中，木质部有若干辐射角，韧皮部分布于木质部的辐射角之间，两者呈相间的辐射状排列，不互相连接，所以不能形成束状结构的维管束，而根据木质部和韧皮部排列的辐射性经常称其为辐射维管束。

(二)组织系统

在一个植物整体上，或一个器官上，由复合组织组成并具有一定结构和功能的集合体，称为组织系统(tissue system)。高等植物的组织系统可分为3个，即皮组织系统、维管组织系统和基本组织系统。

1. 皮组织系统

皮组织系统(dermal tissue system)又简称为皮系统，包括初生保护结构表皮和次生保护结构周皮，这两层结构覆盖于整个植物体各器官的表面，在植物个体的不同发育时期，对植物体起着不同程度的保护作用，尤其在多年生木本植物茎的表面可形成连续的保护层。

2. 维管组织系统

维管组织系统(vascular system)简称为维管系统，连续地贯穿于整个植物体内，把植物各部分器官有机地连接起来。它由维管组织构成，包括木质部和韧皮部的初生结构以及次生结构。其功能是输导水分、无机盐以及光合作用合成的有机养料。

3. 基本组织系统

基本组织系统(ground tissue system)除了包括具有同化、储藏、通气和吸收功能的薄壁组织以外，还包括具有机械作用的厚壁组织和厚角组织，这些基本组织是植物体结构的基本组成部分，主要分布于皮系统和维管系统之间。而且植物体的基本组织，常常表现出不同程度的特化，并形成各种成熟组织。就整个植物体结构而言，维管系统贯穿于基本系统之中，外面覆盖着皮系统。各个器官结构上的不同，除表皮或周皮始终包被在外面，主要体现在基本组织与维管组织相对分布的差异。

细胞的编程性死亡

多细胞生物体的个体发育是从受精卵开始的，细胞作为有机体中的成员，其一切活动都受到整体的调节和控制。多细胞生物体中，细胞不断进行着分裂、生长和分化的同时，也不断发生着死亡。

细胞的死亡可分为编程性死亡和坏死性死亡两种形式。编程性死亡(programmed cell death)也称细胞凋亡(apoptosis)，是指体内健康细胞在特定细胞信号的诱导下，进入死亡途径，是在有关基因的调控下发生死亡的过程，属于正常的生理性死亡，是基因程序性表达的结果。细胞坏死(necrosis)是指细胞受到某些外界因素的激烈刺激，如机械损伤、毒性物质的毒害等导致细胞的死亡。

细胞程序性死亡过程中，细胞内发生了一系列结构变化，如细胞质凝缩、细胞萎缩，细胞骨架解体、核纤层分解、核被膜破裂、内质网膨胀成泡状，细胞质和细胞器的自溶作用等。除了这些形态特征外，在进行DNA电泳分析时发现，核DNA分解成片段，出现梯形电泳图，此现象是细胞凋亡的主要特征之一。细胞坏死与细胞编程性死亡有明显不同的特征。细胞坏死时表现为质膜和核膜破裂，膜通透性增高，细胞器肿胀，线粒体、溶酶体破裂，细胞内含物外泄等。细胞坏死极少为单个细胞死亡，往往是某一区域内一群细胞或一块组织受损；细胞坏死过程中不出现DNA梯状条带等特征。

植物生长发育过程中，普遍存在着细胞编程性死亡的现象，如导管分子分化的结果导致细胞死亡，它们在植物体内以死细胞的形式执行输导水分和无机盐的功能；根冠边缘细胞的死亡和脱落；花药发育过程中绒毡层细胞的瓦解和死亡；大孢子形成过程中多余大孢子细胞的退化死亡；胚胎发育过程中胚柄的消失；种子萌发时糊粉层的退化消失；叶片、花瓣细胞的衰老死亡等均属于细胞编程性死亡。

细胞编程性死亡是生物体内普遍发生的一种积极的生物学过程，它与细胞分裂、生长和分化一样是各具特征的细胞学事件，对有机体的正常发育有着重要意义，是生物长期演化过程中进化的结果，以保证生物的世代延续。

本章小结

细胞是构成生命有机体的基本结构和功能单位，是组织和器官形成的基础。

细胞的基本结构包括细胞壁和原生质体两部分。真核细胞的原生质体由细胞膜、细胞质和细胞核组成。细胞壁是包被在原生质体外的保护结构，分为胞间层、初生壁和次生壁。主要组成成分是纤维素。细胞间的纹孔和胞间连丝实现了细胞间物质、信息和能量的交换。

细胞膜位于细胞质与细胞壁的中间具有流动性和不对称性、具有对物质的选择通透性和接受胞外信息和细胞识别的功能。

细胞质包括细胞基质和细胞器两个部分。细胞器有①质体：是植物细胞所特有的细胞器，包括白色体、叶绿体和有色体3类。②线粒体：具有双层膜结构，是体内有机物代谢产生能量的场所。③核糖体：主要成分是rRNA和蛋白质，是体内蛋白质合成的场所。④内质网：分为粗面内质网和滑面内质网两种，具有包装和运送代谢物质的作用。⑤高尔基体：是单层膜围成的扁平小泡和囊泡结构，参与多糖代谢和细胞壁的合成。⑥液泡：有调节细胞内水平衡，参加物质的积累、储藏和转化的功能。⑦溶酶体：是单层膜结构，含有多种水解酶，协助大分子物质的分解。⑧微体，单层膜结构，包括过氧化物酶体和乙醛酸体。⑨圆球体：是植物细胞特有的细胞器，具有累积和储藏脂肪的功能。⑩细胞骨架：由微丝、微管和中间纤维构成，有维持细胞形态、保持细胞器的有序性和参与细胞分裂、物质运输、信号转导及细胞壁合成等多种功能。

细胞核是细胞的控制中心。间期细胞核主要包括核膜、核质和核仁3部分。①核膜位于核的外围，通过核孔完成细胞核与细胞质的沟通。②核仁是rRNA合成、加工和装配成核糖体亚基的场所。③核质包括染色质和核基质。

原生质体物质代谢过程中会产生后含物，有淀粉、油、脂肪、蛋白质等储藏物质，也有植物碱、花青素、晶体、硅质小体等次生物质。

细胞的分裂方式有 3 种，即有丝分裂、减数分裂和无丝分裂等。其中有丝分裂是普遍存在的一种分裂方式，包括前、中、后、末 4 个时期，经过染色体的复制和核分裂，亲代的细胞变成完全相同的两个子细胞，保证了遗传的稳定性。减数分裂是生殖细胞特有的分裂方式，并在染色体联会期实现了遗传物质的交换，完成了物种的遗传变异。无丝分裂是细胞直接分裂成两个或多个近乎相等的子细胞的过程。

细胞的生长是细胞体积和重量的增加。细胞分化的过程是基因差异表达的结果，赋予了细胞不同的类型和相应的功能。另外植物细胞还具有全能性。

植物组织是植物细胞经过分裂、生长和分化而形成的形态结构相似、功能相同的细胞组合，根据发育程度、功能和结构不同，分为分生组织和成熟组织。

分生组织是具有很强分裂能力的细胞组合。按来源和性质可分为原分生组织、初生分生组织和次生分生组织。根据分生组织的分布位置不同，可分为顶端分生组织、侧生分生组织和居间分生组织。

成熟组织是由分生组织衍生的大部分细胞组成。根据成熟组织细胞特征和担负的生理功能的不同分为薄壁组织、保护结构、机械组织、输导组织、分泌结构 5 种类型。

植物个体发育中，可由多种类型细胞构成复合组织，如木质部、韧皮部和维管束等，同时一些复合组织还可以进一步组成组织系统来执行功能。维管植物的组织系统分为皮组织系统、维管组织系统和基本组织系统 3 种类型。

思考题

1. 简述细胞学说的内容和意义。
2. 植物细胞与动物细胞相区别的显著特征有哪些?
3. 写出植物细胞的细胞器类型及其功能。
4. 什么是细胞周期，细胞周期的各个阶段特点是什么?
5. 细胞繁殖的 3 种方式是什么? 各有何特点?
6. 细胞生长和分化的概念是什么? 简述其生物学意义。
7. 细胞全能性的概念及意义分别是什么?
8. 植物组织的概念是什么?
9. 简述细胞程序性死亡的意义。
10. 试从结构和功能上区别厚角组织和厚壁组织的异同。
11. 什么是传递细胞? 其有哪些特征和功能?
12. 从输导组织组成和结构看，为什么说被子植物比裸子植物更为高级?
13. 从结构和功能上区别被子植物的木质部和韧皮部，表皮和周皮、分生组织和成熟组织，导管和筛管，导管和管胞，筛管和筛胞，乳汁管和树脂道的异同。
14. 简述组织、复合组织及组织系统的概念。
15. 试述植物有哪几类组织系统，各组织系统在植物体内的分布规律及其在植物体中所起的作用。

16. 什么是胼胝体、侵填体，它们是如何形成的?
17. 植物的分泌结构有哪些类型? 试举例说明。

推荐阅读书目

强胜 . 2006. 植物学 . 北京：高等教育出版社 .
贺学礼 . 2010. 植物学 . 2 版 . 北京：高等教育出版社 .

参考文献

贺学礼 . 2009. 植物生物学[M]. 北京：科学出版社 .
金银根 . 2010. 植物学[M]. 2 版 . 北京：科学出版社 .
刘胜祥，黎维平 . 2007. 植物学[M]. 北京：科学出版社 .
马炜梁，王幼芳，李宏庆 . 2009. 植物学[M]. 北京：高等教育出版社 .
王全喜，张小平 . 2004. 植物学[M]. 北京：科学出版社 .
徐汉卿 . 1996. 植物学[M]. 北京：中国农业出版社 .
杨世杰 . 2000. 植物生物学[M]. 北京：科学出版社 .
郑湘如，王丽 . 2001. 植物学[M]. 北京：中国农业出版社 .
周云龙 . 2011. 植物生物学[M]. 3 版 . 北京：高等教育出版社 .

第二章　根系的形态结构与功能

根(root)是植物在长期演化过程中为适应陆生生活而形成的主要器官，是绝大多数种子植物和蕨类植物所特有的重要营养器官之一。除少数气生者外，一般是指植物体生长在地面下的营养器官，土壤内的水和矿物质通过根进入植株的各个部分。它的尖端能无限地向地下生长，并能发生侧向的分支侧根，形成庞大的根系(root system)，有利于植物体的固着、吸收等作用，这也使植物体的地上部分能充分地生长，达到枝叶繁茂、花果累累。它具有多方面的生理、生态功能。具有固定流沙、保护堤岸和防止水土流失的作用。

第一节　根的生理功能和基本形态

一、根的生理功能和经济利用价值

根是植物适应陆上生活在进化中逐渐形成的器官，它具有吸收、固着、输导、合成、储藏和繁殖等功能。

(一) 吸收、输导功能

根吸收土壤中的水、二氧化碳和无机盐类。植物体内所需要的物质，除一部分由叶和幼嫩的茎自空气中吸收外，大部分都是由根自土壤中取得。如生产 1 kg 小麦需要水 300 ~ 400 kg，而这些水主要是靠具有吸收和输导组织的根部吸收获得，而且周围环境中水的情况，影响着植物的形态、结构和分布；二氧化碳是光合作用的原料，除去叶从空气中吸收二氧化碳外，根也从土壤中吸收溶解状态的二氧化碳或碳酸盐，以供植物光合作用的需要；无机盐类是植物生活所不可缺少的，如硫酸盐、硝酸盐、磷酸盐以及钾、钙、镁等离子，它们溶于水，随水分一起被根吸收。

根的另一个输导功能，主要是由根毛、表皮吸收的水分和无机盐，通过根的维管组织输送到茎和叶，而叶所制造的光合产物等经过茎输送到根，再经根的维管组织输送到根的各部分，以维持根的生长发育和生命活动。

（二）固着、支持功能

植物体庞大的地上部分，很容易受到风雨冰雪及其他机械力的侵袭，而仍然能巍然屹立于大地之上，这就是由于植物体具有反复分枝，深入土壤的庞大根系，以及根内牢固的机械组织和维管组织的共同作用。

（三）合成、分泌功能

目前研究已发现植物的根可以合成多种有机物，如氨基酸、生物碱(如尼古丁)及植物激素等物质；同时根还能分泌近百种物质，包括糖类、氨基酸、有机酸、维生素，以及核苷酸和酶等。这些分泌物中有的可在根生长过程中减少根与土壤的摩擦力；有的在根表面形成促进吸收的表面；有的对他种植物是生长刺激物或毒素，如寄生植物列当种子要在寄主根的分泌物刺激下才能萌发，而苦苣菜属、顶羽菊属的一些杂草的根能释放生长抑制物，使周围的作物死亡；根的分泌物还能促进土壤中一些微生物的生长，在根的表面及其周围形成一个特殊的微生物区系，这些微生物能对植物体的代谢活动、吸收作用、抗病性等产生影响。

（四）储藏、繁殖功能

一般根内的薄壁组织都比较发达，常作为物质储藏之所；另外，很多植物的根都能产生不定芽，尤其在伤口处更易形成不定芽，这些不定芽既可作为扦插繁殖的主要组织，又是森林植被更新的主要方式。此外，有些植物的根还有特殊的形态及相应的功能，如储藏、繁殖、呼吸、攀缘等功能。

根还有多种用途，它可以食用、药用和作工业原料，具有很重要的经济利用价值。如甘薯、木薯、胡萝卜、萝卜、甜菜等皆可食用，部分也可作饲料。人参、大黄、当归、甘草、乌头、龙胆等可供药用。甜菜可作制糖原料，甘薯可制淀粉和酒精。某些乔木或藤本植物的老根，如枣、杜鹃、苹果、葡萄、青风藤等的根，可雕刻成或扭曲加工成树根造型的工艺美术品。在自然界中，根还有保护坡地、堤岸和防止水土流失的作用。

二、根和根系的基本类型

（一）根的类型

根据发生的部位不同，将根分为定根(主根和侧根)和不定根两大类。种子萌发时，胚根突破种皮，向下生长，直接形成主根(main root)，有时也称直根(tap root)或初生根(primary root)。主根生长达到一定长度，在一定部位上侧向地从内部生出许多支根，称为侧根(lateral root)。侧根和主根往往形成一定角度，侧根达到一定长度时，又能生长出新的侧根。一般从主根上生长出的侧根，称为一级侧根或次生根(secondary root)，一级侧根上生出的侧根，为二级侧根或三生根(tertiary root)，依次类推。主根和侧根都是从植物体固定部位生长出来的，均

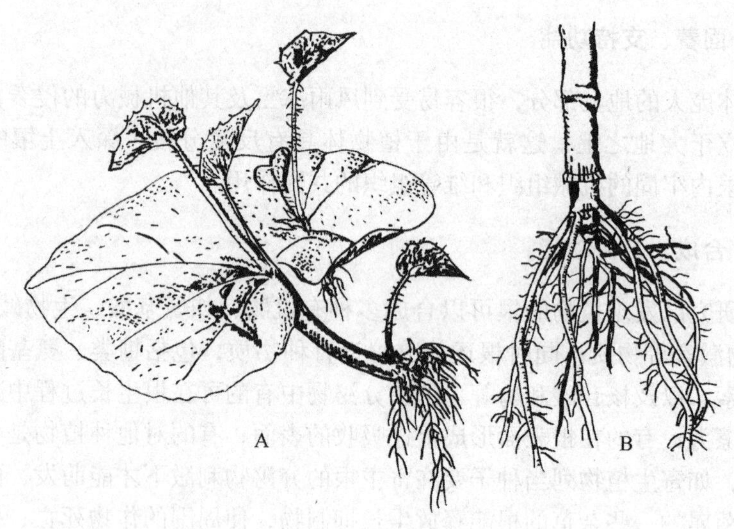

图 2-1 不定根

A. 秋海棠叶上长出的不定根和不定芽 B. 玉米基部茎节间长出的不定根(气生根)

属于定根。而许多植物除产生定根外，还可由茎、叶、老根或胚轴上产生根，这些根的发生位置不固定，故称为不定根(adventitious root)(图 2-1)。不定根也能不断地产生分枝，即侧根。禾本科植物的种子萌发时形成的主根，其存活期不长，以后由胚轴上或茎的基部所产生的不定根所替代。农业上常将由胚根形成的主根和胚轴上生出的不定根(如禾本科植物)，统称为种子根(seminal root)，也称初生根，而把茎基部节上的不定根称为次生根，与植物学上常用名词有别，应加以注意。植物常因功能上、适应上的变化，而形成肥大的根或地上部分的气生根等，这些类型将在第六章第一节根的变态中加以叙述。

(二) 根系的类型

一株植物地下部分所有根的总和，称为根系(root system)。根系有两种基本类型，即直根系(tap root system)和须根系(fibrous root system)(图 2-2)。有明显的主根和侧根区别的根系，称为直根系，如松、柏、棉、油菜、蒲公英等植物的根系。无明显的主根和侧根区分的根系，或根系全部由不定根和它的分枝组成，粗细相近，无主次之分，而呈须状的根系，称之为须根系，单子叶植物的根系(如禾本科的稻、麦以及鳞茎植物葱、韭、蒜、百合等)和某些双子叶植物的根系(如车前草)。

(三) 根系在土壤中的生长和分布

植物根系在土壤中的生长和分布一方面取决于植物本身根系的遗传特性，另一方面取决于周围环境的影响。常因植物的种类、生长发育情况、土壤条件和人为等因素的影响而不同。根在土壤中生长和分布的状况，一般可分为两类，即深根系和浅根系。深根系一般主根发达，向下垂直生长，深入土层，可达 3 ~ 5 m，

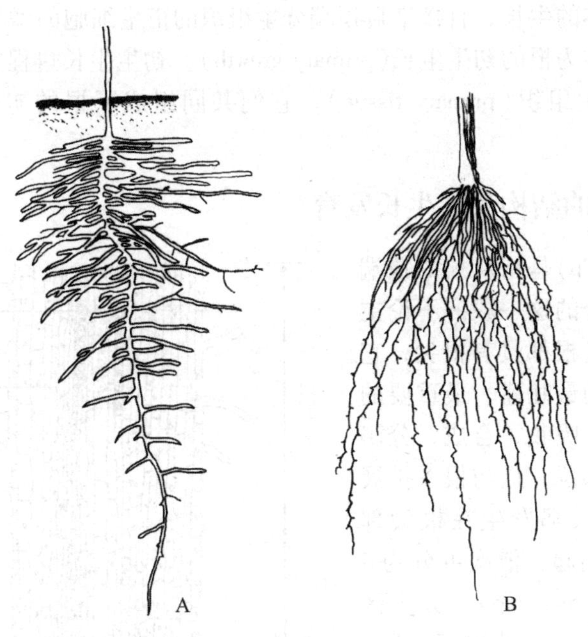

图 2-2　根系的类型(引自李正理)

A. 直根系　B. 须根系

甚至 10 m 以上，如大豆、蓖麻、马尾松等。浅根系则侧根或不定根较主根发达，并向四周扩展，多分布于土壤表层，如车前、悬铃木、玉米、水稻等。其实，深根系和浅根系是相对的，往往受到外界条件的影响而有改变，如同一种作物，如果生长在雨水较丰富，地下水位较低，土壤排水和通气良好，土壤肥沃和光照充足的地区，其根系比较发达，生长分布较深；反之，生长在地下水位较高、土壤排水和通气不良、肥力较差的阴湿地区，其根系不发达，多分布在较浅的土层。一般情况下，直根系多为深根系，须根系多为浅根系。根的深度在植物的不同生长发育期也是不同的，如马尾松一年生苗，主根仅深 20 cm，但长成后可深达 5 m以上。

此外，人为的影响，也能改变根系的深度。例如，植物幼苗期的表面灌溉、苗木的移植、压条和扦插，易于形成浅根系；种子繁殖、深耕多肥，易于形成深根系。因此，农、林、园艺工作中，都应掌握各种植物根系的生长发育特性，为根系的生长和发育创造良好条件，促进根系的健全发育，为植物地上部分的繁茂生长和作物的稳产高产奠定基础。

第二节　根的初生生长和初生结构

植物种子萌发后，胚根的顶端分生组织细胞经过分裂、生长、分化，形成了主根，侧根和不定根中的顶端分生组织细胞的排列和发生也都与主根相似。植物的初生根即是由根尖的顶端分生组织经过分裂、生长、分化发展而形成成熟的根，这种植物体的生长，直接来自顶端分生组织的衍生细胞的增生和成熟，其整个生长过程，称为根的初生生长(primary growth)。初生生长过程中产生的各种成熟组织属于初生组织(primary tissue)，它们共同组成了根的初生结构(primary structure)。

一、根尖的结构及其生长发育

根尖(root tip)是指从根的顶端到着生根毛部分的这一段。不论主根、侧根或不定根都具有根尖，它是根中生命活动最旺盛、最重要的部分。是根进行吸收、合成、分泌等作用的主要部位，且与根系扩展有关的伸长生长都发生在根尖部位。根尖从顶端起，依次可分为4个区：根冠区(root cap)、分生区(meristematic zone)、伸出区(elongation zone)、根毛区(root hair zone)。一般总长度1～5 cm。各区的细胞形态结构不同，从分生区到根毛区逐渐分化成熟，除根冠外，各区之间并无严格的界限(图2-3)。

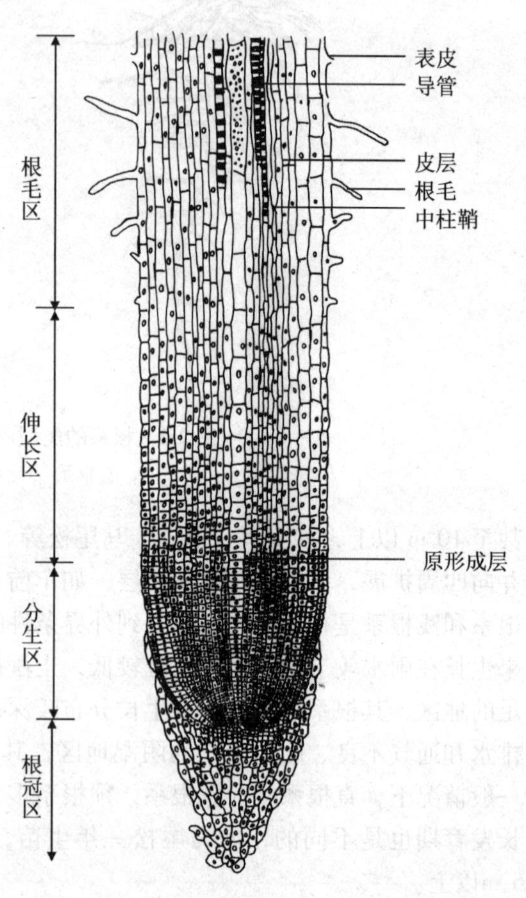

图2-3　根尖纵切图，示各分区的细胞结构
(引自张宪省)

(一)根冠

根冠是位于根的最前端，由许多不规则排列的薄壁细胞组成，是根特有的一种组织，一般成圆锥形，它像一顶帽子(即冠)套在分生区的外方，所以称为根冠。根冠对分生区的细胞具有一定的保护作用，当生长在土壤中的幼嫩根尖不断向下伸长生长时，很容易和土壤中的砂砾不断发生摩擦而遭受伤害，导致细胞死亡脱落，而根冠位于分生区之前就可以起到保护作用。有些根冠的外层细胞还能产生黏液，使根尖穿越土粒缝隙时减少摩擦。根在生长时根冠的外层细胞不断死亡、脱落和解体，但由于分生区的细胞不断地分裂，因此，根冠可以陆续得到补充，始终保持一定的形状和厚度。组成根冠的细胞是活的薄壁组织细胞，常含有淀粉，近分生区部分的细胞较小，近外方的细胞较大。除了一些营寄生性的种子植物和有些具有菌根的植物以外，根冠在所有植物的根上都存在。环境条件也影响着根冠的结构，例如，在土壤中正常生长的根，一旦对其进行水培后，其根

冠就不进行再生了。同时，根冠还被认为和根对重力的反应(向地性)有关，根冠前端的细胞中含有具淀粉的淀粉体，起着平衡石的作用。当根被水平放置时，能使淀粉体原有位置发生转变，结果使根向下弯曲，恢复正常的向地性生长(图2-4)。除淀粉粒外，线粒体、高尔基体、内质网等细胞器也可能与根的向地性有关。还有人提出，位置改变的刺激使根产生地电，电流通过根冠中的重力感受器，把信息传至伸长区，引起上述的不均衡生长。

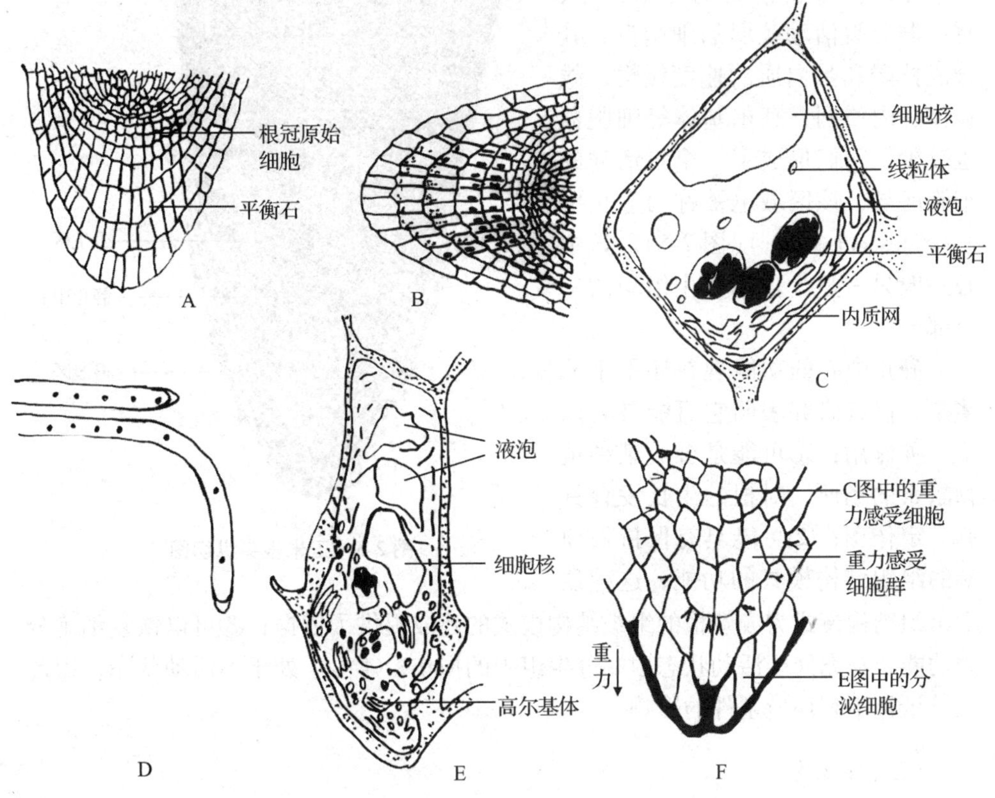

图 2-4　根冠细胞对重力的感受和分泌作用

A、B. 图显示根冠细胞中平衡石对重力的反应，即当根由垂直位置转换为水平位置时，平衡石(B图中小黑点)向重力方向移动　C. 图为电镜下观察到的一个根冠细胞的超微结构，示平衡石存在的位置　D. 图为经过23 h后形成的向下弯曲的根　E. 图为F图中根冠细胞中的分泌细胞，箭头所指处为高尔基体产生的含黏液囊泡与质膜合并的情况　F. 图为根冠纵切解剖面简图，示重力感受细胞C和分泌细胞E的位置

(二)分生区

分生区是位于根冠内方的顶端分生组织。整体形如圆锥，故又名生长锥，也称为生长点，长1~3mm。是分裂产生新细胞的部位，其分裂的细胞少部分向前方发展，形成根冠细胞，以补偿根冠因摩擦受损脱落的细胞，大部分细胞向后发展，经过伸长、分化，逐渐形成伸长区的细胞。但由于原始细胞的存在，分生区始终能保持它原有的体积和作用。

根的顶端分生组织包括原分生组织和初生分生组织。原分生组织位于前端，由原始细胞及其最初的衍生细胞构成，细胞较少分化；初生分生组织位于原分生组织后方，由原分生组织的衍生细胞组成，这些细胞已出现了初步的分化，在细胞的形状、大小及液泡化等方面显出差异，分化为原表皮、基本分生组织和原形成层三部分。原表皮位于最外层，以后发育为表皮；原形成层位于中央，以后发育成维管柱；基本分生组织位于原形成层和原表皮之间，以后发育成皮层。

在许多植物根尖的分生区中，有一群分裂活动较弱的细胞群，其合成核酸和蛋白质的速度缓慢，线粒体、内质网、高尔基体等细胞器也较少，它们形成了一个不活动的细胞区域，该区域也被称为静止中心(quiescent center)(图 2-5)。该中心一般只占整个顶端分生组织的一小部分。

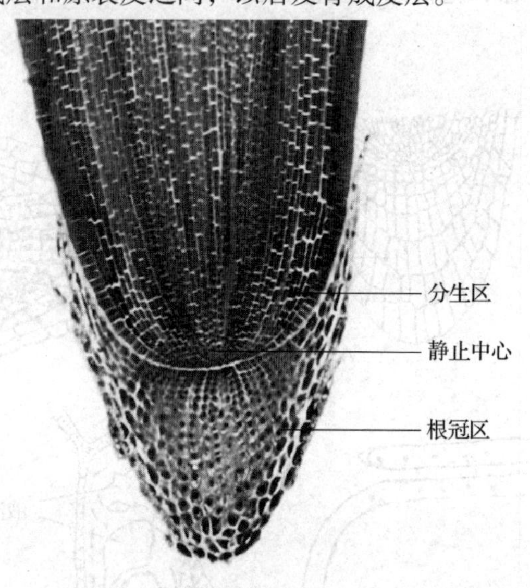

图 2-5 玉米根尖纵切图

静止中心的功能现在还不十分清楚，但有研究表明它可能具有以下 4 种作用：①可能是合成某种植物激素的场所，对根的生长发育具有一定作用；②可能具有保持根顶端的组织结构模式的功能，这种顶端组织结构模式为成熟根的组织结构模式的建成提供了依据；③可以恢复细胞分裂功能，补充处于活动状态顶端分生组织的损伤；④由于处于不活动状态，因此能够抵抗不利环境条件的影响。

(三)伸长区

伸长区位于分生区稍后方的部位，其细胞分裂活动逐渐停止，体积扩大，细胞显著地沿根的长轴方向延伸，因此，称为伸长区。该区是初生分生组织向成熟区初生结构的过渡区。根的伸长生长主要是分生区细胞的分裂、增大和伸长区细胞的延伸共同活动的结果，特别是伸长区细胞的延伸，能使根显著地伸长，推动其在土壤中向前伸长，有利于根不断转移到新的环境，以便能吸收更多的矿物质营养。伸长区一般长约 2 ~ 3 mm。短而粗的伸长区，较有利于根在土壤层中向前推进。伸长区的细胞，除显著地延伸外，其细胞分化也加速进行，最早的筛管和环纹导管，往往出现在该区域。

(四)根毛区

根毛区是由伸长区细胞分化而来的，位于伸长区的后方，其表皮常产生根毛，称为根毛区；该区内各种细胞已停止伸长，并且基本分化成熟，因此，也称为成熟区。根毛由表皮细胞外壁延伸而成(图2-6)，是根的特有结构，一般呈管状，角质层极薄，不分枝，长约0.08～1.5 mm，数目多少不等，因植物种类各异。如玉米的根毛，每平方毫米约420根，豌豆每平方毫米约230根。根毛在发育过程中，和土壤颗粒黏结紧密，这是由于它的外壁上存在着黏液和果胶质，有利于根毛的吸收和固着作用，也使根毛在控制土壤侵蚀方面比根的其他部分更为重要和有效。根毛生长速度较快，但寿命较短，一般只有几天，多的在10～20 d随即死亡。随着分生区衍生细胞的不断增大和分化，以及伸长区细胞不断地向前延伸，新的根毛也就连续地出现，替代枯死的根毛。根毛不断更新，使得新生长的根毛区随着根的生长向前推移，进入新的土壤区域，这对于促进根的吸收极其有利。伸长区和具根毛的成熟区是根的吸收力最强的部分，而失去根毛的成熟区部分，则主要起输导和支持的作用。在农、林、园艺实践中，移栽植物时必然会损害很多根尖和根毛，很容易造成水分吸收能力急剧下降。因此，在移栽植物后，必须灌溉充分和修剪枝叶，减少蒸腾，防止植物因过度失水而死亡。

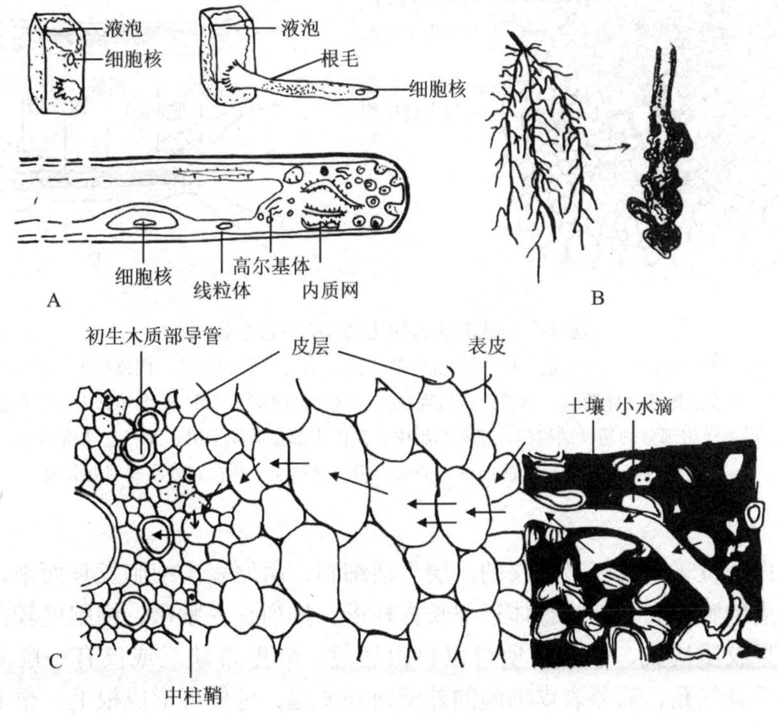

图2-6　根毛(A. 部分仿Roland　B. 引自高信曾，1978　C. 仿Esau改绘)

A. 图示根毛的分化，左：表皮细胞外壁突起；右：细胞核进入伸长的根毛。下图示为超微结构
B. 图为小麦根系，示根毛与土粒黏合为“土壤鞘”　C. 图示土壤溶液经根毛进入根的维管柱的途径(箭头所示)

二、根的初生结构

经过对根尖结构及其发育情况的了解，我们可知由根尖的顶端分生组织，经过分裂、生长、分化形成成熟根的过程，称为根的初生生长。初生生长过程中产

生的各种成熟组织属于初生组织，它们共同组成根的初生结构。

(一)双子叶植物根的初生结构

从根毛区横切面上观察，自外向内，根的初生结构可分为表皮(epidermis)、皮层(cortex)、维管柱(vascular)3个基本部分(图2-7)。

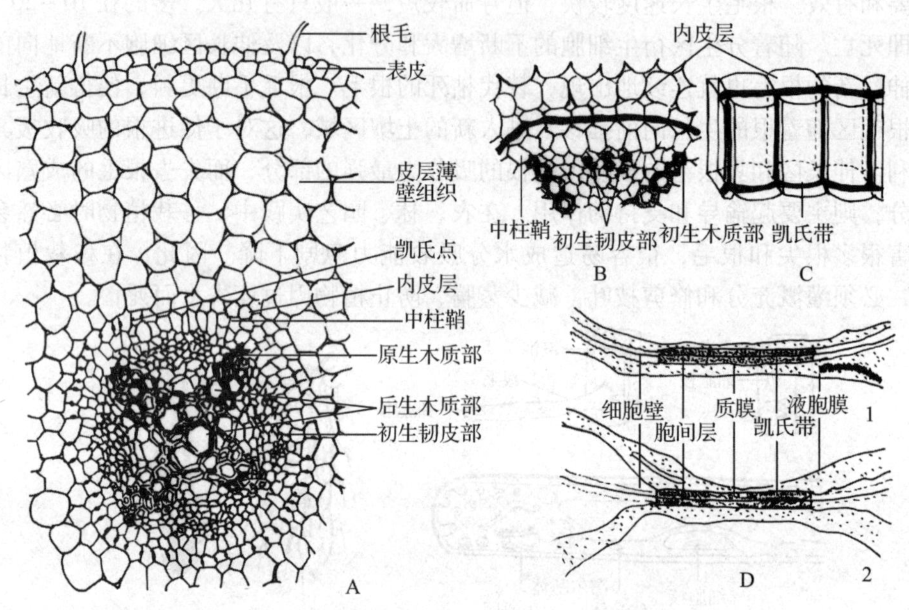

图2-7　棉花根的初生结构(引自李扬汉)

A. 棉花根的横切面，示初生构造　B. 根的部分横切面，示内皮层的位置，内皮层的横向壁可见凯氏带　C. 三个皮层细胞立体图解，示凯氏带出现在横向壁和径向壁上　D. 两个相邻内皮层细胞横切面，示凯氏带部分的超微结构(1. 正常细胞中，凯氏带部位质膜平滑，而在它处质膜呈波纹状　2. 质壁分离后的状况，凯氏带处的质膜仍与壁粘连，而在它处质膜与壁分离)

1. 表皮

表皮是位于成熟区最外层的一层生活细胞，由原表皮细胞发育而来，一般由一层表皮细胞组成。细胞整体近似长方柱形，排列整齐紧密，细胞壁较薄，由纤维素和果胶质构成，水和溶质可以自由通过，外壁常缺乏或仅有一层薄的角质膜，且不具气孔，部分表皮细胞的外壁向外突起，延伸可形成根毛。根毛的出现扩大了根的吸收面积，成熟的根毛直径5～17um，长80～1500um，不同物种间存在差异，如水生植物和个别陆生植物的根是无根毛的，热带某些附生的兰科植物的气生根也无根毛。而其原表皮细胞经过几次平周分裂后形成了套筒状的，由多层细胞构成的根被(velamen)，其细胞排列紧密，细胞壁局部栓化、加厚，在后期原生质体瓦解，细胞腔内会充满空气，成为降雨时吸水、平时减少蒸腾和具保护作用的结构。

2. 皮层

皮层是由基本分生组织发育而成，位于表皮之内维管柱之外，由多层薄壁细胞组成，是水分和溶质从根毛到维管柱的横向输导途径，又是储藏营养物质和通气的部分，一些水生和湿生植物还在皮层中发育出气腔、通气道等。皮层可以分为外皮层、中皮层和内皮层，其中外皮层和内皮层的细胞结构较为特殊。

(1)外皮层(exodermis)　是指位于皮层最外的一层或数层细胞，其位置紧贴表皮细胞内方，形状较小，排列紧密而整齐，无间隙。当根毛枯死表皮脱落时，外皮层细胞壁增厚、栓质化，代替表皮起保护作用，而这部分根的吸收作用也会因此而减弱。

中皮层位于内皮层与外皮层之间，是皮层各种功能的主要执行场所。由数层薄壁细胞组成，其细胞体积最大，排列疏松，有明显的胞间隙，细胞中常储藏有各种后含物，以淀粉粒最为常见。一些水生和湿生植物还在这部分发育出气腔、通气道等。

(2)内皮层(endodermis)　是皮层最内方的一层形态结构和功能都较为特殊的细胞。其细胞排列紧密，各细胞的径向壁和上下横向壁都有带状的木质化和栓质化加厚区域，称为凯氏带(Casparian strip)(图2-7 C)。在横切面上，凯氏带在相邻细胞的径向壁上呈点状，称为凯氏点。初期的凯氏带是由木质和脂类物质组成，后期又加入栓质。凯氏带处的木质和栓质不但侵入初生壁，而且透入胞间层。位于凯氏带处的质膜较为平滑，连同细胞质紧贴于凯氏带，质壁分离时亦不分开。内皮层上的这种特殊结构，被认为对根的吸收有特殊意义：它阻断了皮层与中柱间通过细胞壁、细胞间隙的运输途径，使进入中柱的溶质只能通过内皮层细胞的原生质体，从而使根能进行选择性吸收，同时防止中柱里的溶质倒流至皮层，以维持中柱内维管组织的流体静压，使水和溶质能源源不断地进入导管。

3. 维管柱

又称中柱，是内皮层以内的部分，结构比较复杂，由原形成层分化而来，包括中柱鞘(pericycle)、初生木质部(primary xylem)、初生韧皮部(primary phloem)和薄壁组织等几部分。

(1)中柱鞘　是维管柱的最外部，向外紧贴着内皮层，由一层或数层薄壁细胞组成，保持着潜在的分生能力，在适当的条件与生长阶段能形成多种组织或器官。如可分裂分化形成侧根、不定根、不定芽、部分维管形成层和木栓形成层等。

(2)初生木质部　位于中柱鞘内方，整体分为数束，与初生韧皮部相间排列。其束数因植物而异，双子叶植物一般为2~6束，分别称为二原型、三原型、四原型……木质部的束数在某些植物中是恒定的，因此有系统分类的价值，如二原型在十字花科、石竹科占优势。同一植物的不同品种有时束数有异，如茶，有五原、六原和十二原之分；同一植株侧根中的束数有时少于主根，或相反；外因有时亦造成束数的改变，如用三原型的豌豆根尖做离体培养时，适量的吲哚乙酸可使新生根成为六原型。

初生木质部在分化过程中是由外向内呈向心式逐渐发育成熟的，此种分化方式称为外始式(exarch)。初生木质部外方，较为靠近中柱鞘的部位，是最初成熟的部分，只具有管腔较小的环纹和螺纹导管，称为原生木质部(protoxylem)，而较靠近中部，成熟较晚的部分，称为后生木质部(metaxylem)，其中的导管为管腔较大的梯纹、网纹和孔纹。因而使得初生木质部整体呈辐射状，外方的原生木质部导管与中柱鞘相连接，有利于从皮层进入的溶液迅速进入导管而运向地上部分。原生木质部分化早，常在伸长区即分化成熟，其中的导管次生增厚很少，柔韧的初生壁还能随伸长区细胞的生长而适当延伸。

(3)初生韧皮部　位于初生木质部辐射角之间，发育方式与初生木质部一样，也为外始式，即原生韧皮部(protophloem)在外方，后生韧皮部(metaphloem)在内方。初生韧皮部束数在同一根内，与初生木质部束数相等，初生韧皮部由筛管和伴胞组成，也含有韧皮薄壁组织，有时还有韧皮纤维，如锦葵科、豆科等植物。

(4)薄壁组织　在初生木质部和初生韧皮部之间，也分布着数列薄壁组织，其中一层属原形成层保留的部分。这些薄壁组织细胞在根进行次生生长时将恢复分裂能力。有的植物在中柱中央也有一些薄壁细胞。

双子叶植物中具初生结构而尚未进行次生生长时的根，称为幼根。在幼根的横切面中，中柱所占的比例较小(图 2-8)，其机械组织也不甚发达，具有很好的柔韧性，适应于继续在土壤中迂回曲折地伸长生长。

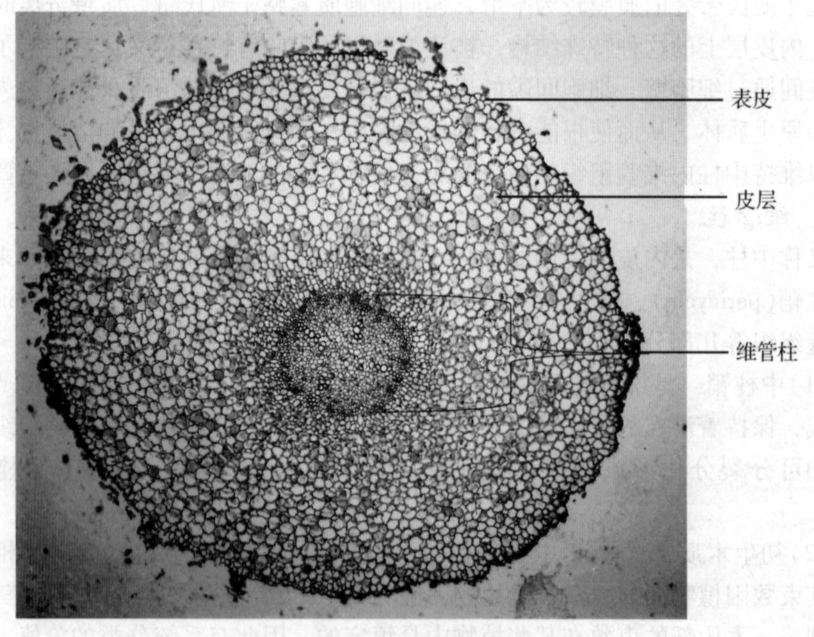

图 2-8　蚕豆幼根的横切面

(二)禾本科植物根的结构特点

禾本科植物属于单子叶植物，它具有与双子叶植物基本相同的根尖和初生生长过程，所形成的初生结构与双子叶植物一样，也分为表皮、皮层、维管柱 3 个组成部分(图 2-9)，但禾本科植物根具有独特之处：

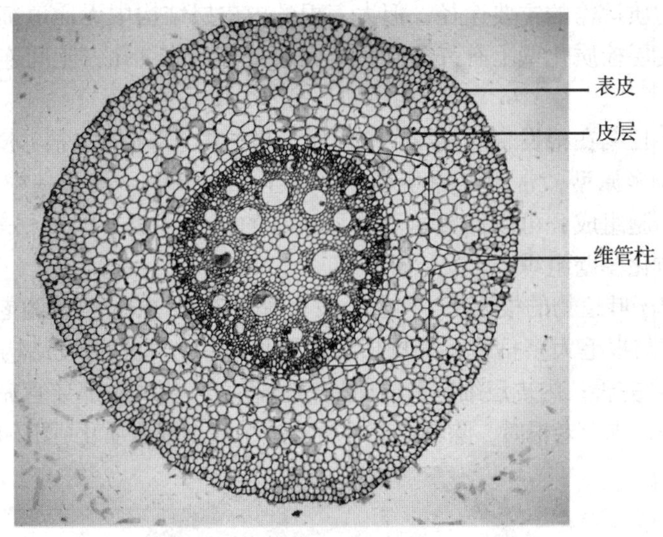

图 2-9　玉米根的横切面

首先，在植物一生中只具有初生结构，一般不再进行次生的增粗生长，即不形成次生分生组织，因此，没有次生结构。

其次，皮层中靠近表皮的一至数层细胞较小，排列紧密，称为外皮层，在根发育后期常形成栓化的厚壁组织，在表皮和根毛枯萎后，替代表皮起保护作用。而其内皮层细胞在发育后期大部分细胞壁常呈五面加厚：即两侧径向壁，上、下横壁及内切向壁皆进一步加厚并木质化，而且在初生壁与木化的次生壁之间还有一栓化层。在横切面上，增厚的部分成马蹄铁形，而对着初生木质部辐射角处的内皮层细胞称为通道细胞（passage cell）（图 2-10）。一般认为它们是根的初生结

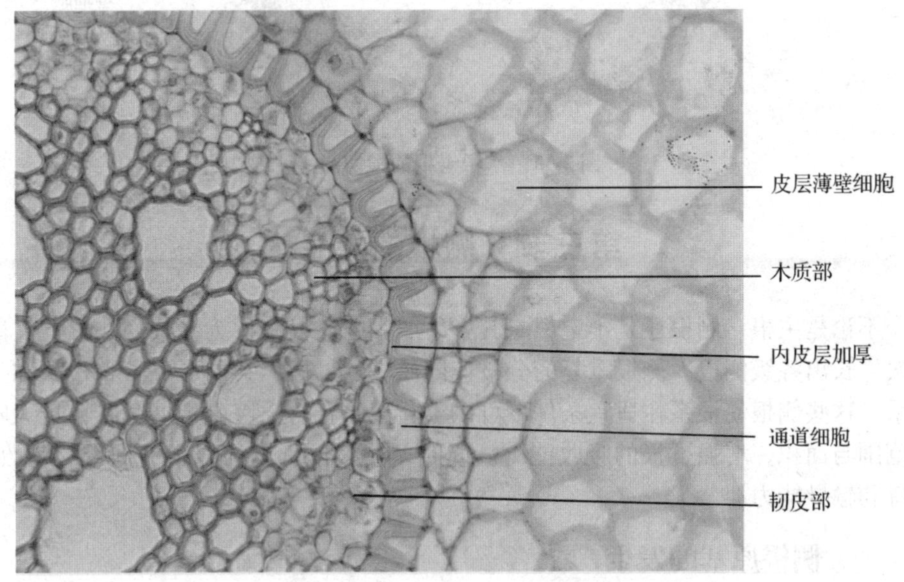

图 2-10　单子叶植物(鸢尾属)根根毛区横切面的一部分

构部分内外物质运输的主要途径，但大麦根的内皮层结构中无通道细胞，在电镜下发现其内皮层栓质化壁上有许多胞间连丝通过其上的纹孔，胞间连丝是物质运输的通道。

再次，中柱鞘在根发育后期常部分(如玉米)或全部(如水稻)木质化。初生木质部一般为多原型，常为七原型以上，多至二十原型。维管柱中央有发达的髓，由薄壁细胞组成，可以储藏营养物质；有的植物种类，如水稻等发育后期，髓可成为木质化厚壁组织。

大多数单子叶植物的根无次生生长，发育时期较长的根部可称为老根，其主要特征是：表皮与根毛大多枯萎；外皮层形成厚壁组织，如有通气结构的(如水稻、甘蔗)则已发育完善；内皮层细胞壁五面加厚显著；后生木质部导管完全成熟。有的植物如水稻，成为老根时，除韧皮部外，整个中柱全部木质化(图 2-11)。

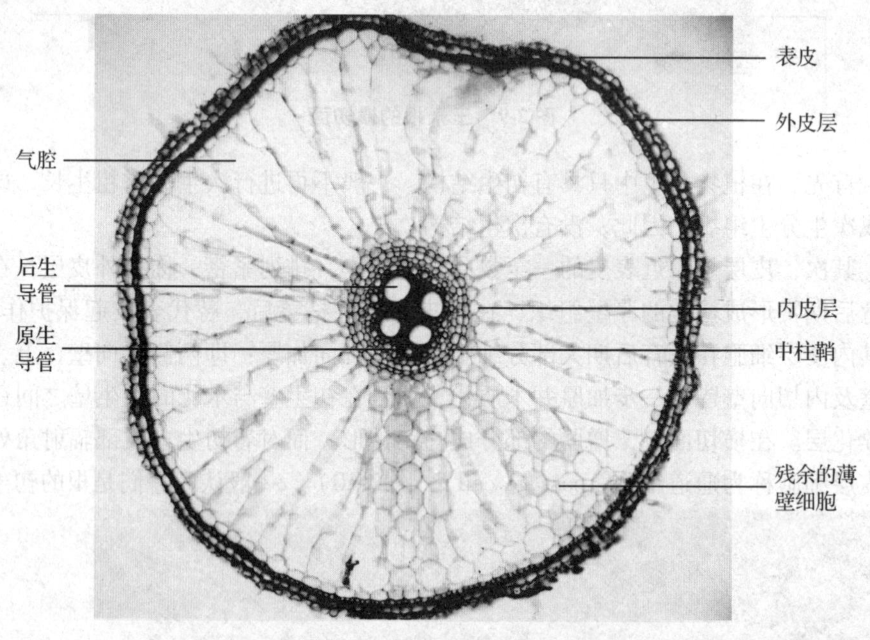

图 2-11 水稻老根的横切图

第三节 侧根的发生

不论是主根、侧根还是不定根，其上所产生的支根都称为侧根，侧根上又能依次生长出各级侧根。侧根重复的分枝连同原来的母根，共同形成了直根系和须根系。这些侧根使根系在适宜条件下可以不断地向新的土壤中扩展分布，扩大吸收范围与面积，增强了根的吸收能力。同时，侧根还可以加强根的固着、吸收、支持和输导能力。

一、侧根原基的发生

侧根是由侧根原基发育而成的。侧根原基是由母根皮层内的中柱鞘的一部分细胞经过脱分化、恢复分裂能力形成的，故被称为内起源(endogenous origin)。侧根开始发生时，中柱鞘的某些细胞发生脱分化，细胞质变浓厚，液泡化程度变小，恢复分裂能力，开始分裂。最初的几次分裂是平周分裂，使细胞的层数增加并向外突起，以后的分裂是多方向的，最终产生一团新细胞，从而形成侧根原基。这是侧根最早的分化阶段，以后侧根原基再进行分裂、生长、逐渐分化出生长点和根冠。

二、侧根的形成及其在母根上的分布

侧根原基进一步发育，向着母根皮层的一侧生长，逐渐分化形成根冠、分生区和伸长区，最终形成侧根。由于生长点细胞继续分裂、增大和分化，将侧根原基分化产生的根冠向前推进，同时根冠分泌的物质也能溶解皮层和表皮细胞，这样侧根就在其生长过程中所产生机械压力的作用下，顺利无阻地依次穿越母根的内皮层、皮层和表皮，而露出母根之外，进入土壤中，形成侧根。侧根的输导组织与母根的输导组织是相通的（图 2-12）。侧根可以因生长激素或其他生长调节

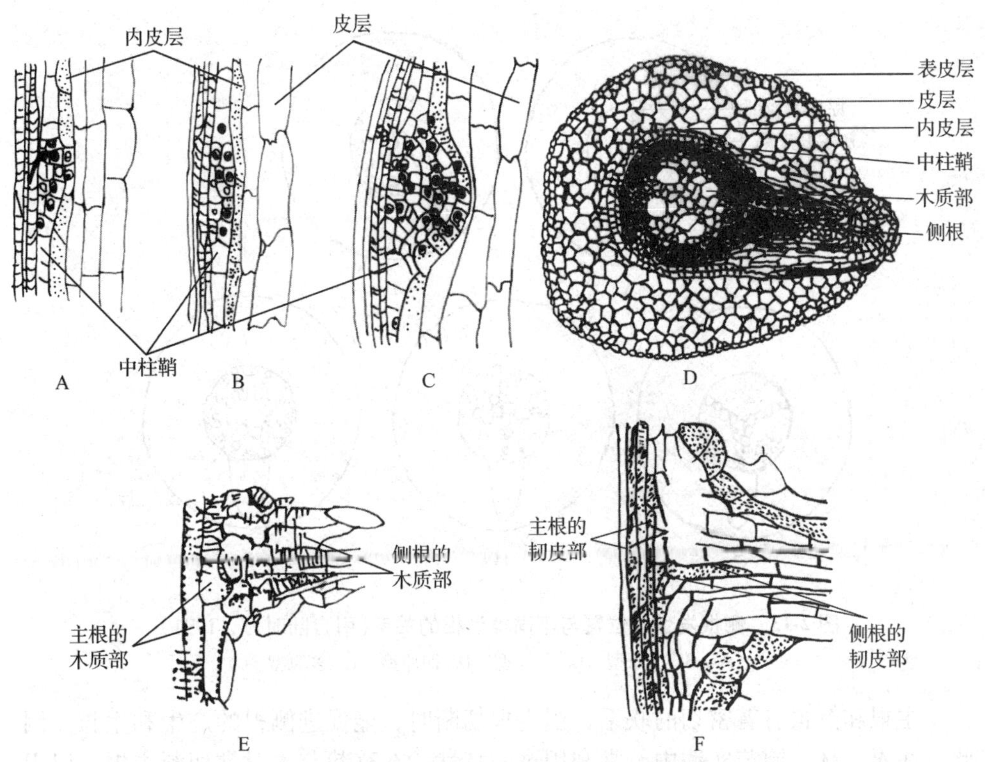

图 2-12　侧根的形成过程(仿 Esau，1965)

A~D. 胡萝卜侧根的形成过程(A~C. 为纵剖面　D. 为横剖面)

E、F. 根部分纵切示侧根与母根维管组织的连接

物质的刺激而形成，也可以因内源的抑制物质的抑制而使母根内侧根的分布和数量受到控制。侧根的发生，在根毛区就已经开始，但突破表皮，露出母根后，却在根毛区以后的部分。这样就使得侧根的产生不会破坏根毛而影响吸收功能，这是长期以来自然选择和植物适应环境的结果。

侧根在母根上的分布位置，在同一种植物中常常是稳定的，这与内部的中柱鞘细胞有一定关系，但并不是所有的中柱鞘细胞都能产生侧根，侧根只发生于中柱鞘的特定部位，与初生木质部和初生韧皮部的位置和束数有关。如初生木质部为二原型的根上，侧根发生在对着初生韧皮部或初生韧皮部与初生木质部之间。在三原型、四原型等的根上，侧根是正对着初生木质部发生的。在多原型的根上，侧根是对着韧皮部发生的(图 2-13)。由于侧根的位置一定，因而在母根的表面上，侧根常较为规则地纵列成行。从母根纵向观察，不同植物的根中产生侧根原基的部位是不同的，一般在距离根冠 1～2 cm 的近根毛区的伸长区处发生，也有发生于分生区处的，如慈姑等水生植物。有的植物如玉米，又可在根毛区以上、中柱鞘和内皮层已具木质化次生壁的老根部位发生。侧根的密度会因植物物种和生长条件的不同而不同，如玉米常为 8 条/cm^2、豆类是 5 条/ cm^2。粗度会随着侧根级数的增加而递减。

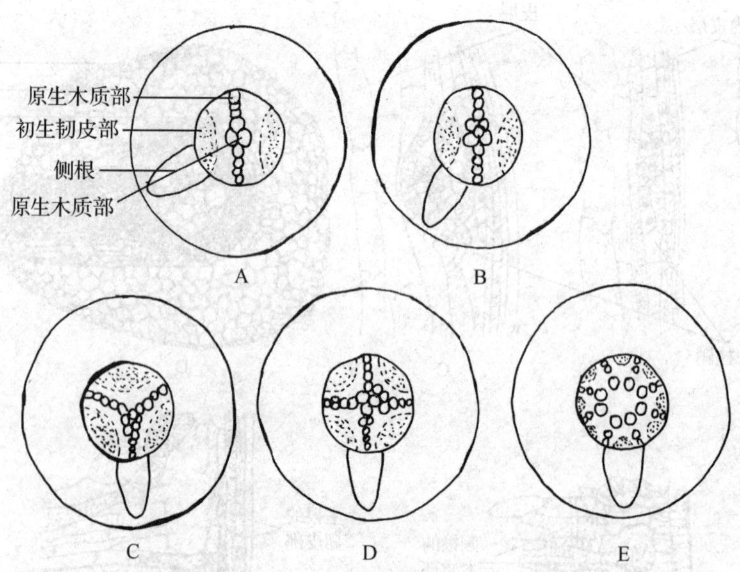

图 2-13 侧根发生的位置与不同类型根的关系(引自陆时万，1991)

A、B. 二原型 C. 三原型 D. 四原型 E. 多原型

主根和侧根有着密切的联系，当主根切断时，能促进侧根的产生和生长。因此，在农、林、园艺实践中，常利用这一特性，在移栽苗木时常切断主根，以引起更多侧根的发生，保证植株根系的旺盛生长，从而使整个植株能更好地繁茂生长，有时也是为了便于以后的移栽。

第四节　双子叶植物根的加粗和次生结构

通常一年生的双子叶植物和大多数单子叶植物的根，只发生初生生长和产生初生结构，而大多数双子叶植物和裸子植物的根，特别是多年生木本植物的根，形成次生结构。根的次生生长是在初生生长结束后，在初生结构产生一种新的次生分生组织(侧生分生组织)，即维管形成层(简称形成层)，由于形成层的活动促使根加粗的生长过程，称为次生生长(secondary growth)。同时，由于根的内部不断加粗，把根的表皮撑破，于是，又有另外一种侧生分生组织，即木栓形成层发生，它形成新的保护组织——周皮，以替代表皮，这也是次生生长的一部分。次生生长过程中产生的维管组织和周皮，共同组成了根的次生结构(secondary structure)。

一、维管形成层的发生与活动

在初生根的初生韧皮部内侧呈条状的薄壁细胞经脱分化后，恢复细胞分裂能力组成维管形成层的一部分。另外在初生木质部辐射角正对着的中柱鞘细胞也恢复分裂能力成为另一部分(图 2-14)。这两部分连接起来组成维管形成层环(cambium ring)。由于细胞在形成层环中各处的位置不同，其细胞分裂活动的速度也不相等，以致整个形成层环在最初呈凹凸不平的波状。位于韧皮部内侧的条状的形成层部分是较早形成的，其切向分裂活动也早于其他部分，所产生的组织量也

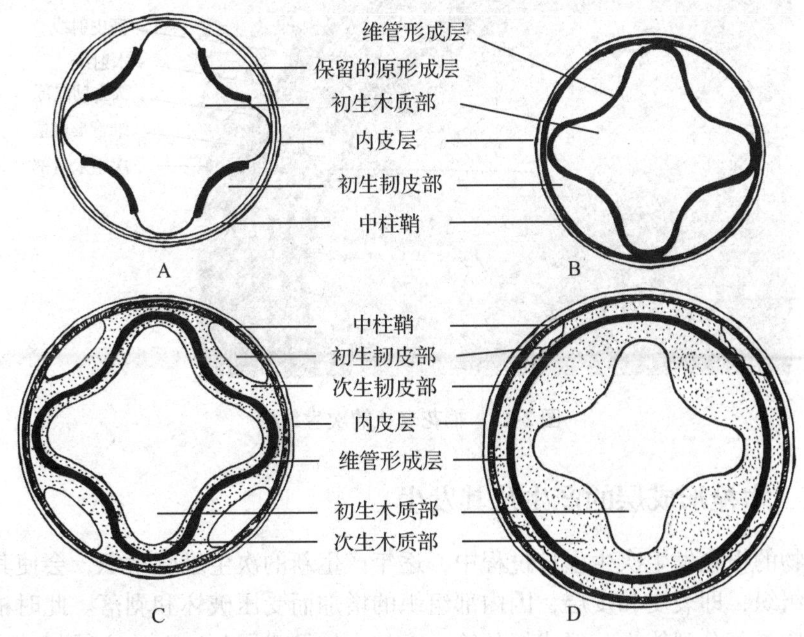

图 2-14　维管形成层的发生过程及其活动(引自杨世杰，2002)

就较多，特别是内方产生的新组织(次生木质部)也较多，这样就把形成层环向外较大的推移，结果使得整个形成层环从横切面上看，成为较为整齐的圆形，此后，形成层的分裂活动也就按照等速进行，有规律地形成新的次生结构，并将初生韧皮部推向外方。

维管形成层(环)形成后，主要是进行切向平周分裂。向内分裂产生的细胞形成新的木质部，加在初生木质部的外方，称为次生木质部；向外分裂产生的细胞形成新的韧皮部，加在初生韧皮部的内方，称为次生韧皮部。次生木质部和次生韧皮部，合称为次生维管组织，是次生结构的主要部分。在具有次生生长的根中，次生木质部和次生韧皮部间始终存在维管形成层。次生木质部和次生韧皮部的组成，基本上和初生结构中相似，但次生韧皮部中，韧皮薄壁组织较为发达，韧皮纤维的含量较少。另外，在次生木质部和次生韧皮部内，还有一些径向排列的薄壁细胞群，称为木射线(xylem ray)和韧皮射线(phloem ray)，统称为维管射线(vascular ray)(图2-15)。维管射线是次生结构中新产生的组织，它从形成层处向内外贯穿次生木质部和次生韧皮部，作为横向运输的通道和结构。次生木质部导管中的水分和无机盐，就可以通过维管射线运送到形成层和次生韧皮部。同样，次生韧皮部中的有机养分，也可以通过维管射线运送到形成层及次生木质部。维管射线的形成，使根的维管组织内有轴向系统(导管、管胞、筛管、伴胞、纤维等)和径向系统(射线)之分。

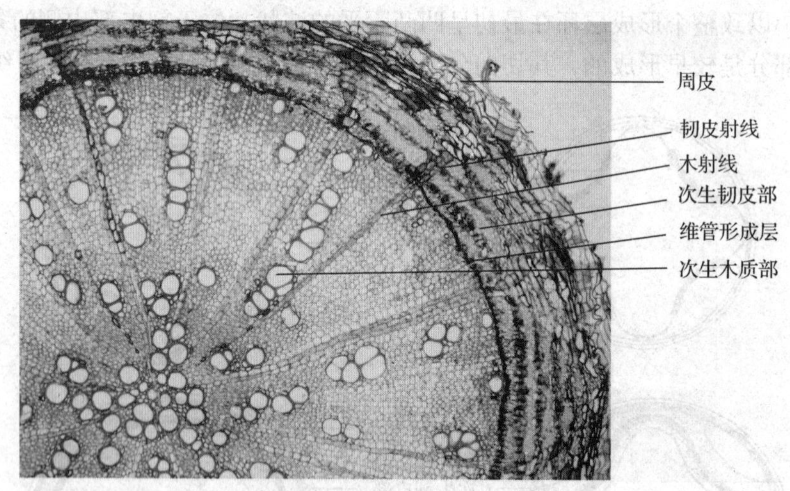

图2-15　棉花老根的次生结构

二、木栓形成层的产生及其发生

植物的根在发生次生生长过程中，逐年产生新的次生维管组织，会使其外方的成熟组织，即表皮和皮层，因内部组织的增加而受压破坏和剥落。此时根的中柱鞘细胞恢复分裂能力，形成根的第一次的木栓形成层(phellogen)(图2-16)。木栓形成层也是次生(侧生)分生组织。它可以进行切向分裂，主要是向外方产生大量木栓细胞，形成木栓层(cork)；向内方产生少量薄壁细胞，构成栓内层

(phelloderm)。木栓形成层及其产生的木栓层和栓内层合称为周皮(periderm)，是根加粗后所形成的次生保护结构。由于木栓层细胞壁栓质化，不透水，不透气，从而使其外方的组织断绝营养而死亡。死亡的组织以后在土壤微生物的作用下，逐渐剥落腐烂。

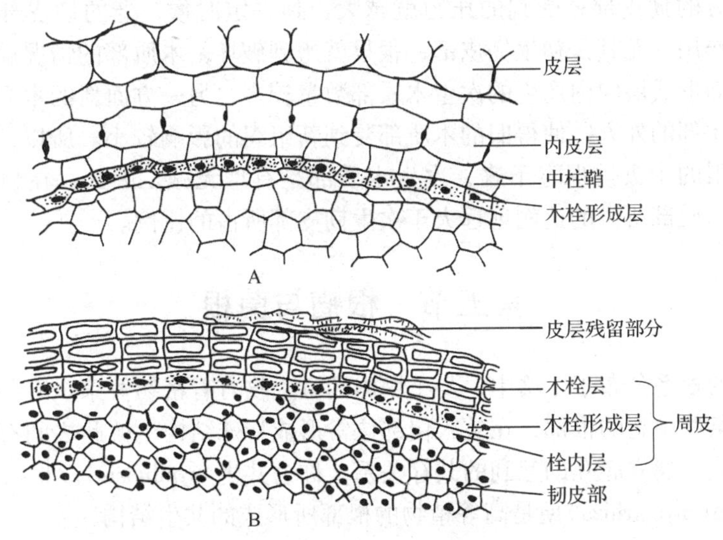

图 2-16　根的木栓形成层(引自张宪省，2003)

A. 葡萄根中的木栓形成层由中柱鞘发生　B. 橡胶树根中的木栓形成层活动的结果

在多年生的根中，木栓形成层不像维管形成层那样终生存在，而是每年重新发生，配合维管形成层的活动。其位置是在原有的木栓形成层内方，并逐年向内推移，最终可由次生韧皮部中的部分薄壁细胞发生，多年生植物的根部，因此而形成每年死去的周皮的累积物，就是树皮(bark)。

少数植物的第一次木栓形成层可由皮层甚至表皮形成，这种情况下，其内方的皮层可随不断增粗的中柱而作相应的扩展。

三、双子叶植物根的次生结构

次生生长是裸子植物和大多数双子叶植物根所特有的，根的维管形成层和木栓形成层活动的结果形成了根的次生结构(图 2-16)，并因其逐渐地横向增加而导致根的增粗。维管形成层的活动形成了次生韧皮部、次生木质部和维管射线等次生结构，木栓形成层的活动形成了栓内层和木栓层，木栓层、木栓形成层和栓内层共同组成周皮。仅从维管形成层所形成的次生结构的特点来看，可分为：

次生维管组织中次生韧皮部居外，次生木质部居内，相对排列，与初生维管组织中初生韧皮部和初生木质部相间排列，完全不同。维管射线是新产生的组织，它的形成，使维管组织内有了轴向和径向系统之分。

形成层每年向外、内增生新的维管组织，特别是次生木质部，它使得根的直径不断增大。因此，形成层也就随着增大，位置不断外移，这是必然结果。所以形成层细胞的分裂，除主要进行切向分裂外，还有径向分裂和其他方向的分裂，使形成层周径扩大，才能适应内部的增粗。

次生结构中以次生木质部为主，次生韧皮部所占比例较小。这是因为新的次生维管组织总是增加在旧的韧皮部内方，老的韧皮部因受内方生长而遭受挤压，越是在外方的韧皮部，受到的压力就越大，到一定时候，老的韧皮部就遭到破坏，丧失作用。尤其是初生韧皮部，很早就遭到破坏。木质部的情况就完全不同了。一方面形成层向内产生的次生木质部数量较多，另一方面新的木质部总是加在旧的木质部的外方，使得旧的木质部受到新组织的影响较小。所以，初生木质部也能在根的中央被保存下来，次生木质部是有增无减。因此，在粗大的树根中，次生木质部所占的比例远远大于次生韧皮部所占的比例。

第五节 根瘤与菌根

植物的根系分布于土壤中，与土壤内的微生物有着密切关系。有些土壤微生物能侵入某些植物的根部，在被入侵部位常形成特殊结构，彼此之间有直接的营养物质交流，建立起互助互利的共存关系，称为共生(symbiosis)。根瘤(root nodule)和菌根(mycorrhiza)便是高等植物的根部所形成的共生结构。

一、根瘤

根瘤是由固氮细菌或放线菌侵染宿主根部细胞而形成的瘤状共生结构。自然界中有数百种植物能形成根瘤，其中与生产关系最密切的是豆科植物的根瘤。

豆科植物的根瘤是由根瘤菌入侵根后形成的。根瘤菌由根毛侵入根的皮层后，一方面，根瘤菌在皮层细胞内迅速分裂繁殖；另一方面，受根瘤菌侵入的皮层细胞，因根瘤菌分泌物的刺激也迅速分裂，产生大量的新细胞，使皮层部分的体积膨大和凸出，形成根瘤(图 2-17)。根瘤菌与宿主之间互利互助的共生关系表现在：宿主供应根瘤菌所需的碳水化合物、矿物质盐类和水，根瘤菌则将宿主不能直接利用的分子氮在其固有的固氮酶的作用下，形成宿主可吸收利用的含氮化合物，这种作用称之为固氮作用。固氮酶一般由两种蛋白质组成，一种蛋白质含铁，称为铁蛋白；另一种蛋白质除含铁之外，还含有钼，称为钼-铁蛋白。另外，根瘤细胞中还有一种特征性的物质，称为豆血红蛋白(leghemoglobin)，它使根瘤呈现红色。因此，在栽培豆科作物时，如增加钼肥(用 1%~2% 钼酸铵喷雾拌种)，有明显的增产效果。

根瘤菌的种类很多，其中根瘤菌属(*Rhizobium*)共有十多个种，每一类群的根瘤菌常与一定种类的豆科植物共生，如豌豆根瘤菌(*R. teguminosarum*)只能在豌豆、蚕豆等植物根上形成根瘤，而不能在大豆、苜蓿等植物根上形成根瘤；大豆根瘤菌(*R. japonicum*)只能在大豆根上形成根瘤，却不能使豌豆、苜蓿根形成根瘤。这种专一性现象的产生，主要是由于豆科植物的根毛所分泌出的一种特殊蛋白质，能与根瘤菌细胞表面的多糖化合物发生选择性的结合。不同的豆科植物

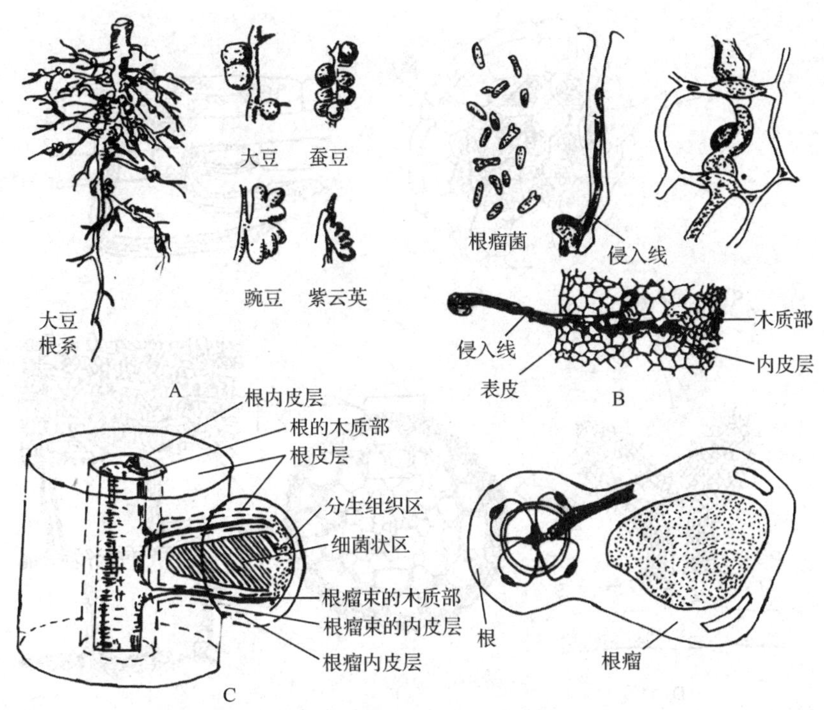

图 2-17 根瘤与根瘤菌(部分引自 Boud, 1948; 部分引自张宪省, 2003)

A. 几种豆科植物根瘤外形 B. 根瘤菌自宿主根毛侵入皮层的过程

C. 豆科植物根瘤结构，左为立体图，右为横剖面简图

分泌的蛋白质在结构上存在一定差异，只有在细胞表面存在能与这种蛋白质相结合的多糖物质的根瘤菌才能与之共生。

除豆科植物以外，在自然界中还发现一百多种植物能形成根瘤，如木麻黄、罗汉松和杨梅等，与非豆科植物共生的固氮菌多为放线菌类。近年来，将固氮菌种的固氮基因转移到农作物和某些经济作物中，已成为分子生物学和遗传工程的研究目标。

二、菌根

除根瘤菌外，种子植物的根还可以跟真菌有共生的关系。这些和真菌共生的根，称为菌根。根据菌丝在根中生长分布的不同情况，可将菌根分为外生菌根(ectotrphic mycorrhiza)、内生菌根(endotrophic mycorrhiza)和内外生菌根(ectendotrophie mycorrhiza)3 种类型(图 2-18)。

(1)外生菌根 是指真菌的菌丝包被在植物幼根的外面，有时也会侵入根的皮层细胞间隙中，但不侵入细胞内。在这样的情况下，根的根毛不发达，甚至完全消失，菌丝就代替了根毛，增加了根系的吸收面积。例如，松、云杉、榛、山毛榉、鹅耳枥等树的根上都有外生菌根。

(2)内生菌根 是指真菌的菌丝通过细胞壁侵入到细胞内，在显微镜下，可

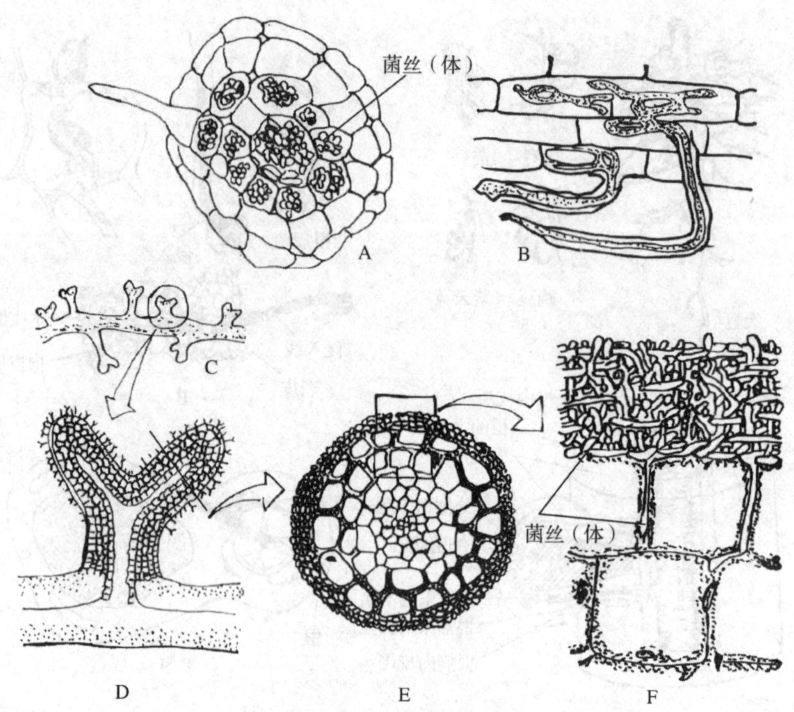

图 2-18 菌根(引自张宪省，2003)

A. 小麦的内生菌根的横切面 B. 芳香豌豆的内生菌根的纵切面 C. 松的外生菌根的分枝 D. 同 C，分枝纵切面的放大 E. 松的外生菌根的横切面 F. 同 E，一部分的放大

以看到表皮细胞和皮层细胞内，散布着菌丝。例如，胡桃、桑、葡萄、李、杜鹃及兰科植物等的根内都有内生菌根。

(3)内外生菌根 即在根的表面、细胞间隙和细胞内都有菌丝，如草莓的根。

菌根和种子植物的共生关系是：真菌将所吸收的水分、无机盐类和转化的有机物质，供给种子植物，而种子植物把它所制造和储藏的有机养料，包括氨基酸供给真菌。此外，菌根还可以促进根细胞内储藏物质的分解，增进植物根部的输导和吸收作用，产生植物激素，尤其维生素 B_1，促进根系的生长。

不定根的发生

除主根和侧根之外，生长在茎节、节间、芽的基部、叶或老根等处的根称为不定根(adventitious root)，由于其发生的位置无规律可循，故称为不定根。大多数情况下，它不是直接或间接由胚根所形成的，没有固定的生长部位，它不按正常时序发生。它的发生主要是由于植物器官受伤或激素、病原微生物等外界因素的刺激，主要表现为植物的再生反应。它的发生扩大了植物的根系，使植物细胞具有了再生能力，这在植物器官扦插和组织培养中广泛使用。同时，还具有增强

固着或支持植物的功能，因此，不定根发生的生物学研究是发育生物学的重要领域。

一、不定根的发生

不定根是由上述植物的各种器官中所产生的不定根原基发生的。不定根原基一般为内生源，由维管组织内或其附近的薄壁细胞形成，但也有发生在表皮或其下方几层细胞的，如兰科植物，则属于外生源。它的发生过程与侧根原基相似。

二、不定根在植株上的分布和作用

不定根常因发生于植物个体发育的不同时期和不同部位，而呈现一定的独特作用，其在植物的生长发育过程中占有十分重要的地位。

(一)成为须根系的主体

绝大多数单子叶植物和一些用根状茎、匍匐茎、块茎、鳞茎或块根等变态器官进行自然繁殖的双子叶植物，皆具有多条不定根为骨架根的须根系。而有的植物在这些不定根上再产生大量的侧根。例如，以鳞茎繁殖的水仙，则无侧根产生，其须根系全部由不定根组成。

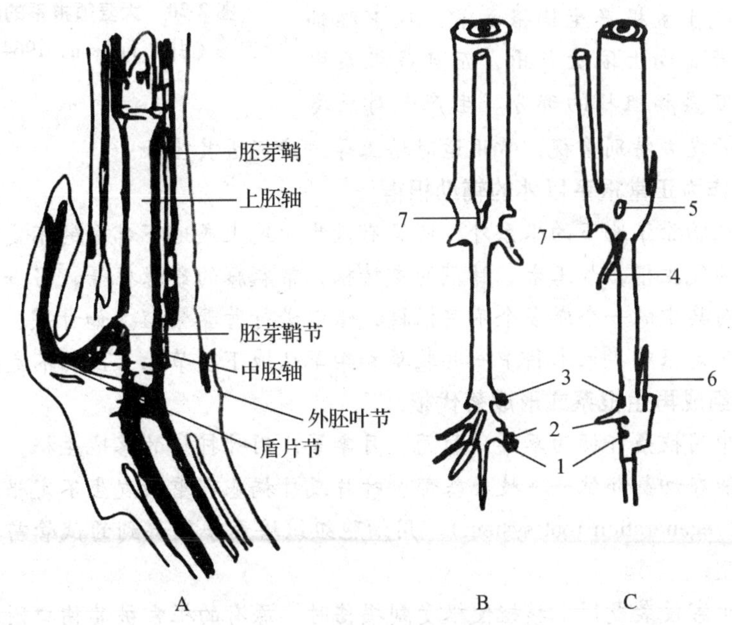

图 2-19　小麦幼苗的一部分(示种子根和茎节根的分布)(引自郑湘如，2007)

A. 示胚轴上各个长出种子根的节位名称　B、C. 示不定根的分布(B. 为正面观　C. 为侧面观)　1~3 为种子根　4~7 为茎节根(1. 盾片节上的第一对根　2. 外胚叶节上的第二对根　3. 胚芽鞘节上的第三对根　4. 主茎第一节上的根　5. 主茎第二节上的根　6. 主茎第一分枝　7. 主茎第二分枝上的第一对根)

以小麦为例说明禾本科作物须根系中不定根的分布情况(图 2-19)。麦粒萌动时，在胚根活动后不久，依次从胚轴上的盾片节、外胚叶节和胚芽鞘节上长出 2~3 对不定根，组成种子根，也称为初生根，总体称为初生根群(图 2-20)。小麦的种子根常为 5～8 条。种子根的数目也受籽粒饱满度和生长条件的影响。初生根群始于幼苗异养阶段，其停止生长也早，是幼苗期起主要作用的根群，它的生长位置较低，利于吸收土层深处的水和营养物质。随后会从靠近地面的节间极短的几个节上生长出多数不定根，每节 3 条，称为茎节根、蘖根或次生根，总体称为次生根群(图 2-20)。次生根群位于初生根群之上，入土较浅，根的开展角与粗度较大。该根群的发育状况与抗倒伏、分蘖的生长及成熟关系密切，种子根和茎节根都能形成侧根。

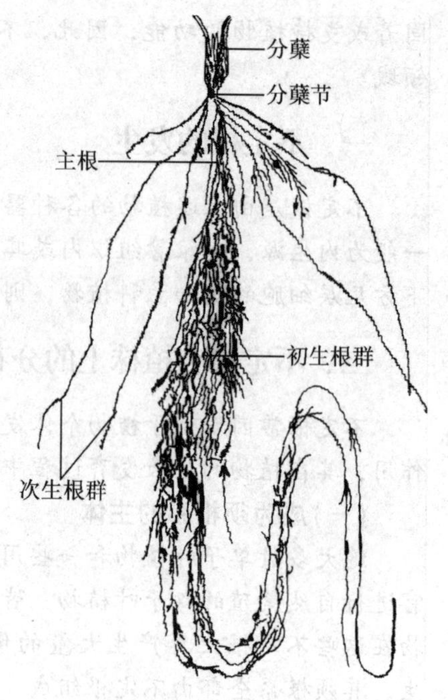

图 2-20 大麦须根系的组成
(引自 Jackson，1964)

(二)参与直根系的形成

某些豆科作物(豌豆除外)，在其下胚轴上也会生长出一些排列规律、数量有限的不定根，组成其直根系的一部分。这些不定根的出现常先于主根产生侧根之前，从下胚轴的近根端开始向上依次长出，而且是根系中生长较为旺盛和粗壮的部分。生产上对豆类这部分根的发育特别重视，常用适时培土等方法促进其生长。

(三)作为正常根系以外的辅助根群

一些植物除了地下的根系外，还具有散生于地上或地下部分的不定根群。这些根可能为气生根，如玉米、甘蔗的支持根，常春藤的攀缘根等；另一部分植物则形成相对集中的一个或多个不定根群，借以进行营养繁殖。如甘蔗、草莓茎蔓上长出的不定根群，禾本科中一些牧草和杂草从地下茎节上长出的不定根群等。

(四)组成再生根系或形成替代根

农艺中用枝条扦插的草莓、葡萄、月季等，用叶扦插的落地生根、毛叶秋海棠等，均能在切割部位——枝条基部、叶片或叶柄基部重新发生不定根群，形成再生根系(regeneration root system)。用细胞组织培养手段得到的试管苗上的根群亦属此类型。

因病虫害侵袭或树木移植使根受到损伤时，原有的根常被其伤口附近新生的不定根所替代，这些根称为替代根(vicarious root，substitute root)。

本章小结

根的主要生理功能是吸收、固着、输导、支持、合成和分泌，某些植物因长期适应特定环境，还具有了一定的呼吸、攀缘、储藏、繁殖等功能。

植物种子萌发后，胚根顶端分生组织细胞经过分裂、生长、分化，形成了主根。在主根上可以产生侧根，还有从节间、叶、老根等处生长出的不定根；而根系则是指一株植物所有根的总和，可以分为直根系和须根系两种。直根系的主根和侧根区分明显，一般为双子叶植物和裸子植物所具有，须根系区分不明显，主要由不定根组成，一般为单子叶植物所具有。植物根系在土壤中的生长和分布，与其自身的遗传特性和周围环境的影响密切相关。

根尖是指从根的顶端到着生根毛的部位，它是根组织器官中生命活动最旺盛的部位，担负着根内细胞分裂、伸长生长和物质吸收等重要功能。根尖可分为根冠、分生区、伸长区、根毛区。

根的初生结构包括了表皮、皮层和维管柱三部分。表皮细胞壁薄，水分易透过，多数表皮细胞的外壁向外延伸形成根毛，扩大了根的吸收面积；皮层由基本分生组织构成，可分为外皮层、皮层薄壁细胞、内皮层，内皮层是皮层最内侧的一层细胞，其径向壁和横向壁的一定位置上有一条木质化、栓质化的凯氏带，水分和溶质必须通过内皮层细胞的原生质体；维管柱中的最外方是中柱鞘，具有潜在的分裂能力，与维管形成层、木栓形成层、侧根的形成密切相关；被子植物的初生结构中，初生木质部和初生韧皮部相间排列，为外始式发育。双子叶植物的根中一般无髓，单子叶植物根中一般有髓。

侧根是由侧根原基发育而成的。侧根原基是由母根皮层内的中柱鞘的一部分细胞经过脱分化、恢复分裂能力形成的，也被称为内起源。侧根原基发育时，其生长方向是向着母根皮层一侧生长的。侧根常发生于中柱鞘的特定部位，与初生木质部和初生韧皮部的位置和束数有关。而且主根和侧根的关系密切，主根被切断时，侧根开始快速发育，取代主根的地位形成新的主根。

被子植物的次生生长形成次生结构。它是次生分生组织维管形成层和木栓形成层活动的结果。维管形成层发生于初生韧皮部和初生木质部之间的薄壁细胞和正对初生木质部辐射角外面的中柱鞘细胞，经过弧形、波状，最后形成圆环形的维管形成层，维管形成层发生次生生长，向内产生次生木质部，向外产生次生韧皮部，促使根加粗。木栓形成层最初由中柱鞘细胞恢复分裂能力形成，其进行次生生长时，向外产生木栓层，向内产生栓内层，三者共同组成周皮。

植物的根系与土壤中微生物发生相互作用，形成了根瘤和菌根等共生结构。根瘤是由根瘤菌、放线菌侵染根部细胞形成；菌根则是某些真菌与高等植物根部所形成的共生体。

思考题

一、名词解释

定根与不定根　直根系与须根系　凯氏带　通道细胞　初生生长及初生结构　次生生长及次生结构　中柱鞘　根瘤与菌根

二、问答题

1. 根的生理功能主要有哪些?

2. 主根与种子中的胚根有何种联系?

3. 根尖可分哪几个区? 各区的基本特征和功能?

4. 双子叶植物根的初生生长过程及初生结构的形成? 它包括哪些部分? 各部分有什么功能和特征?

5. 区别禾本科植物根与双子叶植物根的主要特征。

6. 简述双子叶植物根的次生生长过程及其加粗生长机理，它的次生结构由哪几部分组成?

7. 简要说明侧根发生的位置及其形成过程。

8. 简述根瘤和菌根对植物生长和发育的重要生物学意义。

推荐阅读书目

李扬汉 . 1984. 植物学 . 上海：上海科学技术出版社.

刘穆 . 2001. 种子植物形态解剖学导论 . 北京：科学出版社.

参考文献

高信曾 . 1978. 植物学[M]. 北京：人民教育出版社.

贺学礼，等 . 2004. 植物学[M]. 北京：高等教育出版社.

贺学礼 . 1998. 植物学[M]. 北京：世界图书出版公司.

陆时万，等 . 1991. 植物学(上册)[M]. 2 版 . 北京：高等教育出版社.

徐汉卿 . 1996. 植物学[M]. 北京：中国农业出版社.

杨世杰 . 2002. 植物生物学[M]. 北京：科学出版社.

张宪省，等 . 2003. 植物学[M]. 北京：中国农业出版社.

郑相如，等 . 2007. 植物学[M]. 北京：中国农业大学出版社.

ESAU K. 1965. Plant Anatomy[M]. 2nd ed. New York：John Wiley and Sons.

第三章　茎的形态结构与功能

茎由胚芽发育而成，是联系根和叶，输送水、无机盐和有机养料的轴状结构。除少数植物的茎生于地下外，多数茎生长在地上，茎的顶端能无限地向上生长，与叶形成庞大的枝系。乔木和藤本植物的茎可长达几十米至百米，而蒲公英等的茎短缩为莲座状。

第一节　茎的生理功能与基本形态

一、茎的生理功能

1. 支持作用

茎是植物地上部分的主轴，对其上着生的叶、芽、花和果实起支持作用。

2. 输导作用

根从土壤中吸收的水分、矿物质及养料需要通过茎向上输送至叶、花和果实中，叶片制造的同化产物也需要通过茎输送至植物体的其他部位。

3. 蒸腾作用

植物的幼茎上具有气孔、老茎上具有皮孔，可以使水分散失，即蒸腾作用。

4. 光合作用

草本植物及一些木本植物的幼茎呈绿色，内含叶绿体，可以进行光合作用。

5. 储藏作用

甘蔗的茎含有糖等营养物质，具有储藏功能。

6. 繁殖作用

柳树等的枝条可以生出不定根，因此茎也具有繁殖功能。

另外，有些植物茎的分枝变为刺，如山楂、皂荚的茎刺，具有保护作用；南瓜、葡萄等植物的一部分枝变为卷须，具攀缘作用；有的植物(地锦等)的茎含有药用成分，可入药，具有药用价值。

二、茎的基本形态

多数植物的茎呈圆柱形，少数呈三角形(如莎草)、方柱形(如蚕豆、薄荷、迎春)。茎上着生叶的部位，称为节。两个节之间的部分，称为节间(图 3-1)。

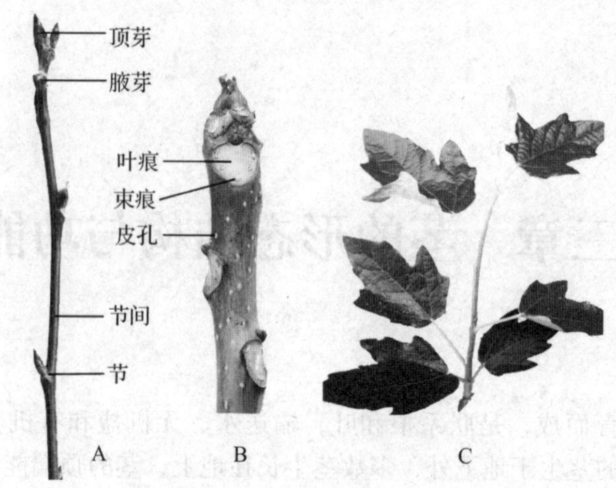

图 3-1 毛白杨和香椿的枝条(王瑞云摄)

A. 毛白杨冬天的枝条 B. 香椿枝条 C. 毛白杨夏天枝条

着生叶和芽的茎，称为枝(或枝条)。

植物的种类不同，节间的长度也不同。在木本植物中，节间显著伸长的枝条称为长枝；节间短缩，节间密集以致难于分辨的枝条称为短枝。短枝上的叶常呈簇生状态，如雪松；梨和苹果等果树的花多着生在短枝上；有些草本植物的节间短缩，叶排列成基生的莲座状，如车前等。

禾本科植物(如玉米、甘蔗等)和蓼科植物(如山荞麦、水蓼等)的茎，节部膨大，节明显。少数植物(如莲)的根状茎(藕)上，节间膨大，节部缩小。

多年生落叶乔木和灌木的冬枝，除了节、节间和芽以外，还可以看到叶痕(leaf scar)(植物落叶后，在茎上留下的叶柄痕迹)和维管束痕(bundle scar)(叶痕内的点线状突起，是叶柄与茎的维管束断离后留下的痕迹，也被称为“叶迹”)，不同植物叶痕的形状和颜色等也各不相同(图 3-2)。

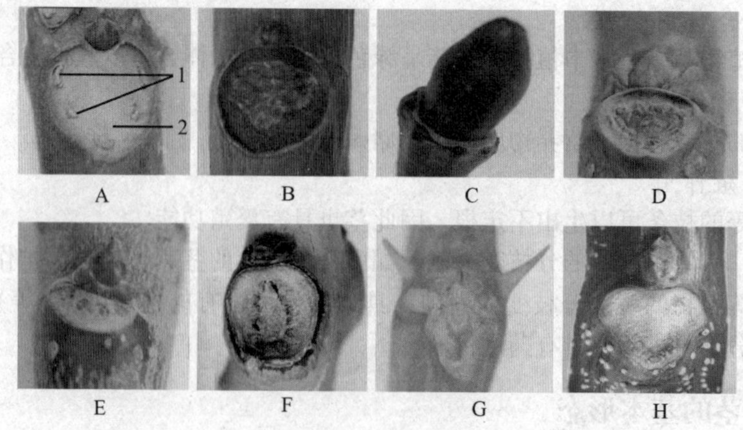

图 3-2 不同植物茎上的叶痕和维管束痕(王瑞云摄)

A. 香椿 B. 青桐 C. 悬铃木 D. 桑 E. 杨树 F. 梓树 G. 刺槐 H. 栾树

1. 维管束痕 2. 叶痕

有的植物茎上还可以看到顶芽的芽鳞脱落后留下的痕迹(芽鳞痕)，其形状和数目因植物而异。顶芽每年春季展开一次。有的茎上，还可以看到皮孔(图 3-1)，这是木质茎内外交换气体的通道。皮孔的形状、颜色和分布的疏密程度，也因植物而异。

芽(bud)是枝、花或花序的雏体。以后长成枝的芽称为叶芽，长成花或花序的芽称为花芽。

根据芽在枝条上的位置、芽鳞的有无、将发育成何种器官以及其生理活动状态，可以把芽划分为以下几种类型。

依据在枝上的位置，芽可分为定芽(normal bud)和不定芽(adventitious bud)。定芽发生位置固定，又可分为顶芽和腋芽两种。顶芽是生在主干或侧枝顶端的芽，腋芽是生长在枝的侧面叶腋内的芽，也称侧芽(图 3-1)。一个叶腋内通常只有一个腋芽，但有些植物如金银花、桃等的腋芽却有多个，其中后生的芽称为副芽。有的腋芽藏在膨大的叶柄基部(被称为"柄下芽")，直到叶落后，才可看到，如悬铃木(图 3-3)、刺槐等的腋芽。不定芽发生位置不固定。如甘薯、蒲公英、榆、刺槐等的芽生在根上，落地生根和秋海棠的芽长在叶上，桑、柳等的芽长在老茎或创伤切口上。植物的营养繁殖常利用不定芽。

图 3-3　悬铃木柄下芽(王瑞云摄)

依据芽鳞的有无，芽可分为裸芽(naked bud)和鳞芽(scaly bud)(或被芽)。木本植物的越冬芽外面都有鳞片包被。鳞片，也称芽鳞，是叶的变态，有厚的角质层，有时还覆盖着毛茸或分泌的树脂、黏液等，可降低蒸腾、防止干旱和冻害，保护幼芽。有些植物的芽，没有芽鳞，由幼叶包着，称为裸芽，如黄瓜、棉、蓖麻、油菜、枫杨等的芽。

依据将发育成的器官，芽可分为叶芽(leaf bud)、花芽(flower bud)和混合芽(mixed bud)。叶芽萌动后发育为枝条(图 3-4B)。花芽(图 3-4A)是花或花序的雏体，由花原基或花序原基形成。一个芽展开后既有枝叶、又有花的芽称为混合芽(图 3-4C)，如梨、苹果等的芽。玉兰、紫荆等是花先叶而开的，花芽先展开，开

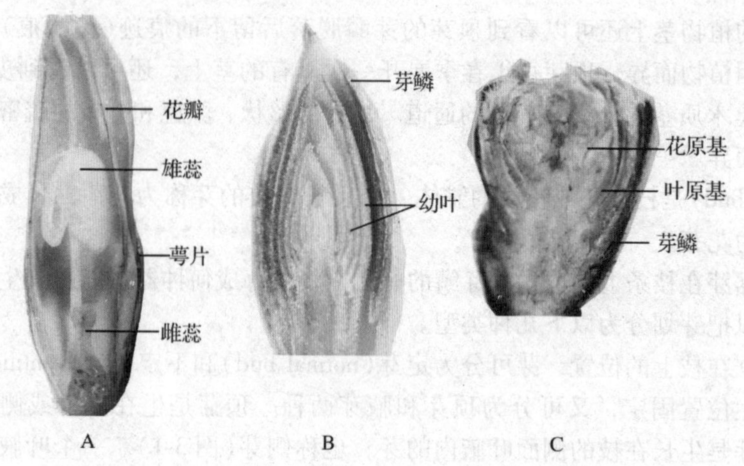

图 3-4 芽的类型(王瑞云摄)

A. 连翘的花芽 B. 丁香的叶芽 C. 苹果的混合芽

花后叶芽才开始活动，因此，花芽和叶芽易分辨。叶芽通常瘦小，花芽和混合芽大而饱满。

依据生理活动状态，芽可分为活动芽(active bud)和休眠芽(dormant bud)。活动芽是在生长季节形成新枝、花或花序的芽。一年生草本植物的多数芽都是活动芽。多年生木本植物，只有顶芽和近上端的腋芽是活动芽，大部分的腋芽在生长季不萌发，称为休眠芽或潜伏芽。休眠芽中贮备的养料可供给活动芽。

第二节 茎尖(叶芽)的结构

纵切植物叶芽，可以看到叶芽的一般结构(图 3-5)包括生长锥、叶原基、幼叶和腋芽原基。生长锥位于叶芽上端，叶原基是生长锥下面的突起，是叶的原始体。由于芽的逐渐生长和分化，靠下面的叶原基已形成幼叶。腋芽原基是幼叶叶腋内的突起，将来形成腋芽，最终发展成侧枝，因此，腋芽原基也称侧枝原基或枝原基。

一、茎尖生长锥的分化

茎尖为顶端分生组织，包被在茎端叶芽的幼叶中。包括原始细胞及其衍生细胞，属原分生组织。在原分生组织下面，逐渐开始分化出原表皮、基本分生组织和原形成层，总称初生分生组织(图 3-6)。茎尖分生组织是由原分生组织和初生分生组织组

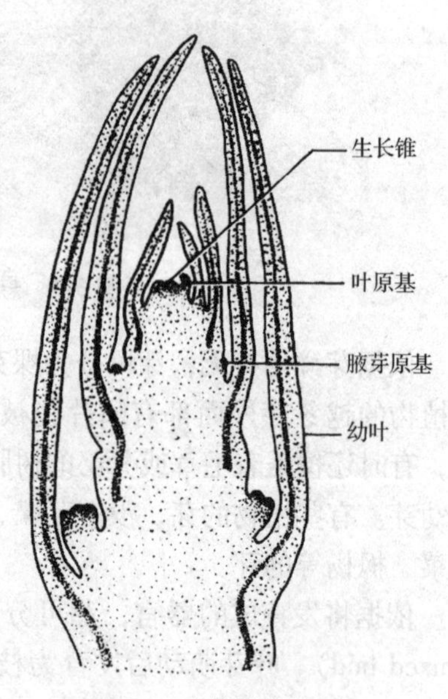

图 3-5 叶芽的纵切面

(引自陆时万、徐祥生等，1991)

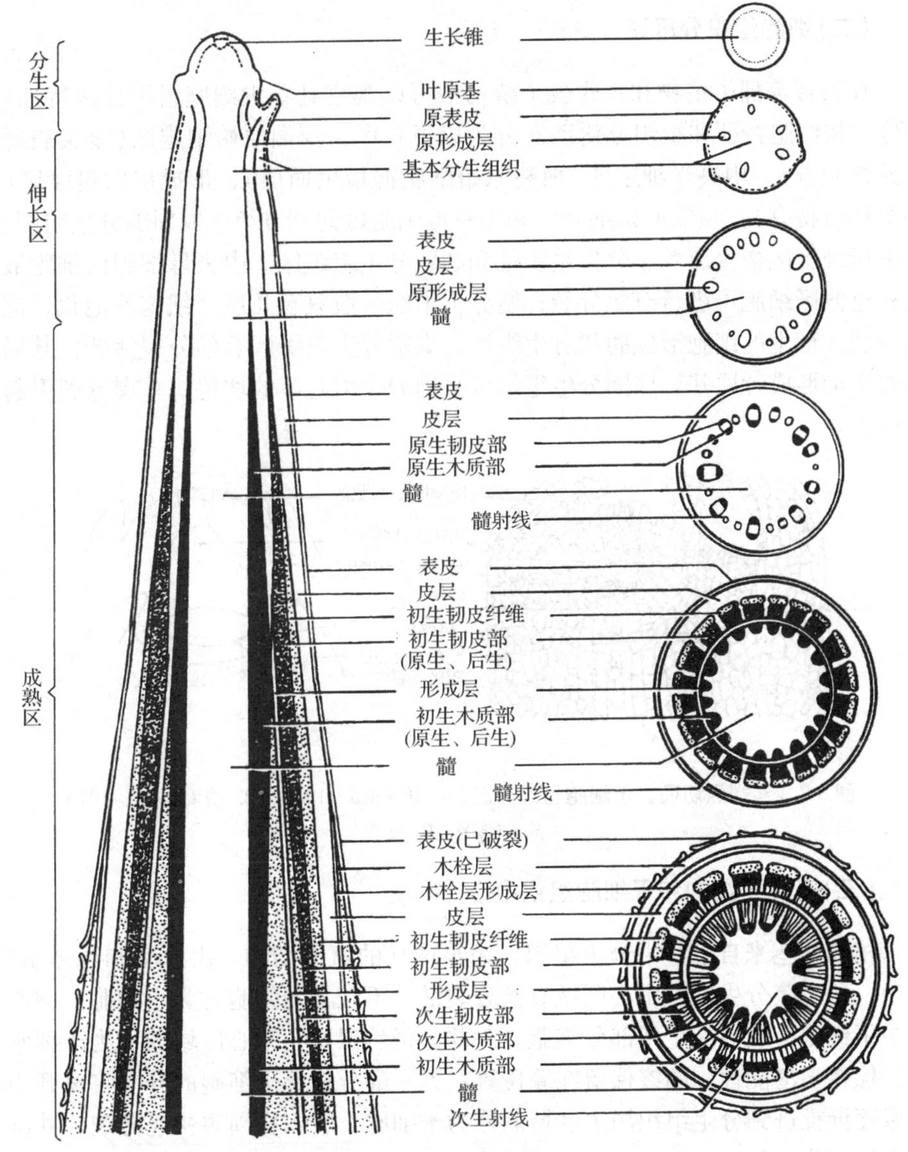

图 3-6　茎初生结构至次生结构的发育过程图解(仿 Strasburger，1891)

成的。

茎尖分生组织由许多细胞组成，有着多种排列方式，目前存在两种理论。

(一)原套－原体学说

茎尖生长锥包括原套(tunica)和原体(corpus)两个部分。原套是生长锥表面一至数层细胞，只进行垂周分裂，增大生长锥表面；原体是原套内的一团排列不规则的细胞，可进行平周分裂和各个方向的分裂，使茎尖体积加大。被子植物中原套的细胞层数各有不同，半数以上的双子叶植物具有两层，还曾发现有多至四层或五层的；单子叶植物只有一层或两层细胞。

(二)细胞组织分区说

在银杏等裸子植物和一些被子植物中可以观察到茎尖细胞组织分区特性(图3-7)。按细胞特征和组织分化动态分为以下各区：顶端原始细胞区(茎尖表面的原始细胞群)，中央母细胞区(顶端原始细胞群衍生而成)，形成层状过渡区(某些植物所特有)。顶端原始细胞区和中央母细胞区向侧方衍生成周围分生组织区，中央母细胞区衍生成髓、分生组织区和肋状分生组织区。中央母细胞区细胞液泡化；过渡区细胞可进行有丝分裂；髓分生组织一般只有几层，细胞液泡化，能横向分裂，衍生的细胞形成肋状分生组织。周围分生组织区有丝分裂活跃，其局部分裂活动形成叶原基。周围分生组织区平周分裂引起茎的增粗，垂周分裂引起茎的伸长。

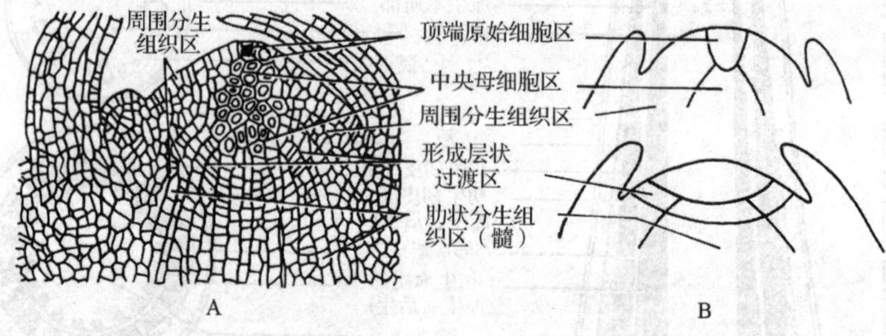

图 3-7 茎端纵切面，示细胞组织分区(A. 仿 Easu，1977；B. 仿 Clowes，1975)

A. 细胞图 B. 简图

(三)茎尖干细胞和干细胞组织中心

植物的茎来自于茎尖分生组织，为半球状的穹形结构，由原套和原体组成。其中，位于茎分生组织中心区域有丝分裂活动不旺盛的细胞称为干细胞。中心区域中干细胞分裂后产生两部分细胞，一部分仍然保留在中心区域的称为干细胞后裔，保持多潜能性，始终保留在原位置；另一部分随着干细胞的分裂将离开中心区域逐渐推进到分生组织周边区域的称为子细胞，它们在周边快速分裂，并维持一定的细胞总量，可以分化成为新的器官原基。在干细胞之下的一个小细胞群称为干细胞组织中心(图 3-8)。因此，在细胞水平上，可以把分生组织细胞分为四个群体：干细胞、干细胞的组织者细胞、中央区域的子细胞和周围启动器官的前体细胞。由此可见分生组织中细胞的来源是干细胞，这一组细胞是唯一改变着的恒定结构。

(四)叶原基

叶由叶原基发育而来(图 3-9)。在裸子植物和双子叶植物中，茎端分生组织表面的第二层或第三层细胞平周分裂，使叶原基侧面突起。突起的表面进行垂周分裂，这种分裂在较深入的各层中和平周分裂同时进行。单子叶植物叶原基的发

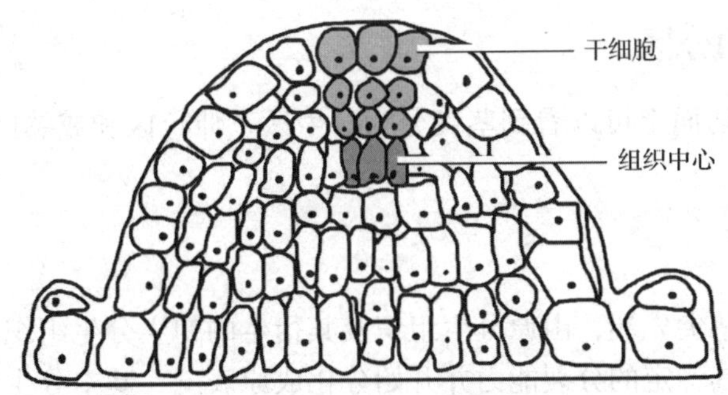

图 3-8 茎尖分生组织纵切面，示茎端干细胞和干细胞组织中心

(引自 Singh & Bhalla，2006)

生，则由表层细胞平周分裂开始。

原套或原体的衍生细胞，都可分裂形成叶原基。原套较厚时，整个叶原基即可由原套的衍生细胞发生。否则，叶原基可由原套和原体的衍生细胞共同产生。

(五)芽原基

顶芽发生在茎尖，包括主枝和侧枝上的茎尖分生组织，而腋芽起源于腋芽原基(图 3-9)。大多数被子植物的腋芽原基，发生在叶原基的叶腋处，腋芽原基的发生晚于叶原基。腋芽的起源为在叶腋处的一些细胞经过分裂形成突起。茎上的叶和芽起源于分生组织表面第一至三层细胞，这种起源称为外起源。不定芽的发生位置不固定，在插条、愈伤组织、形成层或维管柱外围、表皮、根、茎、下胚轴和叶上均可发生。不定芽的起源依照发生的位置可以分为外生的(靠近表面发生的)和内生的(深入内部组织中发生的)两种。

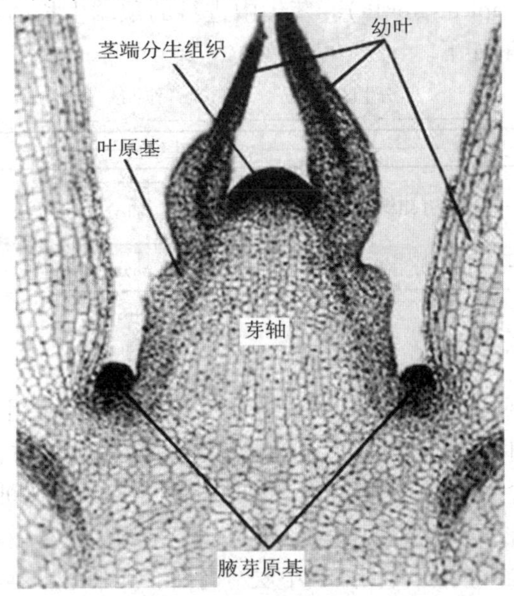

图 3-9 薄荷叶原基和腋芽原基(王瑞云摄)

二、茎尖的分区

从叶芽的纵切面上可以看到茎尖分为分生区、伸长区和成熟区 3 个部分(见图 3-6)。

(一)分生区

分生区位于茎尖先端，由原分生组织及其衍生的初生分生组织构成，前者分裂能力强；后者具一定的分裂能力并开始分化成原表皮、基本分生组织和原形成层(见图 3-6)。分生区以下的四周分布有叶原基和腋芽原基。

(二)伸长区

伸长区的特点是细胞迅速伸长，其内部已由原表皮、基本分生组织和原形成层三种初生分生组织逐渐分化出一些初生组织，并且细胞的有丝分裂活动减弱。

(三)成熟区

成熟区细胞的分裂和伸长都趋于停止,各种组织分化成熟,形成幼茎的初生结构。

第三节 茎的初生生长及初生结构

一、顶端生长

在生长季，茎端分生组织不断分裂、伸长和分化，使茎的节数增加，节间伸长，同时产生新的叶原基和腋芽原基。这种由于茎端分生组织的活动而引起的生长，称为顶端生长(apical growth)。茎尖中进行的顶端生长的过程与结果依据细胞组织分区学说表解如下。

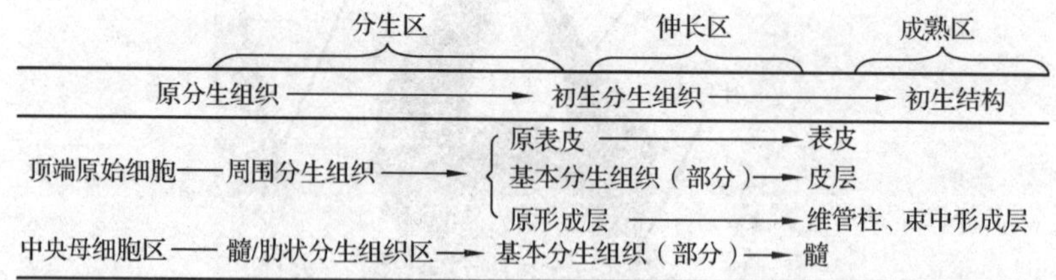

二、居间生长

禾本科、石竹科、石蒜科等植物保留在节间的居间分生组织进行的初生生长称居间生长(intercalary growth)。上述植物在进行顶端生长时，开始所形成的茎的节间基本不伸长，而是在节间留下一种初生分生组织(居间分生组织)，植株发育到一定阶段，居间分生组织活动，形成初生结构。这种由居间分生组织进行的初生生长，称为居间生长。例如，小麦、高粱、玉米等禾本科植物的拔节。另外，在韭菜的叶基、花生的子房柄部位都存在有居间分生组织，可以引起韭菜割了一茬又长一茬、花生地上开花地下结实现象的发生。

三、双子叶植物茎的初生结构

茎端分生组织中的初生分生组织所衍生的细胞，经过进一步的细胞分裂、生长、分化而形成茎的初生结构，而初生结构不断积累的过程就是茎的初生生长。

茎为辐射对称的轴器官，茎的初生结构由表皮、皮层和维管柱三部分组成。

茎的三部分的详细结构如下（图 3-10、图 3-11）。

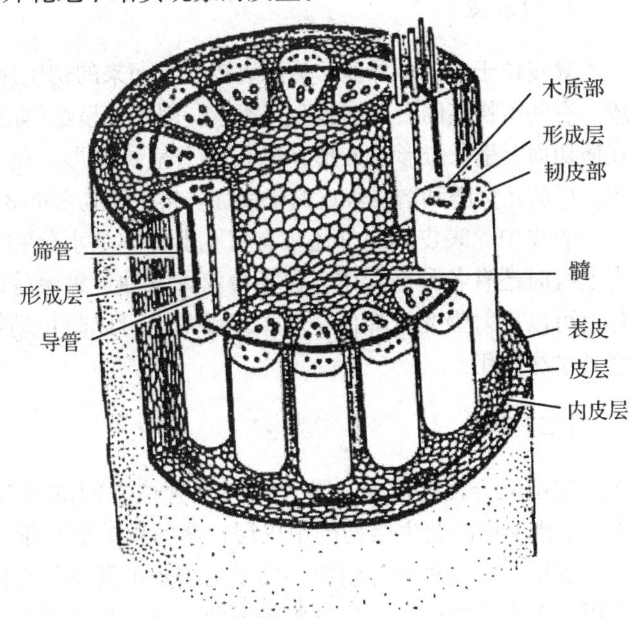

图 3-10　双子叶植物茎初生结构立体图解（王瑞云绘）

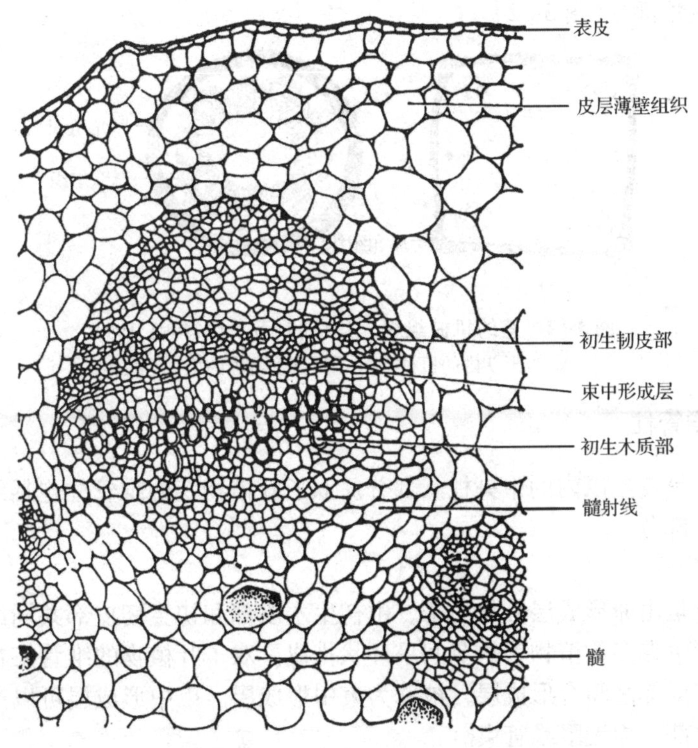

图 3-11　花生幼茎横切面的一部分，示初生结构（王瑞云摄）

(一)表皮

表皮位于茎的最外面，为原表皮发育而来的初生保护组织，通常由单层细胞组成。有些植物茎的表皮细胞含花青素，因而茎呈红(如红瑞木)、紫等色。表皮细胞在横切面上呈长方形或方形，纵切面上呈长方形。蓖麻、甘蔗等的茎有时还有蜡质，可防止蒸腾和增强表皮的坚韧性。旱生植物茎的表皮上，覆盖有角质层。

表皮中除表皮细胞外还常有气孔器，它是水分和气体出入的通道。此外，表皮上有时还有各种毛状体，包括分泌挥发油、黏液等的腺表皮。毛状体中较密的茸毛可以反射强光、降低蒸腾，坚硬的毛可以防止动物伤害，而具钩的毛可以使茎具攀缘作用。

(二)皮层

皮层位于表皮内方，是表皮和维管柱之间的部分，由基本分生组织分化而来。相比于根的初生结构的中皮层，茎的皮层要窄很多。

皮层包含多种营养组织。幼茎近表皮的薄壁组织细胞具叶绿体，能进行光合作用。水生植物的茎皮层细胞胞间隙发达，构成通气组织。有的植物茎皮层中还有分泌腔(棉、向日葵)、乳汁管(甘薯)等分泌结构，有的含异细胞如晶细胞、单宁细胞(桃、花生)和石细胞群(木本植物)。表皮内方一至数层皮层细胞常分化为厚角组织。在方形(薄荷、蚕豆)或多棱形(芹菜)的茎中，厚角组织常分布在四角或棱角部分(图 3-12)。

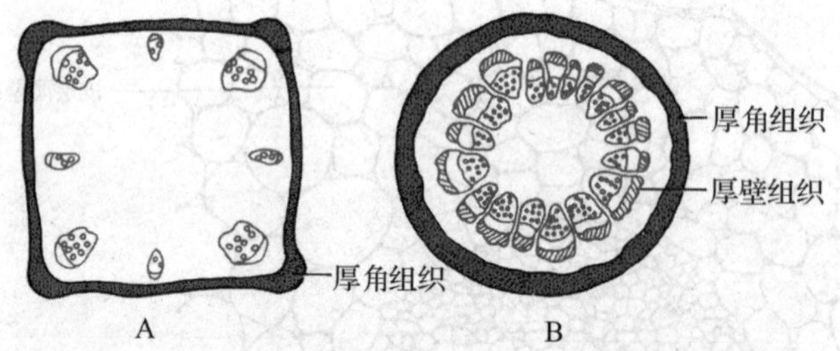

图 3-12 茎的机械组织(引自陆时万、徐祥生，1991)

A. 方形茎内的机械组织 B. 圆形茎内的机械组织

(三)维管柱

维管柱是皮层以内的中央柱状部分。双子叶植物茎的维管柱包括维管束、髓和髓射线等部分。

1. 维管束

维管束是由原形成层分化而来，由初生木质部和初生韧皮部共同组成的束状结构。维管束在多数植物茎的节间呈环状排成。双子叶植物的维管束在初生木质部和初生韧皮部之间有形成层，被称为束中形成层。束中形成层可以产生新的木质部和韧皮部，为无限维管束。

初生木质部由多种类型的细胞组成，包括导管、管胞、木薄壁组织和木纤维。导管和管胞属于输导组织，负责水和矿物质营养的运输。木薄壁组织由活细胞组成，具储藏作用。初生木质部的发育顺序为内始式：原生木质部靠内，由环纹或螺纹导管组成，口径小；后生木质部靠外，由梯纹、网纹或孔纹导管组成，口径大。

初生韧皮部由筛管、伴胞、韧皮薄壁组织和韧皮纤维共同组成，主要作用是运输有机养分。筛管属于输导组织，由筛管分子纵向连接而成。伴胞紧邻于筛管分子的侧面。韧皮薄壁细胞散生在整个初生韧皮部中，常含有晶体、丹宁、淀粉等储藏物质。韧皮纤维常成束分布于初生韧皮部的最外侧。初生韧皮部的发育方式也为外始式(原生韧皮部靠外，后生韧皮部靠内)。

维管形成层位于初生韧皮部和初生木质部之间，在茎的横切面上为排列整齐的扁平状细胞。

2. 髓和髓射线

茎的初生结构中，由薄壁组织构成的中心部分称为髓(pith)。樟树等的茎髓部有石细胞。椴树等的茎髓外方有小型的厚壁细胞，围绕着其内侧的大型细胞，二者界线分明，这个外围区称为环髓带。还有的植物髓中有异细胞(如晶细胞、单宁细胞、黏液细胞等)生于薄壁细胞之间。伞形科、葫芦科等植物茎的髓部成熟较早，随着茎的生长，节间部分的髓被拉破，形成的空腔称为髓腔。例如，胡桃、枫杨等的茎，在节间还可看到残存的片状髓。

髓射线(pith ray)位于维管束间，为连接髓和皮层的薄壁组织，由基本分生组织发育而来，也称初生射线。在横切面上呈放射状，起横向运输的作用。髓射线和髓均具有储藏营养物质的功能。

以上所述是茎节间部分的初生结构，而茎包括节间和节两部分。节的结构较复杂。节部着生叶，叶内的维管束通过节部和茎内维管束相连，叶片和腋芽分化出来的维管束都在节上转变汇合，具体过程将在茎和叶的联系中详述。

四、单子叶植物茎的初生结构

(一)单子叶植物茎节间的初生结构

单子叶植物和双子叶植物的茎在结构上有许多不同。大多数单子叶植物的茎，只有初生结构，少数的有次生结构。

绝大多数单子叶植物茎的维管束仅由木质部和韧皮部组成，为有限外韧维管束。维管束有两种排列方式：玉米(图 3-13)、高粱、甘蔗等的维管束无规则地散生于基本组织内，外多内少，皮层和髓不易分辨；水稻(图 3-14)、小麦等的维管束一般为两圈，中央为髓(但在茎长大时，髓部破裂形成髓腔)。

以禾本科植物玉米的茎为代表，说明一般单子叶植物茎节间的初生结构特点。

玉米成熟茎的节间部分，在横切面上可以明显地看到表皮、基本组织和维管束 3 个部分。

1. 表皮

表皮位于茎的最外方，细胞排列整齐。茎的表皮细胞有长短之分，长细胞夹

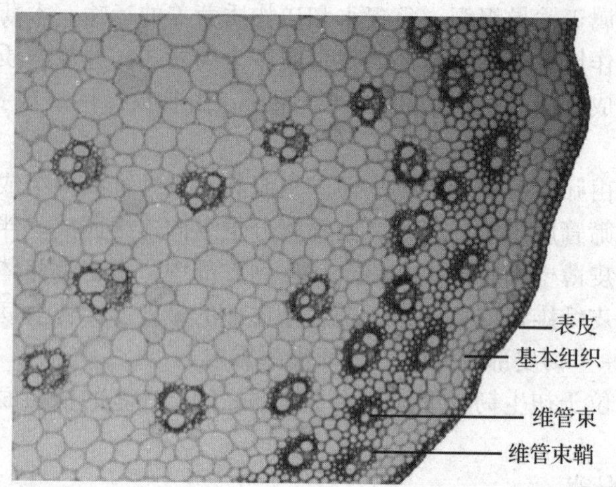

图 3-13 玉米茎节间横切面（王瑞云摄）

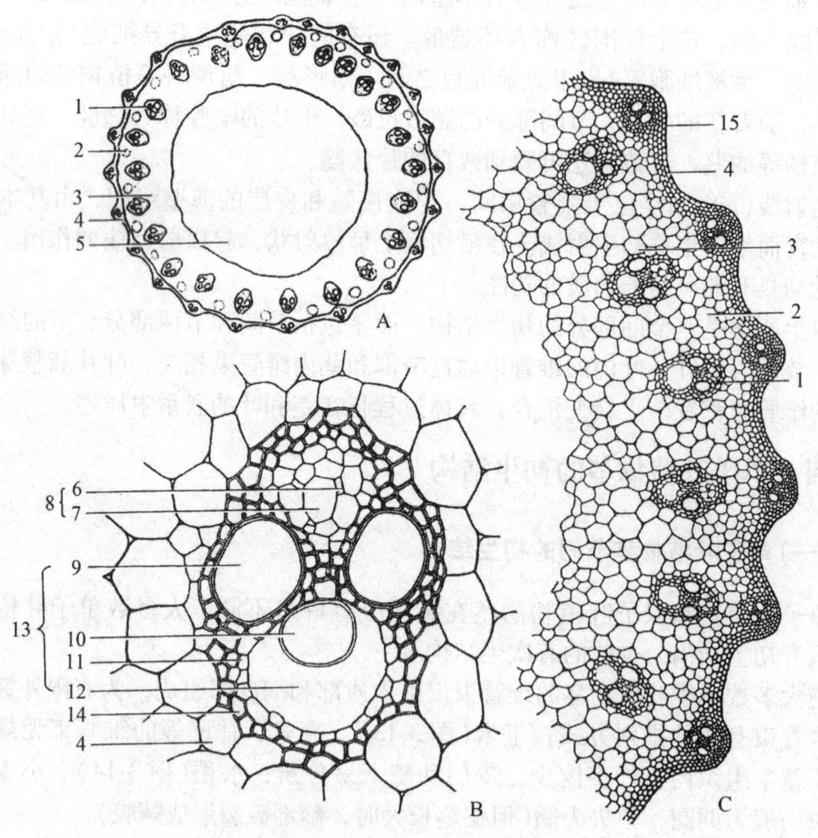

图 3-14 水稻茎秆横切面图（引自李扬汉，1978）

A. 简图 B. 维管束 C. 局部细胞图

1. 维管束 2. 气腔 3. 基本组织 4. 机械组织 5. 髓腔 6. 伴胞 7. 筛管 8. 韧皮部 9. 孔纹导管 10. 环纹导管 11. 薄壁组织 12. 气隙 13. 木质部 14. 维管束鞘 15. 表皮

杂着短细胞。长细胞较多且角质化。短细胞位于长细胞之间，分为两种：木栓化的栓质细胞和含有二氧化硅的硅质细胞。此外，表皮上还有少量气孔器(图3-15)。

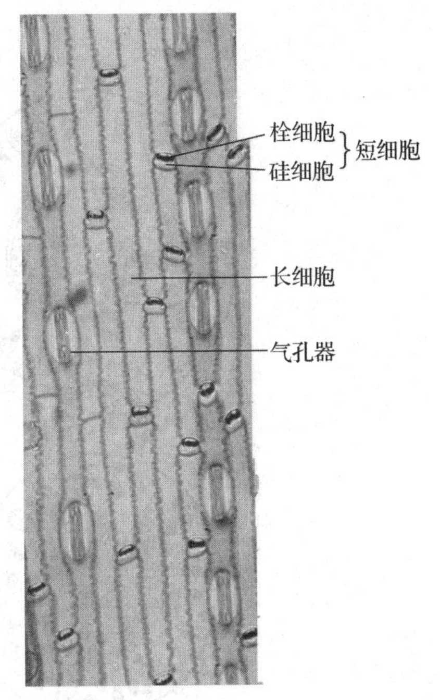

图3-15　小麦茎的表皮(表面观)(王瑞云摄)

2. 基本组织

除与表皮相接的部分外，整个基本组织均由薄壁细胞组成，越向中心，细胞越大，维管束散生其中。基本组织近表皮的部分由厚壁细胞组成，可增强茎的支持功能。幼嫩的茎，在近表面的基本组织细胞内，因含有叶绿体而呈绿色，能进行光合作用。

3. 维管束

玉米茎内的维管束散生在基本组织中，在横切面上呈近卵圆形，外面是厚壁组织组成的鞘状结构，称为维管束鞘(图3-16)。木质部和韧皮部内外排列，为有限维管束。

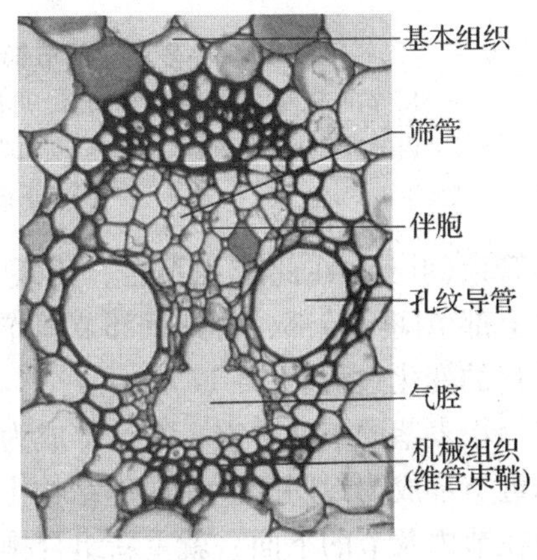

图3-16　玉米茎的一个维管束的放大
(王瑞云摄)

韧皮部中的后生韧皮部，细胞排列整齐，在横切面上可以看到多边形(六角形、八角形)的筛管细胞和交叉排列的长方形伴胞。在韧皮部外侧和维管束鞘交接处，可以看到由于后生韧皮部形成而被挤压的原生韧皮部。

木质部位于韧皮部之内。紧接后生韧皮部的部分，是后生木质部的2个较大的孔纹导管。向内是原生木质部，由2～3个口径较小的环纹导管或螺纹导管组成。维管束的2个孔纹导管，和直列的环纹或螺纹导管，构成V字形结构，这是禾本科植物茎中较明显的结构。原生木质部中直列的2个或3个导管，有时可能只存在1个或2个，最里面的1个被腔隙替代，这是由于环纹或螺纹导管在生长过程中被拉破造成。从以上的结构中，可以看出，维管束中韧皮部的分化，是由外向内，即外始式。而木质部的分化，是由内向外，即内始式。

(二)单子叶植物茎节的结构

以禾本科植物为例，说明单子叶植物茎节的结构。禾本科植物的茎和叶鞘相连处形成了节部。在内部结构上，由于上端的节间维管束以及从叶鞘延伸进入的

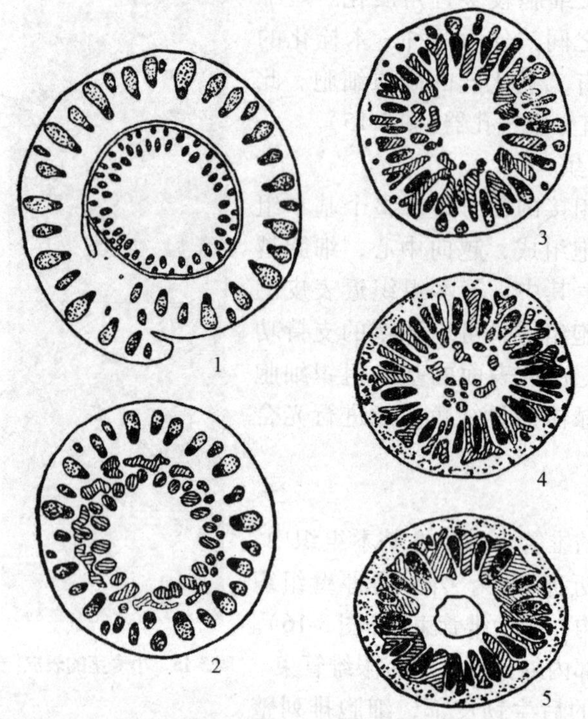

图 3-17　小麦属茎的节部不同水平的横切面(仿 Esau, 1977)

1. 节间下部(靠近节部)横切面，叶鞘增厚、封闭　2、3. 茎与叶鞘愈合，来自茎内的维管束发生斜向、横向分支和联合　4. 节部解剖，维管束重新逐渐开始排列　5. 节下部横切面，髓腔出现

维管束(叶迹)在此交织汇合，出现了较复杂的结构。将小麦的茎，由上至下，从上部节间经节部，再到下部节间作连续切片观察，可以看到这种维管系统汇合排列的变化过程(图 3-17)。

小麦茎的节间中空，在节部成为实心。叶鞘在较高水平上向一边开放，到了靠近节部成为封闭的。在内部结构上，茎节上面的维管束成横向和斜向的分布，而在节内及节的下面，就重新组合排列到较外面的周围。在叶鞘和茎连接处的下面，较小的叶迹延伸到茎轴的外围，较大的叶迹则变成了茎轴的中间维管束柱的一部分。

第四节　双子叶植物茎的次生生长及次生结构

茎的次(侧)生分生组织细胞的分裂、生长和分化使茎加粗的过程叫次生生长，次生生长所形成的次生组织组成次生结构。茎的次(侧)生分生组织，包括维管形成层和木栓形成层。多年生双子叶木本植物，不断地增粗和长高，必然需要更多的水分和营养，同时，也需要更大的机械支持力，因此必须相应地增粗即增加茎的次生结构。

一、维管形成层的发生与活动

(一)维管形成层的发生(来源)

在茎的初生结构中，初生木质部和初生韧皮部之间保留有一层分生组织，即束中形成层(fascicular cambium)。当茎开始次生生长时，在茎的初生结构的髓射线中，与束中形成层相对应的部位的薄壁细胞恢复分裂活动，发育为束间形成层(interfascicular cambium)(图 3-18)。束间形成层和束中形成层衔接起来成为一环，即维管形成层。

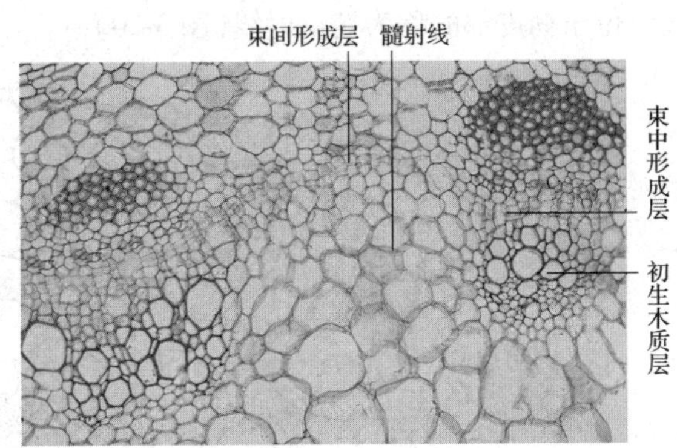

图 3-18　束间形成层的发生以及与束中形成层的衔接
(王瑞云摄)

(二)维管形成层的组成

维管形成层由纺锤状原始细胞(fusiform initial cell)和射线原始细胞(ray initial cell)两种组成(图 3-19)。纺锤状原始细胞为长度超过宽度数十至数百倍的锐端细胞，细胞的切向面比径向面宽；射线原始细胞为长形至近等径形。

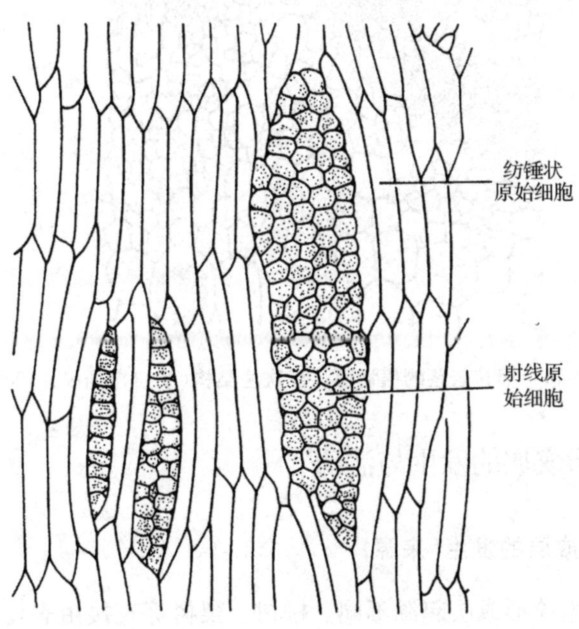

图 3-19　刺槐属(*Robinia*)维管形成层的细胞组成

(三)维管形成层的活动

维管形成层开始活动时，纺锤状原始细胞分裂后向外形成次生韧皮部和向内形成次生木质部。射线原始细胞分裂后产生维管射线，位于木质部的称为木射线，位于韧皮部的称为韧皮射线(图 3-20)。

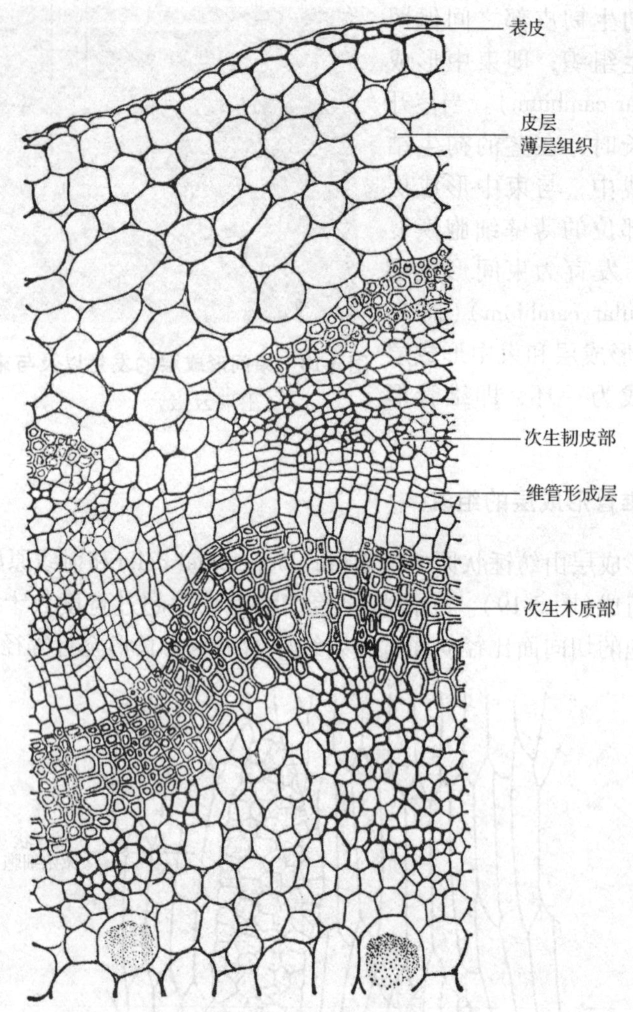

图 3-20　棉花老茎的横切面，示次生结构(引自李扬汉，1984)

二、木栓形成层的发生与活动

(一)木栓形成层的发生(来源)

不同植物的木栓形成层起源不同。柳树、梨树等直接由表皮细胞转化而来，杨树、榆树等由紧接表皮的皮层细胞转化而来，刺槐等由皮层细胞而来，葡萄、石榴等由韧皮部的薄壁组织细胞转变而来。

(二)木栓形成层的活动

木栓形成层细胞在横切面上呈狭窄的长方形。木栓形成层分裂向内形成栓内层，向外形成木栓层，三者共同组成周皮(图 3-21)。其中木栓层代替表皮执行保护作用。

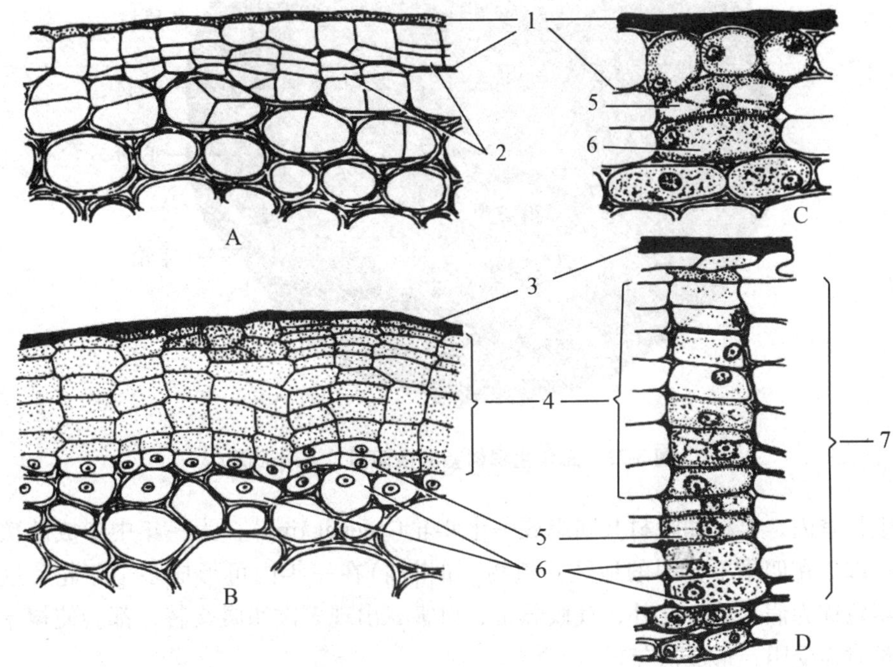

图 3-21　梨(A、B)和梅(C、D)茎的木栓形成层的发生与活动产物(仿 K. Esau，1977)

1. 具角质层的表皮层　2. 开始产生周皮时的分裂　3. 挤碎的具角质层的表皮细胞　4. 木栓　5. 木栓形成层　6. 栓内层　7. 周皮

三、双子叶植物茎的次生结构

(一)维管形成层的季节性活动和年轮

1. 早材和晚材

在四季分明的地区，形成层的活动随季节的更替而变化。次生木质部在多年生木本植物茎内所占比例较大。在生长季节的早期(春季)，由于温度逐渐升高、雨水增多，形成层活动旺盛，形成的次生木质部导管口径大、细胞壁薄、质地疏松，色浅，称为早材或春材(图 3-22)。在生长季的后期(夏末秋初)形成层活动逐渐减弱，形成的导管口径小、细胞壁厚、质地致密、色深，管胞数量增多，称为晚材(夏材或秋材)(图 3-22)。在上年晚材和当年早材间，存在明显分界。

2. 年轮

年轮又称生长轮或生长层，为木本茎横切面上的同心圆环(图 3-22)。在一

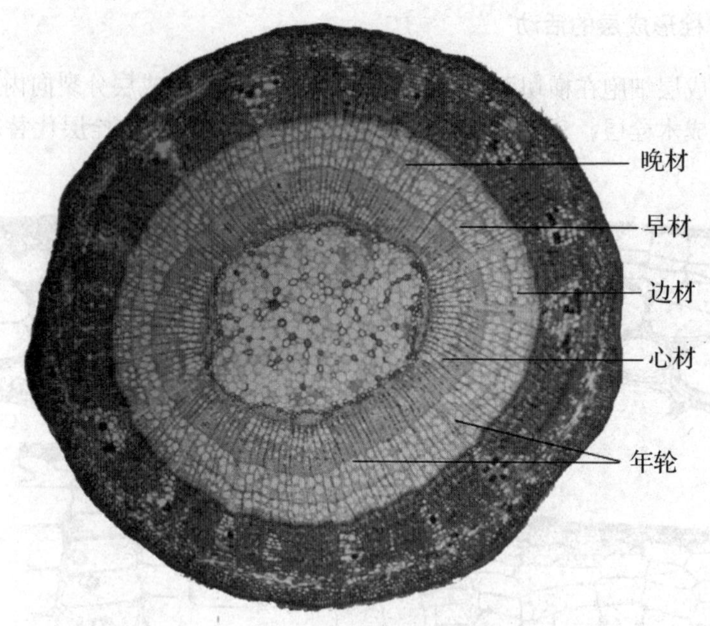

图 3-22　三年生椴树茎的横切面（王瑞云摄）

个生长季内，早材和晚材共同组成一个年轮(annual ring)，为一年中形成的次生木质部。在四季不分明的地区，植物(如柑橘)在一年内可形成多个年轮，这样的年轮称为假年轮。此外，气候异常、虫害、出现多次寒暖交替，都会使树木的生长时而受阻，形成假年轮。

3. *心材和边材*

形成层每年都积累次生木质部，在多年生老茎中出现心材(heart wood)和边材(sap wood)(图 3-22)。

心材位于次生木质部内层，导管和管胞丧失输导能力、颜色较深，养料和氧气不易进入。同时，导管和管胞附近的薄壁细胞从纹孔处侵入导管和管胞腔内、膨大，并沉积树脂、丹宁、油类等物质，形成阻塞导管或管胞腔的突起结构，称为侵填体。有些植物的心材，由于侵填体的形成，木材坚硬耐磨，并有特殊的色泽，如桃花心木的心材呈红色，胡桃木呈褐色，乌木呈黑色，使心材在工艺上具有更高的价值。

边材位于次生木质部外层，色浅、含有生活细胞，具输导和储藏作用。因此，边材的存在，直接关系到树木的营养输送。形成层每年产生的次生木质部成为新的边材，而内层的边材部分因丧失输导作用和细胞死亡，逐渐转变成心材。因此，心材逐年增加，而边材的厚度却较为稳定。坚实的心材虽丧失了输导作用，却增加了高大树木的负载量和支持力。有些木本植物不形成心材或心材被真菌侵害、腐烂至中空，但由于边材的存在，树木仍能存活。

(二)木材解剖的三种切面

茎的次生木质部的结构包括横切面、切向切面和径向切面(图 3-23)共 3 个切面。

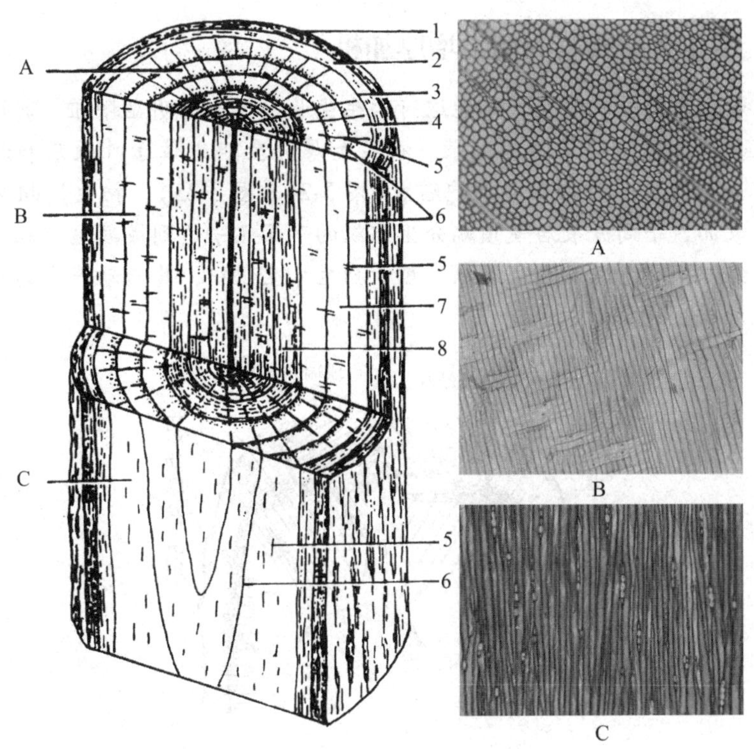

图 3-23 木材的三种切面(简图:陆时万、徐祥生等,1991;细胞图:王瑞云摄)

A. 横切面 B. 径向切面 C. 切向切面

1. 外树皮 2. 内树皮 3. 形成层 4. 次生木质部 5. 射线 6. 年轮 7. 边材 8. 心材

横切面是与茎垂直的切面,可以观察到导管、管胞、木薄壁组织细胞和木纤维等的横切面形状、细胞直径的大小、射线的纵切面作辐射状条形及其长度和宽度。

切向切面(弦向切面)是垂直于茎的半径所作的纵切面,可以观察到导管、管胞、木薄壁组织细胞和木纤维的纵切面及其长度、宽度和细胞两端的形状;射线的横切面呈纺锤状,显示了射线高度、宽度、细胞的列数和两端细胞的形状。

径向切面是通过茎的中心所作的纵切面,可以观察到导管、管胞、木薄壁组织细胞、木纤维和射线的纵切面;细胞较整齐,尤其射线的细胞与纵轴垂直,长方形的细胞排成多行,显示了射线的高度和长度。

一些单子叶植物茎的加粗

一、禾本科植物茎的初生增厚加粗

玉米等禾本科植物的茎，不能进行次生生长，但也有明显增粗。其增粗的原因是初生加厚分生组织活动的结果。初生加厚分生组织位于叶原基和幼叶的内方，整体如套筒状，由扁长形细胞组成(图3-24、图3-25)。初生增粗分生组织平行于茎表面，平周分裂后使顶端分生组织的下面几乎达到成熟区的粗度。初生加厚分生组织来源于顶端分生组织，属于初生分生组织，其活动产生的加粗生长称为初生加粗生长。

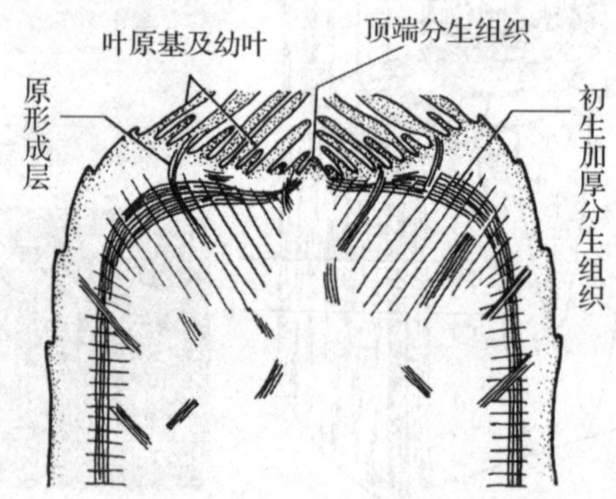

图3-24 玉米茎端纵切的图解，示初生加厚分生组织(引自陆时万，1991)

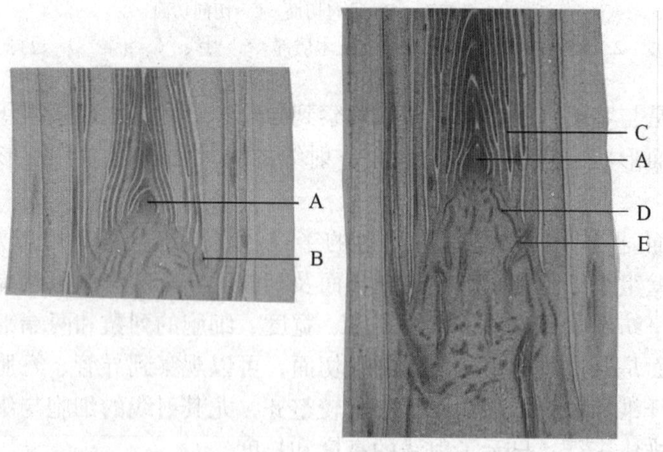

图3-25 玉米茎端纵切的细胞图，示初生加厚分生组织(王瑞云摄)

A. 顶端分生组织 B. 叶原基 C. 幼叶 D. 初生加厚分生组织 E. 原形成层

二、龙血树茎的增粗

龙血树虽然属于单子叶植物，但其茎可以进行次生生长，从而形成次生结构。其增粗的原因在于次生维管束的活动。次生维管束是初生维管组织外方的薄壁组织细胞转化成的形成层（图 3-26），它们可进行分裂，向外产生薄壁组织，向内产生次生维管束。这些次生维管束是散列的周木维管束，在结构上不同于初生维管束(外韧维管束)。

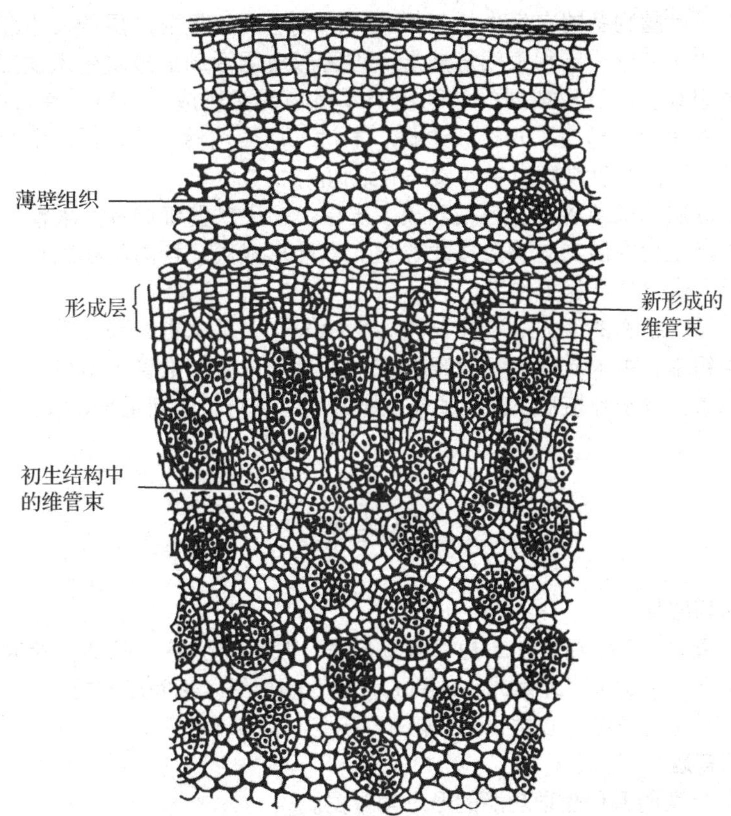

图 3-26 龙血树茎的横切面，示异常次生生长(引自许汉卿，1996)

本章小结

茎是植物的营养器官之一，主要执行支持和输导的功能，另外还具有储藏和繁殖等作用。

芽是枝、花或花序的雏形。依据芽在枝上的位置，分为定芽和不定芽，定芽又可分为顶芽和腋芽；依据芽鳞的有无，分为裸芽和鳞芽；依据芽将发育成的器官，分为叶芽、花芽和混合芽；依据生理活动状态，分为活动芽和休眠芽。

茎的生长习性主要有直立茎、缠绕茎、攀缘茎、平卧茎和匍匐茎。

叶芽由顶端分生组织、叶原基、幼叶和腋芽原基组成。顶端分生组织的最先端部分称为原分生组织，其下分化出原表皮、基本分生组织和原形成层。茎尖包括分生区、伸长区和成熟区3个部分。

解释茎尖分生组织结构的学说有原套-原体学说和细胞学分区概念。

位于茎尖分生组织中心区域有丝分裂活动不旺盛的细胞称为茎尖干细胞。在干细胞之下的一个小细胞群称为干细胞组织中心。茎端分生组织中细胞的形成、生长及分化的正常运行，受到植物激素、转录因子及胞间信号小RNA(microRNA)等网络结构间的协作调控。

双子叶植物茎的初生结构由表皮、皮层和维管柱组成。维管束在茎的节间成环状排列，双子叶植物茎的次生生长包括维管形成层和木栓形成层的发生和活动。维管形成层分为束中形成层和束间形成层。维管形成层活动形成次生木质部、次生韧皮部和维管射线。维管形成层的活动使木本植物的茎形成了早材、晚材以及年轮，其连续多年的活动则形成了心材和边材。木材三切面包括：横切面、切向切面和径向切面，可从不同角度观察次生木质部的结构。

木栓形成层的来源多样，包括表皮、皮层、韧皮薄壁细胞等。木栓形成层的活动结果向内产生栓内层，向外形成木栓层。木栓形成层、栓内层和木栓层共同构成周皮，代替了表皮执行保护作用。

多数单子叶植物的茎只有初生结构，包括表皮、基本组织和维管束。维管束散布在薄壁组织中，由木质部和韧皮部组成，不具形成层，维管束由机械组织组成的维管束鞘包围。单子叶植物在苗期顶端生长的同时进行着居间生长。

思考题

一、名词解释

叶痕 束痕 芽鳞痕 叶原基 腋芽原基 顶芽 腋芽 裸芽 芽鳞 顶端生长 居间生长 维管束 外始式 内始式 髓 髓射线 束间形成层 束中形成层 维管射线 早材 晚材 心材 生长轮

二、问答题

1. 试分析茎的各种生理功能的形态学依据。
2. 试分析茎尖和根尖在形态学结构上有何异同，并说明其生物学意义?
3. 双子叶植物根和茎的初生结构有何不同?
4. 禾本科植物茎与双子叶植物茎的结构有何不同?
5. 从结构和功能上区别：早材与晚材、边材与心材、侵填体与胼胝体、周皮与树皮。
6. 年轮是怎样形成的？它形成的实质是什么?
7. 试解释“树怕剥皮，不怕掏心”的现象。

推荐阅读书目

李扬汉.1978. 植物学. 上海：上海科学技术出版社.

参考文献

陆时万，徐祥生，沈敏健. 1991. 植物学(上册)[M]. 2 版. 北京：高等教育出版社.

王丽，关雪莲. 2013. 植物学实验指导[M]. 2 版. 北京：中国农业大学出版社.

许汉卿. 1996. 植物学[M]. 北京：中国农业出版社.

张宪省，贺学礼. 2003. 植物学[M]. 北京：中国农业出版社.

郑湘如，王丽. 2006. 植物学[M]. 2 版. 北京：中国农业大学出版社.

BAURLE I, LAUX T. 2005. Regulation of WUSCHEL transcription in the stem cell niche of the Arabidopsis shoot meristem[J]. Plant Cell, 17: 2271-2280.

BRAND U, FLETCHER J C, Hobe M, *et al.* 2000. Dependence of stem cell fate in Arabidopsis on a feedback loop regulated by CLV3 activity[J]. Science, 289: 617-619.

ESAU K. 1953. Plant anatomy[M]. New York: John Wiley and Sons.

ESAU K. 1977. Anatomy of Seed Plants[M]. 2nd ed. New York: John Wiley and Sons.

ESAU K. 李正理，译. 1982. 种子植物解剖学[M]. 2 版. 北京：上海科学技术出版社.

LEOR W, FLETCHER J C. 2005. Stem cell regulation in the Arabidopsis shoot apical meristem[J]. Current Opinion in Plant Biology, 8: 582-586.

SABLOWSKI R. 2011. Plant stem cell niches: from signalling to execution[J]. Current Opinion in Plant Biology, 14: 4-9.

SCHOOF H, LENHARD M, HAECKER A, *et al.* 2000. The stem cell population of Arabidopsis shoot meristems is maintained by a regulatory loop between the CLAVATA and WUSCHEL genes[J]. Cell, 100: 635-644.

SINGH M B, BHALLA P L. 2006. Plant stem cells carve their own niche[J]. TRENDS in Plant Science, 11(5): 241-246.

STRASBURGER E. Ueber den Bau und die Verrichtungen der Leitungsbahnen in den Pflanzen. 1891. Histologische Beiträge, Heft 3[M]. Jena: Gustav Fischer.

TROTOCHAUD A E, HAO T, WU G, *et al.* 1999. The CLAVATA1 receptor-like kinase requires CLAVATA3 for its assembly into a signaling complex that includes KAPP and a Rho-related protein[J]. Plant Cell, 11: 393-405.

WILLIAMS L, GRIGG S P, XIE M, *et al.* 2005. Regulation of Arabidopsis shoot apical meristem and lateral organ formation by microRNA miR166g and its AtHD-ZIP target genes[J]. Development, 132: 3657-3668.

ZHAO Z, ANDERSEN S U, LJUNG K, *et al.* 2010. Hormonal control of the shoot stem-cell niche[J]. Nature, 465(24): 1089-1093.

第四章　叶的形态结构与功能

第一节　叶的生理功能与外部形态

一、叶的生理功能

叶的功能主要是光合作用和蒸腾作用，有些植物的叶片还有储藏和繁殖的功能。

(一)光合作用(photosynthesis)

植物的叶有规律地生于枝上，担负着植物生活中最重要的生理功能——光合作用。光合作用就是植物的绿色组织通过叶绿体内的有关色素和酶类，利用太阳光能，把二氧化碳和水合成有机物(主要葡萄糖)，并将光能转化为化学能储藏起来，同时释放氧气的过程。光合作用为植物生长、发育提供所需的葡萄糖，也是植物进一步合成淀粉、脂类、蛋白质、核酸、纤维等有机物质的重要原料。

(二)蒸腾作用(transpiration)

蒸腾作用是植物体内水分以气体形式从植物体表面散失到大气中的过程。植物一生所吸收的水分中，大约99%通过蒸腾作用散失到大气中，只有1%成为植物体组成成分。蒸腾作用产生的蒸腾拉力是植物吸收和运输水分的主要动力，特别是高大植物，如果没有蒸腾作用，较高的部分很难得到水分；蒸腾作用引起的上升液流，有助于根吸收的矿质元素以及根中合成的有机物转运到植物体的其他部分。另外，蒸腾作用还能够降低叶片温度，避免叶温过高，对叶片造成灼伤。

叶片还有吸收的能力，如向叶面喷洒一定浓度的肥料(根外施肥)和喷洒农药，均可被叶表面吸收。

有些植物的叶还能进行繁殖，在叶片边缘的叶脉处可以形成不定根和不定芽。当它们自母体叶片上脱离后，即可独立形成新的植株，可用来繁殖某些植物，如柑橘属、秋海棠属植物。

二、叶的外部形态

(一)叶的组成

典型的叶由叶片(leaf blade)、叶柄(petiole)和托叶(stipule)三部分组成(图

4-1)。叶片是最重要的部分，一般为薄的扁平体，这一特征与它的主要生理功能——光合作用相适应。叶片内分布的叶脉具有支持叶片伸展和输导水分与营养物质的功能；叶柄位于叶片基部，并与茎相连，具有支持叶片的功能，使叶片伸展在一定的空间位置以接受较多阳光，同时联系叶片与茎之间水分与营养物质的输导；托叶位于叶柄和茎的相连接处，具有保护幼叶的作用，通常早落。有些植物托叶变为鞘状，如蓼科植物；有些植物托叶与叶柄合生，如蔷薇属植物；有些植物的托叶较大，如鹅掌楸；有的植物托叶生活较长时间，与叶片近乎等大，如豌豆；也有些植物的托叶变为刺状或卷须，如刺槐。

具叶片、叶柄和托叶三部分的叶，称为完全叶(complete leaf)，如榆、梨、棉花、桃、豌豆等(图4-1)；而缺少其中任何一部分或两部分的叶称为不完全叶(incomplete leaf)，如甘薯、油菜、向日葵、丁香等的叶缺少托叶，烟草、莴苣、荠菜等的叶缺少叶柄和托叶，还有些植物的叶甚至没有叶片，只有一扁化的叶柄着生在茎上，称为叶状柄(phyllode)，如台湾相思树等。

(二)禾本科植物叶的特点

图4-1　完全叶的组成及托叶(山丁子)

水稻、小麦等禾本科植物叶的组成与上述不同，由叶片、叶鞘(leaf sheath)、叶枕、叶舌(ligulate)、叶耳(auricle)组成。叶片条形，具平行脉。叶基部呈鞘状，叶鞘一侧开裂，包围着茎杆，有保护茎的居间生长、加强茎的支持作用及保护叶腋内幼芽的功能。叶鞘与叶片连接处的外侧称为叶枕(pulvinus)(又称叶颈、叶环)，它是一个与叶片颜色不同的环，具有弹性及延伸性，可以调节叶片的位置。在叶鞘与叶片连接处的内侧，有些禾本科植物有一向上突起的膜状结构，称为叶舌；叶舌能使叶片向外弯曲，使叶片接受更多的阳光，同时可以防止水分、病原菌及害虫进入叶鞘内。有些植物，在叶舌的两旁，有一对从叶片基部边缘伸出来的突出物，称为叶耳。叶舌、叶耳的有无、形态、大小及色泽常为禾本科植物分类的依据。如小麦叶耳明显，稗草则不具叶耳(图4-2)。

(三)单叶和复叶

1. 单叶(simple leaf)

指一个叶柄上只生1个叶片，如棉、油菜、桃等的叶。

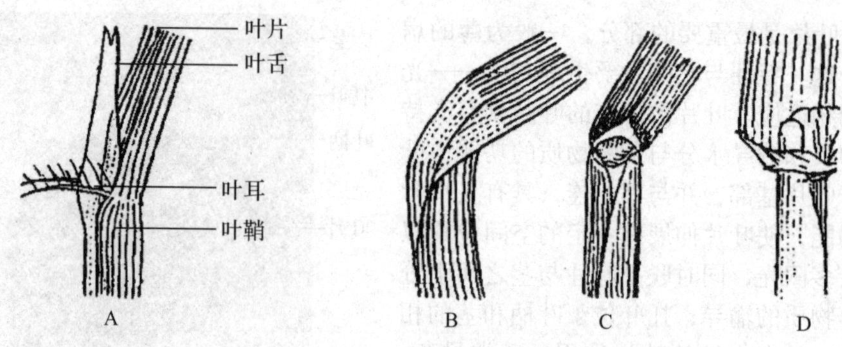

图 4-2 禾本科植物的叶

A. 水稻叶 B. 稗草叶 C. 小麦叶 D. 大麦叶

2. 复叶(compound leaf)

指一个叶柄上着生 2 个以上分离的叶片，如大豆、蚕豆、紫云英、七叶树等的叶。复叶的叶柄称总叶柄(common petiole)，其延伸的部分称叶轴(rachis)；其上着生的叶片称小叶(leaflet)，小叶的柄称为小叶柄(petiolule)，小叶的托叶称小托叶(stipel)。

(四)叶的镶嵌

叶在茎上的排列，不论是哪一种叶序，相邻两节的叶，总是不相重叠而成镶嵌状态，这种同一枝上的叶，以镶嵌状态的排列方式而互不重叠的现象，称为叶镶嵌(图 4-3)。

图 4-3 叶镶嵌

(五)异形叶性

一般情况下，一种植物具有一定形状的叶，但有些植物，却在一个植株上有不同形状的叶。这种同一植株上具有不同叶形的现象，称为异形叶性。异形叶性的发生，有的植物因枝的老幼不同而叶形各异，例如，圆柏幼树叶全为刺形，随树龄增长，刺形叶逐渐被鳞形叶代替。白菜、油菜，基部的叶较大，有显著的带状叶柄，而上部的叶较小，无柄，抱茎而生。有的植物由于受外界环境的影响，形成异形叶性，例如，慈姑有三种不同形状的叶：气生叶箭形、漂浮叶椭圆形、沉水叶带状；又如，水毛茛气生叶扁平广阔、沉水叶细裂成丝状，这些都是生态的异形叶性（图4-4）。

图4-4　菱的浮水叶与沉水叶

A. 植株　B. 浮水叶（叶柄膨大的部分是发达的气腔）　C. 沉水叶

第二节　叶的内部结构

一、叶的发生与生长

叶发生于茎尖基部的叶原基（图4-5）。叶原基发生时，茎尖周缘分生组织区一定部位的表层下面1～2层细胞进行平周分裂，平周分裂产生的细胞和表层细胞又进行垂周分裂，形成一个向外的突起，即叶原基。叶原基首先进行顶端生长，顶端部分的细胞继续分裂，使整个叶原基伸长生长，成为一个锥体，称为叶轴，是没有分化的叶片和叶柄。具有托叶的植物，叶原基基部的细胞迅速分裂、生长、分化为托叶，包围着叶轴。

在叶轴伸长的早期，叶轴边缘的两侧出现两条边缘分生组织（marginal meristem），边缘分生组织进行分裂，使叶原基向两侧生长（边缘生长），同时叶原基还进行一些平周分裂，使叶原基的细胞层数有所增加，这样，叶原基成为具有一定细胞层数的扁平形状，形成幼叶。叶轴基部没有边缘生长的部位，分化形成叶柄。

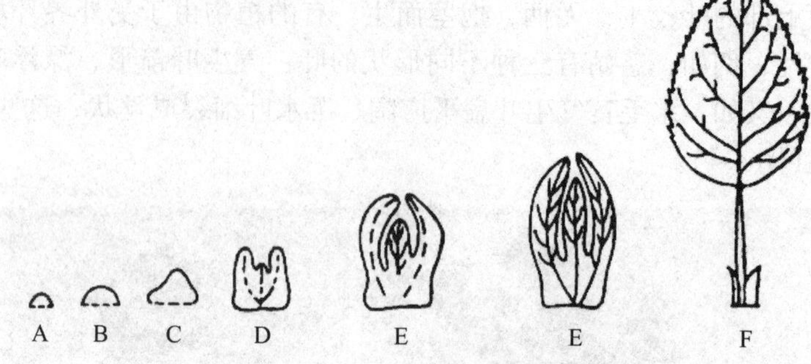

图 4-5 完全叶的形成过程（引自贺学礼）

A、B. 叶原基形成 C. 叶原基分化成上下两部分 D～F. 托叶原基与幼叶形成 G. 成熟的完全叶

当叶片各个部分形成后，细胞继续分裂和长大，增加幼叶的面积(居间生长)，直到叶片成熟。由于不同部位居间生长的速度不同，结果形成不同形状的叶。

当叶轴发育形成幼叶后，幼叶内已经没有边缘分生组织存在，这时期幼叶的最外层为原表皮，原表皮以内是几层细胞构成的基本分生组织(叶内的基本分生组织只进行垂周分裂)，基本分生组织中分布着原形成层束。在居间生长过程中，原表皮发育成表皮，基本分生组织发育成叶肉，原形成层发育成叶脉，共同构成一片成熟的叶。

叶的生长期有限，在达到一定大小后，生长就停止。但有的植物在叶基部保留有居间分生组织，可以有较长的生长期。

二、双子叶植物叶的结构

(一)双子叶植物叶的一般结构

1. 叶柄的结构

叶柄的内部结构与茎相似，但是比茎简单，由表皮、基本组织和维管束 3 个部分组成。一般情况下，叶柄在横切面上常成半月形、三角形或近于圆形(图 4-6)。叶柄的最外层为表皮，表皮上有气孔器，常有表皮毛，表皮内大部分是薄壁组织，紧贴表皮之下为数层厚角组织，内含叶绿体，有时也有一些厚壁组织。这些机械组织既能增强支持作用，又不妨碍叶柄的延伸、扭曲和摆动。叶柄的维管束成多种方式分布在薄壁组织中，维管束可以是外韧的，如冬青属；双韧的，如夹竹桃属、南瓜属；或是同心的，如某些蕨类植物和许多双子叶植物。叶柄维管束的排列因植物种类而不同。如果是单个外韧维管束，则韧皮部存在于远轴面，如果维管束排列成一圈，则韧皮部在木质部的外部。

在双子叶植物中，木质部与韧皮部之间往往有一层形成层细胞，可以进行短暂的次生生长。有些植物叶柄和复叶小叶柄基部有膨大的叶枕，与叶的感震性运

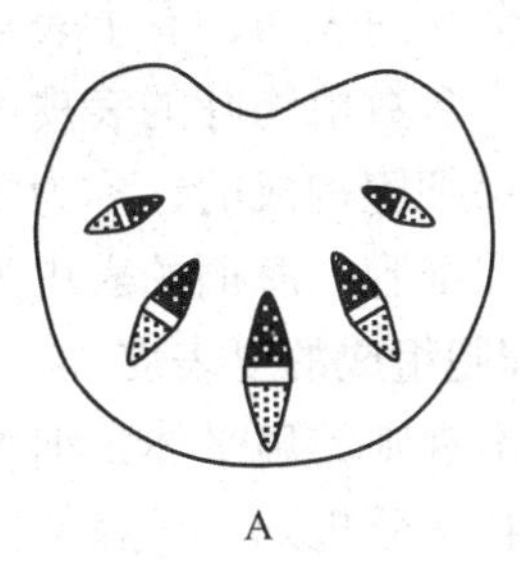
A

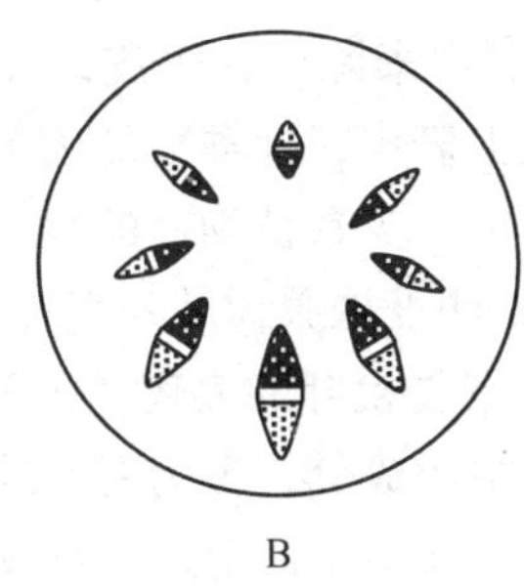
B

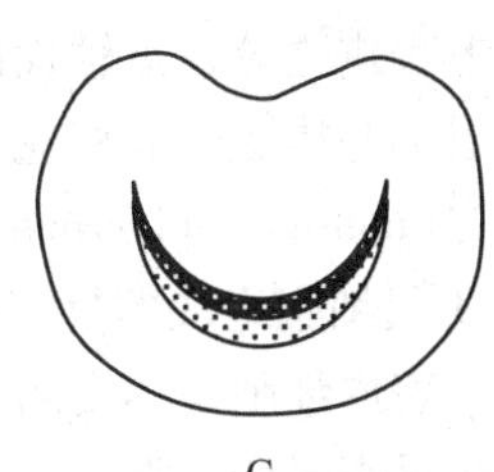
C

图 4-6　3 种类型的叶柄横切面

A. 三角形　B. 近圆形　C. 半月形

木质部　韧皮部

动有关，如含羞草。

2. 叶片的结构

植物的叶片多数为绿色的扁平结构，由于上下两面受光不同，因此内部结构也有所不同。一般把向光的一面称为上表面或近轴面或腹面，相反的一面称为下表面或远轴面或背面。

通常，叶片的内部结构分为表皮、叶肉（mesophyll）和叶脉（vein）三部分（图 4-7）。

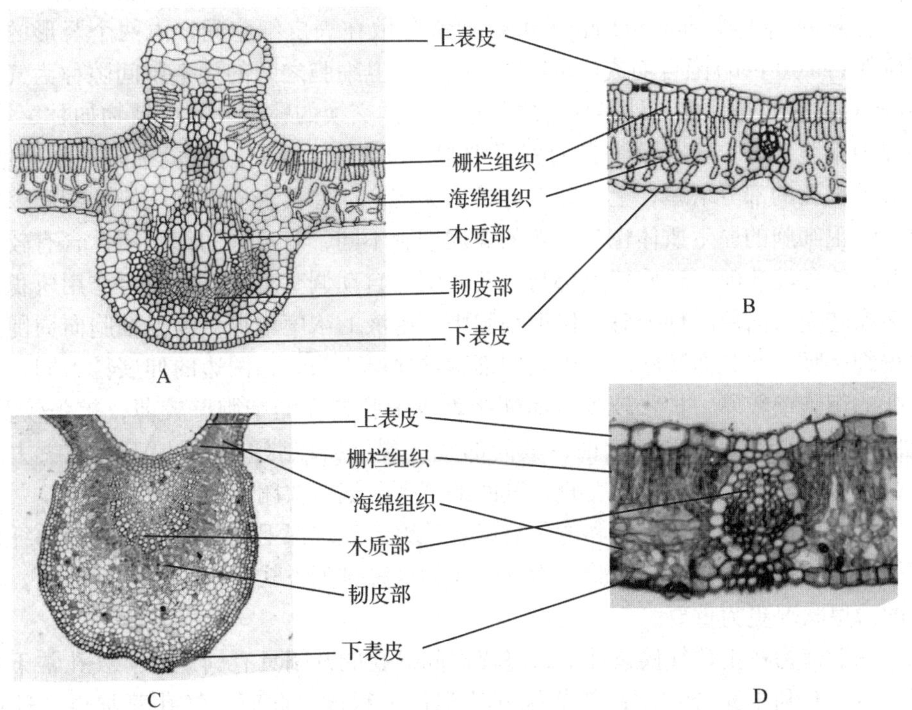

图 4-7　双子叶植物叶片的结构

A. 棉的叶片中脉部分　B. 棉的叶片侧脉部分（A、B 为示意图）　C. 桃叶中脉

D. 桃叶侧脉部分（C、D 为切片图）

(1)表皮及其附属物 表皮来源于原表皮，覆盖着整个叶的表面，有上表皮和下表皮之分，近轴面的是上表皮，远轴面的为下表皮。大多数植物叶的表皮由一层细胞构成，如棉花、女贞；少数植物叶的表皮是由多层细胞构成的，称为复表皮(multiple epidermis)，如印度橡胶树叶片表皮有3~4层细胞，海桐的表皮为2~3层细胞组成的复表皮，夹竹桃叶的表皮是由3~4层细胞组成的复表皮。

表皮细胞是表皮的主要组成成分，多为有波纹边缘的不规则的扁平体，细胞彼此紧密嵌合，没有胞间隙。在横切面上，表皮细胞的形状十分规则，呈扁长方形，外切向壁比较厚，并覆盖有角质膜。上表皮的角质膜一般比下表皮的发达，叶面角质膜的发达情况常随植物的特性、生长环境和发育年龄而变化。通常幼嫩叶子的角质膜不及成熟叶子的发达，旱生植物的角质膜较厚，而水生植物的较薄，甚至没有。角质膜有减少蒸腾、并在一定程度上防御病菌和异物侵入的作用，较强的折光性能够防止强光对叶片造成灼伤，在热带植物中这种保护作用更为明显。角质膜还具有一定的通透性，植物体内的水分可通过叶片表皮角质膜蒸腾散失一部分。生产上采用叶面施肥，便是应用溶液喷洒于叶面后，一部分通过气孔进入叶内，一部分透过表皮角质膜进入细胞的原理。表皮细胞中通常不含叶绿体，在一些阴生或水生植物中可能具有，如眼子菜。有的植物表皮细胞含有花青素，使叶片呈现红、蓝、紫色。

表皮细胞最大的特征是气孔多，这与叶片光合作用和蒸腾作用密切相关。双子叶植物的气孔器(stomatal apparatus)通常分散在表皮细胞间，由两个肾形的保卫细胞(guard cell)围合而成(图4-8)。两个保卫细胞之间的裂生胞间隙称为气孔(stoma)，它们是叶片与外界环境之间进行气体交换的孔道。有些植物如甘薯等，在保卫细胞之外，还有较整齐的副卫细胞(subsidiary cell)。保卫细胞的细胞壁，在靠近气孔的部分增厚，上下方都有棱形突起，而邻接表皮细胞一侧的细胞壁较薄。保卫细胞的原生质体也与一般的表皮细胞不同，有丰富的细胞质，含有较多的叶绿体和淀粉粒，这些特点都与气孔开闭的自动调节有关。当光合作用所积累的淀粉转变为简单的糖分时，保卫细胞中细胞液的浓度增加，保卫细胞向周围的表皮细胞吸入水分而膨胀。由于它们细胞壁薄厚不均匀，两边的伸展性不同，近气孔的细胞壁较厚，扩张较少，而邻接表皮细胞方面的细胞壁较薄，扩张较多，致使两个保卫细胞相对地弯曲，其间的气孔裂缝得以张开。当保卫细胞失去水分，紧张度降低，就萎软而变直，其间的气孔裂缝就关闭起来。

近代根据偏振光显微镜和电子显微镜观察，发现保卫细胞壁上纤维素的纤维丝呈辐射状排列，并通过实验认为纤维丝的这种排列方式，对于气孔的开闭，比壁的薄厚状况更为重要。

一般植物在正常气候条件下，昼夜之间气孔的开闭具有周期性。气孔常于晨间开启，有利于光合作用；午前张开达到最大程度，此时，气孔蒸腾也迅速增加，保卫细胞失水渐多；中午前后，气孔渐渐关闭；下午当叶内水分增加之后，气孔再度张开；到傍晚后，因光合作用停止，气孔则完全闭合。气孔开闭的周期性随气候和水分条件、生理状态和植物种类而有差异。了解气孔开闭的昼夜周期变化和环境的关系，对于选择根外施肥的时间有实际意义。

气孔在表皮上的数目、位置和分布，随植物的种类而异，且与生态条件有关。大多数植物每平方毫米的下表皮平均有气孔100~300个。一般来说，草本双子叶植物如棉花、马铃薯、豌豆的气孔，下表皮多而上表皮少；木本双子叶植物如茶、桑等的气孔，都集中在下表皮。在同一株上，着生位置越高的叶，其单位面积的气孔数目越多；在同一叶片上，单位面积气孔的数目在近叶尖、叶缘部分的较多。这是因为叶尖和叶缘的表皮细胞较小，而气孔与表皮细胞的数目常有一定比例的缘故。

多数植物叶的气孔与其周围的表皮细胞处在同一水平面上，但旱生植物的气孔位置常下陷，而生长于湿地的植物其气孔位置常稍升高。气孔的这些特点，都是对光照、水分等不同环境条件的适应。

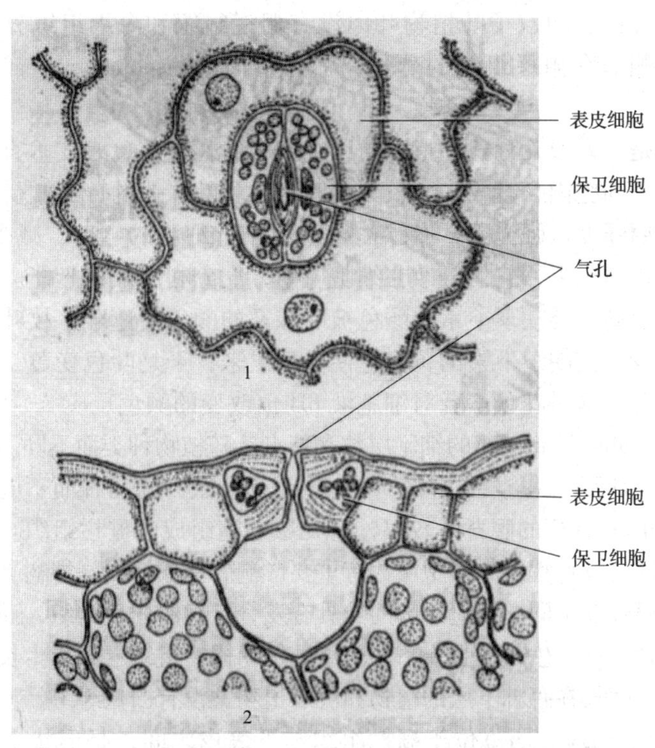

图4-8 双子叶植物叶表皮的一部分，示表皮细胞与气孔器

1. 表皮顶面观 2. 叶横切面的一部分

表皮上常有表皮毛，它是由表皮细胞向外突出生长或分裂形成的，其类型、功能和结构因植物而异。如棉花叶，有单细胞簇生的毛和乳头状的腺毛，在中脉背面，还有呈棒状突起的蜜腺。茶幼叶下表皮密生单细胞的表皮毛，在表皮毛周围，分布有许多腺细胞，能分泌芳香油，加强表皮的保护作用。甘薯叶表皮上有腺鳞，它包括短柄和由较多分泌细胞构成的顶部两个部分，顶部能分泌黏液。荨麻叶上的蜇毛能分泌蚁酸，可防止动物的侵害。环境条件会影响表皮毛的疏密程度，如高山植物叶片上多有浓密的绒毛，能够反射紫外线；在低温和高温气候条件下生活的植物密生绒毛，可以避免体温的剧烈变化，减少水分蒸腾。有些植物的叶尖和叶缘有一种排出水分的结构，称为排水器。排水器由水孔和通水组织构成。水孔与气孔相似，但它的保卫细胞分化不完全，没有自动调节开闭的作用。排水器内部有一群排列疏松的小细胞，与脉梢的管胞相连，称为通水组织。在温暖的夜晚或清晨，空气湿度较大时，叶片的蒸腾微弱，植物体内的水分就从排水器溢出，在叶尖或叶缘集成水滴，这种现象叫吐水。吐水现象是根系吸收作用正常的一种标志。

(2)叶肉　叶肉是上、下表皮之间的绿色同化组织，由基本分生组织发育而来。叶肉细胞富含叶绿体，是进行光合作用的主要场所。由于叶两面受光的影响不同，双子叶植物的叶肉细胞在近轴面(腹面)分化成栅栏组织，在远轴面(背面)分化成海绵组织，具有这种叶肉组织结构的叶称为异面叶(bifacial leaf)，如棉花、女贞的叶；有的双子叶植物叶肉没有栅栏组织和海绵组织分化，或者在上、下表皮内侧都有栅栏组织的分化，称为等面叶(isobilateral leaf)，如柠檬、马蔺的叶。

栅栏组织是一列或几列长柱形的薄壁细胞，其长轴与上表皮垂直，呈栅栏状排列。栅栏组织细胞内含有较多、较大的叶绿体。叶绿体的分布常受外界条件影响，特别是光照强度。强光下，叶绿体移动而贴近细胞的侧壁，减少受光面积，避免过度发热；弱光下，它们分散在细胞质内，充分利用散射光能。在生长季节里，叶绿素含量高，类胡萝卜素的颜色被叶绿素的颜色所遮蔽，故叶色浓绿；秋天，叶绿素减少，类胡萝卜素的黄橙色便显现出来，于是叶色变黄。有些植物叶显红、紫等颜色，这是花色素苷对细胞液 pH 值改变的颜色反应。

栅栏组织(palisade tissue)的细胞层数和特点，随植物种类而不同。棉花的栅栏组织只有1层；甘薯叶的栅栏组织有1~2层细胞；茶叶随品种而不同，其栅栏组织有1~4层细胞；香蕉的腹背叶较厚，有几层细胞组成的栅栏组织。光照强度的强弱对栅栏组织的发育程度和细胞层数有重要影响。例如，同一棵树上，由于树冠外部和内部光照强度不同，树冠外部的叶具有发育良好的栅栏组织，而树冠内部叶的栅栏组织发育不良。生长在强光下和阳坡的植物栅栏组织层数比生长在弱光和阴坡的植物要多，生长在森林下层的植物和沉水植物常没有栅栏组织。

海绵组织(spongy tissue)位于栅栏组织与下表皮之间，是形状不规则、含少量叶绿体的薄壁组织，细胞排列疏松，胞间隙很大，特别是在气孔内方，形成较大的气孔下室(substomatic chamber)。由于海绵组织细胞内含叶绿体较少，故叶片背面的颜色较浅。海绵组织的光合强度低于栅栏组织，气体交换和蒸腾作用是其主要功能。

(3)叶脉　叶脉是叶片内的维管束，由原形成层发育而来，在主脉和较大侧脉的维管束周围还有薄壁组织和机械组织，由基本分生组织发育形成。叶脉的主要功能是输导水分、无机盐和养料，并对叶肉组织起机械支持作用。双子叶植物的叶脉多为网状脉，在叶的中央纵轴有一条最粗的叶脉，称为中脉，从中脉上分出的较小分枝为侧脉，侧脉再分枝出更小的细脉，细脉末端称脉梢，因此，双子叶植物叶片内的维管束在叶片中央平面上与叶表面平行地形成互相连接的网状系统。

主脉或大的侧脉由维管束和机械组织组成。主脉中有多个维管束，小型叶脉只有一个。主脉和较大叶脉维管束的组成和茎中维管束的组成成分基本相同，只是各成分的体积小一些。木质部位于近轴面，韧皮部位于远轴面。双子叶植物在木质部与韧皮部之间还有形成层，不过形成层的分裂活动微弱，只产生少量的次生结构。

随着叶脉分枝，叶脉的结构越来越简单。首先是形成层和机械组织消失，其次是木质部和韧皮部的组成分子逐渐减少。细脉末端（图 4-9），韧皮部中有的只有数个狭短筛管分子和增大的伴胞，有的只有 1～2 个薄壁细胞，木质部中最后也仅有 1～2 个螺纹管胞。韧皮部和木质部可以一同到达脉端，但在大多数情况下木质部分子比韧皮部分子延伸得更远。在细脉中发现与筛管或筛胞和导管或管胞毗接的一些薄壁细胞，细胞壁具有向内生长的突起物，这是典型传递细胞的特点。传递细胞在细脉韧皮部附近特别明显，能够有效地从叶肉组织运输光合产物到筛管分子中。脉梢是木质部泄放蒸腾流的终点，又是收集、输送叶肉光合作用产物的起点，它这种特化的结构对于短途运输非常有利。

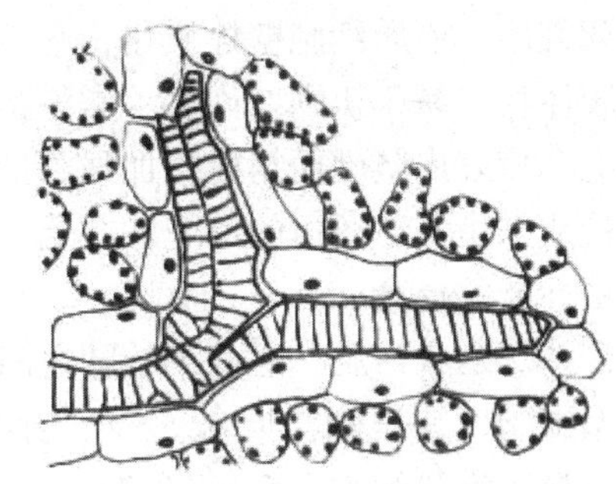

图 4-9　细脉与脉梢

（二）单子叶植物叶的结构

单子叶植物的叶片也是由表皮、叶肉和叶脉三部分组成，各部分的结构和双子叶植物有所不同。下面以禾本科植物为例，说明单子叶植物叶的结构。

1. 叶片的结构

（1）表皮　禾本科植物叶片表皮的结构比较复杂，除表皮细胞、气孔器和表皮毛之外，在上表皮中还分布有泡状细胞。

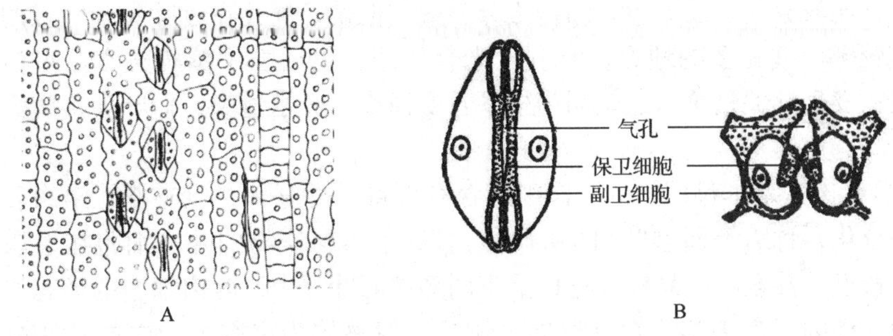

图 4-10　禾本科植物表皮与气孔器的结构

A. 叶表皮　B. 气孔器

①*表皮细胞* 禾本科植物的表皮细胞有近矩形的长细胞和方形的短细胞两类(图4-10)。长细胞是表皮的主要组成成分，其长轴与叶片纵轴平行，呈纵行排列，细胞的外侧壁不仅角化，而且高度硅化，形成一些硅质和栓质的乳突(papilla)。禾本科植物比较坚硬，含有硅质是一个原因。长细胞也可和气孔器交互组成纵列，分布于叶脉相间处。短细胞为正方形或稍扁，插在长细胞之间，可分为硅质细胞(silica cell)和栓质细胞(cork cell)，两者成对或单独分布在长细胞列中，并和长细胞交互排列。硅质细胞除细胞壁硅质化外，细胞内充满一个硅质块，是死细胞；栓质细胞壁栓质化，它们分布于叶脉上方。水稻叶的硅细胞中充满硅质胶体物，易于辨别。许多禾本科植物表皮中的硅细胞常向外突出如齿状或成为刚毛，使表皮坚硬而粗糙，加强了抵抗病虫害侵袭的能力。农业生产上常施用硅酸盐或采用稻草还田的措施，并且注意株间通风，这样有利于细胞壁的硅化和抗病虫性能的提高。

②*泡状细胞* 在两个叶脉之间的上表皮中分布一些具有垂周壁相对较薄的大型细胞，其长轴与叶脉平行，称为泡状细胞(bulliform cell)或运动细胞(motor cell)。泡状细胞常5~7个为一组，中间的细胞最大，两旁的较小。在叶片横切面上，每组泡状细胞的排列常似展开的折扇形，它们的细胞中都有大液泡，不含或含有少量叶绿体。通常认为当气候干燥、叶片蒸腾失水过多时，泡状细胞发生萎蔫，于是叶片内卷成筒状，以减少蒸腾；当天气湿润、蒸腾减少时，它们又吸水膨胀，于是叶片又平展。但是植物叶片失水内卷，也与叶片中的其他组织的收缩、厚壁组织的分布、组织之间的内聚力等有关。在小麦、玉米、甘蔗的栽培或水稻的晒田过程中，如果发现叶片内卷，傍晚仍能复原，说明叶的蒸腾量大于根系吸收量，这是炎热干旱条件下常有的现象。如果叶片到晚上仍不展开(晚上蒸腾很少)，这是根系不能吸水的标志，说明植物受到干旱伤害。

③*气孔器* 禾本科植物的气孔器由两个长哑铃形的保卫细胞和其外侧的一对近似菱形副卫细胞组成。气孔器在表皮上与长细胞相间排列成纵行，称为气孔列。成熟的保卫细胞形状狭长，两端膨大，壁薄，中部细胞壁特别增厚。当保卫细胞吸水膨胀时，薄壁的两端膨大，互相撑开，于是气孔开放；缺水时，两端收缩，气孔关闭。禾本科植物叶片上、下表皮的气孔数目几乎相等，这个特点是与叶片生长比较直立、没有腹背结构之分有关。但是，气孔在近叶尖和叶缘的部分却分布较多。气孔多的地方，有利于光合作用，也增强了蒸腾失水。水稻插秧后，往往发生叶尖枯黄，这是因为根系暂受损伤，吸水量少，而叶尖蒸腾失水多的缘故。

(2)叶肉 禾本科植物的叶肉细胞含有大量的叶绿体，没有栅栏组织和海绵组织的分化，称为等面型叶(图4-11)。各种禾本科作物的叶肉细胞在形态上有不同的特点，甚至不同品种或植株上不同部位的叶片中，叶肉细胞的形态稍有差异。如水稻的叶肉细胞，细胞壁向内皱褶，但整体为扁圆形，成叠沿叶纵轴排列，叶绿体沿细胞壁内褶分布；小麦、大麦的叶肉细胞，细胞壁向内皱褶，形成具有“峰、谷、腰、环”的结构(图4-12)，有利于更多叶绿体排列在细胞边缘，

易于接受 CO_2和光照，进行光合作用。当相邻叶肉细胞的“峰、谷”相对时，可使细胞间隙加大，便于气体交换，同时，多环细胞与相同体积的圆柱形细胞比较，相对减少了细胞的个数，细胞壁减少了，对于物质的运输更为有利。

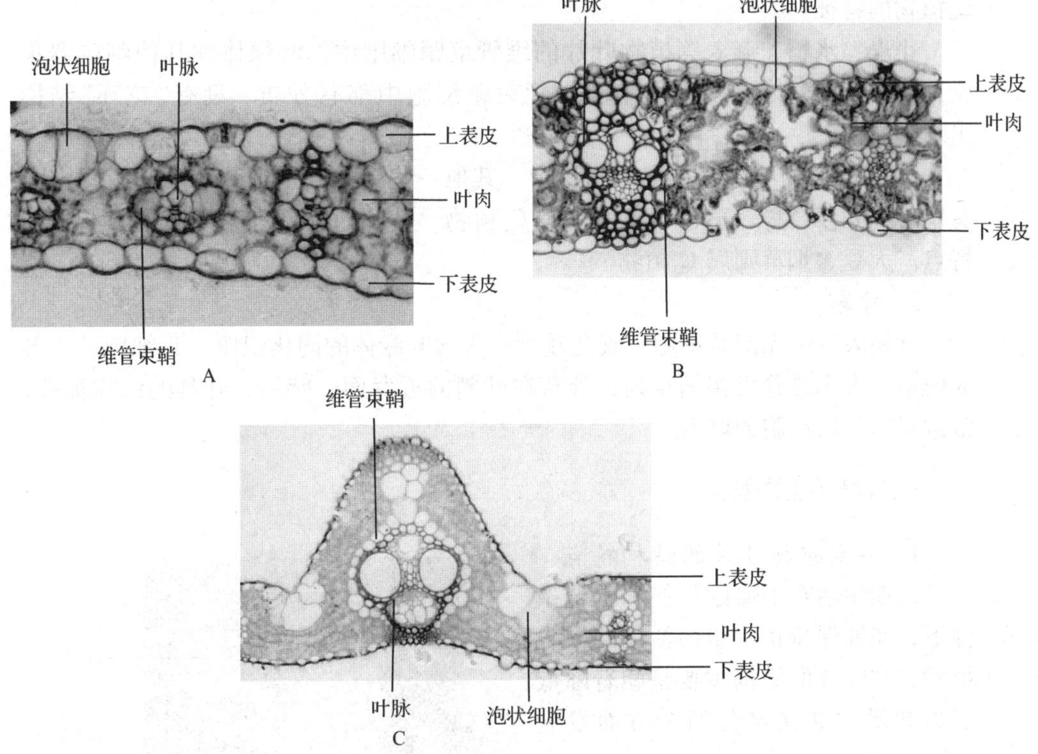

图 4-11　禾本科植物叶片的结构

A. 玉米　B. 小麦　C. 水稻

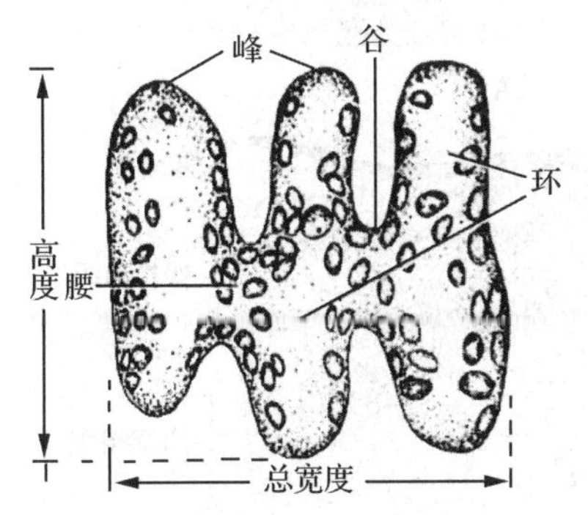

图 4-12　小麦叶肉细胞

(3)叶脉　禾本科植物的叶脉为平行脉，中脉明显粗大，与茎内的维管束结构相似，侧脉大小均匀，彼此平行。维管束均为有限维管束，没有形成层。木质部和韧皮部的排列类似双子叶植物。维管束外有 1 ~ 2 层细胞包围，形成维管束鞘(vascular bundle sheath)，在不同光合途径的植物中，维管束鞘细胞的结构有明显区别。

玉米、甘蔗、高粱等 C_4植物的维管束鞘是由单层薄壁细胞所组成。细胞较大，排列整齐，细胞内的叶绿体比叶肉细胞所含的叶绿体大，数量多。小麦、大麦等 C_3植物的维管束鞘有 2 层细胞，水稻的维管束鞘可因品种不同而为 1 层或 2 层，但在细脉中则一般只有 1 层维管束鞘。具有 2 层维管束鞘的，其外层细胞壁薄、较大，所含叶绿体较叶肉细胞中的少；内层细胞较小，细胞壁较厚，几乎不含或含少量叶绿体。在C_4植物的维管束鞘外侧密接一层呈环状、或近于环状排列的叶肉细胞，和维管束鞘细胞包被的叶脉共同形成同心的圈层，这种同心圈层结构称为“花环”(Kranz-type)结构，这些解剖结构是C_4植物的特征。

小麦、水稻、燕麦等植物叶片的维管束鞘细胞中，叶绿体和其他细胞器很少，过氧化物酶体在叶肉细胞和维管束鞘细胞中都有分布，没有“花环”结构出现。

C_4和C_3植物不仅存在于禾本科中，其他一些单子叶植物和双子叶植物中也有发现，如莎草科、苋科、藜科等有C_4植物，其叶的维管束鞘细胞也具有上述特点。大豆、烟草则属C_3植物。

2. 叶鞘

叶鞘表皮中无泡状细胞，气孔较少，为含叶绿体的同化组织，其细胞壁不形成内褶。大小维管束相间排列，分布在叶鞘的近背面。叶舌、叶耳的结构简化，常常只有几层细胞的厚度。

(三)叶的生态类型

1. 旱生植物叶片的结构特点

长期生活在干燥的气候和土壤条件下，能够保持正常生命活动的旱生植物，其叶片的结构主要是朝着降低蒸腾和增加储藏水分两个方面发展(图4-13)。

旱生植物叶片小，角质膜厚，表皮毛和蜡被比较发达，有明显的栅栏组织，有的有复表皮(夹竹桃)，有的气孔下陷(松叶)，甚至形成气孔窝(夹竹桃)，有的有储水组织(花生、猪毛菜等)。

叶面积的缩小，可以减少蒸腾，却对光合作用不利，因此，旱生植物的叶肉向着提高光合效能方面发展。一般旱生植物的栅栏组织很发达，甚至叶的背面也有栅栏组织(等面叶，如马蔺)。同时，胞间隙较小，这样就增加了光合组织的比例。叶肉细胞具有皱褶的边缘(如松叶)，增加与外界的接触面，使其中叶绿体更有效地利用阳光。此外，旱生植物的叶脉比

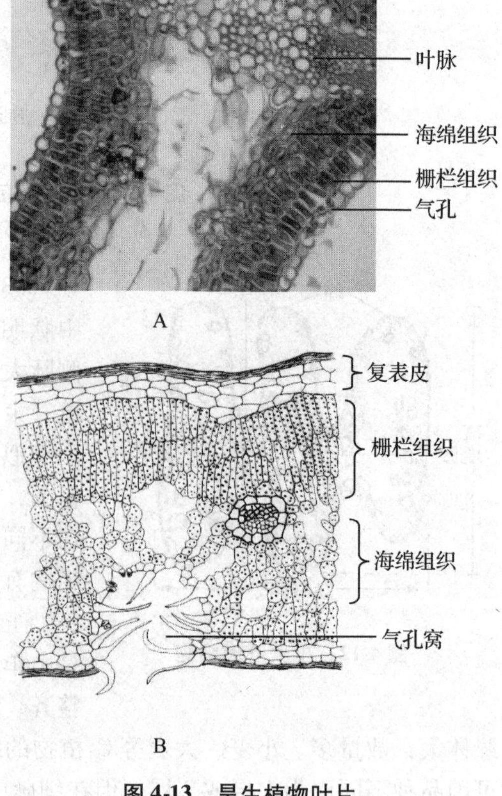

图4-13 旱生植物叶片

A. 马蔺 B. 夹竹桃

较稠密，可以在干旱的大气中得到较充足的水分，维持光合作用的进行。

叶片旱生结构的另一特点是储藏水分。许多旱生植物的叶，肉质多汁，常有储藏水分和黏液的组织，如剑麻、菠萝等。生长于盐碱土壤上的猪毛菜，适应生理干旱的生境，也形成旱生性结构，叶片肉质，线状圆柱形，表皮内侧环生一层栅栏同化组织，再向内为一圈储藏黏液细胞，中央则为具有储水能力的薄壁组织，大、小维管束贯穿于薄壁组织之中。

2. 水生植物叶片的结构特点

水生植物可以直接从环境获得水分和溶解于水中的物质，但不易得到充分的光照和良好的通气。其叶片的结构特点为：叶脉较少，机械组织和输导组织退化；角质膜薄或无，保护组织退化；叶片薄或丝状细裂，叶肉细胞层少，没有栅栏组织和海绵组织的分化；形成发达的通气系统，有较大的气室，既有利于通气，又增加了叶片的浮力(图4-14)。

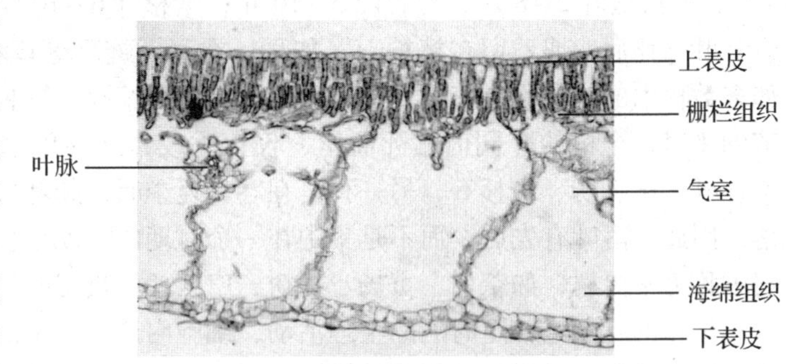

图4-14 水生植物(莲)的叶片

3. 阳生叶与阴生叶

光照强度是影响叶片的另一重要因素，许多植物的光合作用适应于在强光下进行，而不能忍受荫蔽，这类植物称为阳生(地)植物；有些植物的光合作用适应于在较弱的光照下进行，这类植物称为阴生(地)植物。阳生植物和阴生植物的特性不同，主要表现在叶片的解剖结构上有很明显的差异。

阳生植物的叶即为阳生叶。阳生植物适应于在较强的光照下生活，它的叶片结构倾向于旱生植物叶片的结构。阳生叶的叶片厚、小、角质膜厚、栅栏组织和机械组织发达、叶肉细胞间隙小。

阴生植物的叶即为阴生叶，这类植物适应于在较弱的光照下生活，在强光下则不易生长。阴生叶的叶片薄、大、角质膜薄、机械组织不发达、无栅栏组织的分化、叶肉细胞间隙大。

叶是最容易发生变异的器官，在同一植株上或在作物群体中，各叶所处的光照、水分等条件不同，其叶片的解剖结构常有差异。在同一植株上，越近顶部的叶，旱性结构越显著。水稻的旗叶，一般有较高的光合强度，其内在原因之一就是具备了阳生叶的解剖结构特点。所以，栽培水稻时要防止叶片早衰，使其更有效地进行光合作用，使幼穗能源源不断地得到光合产物的供应，达到籽粒饱满，保证旗叶和上部二三叶的继续生长是十分重要的。在作物群体中，顶部和向阳的叶，具有旱性结构的倾向，而荫蔽的叶，其解剖特点大体上趋向阴叶。

第三节 叶的衰老、脱落和死亡

植物的叶并不能永久存在，而是有一定的寿命，也就是在一定的生活期终结时，叶就枯死。叶的生活期的长短，各种植物是不同的。一般植物的叶，生活期不过几个月而已，但也有生活期在一年以上或多年的。一年生植物的叶随植物的死亡而死亡；常绿植物的叶，生活期一般较长，例如，女贞叶1~3年，松叶3~5年，罗汉松叶2~8年，冷杉叶3~10年，紫杉叶6~10年。

叶枯死后，或残留在植株上，如稻、蚕豆、豌豆等草本植物，或随即脱落，如多数树木的叶，称为落叶。树木的落叶有两种情况：一种是每当寒冷或干旱季节到来时，全树的叶同时枯死脱落，仅存秃枝，这种树木称为落叶树，如悬铃木、栎、桃、柳、水杉等；另一种是在春、夏季时，新叶发生后，老叶才逐渐枯落，因此，落叶有先后，而不是集中在一个时期内，就全树看，终年常绿，这种树木称为常绿树，如茶树、黄杨、樟树、广玉兰、枇杷、松树等。

植物的叶经过一定时期的生理活动，细胞内产生大量的代谢产物，特别是一些矿物质的积累，引起叶细胞功能的衰退，渐次衰老，终至死亡，这是落叶的内在因素。落叶树的落叶总是在不良季节中进行，这是外因的影响。温带地区，冬季干冷，根的吸收困难，而蒸腾强度并不减低，这时缺水的情况也促进叶的枯落。热带地区，旱季到来，环境缺水，也同样促进落叶。叶的枯落可大大地减少蒸腾面积，对植物是极为有利的，深秋或旱季落叶，可以看作植物避免过度蒸腾的一种适应现象。植物在长期历史发展的过程中，形成了这种习性，自然选择巩固了这些能在不良季节会落叶的植物种类。这样，就使一些植物形成了一定的发育节律，每年的不良季节，在内因和外因的综合影响下，出现一种植物适应环境的落叶现象。

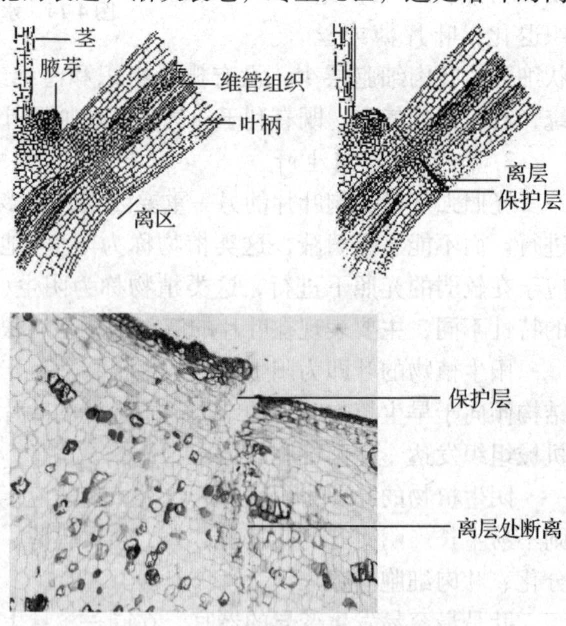

图4-15 棉叶柄基部纵切面，示离区结构

在叶将落时，叶柄基部或靠近基部的部分，有一个区域内的薄壁组织细胞开始分裂，产生一群小型细胞，以后这群细胞的外层细胞壁胶化，细胞成为游离的状态，因此，支持力量变得异常薄弱，这个区域就称为离层；因为支持力弱，由于叶的重力，再加上风的摇曳，叶就从离层脱落。有些植物叶的脱落，也可能只

是物理学性质的机械断裂。在离层下，就是保护层，它由一些保护物质如栓质、伤胶等沉积在数层细胞的细胞壁和胞间隙中所形成(图 4-15)。在木本植物中，保护层迟早为保护层下发育的周皮所代替，以后并与茎的其他部分的周皮相连接。保护层的这些特点，都能避免水的散失和昆虫、真菌、细菌等的伤害。

科学研究已经发现，在植物体内存在着很多内源植物激素，如脱落酸(ABA)、生长素(如吲哚乙酸)等。其中脱落酸是一种生长抑制剂，能刺激离层的形成，使叶、果、花产生脱落现象，在植物体内和生长素协同作用影响植物的休眠和生长发育。随着对脱落过程的深入研究，已经可以用化学物质控制落叶、落果等，这在农业生产上，有着极大的实践意义。叶的人为脱落，在农产品的收获季节里有时应用，例如，在机械采棉时，为减除叶片妨碍操作，用3%的硫氰化铵(NH_4SCN)或马来酰肼(MH)喷洒，就能使叶脱落，以利于采收。

C_3植物和C_4植物

人们根据光合作用碳素同化的最初光合产物的不同，把高等植物分为两类：一类是C_3植物。这类植物的最初产物是3-磷酸甘油酸(三碳化合物)，这种反应途径称C_3途径，如水稻、小麦、棉花、大豆等。另一类是C_4植物。这类植物以草酰乙酸(四碳化合物)为最终产物，所以称这种途径为C_4途径。已经发现的C_4植物约有800种，广泛分布在开花植物的18个不同的科中，如单子叶植物有玉米、甘蔗、高粱、莎草科，双子叶植物有菊科、马齿苋、大戟科、藜科和苋科。

C_4植物的光合细胞有两类：叶肉细胞和维管束鞘细胞(BSC)。C_4植物维管束分布密集，间距小(每个叶肉细胞与BSC邻接或仅间隔1个细胞)，每条维管束都被发育良好的大型BSC包围，外面又被一层至数层叶肉细胞所包围，这种呈同心圆排列的BSC与周围的叶肉细胞层被称为克兰兹(Kranz)解剖结构，又称“花环”结构。C_4植物的BSC中含有大而多的叶绿体，线粒体和其他细胞器也较丰富。BSC与相邻叶肉细胞间的壁较厚，壁中纹孔多，胞间连丝丰富。这些结构特点有利于叶肉细胞与BSC间的物质交换，有利于光合产物向维管束的就近转运。C_3植物维管束鞘细胞不发达，体积很小，排列很紧密，鞘细胞中不含叶绿体，没有花环结构。

C_4植物中还有一类特殊的，就是景天酸植物。景天酸代谢植物［CAM-植物“Crassulacean acid metabolism ”(CAM)］属于C_4类植物。代表性的植物有仙人掌、凤梨和长寿花。要在干旱热带地区生存下来，CAM-植物发展出一套生存策略，CO_2的固定将与卡尔文循环在时间上分开。这样就可以避免水分过快的流失，因为气孔只在夜间开放以摄取CO_2。

纯粹的C_4类植物对CO_2固定实行的是空间分离（通过两种细胞类型实现，即叶肉细胞和维管束鞘细胞)。而景天酸代谢植物则服从以下昼夜节律：在晚上，CO_2吸收和固定于磷酸烯醇式丙酮酸(PEP)，生成的草酰乙酸(OA)会被还原为苹果酸，并储存于细胞的液泡中。该过程中伴随有酸化，pH值降低在日间光反应里产生的还原物质也会在这里发挥作用。在日间，液泡里的酸性物质(主要是苹果酸，但也有天门冬氨酸)会被脱羧。释放的CO_2进入卡尔文循环。CAM-植物必须准备足够的磷酸烯醇式丙酮酸以供夜间CO_2固定使用。为此植物在日间储存淀粉，晚间它们将通过丙酮酸转变为磷酸烯醇式丙酮酸。

C_3植物进行光合作用所得的淀粉会贮存在叶肉细胞中，维管束鞘细胞则不含叶绿体。而C_4植物的淀粉将会储存于维管束鞘细胞内。

C_4植物大都起源于热带，因为该类型植物能利用强日光下产生的ATP推动PEP与CO_2的结合，提高强光、高温下的光合速率，在干旱时可以部分地收缩气孔孔径，减少蒸腾失水，而光合速率降低的程度就相对较小，从而提高了水分在C_4植物中的利用率。C_4植物二氧化碳固定效率比C_3植物高很多，有利于植物在干旱环境生长。

思考题

一、名词解释

完全叶　不完全叶　单叶　复叶　叶镶嵌　气孔器　栅栏组织　海绵组织　泡状细胞　C_3植物　C_4植物

二、问答题

1. 为什么夏日中午玉米叶会卷成筒状？这一现象有何意义？
2. 比较双子叶植物叶和禾本科植物叶片结构有何异同点？
3. 试述阳生植物和阴生植物叶片的特点。

推荐阅读书目

曲波，张春宇. 2011. 植物学. 北京：高等教育出版社.

李扬汉. 1984. 植物学. 上海：上海科学技术出版社.

许玉凤，曲波. 2008. 植物学. 北京：中国农业大学出版社.

参考文献

罗红艺. 2001. C_3植物、C_4植物和CAM植物的比较[J]. 高等函授学报，14(5)：35-38.

张晓丽，魏俊杰. 2008. C_3植物与C_4植物的比较[J]. 科技信息，22：316.

第五章　裸子植物的营养器官

裸子植物与被子植物同属于种子植物，输导组织发达，利用种子繁殖，营养器官有许多共同之处，但由于二者进化时间不同，其营养器官形态结构也存在差异。

裸子植物多数为直根系。大部分植物为木本，多乔木，单轴分枝式占优势。次生木质部组成成分简单，有管胞，无导管，无典型的木纤维，有木射线，木薄壁组织或有或无；茎中常有树脂道，韧皮部一般无筛管和伴胞，有筛细胞和蛋白质细胞，韧皮薄壁组织常聚集成群，很少有韧皮纤维，维管束为无限维管束。营养叶的形态构造比较简单，多为针形和鳞片形，构造上多具旱生叶的特征。

第一节　裸子植物根的结构

多数温带裸子植物树种 1～2 级根有初生结构，具有完整的皮层，是菌根侵染以及吸收养分和水分的主要部位，是典型的吸收根；3 级根属于过渡根序，既有初生结构也有次生结构，根系的功能由吸收功能向运输功能过渡；4～5 级根仅有次生结构，没有表皮和皮层组织，但维管组织发达。

一、裸子植物根的初生结构

裸子植物根尖顶端分生组织细胞经过分裂、生长和分化，发育为成熟组织，从外界吸收营养物质，这一过程也称为初生生长，所形成的结构也称为初生结构。裸子植物初生结构能保持较长时间，吸收效率高，在整个树木根系的分支系统中具有重要作用。

裸子植物根的初生结构包括表皮、皮层和中柱三部分(图 5-1)。

(一)表皮

裸子植物根表皮细胞向外突出生长形成根毛。表皮随根毛机能的消失而转向木质化或木栓化或脱落。

(二)皮层

与双子叶植物相比，裸子植物皮层所占比例较小，靠近表皮的皮层细胞细胞

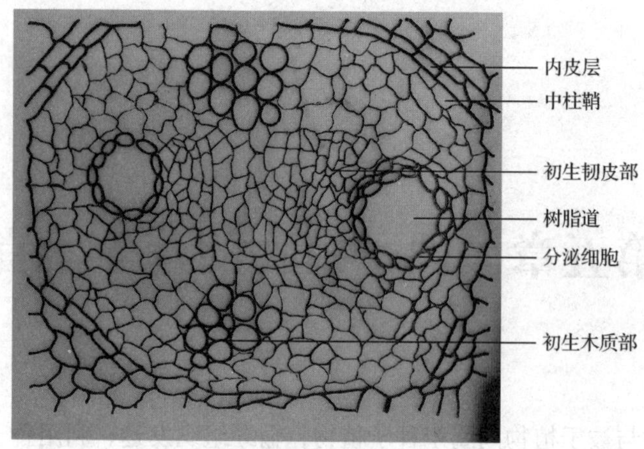

图 5-1 裸子植物根的初生结构(示中柱)

壁通常加厚，有些裸子植物根生长过程中皮层所有细胞壁均加厚。一些菌根真菌在裸子植物皮层外形成外生菌根，从土壤中吸收营养物质。内皮层有类似凯氏带的结构。

(三)中柱

裸子植物中柱包括中柱鞘、初生维管组织和薄壁细胞三部分。

1. 中柱鞘

裸子植物的中柱鞘与被子植物相似，通常为紧临内皮层内侧一层薄壁细胞，主要对维管组织起营养功能。中柱鞘(及少数内皮层)细胞具有较强的脱分化能力，将来能形成侧根、参与形成维管形成层等。

2. 初生维管组织

裸子植物根的初生维管组织主要由初生木质部和初生韧皮部构成。与被子植物相同，初生木质部与初生韧皮部相间排列，二者发育方式均为外始式。分化较早的原生木质部位于分化较晚的后生木质部外侧，根的中央通常被后生木质部的管胞所占据，但有时中央有髓，由一些充满次生代谢物质的薄壁细胞组成。原生韧皮部与后生韧皮部不易区分。裸子植物根原生木质部以二原型为主，多数针叶树种细根(直径低于 2 mm)原生木质部类型以二原型为主。有些植物，如落叶松、樟子松和云杉，原生木质部类型都是二原型，而且不随根序和季节变化；而另外一些植物，如红松原生木质部随季节推移，比例可能增加。

3. 薄壁细胞

木质部和韧皮部之间有一些薄壁细胞，为维管组织提供营养物质，脱分化能力强，将来构成维管形成层的主要部分。

根中维管组织所占比例较高，皮层所占比例低是区别裸子植物和被子植物的主要特征。

二、裸子植物根的次生结构

裸子植物根的次生结构(图 5-2)与双子叶植物根的次生结构相似。

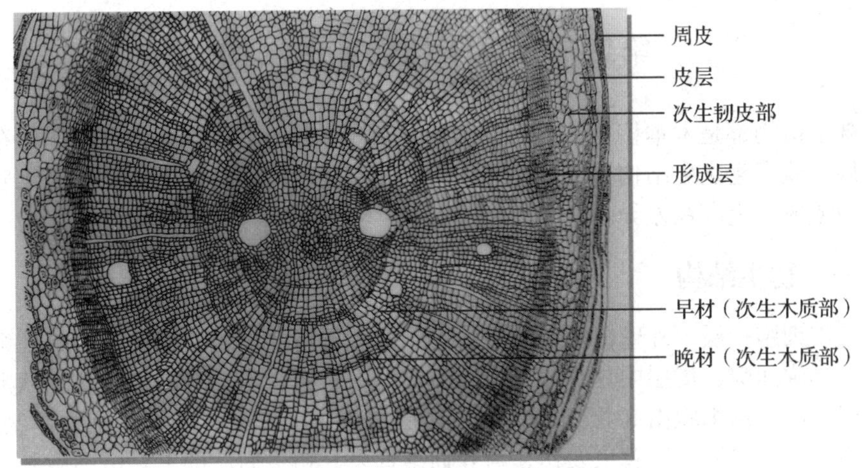

图 5-2　裸子植物根的次生结构

(一) 周皮

裸子植物根的次生结构中最外层的周皮，与被子植物相似，由外向内依次由木栓层、木栓形成层、栓内层组成，各层细胞形态结构也与双子叶植物相当。

(二) 皮层

周皮以内为皮层。皮层内含有树脂道细胞。皮层细胞排列紧密，横切面大多呈矩形，靠近周皮的细胞扁平，排列紧密。越向内，细胞逐渐增大。有些裸子植物皮层内含成群分布的树脂道。

(三) 次生维管组织

1. 维管形成层

组成维管形成层的细胞有纺锤状原始细胞和射线原始细胞两种类型。大多数被子植物纺锤状原始细胞是双斜面，较短，整齐排列成水平行列的层次，为叠生形成层；而裸子植物纺锤状原始细胞为单斜面，较长，细胞交叉排列，两端不在一个水平面上，不成层次，为非叠生形成层。

2. 次生韧皮部

裸子植物次生韧皮部结构也较简单，是由筛胞、韧皮薄壁组织和射线所组成。次生韧皮部中含树脂道，某些松属植物次生韧皮部中的树脂道近于环状分布，每个树脂道由几个排列紧密的分泌细胞围成。

3. 次生木质部

次生木质部主要由管胞、木薄壁组织和射线所组成，无导管(少数如买麻藤目的裸子植物的木质部具有导管)，无典型的木纤维。

(四) 髓

有的裸子植物老根中髓。

第二节 裸子植物茎的结构

裸子植物都是木本植物，茎的结构基本和双子叶植物木本茎大致相同，存在形成层，能产生次生结构，使茎逐年加粗，并有显著的年轮，不同之处是维管组织的组成成分上存在差异。

一、初生结构

表皮细胞一层，外壁覆盖角质层；皮层由多层薄壁细胞和含树脂的异性细胞组成，具胞间隙，皮层中具有通气组织，皮层中有树脂道，有的植物，如欧洲赤松树脂道的分泌细胞由 2 层细胞组成，内层细胞为薄壁型，外层细胞为厚壁型。维管束呈环状排列，维管束发达，为外韧维管束。初生韧皮部主要由筛胞和韧皮薄壁组织构成，其中韧皮薄壁组织中含有大量蛋白细胞；初生木质部全部由管胞组成。木质部成熟方式为内始式，有的植物木质部中有树脂道；初生木质部与初生韧皮部之间有维管形成层；髓细胞多，由含树脂、丹宁等物质的异细胞和薄壁细胞组成(图 5-3)。

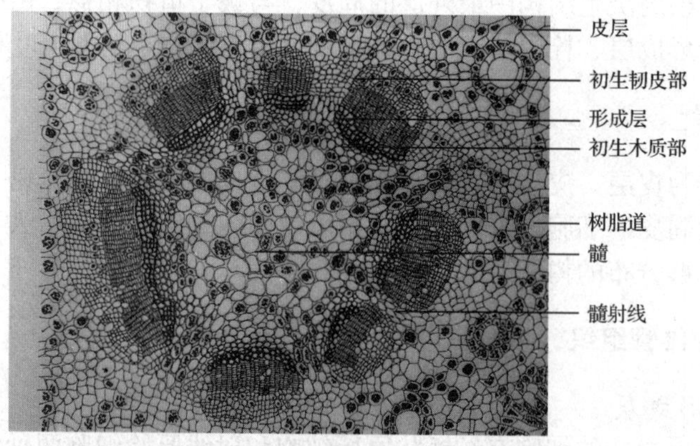

图 5-3 裸子植物茎的初生结构(示维管柱部分)

二、次生结构

裸子植物的茎在经过短暂的初生生长阶段以后，就进入次生生长，产生次生结构。次生结构从外到内依次由周皮、皮层和维管柱三部分组成(图 5-4)。

(一)周皮

由于周皮组织木化、栓化，多呈片状、易碎，较难得到完整的周皮结构。通常由一些被挤毁的尚未脱落的细胞构成，形成一环较厚的外层周皮，有些细胞已经呈近脱落状，起到保护作用。

(二)皮层

皮层由 4 ~ 6 层薄壁排列较疏松的细胞构成。皮层细胞椭圆形、长方形、或

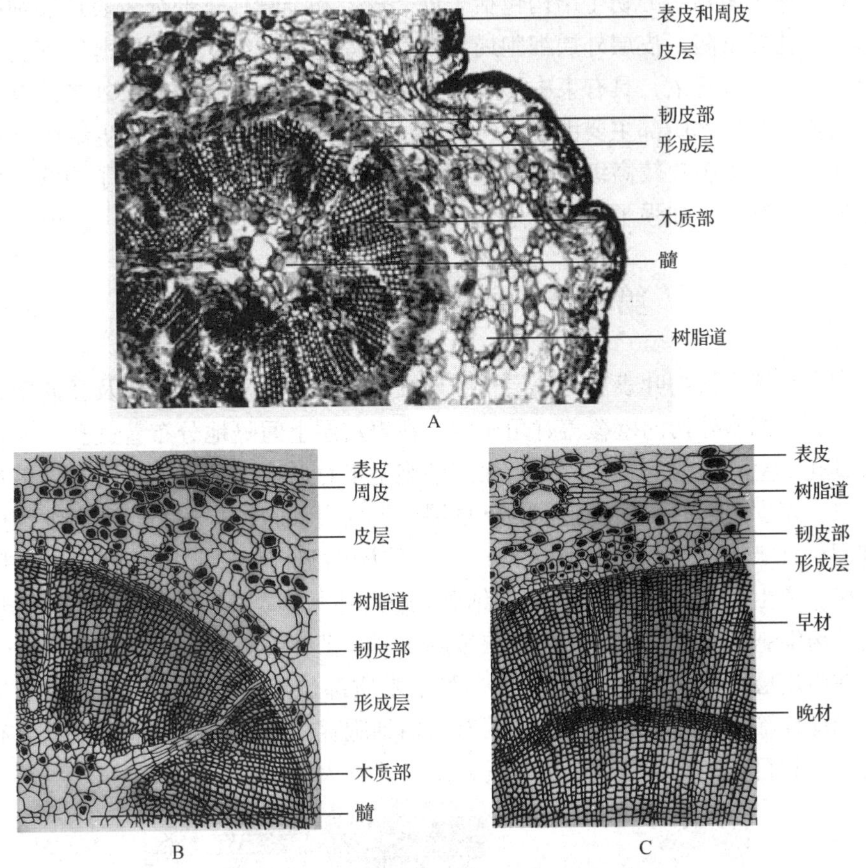

图 5-4 欧洲赤松茎横切面及示意图(局部)

A. 欧洲赤松一年生茎横切图(齐伟辰，陆静梅摄) B. 一年生欧洲赤松 C. 二年生欧洲赤松

不规则形状，细胞排列较为整齐，长轴平周排列，细胞大小不一，细胞质较浓，椭圆形。

(三)维管组织

紧挨着皮层是次生韧皮部。次生韧皮部中只含有筛胞、韧皮薄壁细胞和韧皮射线，也有些种类含有韧皮纤维，有些种类还含有围绕着树脂道的薄壁组织。

茎次生木质部结构均匀，构造简单，一般只含有大量管胞、少量木薄壁组织、木射线与树脂道等；在晚材中只含有管胞状纤维(纤维管胞)。有的种类的次生木质部完全由管胞及少量薄壁组织组成，如松属。有的种类木质部、韧皮部、皮层等部位均具有树脂道，纵横排列连接成一个系统。由于次生生长形成的木材主要由管胞组成，因而木材结构均匀细致，易与双子叶植物的木材区分。木材中亦有年轮、心材和边材的分化。在木材的横切面上，可看到呈辐射排列的单列细胞的木射线，只有少数种类含有两列细胞的木射线。而双子叶植物茎的次生木质部中通常是单列木射线和多列木射线同时存在。

草本裸子植物茎的初生结构包括表皮、皮层和维管柱三部分。表皮层细胞外壁厚，气孔器下陷，皮层外层细胞局部发育成厚壁机械组织，皮层薄壁细胞中含叶绿体，外韧维管束，具有束中形成层，初生韧皮部由筛胞和位于外围的厚壁组织所组成，初生木质部主要由管胞所组成。一般具有次生生长和次生结构。

在百岁兰等少数较高级的裸子植物中，维管组织的木质部出现了导管，韧皮部出现了筛管，更加强了植物对旱生环境的适应性。

第三节 裸子植物叶的结构

大多数裸子植物叶表皮为一层长圆形细胞，排列紧密，切向壁及径向壁显著加厚，表皮细胞外切向壁覆盖有角质层。在表皮层上间隔地分布着气孔，气孔下陷，具孔下室，有的空下室较大，保卫细胞呈半月形位于副卫细胞下方，多数气孔开口。表皮之下的一层细胞称为下皮层，下皮层细胞体积较小。叶肉细胞壁向内皱褶，且皱褶剧烈，叶肉细胞大，多为 2 层细胞构成。叶肉细胞中分布树脂道，树脂道由上皮细胞围成，上皮细胞(泌脂细胞)薄壁型，外有厚壁组织鞘。外层叶肉细胞较大，呈圆形。内皮层细胞排列紧密，细胞大小相似，具凯氏带加厚。在内皮层之内是 2 ~ 3 个维管束，其中木质部位于近轴面，韧皮部位于远轴面；韧皮部筛胞多为不规则多边形，有蛋白细胞存在；木质部管胞次生壁上有具缘纹孔，数目多；在维管组织中韧皮部所占比例大于木质部(图 5-5)。

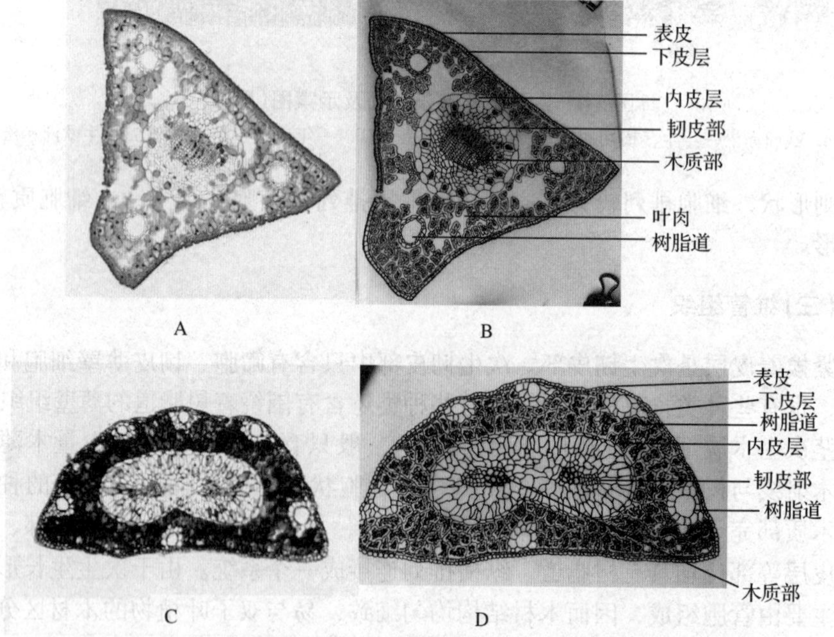

图 5-5 松属叶的结构

A. 红松叶横切 B. 红松叶横切示意图 C. 欧洲赤松叶横切图(齐伟辰，陆静梅摄)
D. 欧洲赤松叶横切示意图

在松柏纲、红豆杉纲植物中发现导管

裸子植物为较原始的植物类群，从出现的时间及部分性状来看，其被认为是介于蕨类植物和被子植物之间的类群，管胞是其木质部的主要成分，高级类群中有导管出现。然而，2004 年，我国学者黄玉源与廖文波通过研究马尾松、水杉、圆柏、兴安圆柏、南洋杉、长叶竹柏、陆均松、海南粗榧和云南红豆杉等裸子植物的茎与叶的结构，发现它们均具有导管，每种植物的导管均有环纹、螺纹、网纹和孔纹导管，部分种类有梯纹导管。这一发现对于探讨裸子植物类群的系统进化过程具有重要意义，为裸子植物的系统学、解剖学和生态学研究提供了新的证据。

本章小结

裸子植物的根和茎有形成层和次生结构。大多数裸子植物木质部中只有管胞而无导管和纤维，韧皮部中只有筛胞。新近报道有导管发现。

思考题

试比较裸子植物和双子叶植物根、茎、叶结构的异同。

推荐阅读书目

K. 伊稍．1982. 种子植物解剖学．上海：上海科学技术出版社．

周云龙．1999. 植物生物学．北京：高等教育出版社．

陆时万．1992. 植物学(上、下)．北京：高等教育出版社．

李扬汉．1988. 植物学(上、中、下)．北京：高等教育出版社．

贺学礼．2004. 植物学．北京：高等教育出版社．

胡宝忠，胡国宣．2002. 植物学．北京：中国农业出版社．

金银根．2006. 植物学．北京：科学出版社．

参考文献

白重炎，王娜．2011．松属9种植物叶的解剖结构及抗旱研究[J]．安徽农业科学，39(5)：2781-2783．

冯富娟，隋心，张冬东．2008．不同种源红松遗传多样性的研究[J]．林业科技，33(1)：1-4．

黄玉源，廖文波．2004．在松柏纲、红豆杉纲植物中发现导管初报[J]．中山大学学报(自然科学版)，43(1)：125-128．

贾淑霞，赵妍丽，丁国泉，等．2010．落叶松和水曲柳不同根序细根形态结构、组织氮浓度与根呼吸的关系[J]．植物学报，45(2)：174-181．

苏应娟，张冰，王艇，等．1996．部分裸子植物茎次生韧皮部和木材的比较解剖[J]．生态科学，15(1)：35-42．

张明明，高瑞馨．2012．针叶植物叶片比较解剖及生态解剖研究[J]．森林工程，28(2)：9-13．

张振钰，高信曾．1984．白皮松次生韧皮部的解剖学观察[J]．植物学报，26(2)：145．

第六章 营养器官的变态

植物的营养器官都有与功能相适应的形态和结构。但是由于环境的变化，植物的器官为适应某种特殊环境而改变原有的功能及其相应的形态结构，这种形态与结构变化的现象称为变态。变态是植物长期适应某种生态环境所形成的，属于物种的正常遗传特性。

第一节 根的变态

一、地下根

这类变态根生长在地下，肥厚多汁，根内富含薄壁组织，主要是适应储藏大量营养物质。常见于两年生或多年生的草本双子叶植物。储藏根是越冬植物的一种适应，所储藏的养料可供来年生长发育时需要。根据来源，可分为肉质直根和块根两类。

（一）肉质直根（fleshy tap root）

肉质直根主要由主根肥大发育而成。一株植物上仅形成一个肉质直根，并包括节间极短的茎和下胚轴。节间极短的茎称为根头，上面着生叶。由下胚轴发育而成的部分，即不产生侧根的部分，称为根颈。肥大的主根构成肉质直根的主体。如萝卜、胡萝卜和甜菜的肉质直根。这些肉质直根在外形上极为相似，但加粗的方式即储藏组织的来源不同，因此在内部结构上差异较大。

胡萝卜和萝卜根的加粗，虽然都是由于形成层活动的结果，但产生次生组织的情况不同（图 6-1）。胡萝卜的肉质直根，大部分是由次生韧皮部组成。在次生韧皮部中，薄壁组织非常发达，占主要部分，储藏大量营养物质，而次生木质部形成较少，其中大部分为木薄壁组织，分化的导管较少。

萝卜的肉质直根和胡萝卜相反，它的次生木质部发达，其中导管很少，无纤维，薄壁组织占主要部分，储藏大量营养物质，而次生韧皮部形成很少。萝卜肉质直根中，除一般形成层外，木薄壁组织中的某些细胞可恢复分裂能力，转变成另一种新的形成层，这些在正常维管形成层以外产生的形成层，称为额外形成层

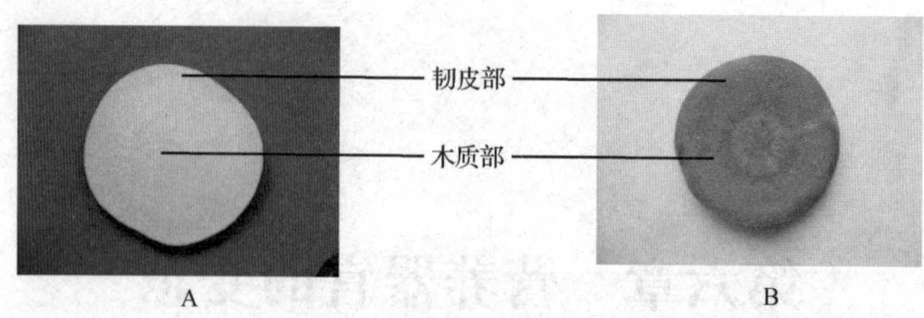

图6-1 胡萝卜和萝卜肉质直根

A. 萝卜根 B. 胡萝卜根

(supernumerary cambium)或副形成层(accessory cambium)。它和正常形成层一样，向内产生木质部，向外产生韧皮部，所形成的组织称为三生结构(图6-2)。因此，额外形成层所形成的木质部和韧皮部，相应地称为三生木质部和三生韧皮部。

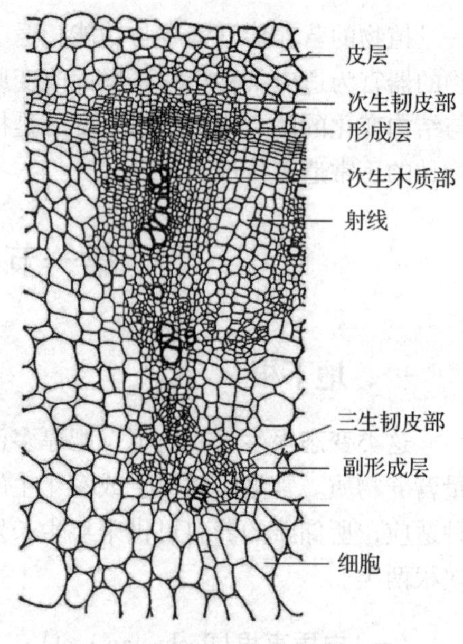

图6-2 萝卜根中的维管束横切

甜菜根的增粗主要是额外形成层的多次形成并由此产生发达的三生结构的结果。甜菜根形成层的发生和次生结构的形成与萝卜相同，所不同的是在形成层活动的同时，在中柱鞘区域的薄壁细胞产生第一圈额外形成层，包围在次生韧皮部和次生木质部构造之外，额外形成层的活动形成了三生维管组织及大量薄壁组织，以后在三生韧皮部外侧的薄壁组织中又产生新的第二圈额外形成层，继续形成第二圈的三生维管组织和三生基本组织。如此反复进行，在甜菜根横切面上分生组织可达8~12圈或更多。三生维管束轮数的增加，特别是维管束间薄壁组织发达程度与含糖量有密切的关系，因此可作为选育甜菜优良品种的一个指标。

(二)块根(root tuber)

与肉质直根不同，块根是由不定根或侧根发育而成的，因此，在一个植株上可形成多个块根。另外，它的组成不含下胚轴和茎的部分，而是完全由根的部分构成。如甘薯、大丽花的块根等。

扦插繁殖的甘薯，块根由不定根形成，种子繁殖的块根，由侧根形成。甘薯块根早期的初生结构中，木质部为三至六原型。初生木质部和次生木质部正常发育，并含有大量薄壁组织。次生结构中，薄壁组织较为发达，木质部的导管常被薄壁组织分隔，因而形成无数导管群或一些单独的导管，散生在薄壁组织内。随着进一步发育，以后在各导管群或单独的导管周围的薄壁组织中产生额外形成层。有时，甚至在没有导管存在的薄壁组织中或韧皮部外方，也产生额外形成层（图6-3）。它和甜菜不同，不形成同心环的结构，而是在形成层的内方，出现许多以导管群或单独导管为中心的额外形成层。额外形成层分裂活动的结果，是向内产生三生木质部，向外产生三生韧皮部，二者合称为三生维管束，额外形成层还在三生维管束之间产生大量薄壁组织。由于许多额外形成层的同时发生与活动，使块根不断膨大增粗。在韧皮部部分，也形成乳汁管，因此，创伤的伤口会流出白色乳汁。甘薯块根的增粗，是形成层和额外形成层共同活动的结果。形成层产生次生结构，特别是次生木质部和它周围的薄壁组织，为额外形成层的发生奠定了基础。而无数额外形成层的发生与活动，又形成大量薄壁组织和其他组织，使块根增粗，储藏大量营养。

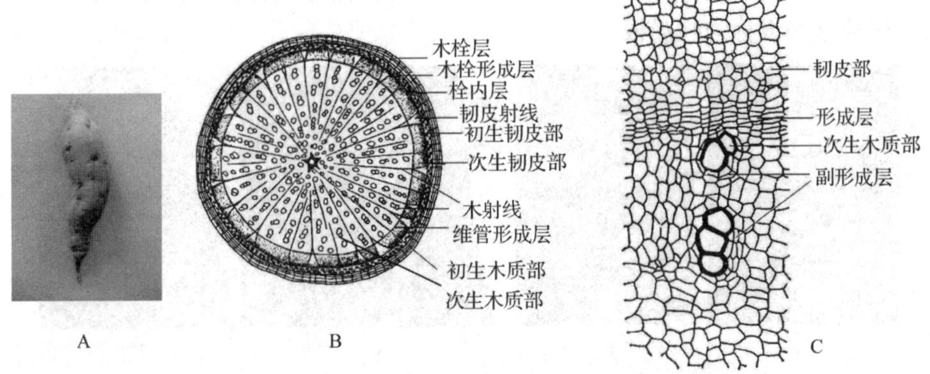

图6-3　甘薯块根横切及维管束横切

A. 外形　B. 幼根横切　C. 维管束

二、气生根（地上根）

凡露出地面，生长在空气中的根均称为气生根（aerial root）。气生根因所担负的生理功能不同分为以下几种类型。

（一）支柱根（prop root）

支柱根是生长在地面以上空气中的根，如玉米（图6-4）、高粱、甘蔗、榕树等植物均可产生支柱根。这些在较近地面茎节上的不定根不断延长后，根先端伸入土中，并继续产生侧根，成为增强植物整体支持力量的辅助根系，因此，称为支柱根。玉米支柱根的表皮往往角质化，厚壁组织发达。在土壤肥力高、空气湿度大的条件下，支柱根可大量发生，培土也能促进支柱根的产生。

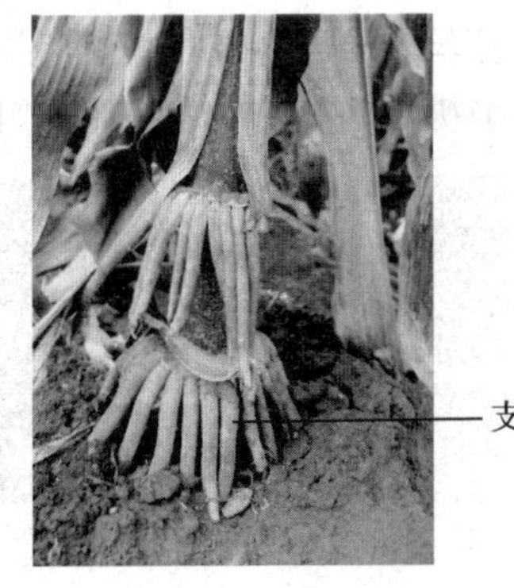

图6-4　玉米支柱根

(二)攀缘根(climbing root)

藤本植物的茎多细长柔软，不能直立。有些藤本植物从茎的一侧产生许多很短的不定根，这些根的先端扁平，常可分泌黏液，易固着在其他树干、山石或墙壁等物体的表面攀缘上升，这类气生根称为攀缘根。如五叶地锦、常春藤、薜荔(图6-5)等。

(三)呼吸根(respiratory root)

普通土壤颗粒中都含有大量的空气，通常能满足地下根呼吸的需要，但淤泥中空气明显不足，一些生长在沼泽或热带海滩地带的植物如水龙、红树、落羽杉(图6-5)等，可产生一些垂直向上生长、伸出地面的呼吸根，这些根外有皮孔(呼吸孔)，内有发达的通气组织，有利于通气和储存气体，供给地下根进行呼吸，因此这些根称为呼吸根。

图6-5 攀缘根和呼吸根

A、B. 薜荔及其攀缘根 C、D. 落羽杉及其呼吸根

三、寄生根

寄生植物如菟丝子(图6-6A)，叶退化成鳞片状，不能进行光合作用，营养全部依靠寄主，以茎紧密回旋缠绕在寄主茎上，并以突起状的根伸入寄主茎组织内，彼此维管组织相通，吸取寄主体内的养料和水分，这种根称为寄生根(parasitic root)。

菟丝子的寄生根由茎上产生，是不定根的变态，数目很多。寄生根产生的地方，最初由茎皮层的外层细胞，向外发育为一扁平的垫状物与寄主枝条表面紧密接

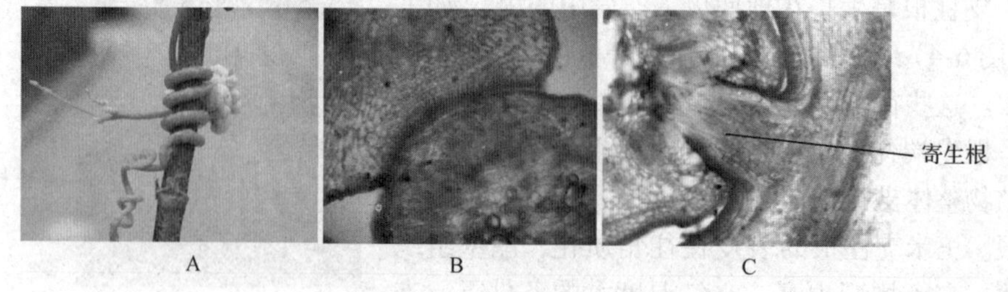

图6-6 菟丝子的寄生根

A. 菟丝子 B、C. 寄生根产生示意

触，再由此垫状物的中心部分长出穿刺结构——吸器。吸器的尖端有一些长形的菌丝状细胞组织，它们穿过寄主表皮、皮层而深达维管束(图6-6B、C)。当吸器细胞与寄主筛管接触时，常形成基足结构，以增加吸收面积。最后，吸器中分化出韧皮部和木质部分子与寄主的维管束之间建立联系，从寄主组织内摄取营养物质。

产生寄生根的植物，常见的还有列当等。列当有直立的茎，但根不发育，其吸器细胞发育成熟后原生质体消失，形成了典型的管状分子，以纹孔与寄主细胞相连，从寄主体内不断吸收水分和必需的养料。

第二节　茎的变态

一、地上茎的变态

(一)茎刺(stem thorn)

由茎转变而成的刺，称为茎刺或枝刺，行保护功能。茎刺是由腋芽发育而来的，常位于叶腋，有时可产生分枝。如山楂、柑橘的单刺(图6-7A)和皂荚的分枝刺(图6-7B)。蔷薇茎上的皮刺是由表皮突起形成的，刺中维管组织与茎内维管组织无联系，与茎刺有显著区别。

A　B

图6-7　茎(枝)刺

A. 柑橘　B. 皂荚

(二)茎卷须(stem tendril)

许多攀缘植物的茎细长，不能直立，茎可变成卷曲的细丝，称为茎卷须。茎卷须的位置或与花枝的位置相当，或生于叶腋(如五叶地锦、西瓜、西番莲)(图6-8)。

A　B　C

图6-8　茎卷须

A. 五叶地锦　B. 西瓜　C. 西番莲

图 6-9 叶状茎

A. 光棍树 B. 竹节蓼

(三)叶状茎(phylloclade)

茎转变成叶状，扁平，呈绿色，能进行光合作用，称为叶状茎或叶状枝。光棍树的侧枝变为叶状枝，叶退化为鳞片状，叶腋内可生小花(图 6-9A)。竹节蓼的叶状枝极显著，叶小或全缺(图 6-9B)。

(四)小鳞茎与小块茎

一些植物叶腋处或花被间，常生小球体，具肥厚的小鳞片，称为小鳞茎，也称珠芽(bulbil)。小鳞茎长大后脱落，在适合的条件下，发育成一新植株。卷丹地上茎的叶腋内常形成紫色的小鳞茎(图 6-10A、B)；蒜的花被间常形成小鳞茎；倒根蓼花序下部常形成小鳞茎；薯蓣缠绕茎节部常形成小块茎(图 6-10C)。

图 6-10 小鳞茎与小块茎

A. 卷丹 B. 卷丹小鳞茎解剖 C. 薯蓣小块茎

二、地下茎的变态

植物的茎一般生在地上，但多年生植物常在土层中形成变态的地下茎，以渡过不良的生长季节。变态的地下茎与根有许多相似之处，但由于仍具茎的特征(有节和节间)，其上的叶一般退化成鳞叶，脱落后留有叶痕，叶腋内有腋芽。

因此，容易和根区别。常见的地下茎变态有4种：

（一）根状茎（rhizome）

简称根茎，是横生于地下，似根的变态茎。竹、莲、芦苇、姜、菖蒲等都有根状茎（图6-11）。根状茎贮有丰富的养料，春季，腋芽可以发育成新的地上枝。藕就是莲根状茎中先端较肥大、具顶芽的一些节段，节间处有退化小叶，叶腋内可抽出花梗和叶柄。竹鞭是竹的根状茎，有明显的节和节间。笋是由竹鞭的叶腋内伸出地面的腋芽，可发育成竹的地上枝。许多禾本科的杂草，如白茅、狗牙根等常由于有根状茎，可蔓生成丛，由于根状茎再生能力很强，翻耕割断后，每一小段都能独立发育成一新植株，造成这些杂草铲除上的困难。

图6-11　根状茎

A. 姜　B. 菖蒲

（二）块茎（tuber）

块茎中最常见的是马铃薯。马铃薯的块茎是由根状茎的先端膨大，积累养料而形成的。从外表上看，块茎顶端有一顶芽。四周有许多凹陷，称为芽眼，整个块茎上的芽眼作螺旋状排列。每个芽眼相当于节的部位，芽眼内有芽，在适宜的条件下就可萌发、生长和发育。在芽眼的下方，幼时具退化的鳞叶，长大后脱落留下的叶痕，称为芽眉。

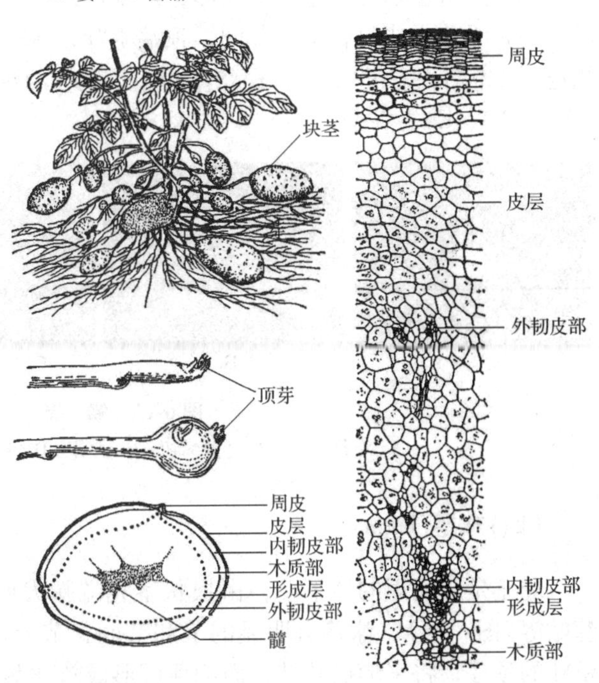

图6-12　马铃薯块茎的发生与结构

成熟的块茎内部结构，由外向内依次分为周皮、皮层、维管束环和髓等部分（图 6-12）。周皮是块茎的保护组织，约由六至十多层细胞组成，周皮上有皮孔分布，可因品种和环境不同而影响周皮的细胞层数和皮孔数量。周皮以内为呈狭带状分布的皮层，皮层由储藏薄壁组织组成，内含淀粉粒、蛋白质晶体。某些品种的皮层中含有色素或有少量石细胞混生。马铃薯为双韧维管束，维管束环中的外生韧皮部和木质部均有发达的含储藏物质的薄壁组织，往往使输导分子扩散分开。形成层虽存在，但不甚明显。内生韧皮部的储藏薄壁细胞较发达，是块茎的主要组成部分。块茎最中央为髓。

菊芋俗称洋姜，也具有块茎，块茎可制糖或糖浆。甘露子的串珠状块茎可供食用，即酱菜中的“螺丝菜”，也称宝塔菜。

（三）鳞茎（bulb）

由许多肥厚的肉质鳞叶包围着扁平或圆盘状的地下茎，称为鳞茎。如百合、洋葱、蒜等（图 6-13A、B、C）。洋葱的鳞茎呈圆盘状，但四周的鳞叶不成显著的瓣，而是整片将茎紧紧围裹。每一鳞叶是地上叶的基部，外方的几片随地上叶的枯死而成为干燥的膜状鳞叶包在外方，有保护作用。内方的鳞叶肉质，在地上叶枯死后仍然存活，富含糖分，是主要的食用部分。

蒜和洋葱相似，幼时食用鳞茎的整个部分、幼嫩的鳞叶和地上叶部分。成熟的蒜，抽薹（蒜薹）开花，地下茎本身因木质增加而硬化，鳞叶干枯呈膜状，已失去食用价值。而鳞叶间的肥大腋芽，俗称“蒜瓣”成为主要食用部分，和洋葱不同。此外，葱、水仙、石蒜等都有鳞茎。

部分兰科植物部分茎膨大，卵球形至椭圆形，肉质，有时为绿色或为其他色泽，通常无节，或只含 1 个节间，顶端生叶，特称为假鳞茎。假鳞茎间以根状茎相连，其寿命只有 1~5 年，根状茎的生长锥会源源不断的产生假鳞茎。如羊耳蒜（图 6-13D、E）。

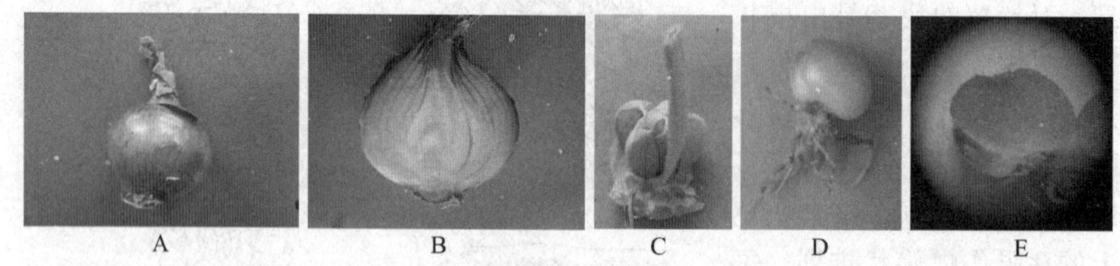

图 6-13　鳞　茎

A. 洋葱外形　B. 洋葱纵切　C. 大蒜　D、E. 羊耳蒜的假鳞茎

（四）球茎（corm）

球茎是肥而短的地下茎，由根状茎先端膨大而成，如唐菖蒲、芋头、荸荠、慈姑等（图 6-14）。球茎有明显的节和节间，节上具膜质的鳞叶和腋芽，顶端有粗壮的顶芽，将来形成花枝，而侧芽可形成新球茎。

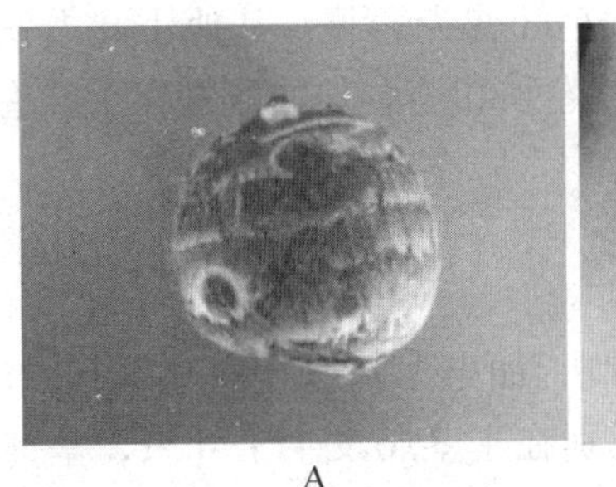

A　　　　　　　　B

图 6-14　球　茎
A. 芋头　B. 荸荠

第三节　叶的变态

一、鳞叶(scale leaf)

有些植物的叶，功能特化或退化成鳞片状。有两种情况，一种是木本植物鳞芽外的鳞叶，有保护芽的作用，也称为芽鳞；另一种是地下茎上的鳞叶，如百合(图 6-15)、洋葱储存养料的肉质鳞叶以及保护作用的膜质鳞叶，还有根状茎上小型退化的鳞叶等。

二、叶卷须(leaf tendril)

有些植物的一部分叶转变成卷须状，适于攀缘生长，如草藤、豌豆等(图 6-

图 6-15　百合鳞叶

16A)植物的羽状复叶先端的二、三对小叶变为卷须，其他小叶未发生变化；菝葜属植物托叶变为卷须(图6-16B)。叶卷须和茎卷须的区别在于叶卷须与枝之间腋内有芽，而茎卷须与枝间腋内无芽。

三、叶刺(leaf thorn)

有些植物叶的一部分或全部变成刺，如枣、刺槐叶柄基部有一对坚硬的刺，为托叶刺(图6-17)。叶刺和茎刺的区别在于茎刺发生于叶腋，基部无芽，而叶刺基部有芽。

A　　B

图6-16　叶卷须

A. 草藤　B. 菝葜

A　　B

图6-17　叶　刺

A. 枣　B. 刺槐

四、捕虫叶(insectivorous leaf)

一些植物叶子表面具有腺体，能分泌一些物质消化昆虫等小型动物，并吸收其中的营养物质，称为捕虫叶，也称叶捕虫器。如捕蝇草、瓶子草、茅膏菜、狸藻、猪笼草等(图6-18)。有些捕虫植物，如猪笼草，它的叶子变为适宜于捕虫的特殊结构，叶柄基部呈扁平的假叶状，中部为细长的卷须上，上部变为瓶状的捕虫器，叶片成一小盖覆盖于瓶口之上。当昆虫滑入瓶内后，被瓶底的腺体所分泌的消化液消化后利用。

图6-18　叶捕虫器

A. 捕蝇草　B. 瓶子草　C. 茅膏菜　D. 狸藻　E. 猪笼草

五、总苞(involucre)和苞片(bractlet)

在花或花序基部着生的变态叶，有保护花芽或果实的作用。通常把花序下面的变态叶称为总苞，花下面的变态叶称为苞片，有时也将花序中小花外方的苞片称小苞片。总苞的形状和轮数为种属鉴别的特征之一，如菊科植物的头状花序基部有多数绿色的总苞片、一品红的总苞片(图6-19A)。三角梅的总苞片为三枚颜色鲜艳、花瓣状的苞片(图6-19B)，马蹄莲、红掌、龟背竹等天南星科植物的花序外为一片大型的总苞片，称为佛焰苞(spathe)。

图6-19　总　苞

A. 一品红　B. 三角梅

六、叶状柄(phyllodium)

金合欢属(*Acaccia*)植物叶片大多退化，而叶柄本身多呈扁平状，进行光合作用起着和叶片相同的生理作用，称为叶状柄，在个体发生中，幼叶最初形成时能区别扁平的叶柄和几近退化的叶片，如台湾相思树(图 6-20)。

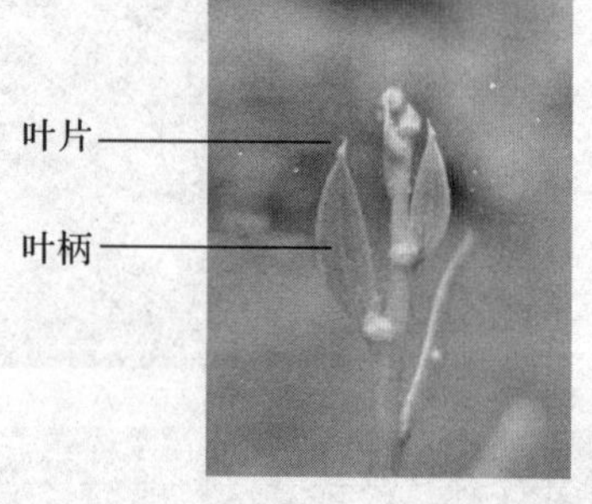

图 6-20 台湾相思树的叶状柄(幼叶)

七、同功器官与同源器官

上述各种不同的营养器官的变态，就来源和功能而言，可分为两种类型。一种是来源不同而外形相似，功能相同的器官，称为同功器官，如茎刺和叶刺、茎卷须和叶卷须，它们是茎和叶的变态；另一种来源相同，外形和功能不同的器官，称为同源器官，如叶刺、叶卷须、鳞叶和叶捕虫器都是叶的变态。在历史进程来看，来源不同的器官，长期适应某种环境而行使相似的生理功能，就逐渐发生同功变态；如果来源相同的器官，长期适应不同的环境而行使着不同的生理功能，就会导致同源变态的发生。

根蘖根

一些植物的根能产生不定芽，发育成幼苗，与母株分离后能形成独立个体，这样的根系称为根蘖根。根蘖根短时间能形成大量个体，可用于农林业生产苗木，如椿树、槭树、悬钩子和沙棘等植物；许多外来入侵植物，如紫茎泽兰、加拿大一枝黄花、两栖蔊菜(图 6-21)、黄顶菊、刺槐、火炬树(图 6-22)等，根蘖苗数量多，生长快，与本地植物争夺养分，极易在形成单优群落，破坏当地生物多样性。

图 6-21 两栖蔊菜的根蘖根与根蘖苗

图 6-22　火炬树根蘖根与根蘖苗

本章小结

植物营养器官的变态是植物长期适应环境的结果，同一植物可以有不同类型变态器官，不同植物可能会存在相同的变态器官。发生变态营养器官具有与正常器官相同的结构，只是形态发生变异而已。本章介绍了植物根茎叶的变态器官。

思考题

1. 什么是植物营养器官的变态？变态有何意义？
2. 根的变态有哪几类？萝卜、胡萝卜和甜菜的肉质直根在结构上有哪些差异？额外形成层是如何产生的？
3. 茎的变态包括哪些？为什么说马铃薯块茎是茎的变态而不是根的变态？
4. 叶的变态有哪些？如何区分苞片和总苞？
5. 如何区分根状茎、块茎与球茎？
6. 什么是同源器官？什么是同功器官？举例说明。

推荐阅读书目

金银根 . 2010. 植物学 . 2 版 . 北京：科学出版社 .

参考文献

陈明洪 . 1978. 奇特的食虫植物[J]. 植物杂志，(1)：44-45.
董必慧 . 2010. 落羽杉奇特的变态根——呼吸根[J]. 生物学通报，45(5)：15-16.
桂鹏 . 1999. 浅谈植物刺的奥秘[J]. 生物学通报，34(6)：24-25.
林金莲，王馥兰，王承林，等 . 1998. 甜菜根系的形成与结构的初步研究[J].

中国甜菜，36(1)：7-16.

柳俊，谢从华．2001. 马铃薯块茎发育机理及其基因表达[J]. 植物学通报，18(5)：531-539.

张庆会．1995. 试论影响甘薯块根形成和膨大的因素[J]. 作物杂志，11(2)：28-30.

赵桂仿，胡正海．1983. 谈谈食虫植物的分泌结构[J]. 植物杂志，5：9-11.

第七章　花的形态结构与发育

被子植物的种子萌发成幼苗后，首先进行根、茎、叶营养器官的生长，经过一定时间的营养生长后转入生殖生长，即在植株的一定部位分化出花芽，经过开花、传粉受精后形成果实和种子。花、果实和种子被称为生殖器官。

营养生长和生殖生长是植物生长周期的两个不同阶段，两者之间相互依存、相互制约。营养生长是生殖生长的基础，生殖器官所需的营养物质，绝大部分由营养器官提供。只有根、茎、叶发育良好及所需的外界条件配合下，才能顺利地完成花芽分化，开花结实，但过旺的营养生长又会抑制生殖生长。许多植物进入生殖生长后仍同时进行营养生长，多年生植物常以年为周期交替进行。从营养生长转入生殖生长，是植物生长发育的重要转变。

第一节　花

一、花的概念

第一个为花下定义的人是德国的博物学家和哲学家歌德(Goethe，1749—1832)，花是适合于繁殖的、节间缩短且不分枝的变态枝条。被子植物典型的花由花梗(pedicel)、花托(receptacle)、花萼(calyx)、花冠(corolla)、雄蕊群(androecium)和雌蕊群(gynoecium)组成(图 7-1)。构成花萼、花冠、雄蕊群和雌蕊群的组成单位分别是萼片、花瓣、雄蕊和心皮，从形态上看这些组成单位具有叶的一般性质，是叶的变态，花梗是枝条的一部分，而花托是节间极度缩短的不分枝的变态茎。

花的形成在植物个体发育中标志着植物从营养生长转入生殖生长。被子植物的有性生殖(sexual reproduction)就是通过花的结构，产生雌雄两性配子——卵和精子，再经过受精作用后来完成繁殖的。繁殖(propagation)是植物形成新个体的过程，是植物的重要生命现象之一。通过繁殖不仅延续后代，还可以产生生活力更强、适应性更广的后代，使种族得到延续和发展。植物的繁殖可以分为三种类型：第一种是营养繁殖(vegetative reproduction)，是通过植物营养体的一部分从母体分离开去(有时不立即分离)，进而直接形成一个独立生活的新个体的繁殖

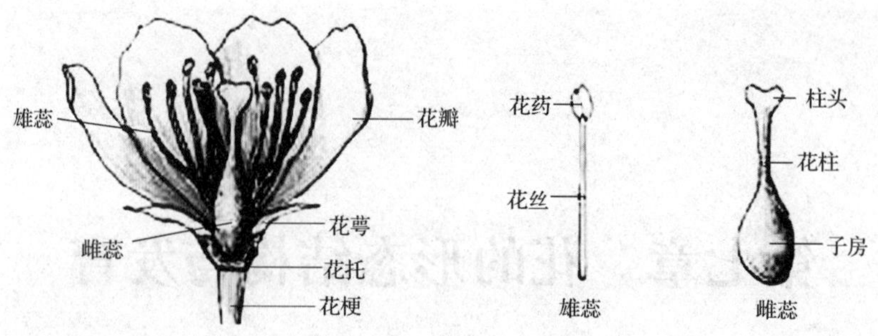

图 7-1 花的组成模式

方法；第二种是无性繁殖(asexual reproduction)，是通过一类称为孢子的无性繁殖细胞，从母体分离后，直接发育成为新个体的繁殖方式；第三种是有性生殖，是通过雌、雄两性生殖细胞(配子)彼此的融合过程，形成合子(受精卵)，再由合子(受精卵)发育为新个体的繁殖方式。有性生殖产生的后代具有丰富的遗传变异性，是植物进化和物种多样性的基础。被子植物的有性生殖是植物界中最进化、最高级的繁殖方式。而被子植物的有性生殖是在花里进行的，精、卵细胞的形成、传粉及受精过程同样是在花里完成的。

二、花的形态结构

(一)花梗

花梗也称花柄，是着生花的小枝，又是花与茎联系的通道，其基本结构与茎相似。花梗的长短因植物种类不同而不同，有的很长，如垂丝海棠；有的很短或无花梗，如贴梗海棠。果实成熟时，花梗便成为果柄。

(二)花托

花托通常是花梗顶端膨大的部分，有密集的节，着生花的其他部分，起支持和输导的作用。不同植物花托的形状不同，有些植物的花托呈圆柱状，如玉兰等；有的呈圆锥形，如草莓等；有的花托中央凹陷而呈杯状，如桃花等；有的呈壶状，且与花萼、花冠、雄蕊的基部、雌蕊贴生成愈合，形成下位子房，如梨等；有的在雌蕊基部或雄蕊与花冠之间，扩大形成扁平状或垫状的花盘(desk)，如柑橘、葡萄等。

(三)花萼

花萼着生在花托上，是花的最外一轮变态叶，由一定数目的萼片(sepal)组成。花萼通常呈绿色，在结构上类似叶，有丰富的绿色薄壁细胞，但无栅栏组织和海绵组织的分化。一朵花的萼片各自分离的称为离萼(chorisepalous)，如油菜；萼片之间部分或全部联合的称为合萼(gamosepalous)，如蚕豆。开花后花萼通常脱落，但也有些植物直到果实成熟，花萼依然存在，称为花萼宿存，如茄。花萼通常只有一轮，但有的植物在花萼外侧还有一轮，称为副萼(epicalyx)，如棉花、蜀葵。

花萼和副萼有保护花蕾和进行光合作用的功能。有些植物的花萼颜色鲜艳，形似花冠，有吸引昆虫传粉的作用，如一串红等；有些植物的萼片变为冠毛，有助于果实的传播，如蒲公英等。

(四)花冠

花冠位于花萼的内轮，由若干花瓣(petal)组成，排列为一轮或几轮。花瓣扁平，形态和结构与叶相似，常有颜色。与萼片离合一样，花瓣也有离瓣、合瓣之分。花瓣彼此分离的称离瓣花(choripetale)，如桃花；花瓣彼此联合的称为合瓣花(synpetale)，如丁香花。

多数植物的花瓣由于细胞中含有花青素或类胡萝卜素而颜色鲜艳，有些植物的花瓣中还有分泌结构，可释放挥发油类和分泌蜜汁，用来吸引昆虫，利于传粉，人类常用它提取精油；花冠还具有保护内部雄蕊群和雌蕊群的作用。

花萼和花冠合称为花被(perianth)。尤其是当花萼、花冠形态、色泽相似不易区分时，可统称为花被，如百合；花萼、花冠都有的花叫两被花(dichlamydeous flower)，如桃；花萼与花冠没有明显区别或两者缺一的，多指只有花萼的，叫单被花(monochlamydeous flower)，如桑；既无花萼又无花冠的称无被花(achlamydeous flower)，如杨。

(五)雄蕊群

雄蕊群是一朵花中所有雄蕊(stamen)的总称。位于花冠的内侧，一般直接着生在花托上，也有的雄蕊基部与花冠愈合。雄蕊是花的重要组成部分之一，其数目常随植物种类不同而有变化，有些植物的雄蕊很多而没有定数，如桃；有些植物的雄蕊少而数目一定，如油菜有6枚，小麦有3枚。

雄蕊由花丝(filament)和花药(anther)两部分组成。花丝通常细长，基部着生在花托上，或贴生在花冠上，另一端连着花药，将花药伸展在一定的空间位置，便于散发花粉。花药是花丝顶端膨大成的囊状物，是形成花粉粒的地方。

(六)雌蕊群

雌蕊群是一朵花中所有雌蕊(pistil)的总称，是花的另一重要组成部分。雌蕊位于花的中央，多数植物只有一枚雌蕊。

1. 心皮

雌蕊是由一个心皮(carpel)卷合或数个心皮边缘互相连合发育而成的(图7-2)。心皮为适应生殖的变态叶，是构成雌蕊的基本单位。心皮边缘愈合处为腹缝线(rentral suture)，心皮中央相当于叶片中脉的部位为背缝线(dorsal suture)。在腹缝线和背缝线处各有维管束通过，分别为腹束(2条)和背束(1条)，胚珠通常着生在腹缝线上。

2. 雌蕊的类型

由于组成雌蕊的心皮数目和结合情况不同，形成了不同类型的雌蕊(图7-

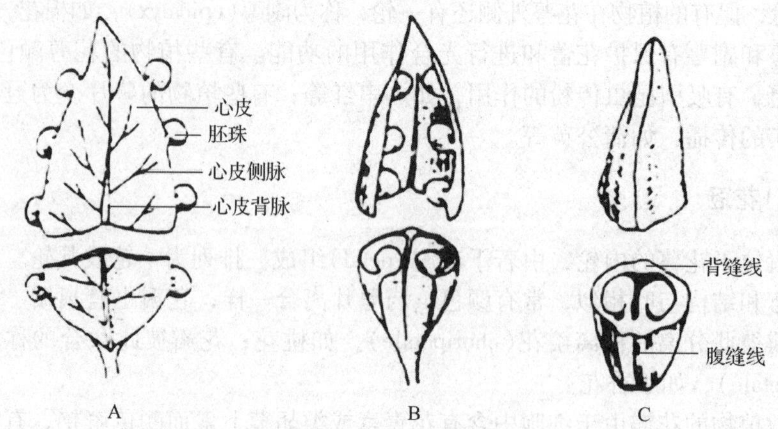

图 7-2 心皮发育为雌蕊的示意图(引自 Muller)

A. 一片张开的心皮 B. 心皮边缘内卷 C. 心皮边缘愈合形成雌蕊

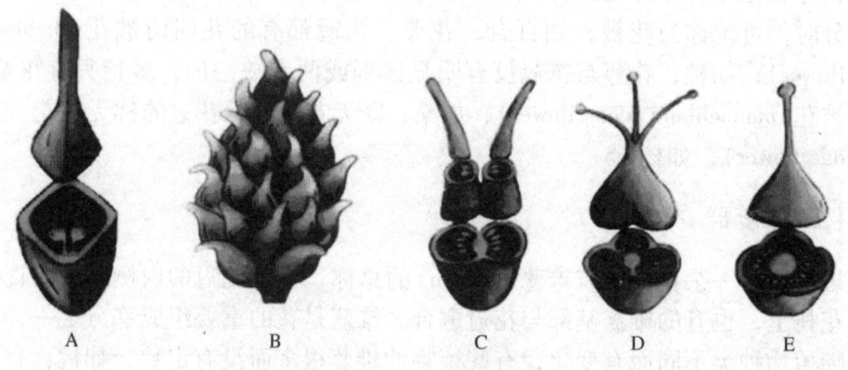

图 7-3 雌蕊类型

A. 单雌蕊 B. 离生单雌蕊 C、D、E. 几个心皮不同程度联合形成的复雌蕊

3)。一朵花中仅由 1 枚心皮组成的雌蕊称单雌蕊(monogynous),如大豆;由多枚心皮组成,彼此分离,各自形成单独的雌蕊为离生单雌蕊(apocarpous gynaecium),如草莓;由 2 个或 2 个以上心皮联合构成的雌蕊称复雌蕊(compound pistil),如油菜。

3. 雌蕊的组成

每一个雌蕊由柱头(stigma)、花柱(style)和子房(ovary)3 部分构成。柱头位于雌蕊的最顶端,多有一定的膨大或扩展,是承受花粉的部位。花柱是连接柱头与子房的部分,其长短随植物的不同而不同,是花粉萌发后花粉管进入子房的通道。子房是雌蕊基部膨大的部分,着生在花托上,是孕育胚珠(ovule)的结构。

三、禾本科植物的花

水稻、小麦等禾本科植物的花,与一般双子叶植物花的组成不同,常形成复穗状花序或复总状花序(花序类型详见第十一章)。小穗是构成禾本科植物花序的基本单位。小穗本身常为花序，小穗轴相当于花轴。现以小麦为例说明禾本科植物花的结构(图7-4)。小麦的麦穗由许多小穗组成，每一小穗的基部有2个较大的硬片，称为颖片(glume)。在颖片内包含有几朵小花，通常只有小穗基部2~3朵小花结构正常能育，可以结实。每朵能育花又被2个稃片包被，位于外侧的稃片形状较大，常具有显著的中脉，称为外稃(lemma)；在内侧的稃片形状较小，称为内稃(palea)。稃片内侧基部，有2个较小的囊状突起，称为浆片(lodicule)。开花时，浆片吸水膨胀，使内、外稃撑开，花药和柱头露于花外，以利传粉。花的中央有3枚雄蕊和1枚雌蕊，雌蕊具2个羽毛状柱头，可接受花粉，花柱不显著，子房1室。

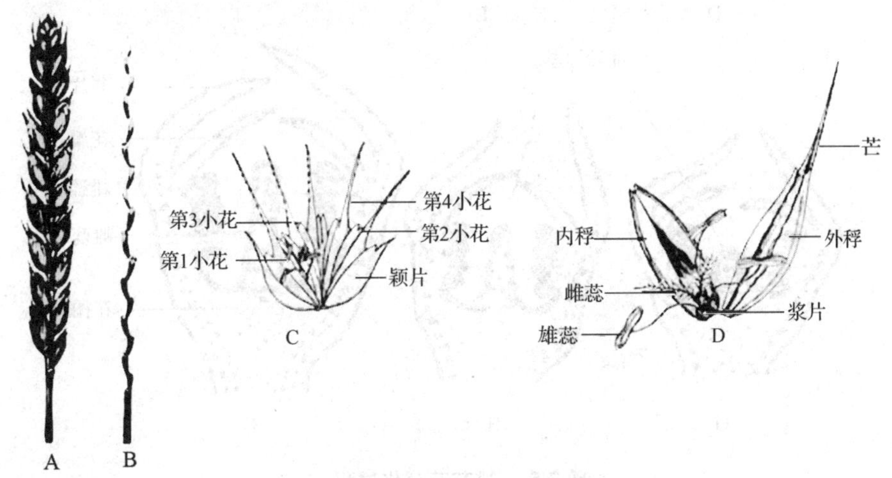

图7-4 小麦花序、小穗及花的组成

A. 复穗状花序 B. 麦穗轴 C. 小穗 D. 小花

四、花芽分化及其调控

(一)花芽分化

花和花序均由花芽发育而来，花芽分化是被子植物从营养生长转入生殖生长的重要标志。植物在营养生长的一定阶段，感受到了调节发育的刺激，使一些芽的分化发生了质的变化，茎顶端生长锥不再产生叶原基和腋芽原基，而分化为花或花序的各部分原基，由这些原基发育成花的各部分，这一过程称为花芽分化(flower bud differentiation)。

(二)花芽分化的过程及意义

花芽分化过程中各部分原基的分化顺序，一般是由外向内进行的，依次为萼片原基、花瓣原基、雄蕊原基和雌蕊心皮原基。由于植物种类的不同，花的各部分原基的分化顺序也有各种变化，如石榴的雄蕊原基是最后分化的，龙眼则花瓣原基是最后分化的。现以桃为例说明花芽分化的过程(图7-5)。

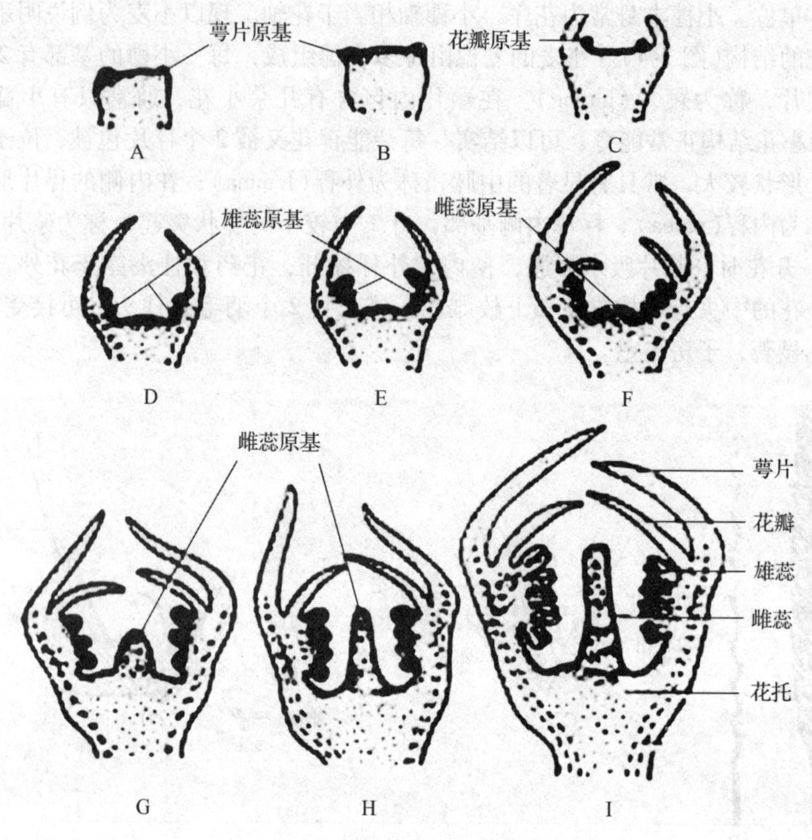

图 7-5 桃花芽分化过程

A、B. 萼片原基的分化 C. 花瓣原基的分化 D、E. 雄蕊原基的分化
F、G、H. 雌蕊原基的分化 I. 花的各部分分化完成

花芽分化与外界条件有密切关系，各种植物在花芽分化前需要适宜的光照、温度、水分及充分的养分。因此，研究各种植物花芽或花序分化的形成特性，以及他们对环境条件的要求，在农业生产过程中采取一些措施如施肥、修剪、灌溉、激素的应用和病虫害防治等，可达到促进或控制花或花序的分化，从而达到提高成花率和成果率，为丰产奠定基础。

(三)花器官发育的 ABC 模型

20 世纪 90 年代，Coen 等通过对主要模式植物拟南芥(*Arabidopsis thaliana*)和金鱼草(*Antirrhinum majus*)的研究，提出了基因控制花器官发生的“ABC 模型”。认为花器官的发育受 A、B、C 3 组基因的控制，A 基因单独表达决定萼片的形成，A 基因与 B 基因同时表达决定花瓣的形成，B 基因与 C 基因同时表达决定雄蕊的形成，而 C 基因的表达决定心皮的发育(图 7-6A)。在这个模型中，A 基因与 B 基因相互颉颃，当 C 基因突变后，A 基因在整个花中表达，反之亦然。如果 A、B、C 3 组基因中 1 组缺失，将导致花器官错位发育。

ABC 模型具有简单性和对称性，可以解释各种花器官的形成原因，预测基因缺失时花原基的发育状况，还可以推测多个基因突变时花的表型，因此该模型的建立是植物发育生物学研究方面的一个重要突破。但随着研究的深入和花同源异型基因数量的增加，出现了许多该模型无法解释的现象。2001 年，Theissen 等在研究调控胚珠发育的基因中，从矮牵牛突变体中克隆了 FBP11，它专一地在胚株原基、珠被和珠柄中表达。这样胚珠被认为是花的第 5 轮器官，其控制基因命名为 D 功能基因，经典的 ABC 模型发展为 ABCD 模型(图 7-6B)。后来人们又发现一类基因既发挥 B 功能也发挥 C 功能，被命名为 E 功能基因，这样 ABCD 模型又进一步发展为 ABCDE 模型(图 7-6C)。2007 年，Erbar 等研究发现 E 在 5 轮花器官的特征决定中都有功能，人们对 ABCDE 模型进一步修正。现在 ABCDE 模型可以这样解释花器官的特征决定，5 轮花器官受到 A、B、C、D、E 5 组基因的控制，A 和 E 决定萼片的形成，A、B、E 同时决定花瓣的形成，B、C、E 同时决定雄蕊的形成，C 和 E 决定心皮的发育，C、D、E 决定胚珠的发育。

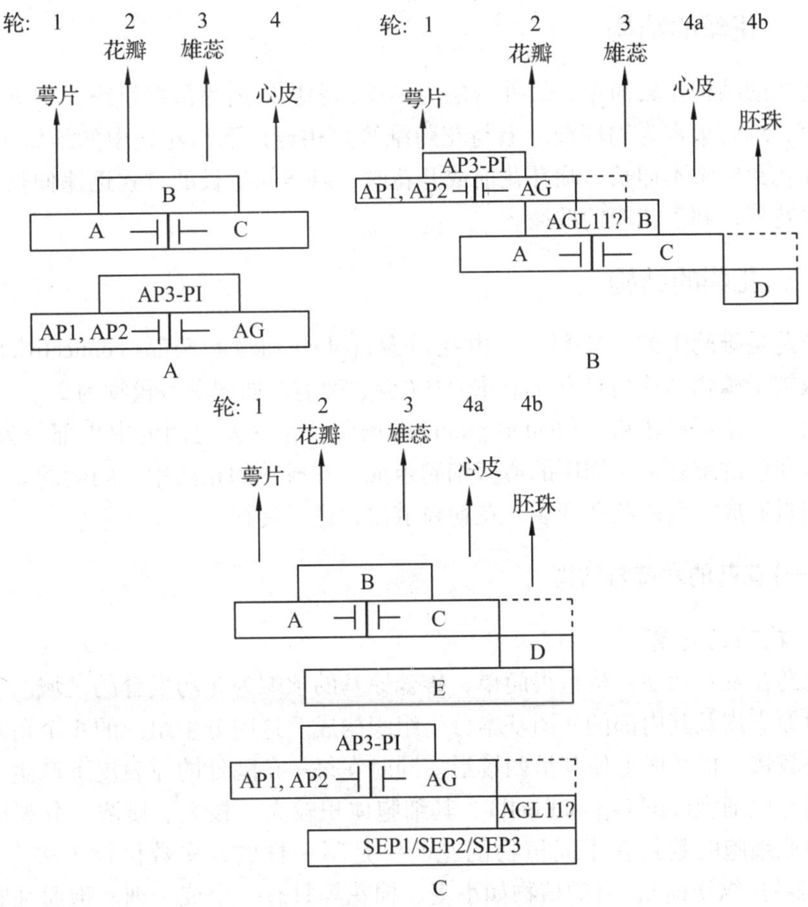

图 7-6 ABC 模型的发展(引自 Theissen，2001)

A. 拟南芥花器官决定的 ABC 模型 B. ABCD 模型 C. ABCDE 模型

“----”表示未知 C 功能蛋白质是否介入胚珠发育；“?”表示推测的 D 功能蛋白质；

“⊣”表示蛋白质相互拮抗；“—”表示蛋白质异源二聚体；“,”表示蛋白质作用方式未知

随着近年来植物分子系统发生学的深入研究，对很多被子植物的花器官发育机制也有了进一步的了解，并在经典 ABC 模型的基础上衍生出多种花器官发育模型，如边界衰减模型（目前在莲花和睡莲中的研究都支持这一模型）和边界滑动模型（近年来对百合、郁金香和非洲爱情花的研究结果都支持这种模型）。开展花部性状发育及其多样性的分子机制研究，对于揭示被子植物花部式样的演化，进而探讨被子植物的系统发育具有重要意义。

第二节 雄蕊的发育与结构

雄蕊是被子植物的雄性生殖器官，包括花药和花丝两部分，由花芽中的雄蕊原基发育而来。雄蕊原基顶端分化为花药，基部形成花丝。雄蕊原基中央部分的原形成层分化为维管束。

一、花丝的结构

花丝的结构比较简单，最外一层为表皮，表皮以内为薄壁组织，中央有一个维管束，维管束常为周韧型，上与花药维管束相连，下与花托中的维管束相连。花丝在花芽中常不伸长，临开花前或开花时，以居间生长的方式迅速伸长，将花药送出花外，利于花粉的散播。

二、花药的结构

花药是雄蕊中的主要部分，由花粉囊（pollen sac）和药隔（connective）组成。大多数被子植物的花药具有 4 个花粉囊（少数种类，如锦葵科植物为 2 个），分为左右两半，是形成花粉粒（pollen grain）的场所。花粉囊之间的中央部分为药隔，由通入花丝的维管束和周围的薄壁细胞组成。在成熟的花药中，同侧的 2 个花粉囊之间贯通成一室，花药开裂，花粉粒散出，进行传粉。

（一）花药的发育与结构

1. 花药的发育

花药在发育初期，构造很简单，雄蕊原基的顶端为花药发育的区域。幼嫩的花药由原表皮及其内部的一团基本分生组织构成。这团分生组织的 4 个角隅处细胞分裂较快，横切面上使其呈四棱形。同时在每一角隅处的原表皮下产生一列或多列的孢原细胞（archesporial cell），其细胞体积较大、核大、质浓、分裂能力较强。孢原细胞的数目在不同植物的花药中是不一样的，多数植物为多个（横切面）或多列（纵切面），有的植物如小麦、棉花等只有一个或一列。孢原细胞经过一次平周分裂，形成内、外两层细胞，外层为周缘细胞（parietal cell），内层为造孢细胞（sporogenous cell）。周缘细胞分裂参与花粉囊壁的发育；周缘细胞形成后继续进行平周和垂周分裂，产生呈同心排列的数层细胞，自外向内依次为药室内壁（endothecium）、中层（middle）和绒毡层（tapetum），它们共同构成花粉囊壁，

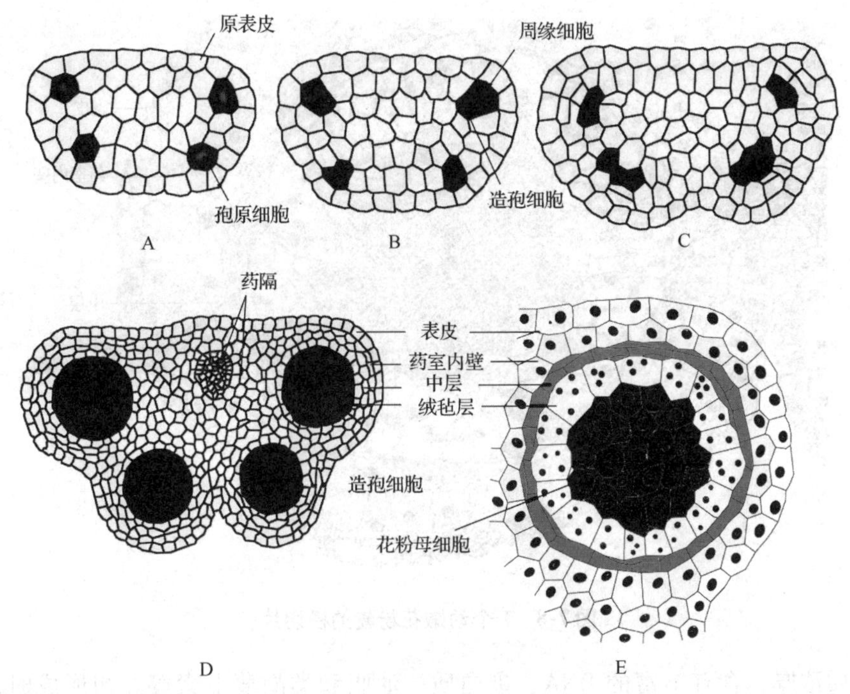

图 7-7 花药的发育

A～D. 花药发育过程模式图 E. 放大的 1 个花粉囊(示花粉母细胞)

并连同原表皮发育成的表皮就构成了花药壁。造孢细胞以后发育成花粉母细胞(pollen mother cell)。花药原始体中部的细胞进一步分裂、分化形成维管束和薄壁细胞，构成药隔(图 7-7)。

2. 花药的结构与功能

(1)表皮 表皮为整个花药的最外层(图 7-8)。由 1 层细胞组成的保护结构，细胞的外切向壁有薄的角质层，有些植物的表皮上还有气孔器或毛状体。表皮细胞通过垂周分裂增加细胞数目以适应内部组织的迅速增长。

(2)药室内壁 位于表皮的内侧，常由 1 层细胞构成，在花粉粒成熟时达到最大发育。在花药幼嫩时期，药室内壁细胞中富含内质网、多聚核糖体和质体等物质；当花药接近成熟时，细胞径向增大，储藏物质逐渐消失，细胞壁除外切向壁外，其他各面均出现沿径向方向排列的纤维状加厚。加厚的壁物质一般认为是纤维素，成熟时略为木质化。此时的药室内壁又称为纤维层(fibrous layer)(图 7-9A)。在一些闭花受精的植物或花药顶孔开裂的植物中，药室内壁并不发育出加厚带，因此一般认为这些纤维状的细胞壁加厚可能与花药的开裂有关。

(3)中层 中层通常由 1～3 层细胞组成，细胞中常富含淀粉和其他储藏物质。花粉母细胞减数分裂时中层细胞的储藏物减少，细胞变扁平。以后细胞逐渐解体，当花药成熟时中层多已消失。少数植物如百合，花药中层细胞壁有一定程度的条状加厚，因此在成熟的花药中有部分中层保留。

(4)绒毡层 绒毡层为花药壁的最内层，一般由 1 层细胞组成。其细胞较大，

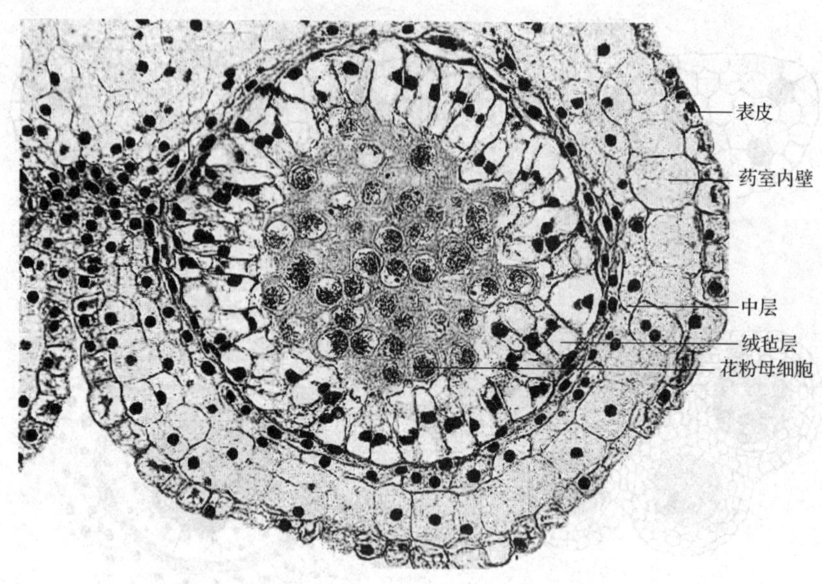

图7-8　1个幼嫩花粉囊的横切片

细胞质浓厚，含有丰富的RNA、蛋白质、油脂和类胡萝卜素等。初形成时，绒毡层细胞是单核的，以后在花粉母细胞减数分裂前后，绒毡层的细胞核分裂常不伴随新细胞壁的形成，成为2核或多核的细胞。绒毡层细胞具有分泌的功能，在花粉粒形成前后，绒毡层细胞分泌功能旺盛。绒毡层对花粉粒发育具有重要作用。近年来的研究表明，绒毡层为花粉粒发育提供了核酸、糖类、含氮物质、脂质、孢粉素前体以及多种酶等；分泌胼胝质酶来溶解四分体的胼胝质壁，使小孢子从四分体中分离出来；合成孢粉素为花粉粒外壁的形成提供条件；合成花粉粒外壁的蛋白质，参与花粉粒和柱头的识别反应。若绒毡层细胞发育出现异常，会引起花粉粒发育的异常，导致植物的雄性不育。

绒毡层在花粉母细胞形成四分体或小孢子时期出现退化的迹象，以后逐渐解体，到花粉粒成熟时绒毡层完全解体。此时花药壁一般仅存表皮和纤维层(图7-9B)。

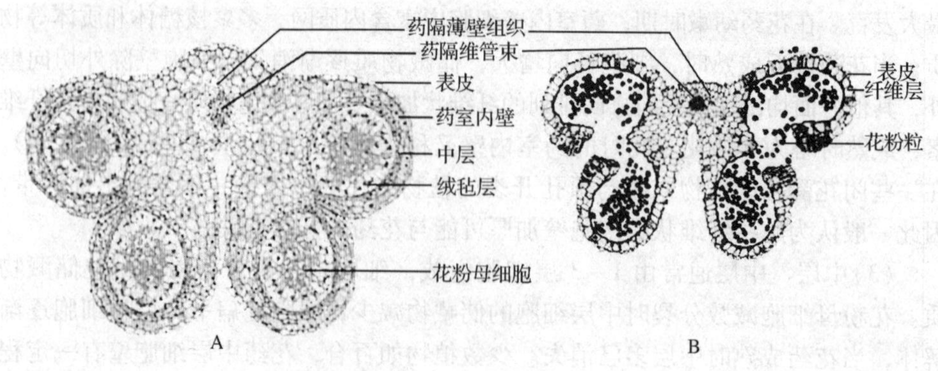

图7-9　花药的结构

A. 百合未成熟期花药横切　B. 百合成熟期花药横切

(5)花粉母细胞 分布在花粉囊中，被花粉囊壁包围着，在花药幼嫩时期，造孢细胞经多次分裂或直接发育为花粉母细胞，在花药成熟的过程中，花粉母细胞经减数分裂、发育成花粉粒。

(二)花粉粒的发育与形态结构

花粉粒的发育过程，先从花粉囊中的花粉母细胞开始，花粉母细胞经减数分裂形成单核花粉粒(小孢子)再发育成成熟的花粉粒(雄配子体)。

1. 小孢子的形成——花粉母细胞的减数分裂

在花粉囊壁发育的同时，造孢细胞也经过不断分裂，形成大量的花粉母细胞，也称小孢子母细胞（microspore mother cell)，这些细胞初期呈多边形，稍后变为近圆形，体积较大、细胞核大、细胞质浓厚、无明显液泡，与周围的细胞差异显著。花粉母细胞之间以及与绒毡层细胞之间都有胞间连丝，表明它们在结构与生理上的密切联系。之后花粉母细胞逐渐积累胼胝质形成胼胝壁，并逐步加厚导致胞间连丝被阻断。花粉母细胞发育到一定时期便进入减数分裂阶段。

减数分裂(meiosis)是一种特殊的有丝分裂，是与生殖细胞或性细胞形成有关的一种分裂。在被子植物中，它发生在花粉母细胞形成单核花粉粒(小孢子)和胚囊母细胞(大孢子母细胞)形成单核胚囊(大孢子)的时期。减数分裂包括2次连续的有丝分裂，但DNA只复制1次，这样，一个花粉母细胞或胚囊母细胞经过减数分裂后，产生4个子细胞，每个子细胞的染色体数目为母细胞的一半，即由 $2n$ 到 n，减数分裂由此而得名。

减数分裂也有间期，称为减数分裂前间期。高等植物此期持续时间比有丝分裂长得多，绝大部分的DNA在此期合成。减数分裂的2次连续分裂分别称为减数分裂Ⅰ和减数分裂Ⅱ，每次分裂也可分为4个时期，其中减数分裂Ⅰ较为特殊(详见第一章)。

被子植物的花粉母细胞减数分裂过程中所发生的细胞质分裂有两种类型：连续型(successive type)和同时型(simultaneous type)（图7-10)。连续型是花粉母细胞第1次分裂伴随着细胞质的分裂，先形成二分体，再进行第2次分裂形成四分体，四分体的4个细胞排列在同一个平面上，这种方式在单子叶植物中较为常见。同时型是第1次分裂不形成细胞壁，故形成双核细胞，第2次分裂后进行细胞质分裂，形成四分体，四分体的4个细胞排列成四面体，这种方式主要见于双子叶植物中。

2. 花粉粒(雄配子体)的发育

花粉母细胞经减数分裂形成的4个单倍体细胞，称为小孢子(microspore)。4个小孢子被胼胝质分隔和包围在一起，称四分体(tetrad)。胼胝质是低渗性的，营养物质可以通过，但对细胞间信息大分子的交换可能有阻止作用，从而保持了小孢子的相对独立性。以后，绒毡层分泌的胼胝质酶使四分体的胼胝质壁溶解，小孢子从四分体中释放出来。小孢子是雄配子体(male gametophyte)的第1个细胞，是尚未成熟的花粉粒，也叫单核花粉粒，被子植物的雄配子体亦称花粉粒。

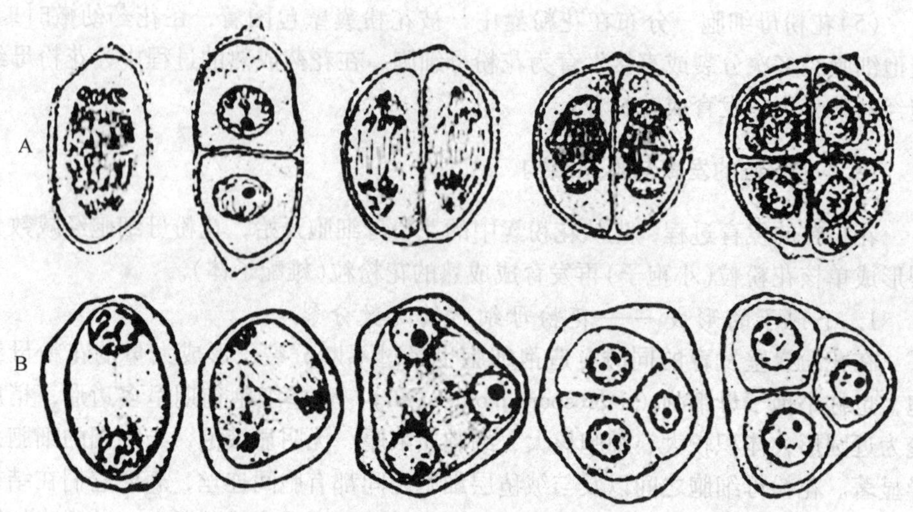

图 7-10 花粉母细胞减数分裂的胞质分裂类型

A. 连续型 B. 同时型

花粉母细胞在减数分裂过程中，易受外界条件的影响，如低温、干旱等会影响花粉粒的形成和活力。

刚从四分体中释放出的小孢子体积较小，无明显的液泡，具有各种细胞器，细胞中央是1个大的细胞核。以后小孢子从解体的绒毡层细胞吸取营养和水分，细胞体积增大，液泡化明显，最后形成1个中央大液泡，细胞质变成一薄层，紧贴细胞壁，细胞核也被挤到了细胞的边缘(这一时期被称为单核靠边期)。在细胞核移动的过程中，细胞器的分布出现极性，这时小孢子进行一次不均等的有丝分裂，形成大小不等的2个细胞，大的是营养细胞(vegetative cell)，小的是生殖细胞(generative cell)。在这2个细胞间有薄的胼胝质壁。营养细胞继承了小孢子的大部分细胞质与细胞器，初期含有大液泡。随着花粉粒的发育成熟，营养细胞中的液泡逐渐变小，同时细胞内开始积累大量的营养物质。生殖细胞最初呈凸透镜状，贴在花粉壁上，以后生殖细胞渐渐脱离花粉粒壁，进入营养细胞的细胞质中，出现细胞中有细胞的独特现象。与此同时，生殖细胞的壁物质逐渐消失，成为圆形的细胞。此后，生殖细胞由圆形转变为纺锤形或长椭圆形(图7-11)。

约70%的被子植物，花粉成熟时仅有2个细胞，即一个生殖细胞和一个营养细胞，如棉花、桃、百合等，这种花粉称为2-细胞型花粉。其余30%的被子植物的花粉成熟时含3个细胞，这是因为它们的生殖细胞在形成后不久即进行DNA的复制，接着进行有丝分裂形成2个精细胞(也称为精子，sperm)，成为3-细胞型花粉，如小麦、水稻、油菜等。雄配子体的进一步发育是在雌蕊组织中进行中，包括花粉萌发长出花粉管，营养核和精细胞进入花粉管，花粉管生长到达胚囊以及释放花粉管中的内容物。对于2-细胞花粉而言，进入花粉管的是营养核和生殖细胞，在花粉管中生殖细胞还要进行一次有丝分裂，形成2个精细胞。

在花粉母细胞减数分裂形成四分体后不久，花粉粒壁即开始发育。最初，在

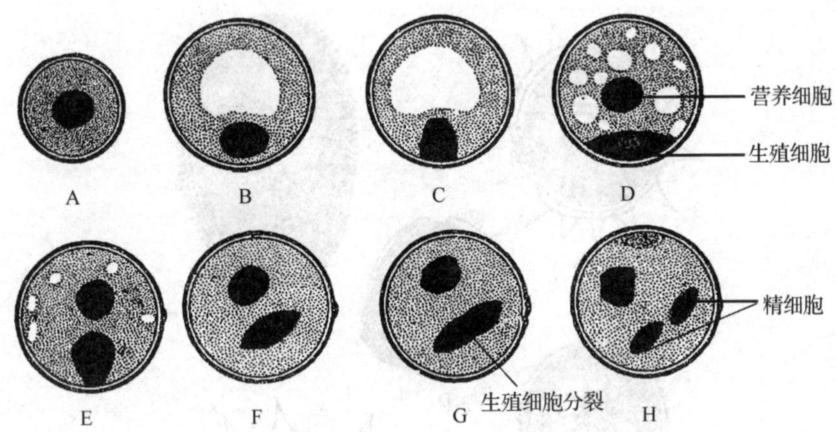

图 7-11　花粉粒的发育

A. 幼期单核花粉粒　B. 后期单核花粉粒　C. 单核花粉粒的核分裂　D. 2-细胞时期　E. 生殖细胞与花粉粒内壁开始分离　F. 生殖细胞游离于营养细胞中　G、H. 3-细胞型花粉，生殖细胞分裂成 2 个精细胞

单核花粉粒的胼胝质壁和质膜之间形成了纤维素的初生外壁，同时在花粉粒的质膜上又形成了许多圆柱状突起，穿过初生外壁辐射状排列于花粉粒的表面，并在其外面进一步积累孢粉素。以后圆柱状突起的顶端和基部各自向四周扩展，并连接形成各种形态的雕纹，构成花粉粒的外壁(exine)。花粉粒表面未形成外壁的孔隙称为萌发孔(germ pore)或萌发沟。在花粉粒外壁内侧还会有一层内壁的发育，构成花粉粒的内壁(intine)。

现将花药的发育及花粉粒的形成过程表解如下：

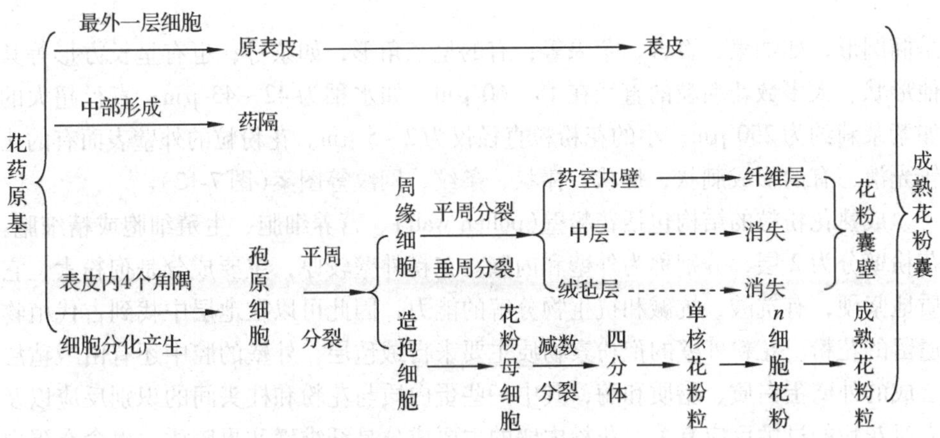

3. 成熟花粉粒的形态结构

成熟花粉粒的形态和构造差异很大，其形状、大小、花粉外壁的纹饰及萌发孔的数目、位置、结构等，在不同的植物中有广泛的多样性，但这些特征是受遗传因素控制的，因而对每种植物来说，这些特征又是非常稳定的。

花粉粒的形状多种多样，有的呈球形，如小麦、水稻、玉米、柑橘等；有的

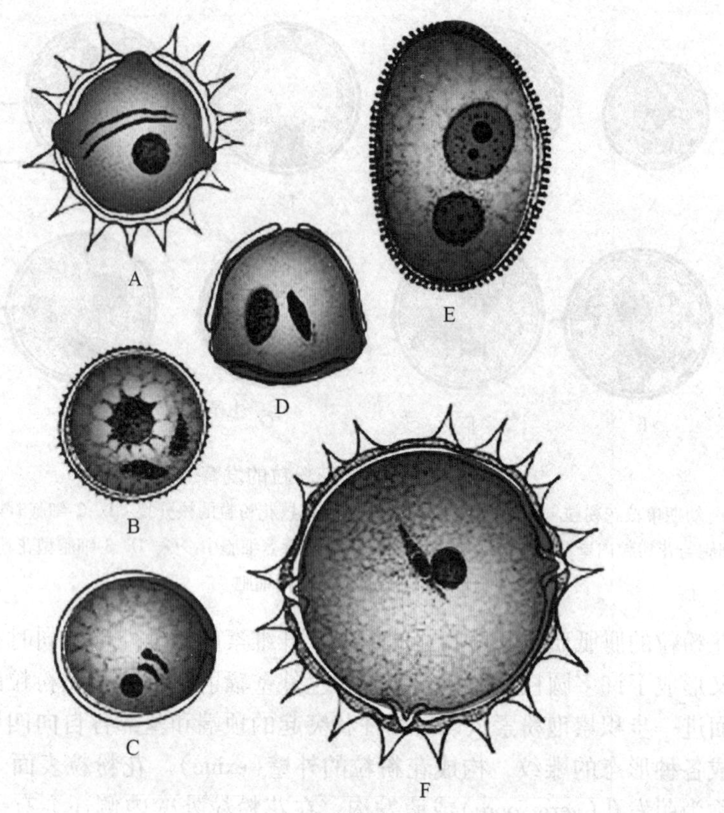

图 7-12 花粉粒的形态

A. 向日葵花粉粒 B. 慈姑花粉粒 C. 小麦花粉粒
D. 烟草花粉粒 E. 棉花花粉粒 F. 百合花粉粒

是椭圆形，如油菜、百合、苹果等；有的呈三角形，如茶等；也有呈长方形等其他形状。大多数花粉粒的直径在 15 ~ 60 μm，如水稻为 42 ~ 43 μm；直径超大的如紫茉莉约为 250 μm；小的花粉粒直径仅为 2 ~ 5 μm。花粉粒的外壁表面有的比较光滑，有的形成刺状、疣状、棒状、条纹、网纹等图案(图 7-12)。

成熟花粉粒的结构包括花粉壁(pollen wall)、营养细胞、生殖细胞或精细胞。花粉壁分为 2 层，分别称为外壁和内壁。花粉外壁较厚，主要成分是孢粉素，它质地坚硬，有抗酸、抗碱和抗生物分解的能力，因此可以在地层中找到古代植物遗留的花粉。花粉外壁的孢粉素物质主要来自绒毡层，外壁的腔中还有由绒毡层合成的外壁蛋白质、脂质和酶，其中一些蛋白质与花粉和柱头间的识别反应以及人对花粉的过敏反应有关。花粉内壁的主要成分是纤维素和果胶质，也含有蛋白质，其中一些是水解酶类，与花粉萌发及花粉管穿入柱头有关，也有一些蛋白质在受精的识别中起作用，内壁蛋白由雄配子体本身合成。营养细胞占据了花粉的大部分体积，其细胞核结构松散，染色较浅，细胞质中细胞器种类与一般植物细胞类似，但数量较多，并储存有大量的营养物质。生殖细胞与精细胞特点类似，细胞大多为纺锤形，细胞壁不完整，细胞质较少，含有线粒体、高尔基体、内质网和核糖体等一般的细胞器，细胞核相对较大，核内染色质凝集，在许多植物的生殖细胞内缺乏质体，如棉、番茄等，少数植物的生殖细胞有质体，如天竺葵等。

第三节 雌蕊的发育与结构

雌蕊是被子植物的雌性生殖器官，由心皮原基发育而成，由柱头、花柱和子房三部分构成。子房是形成卵细胞(雌配子)的场所。

一、柱头的形态结构及类型

柱头一般略为膨大或扩展形成不同形状，表面凹凸不平，多数被子植物柱头具有乳突或毛状体，有利于接纳更多的花粉。柱头表皮及乳突的角质膜外侧还覆盖一层亲水的蛋白质薄膜，起黏合花粉、参与识别的作用。

柱头可分两大类：一类是湿柱头(wet stigma)，当传粉时，柱头表面湿润，表皮细胞分泌水分、糖类、脂类、酚类、激素、酶等物质，可以黏住更多的花粉，如烟草、苹果等；另一类是干柱头(dry stigma)，这类柱头在传粉时不产生分泌物，但柱头表面存在亲水性的蛋白质薄膜，能从薄膜下角质层的不连续处吸收水分，使花粉萌发，在被子植物中比较常见，如油菜、禾本科植物等。

二、花柱的形态结构及类型

花柱是柱头和子房的连接部分，也是花粉管进入子房的通道。花柱的长短粗细常因植物种类的不同而不同，如玉米的花柱细长须状，小麦、水稻的短而不明显。花柱的结构比较简单，由表皮、基本组织和维管组织构成。

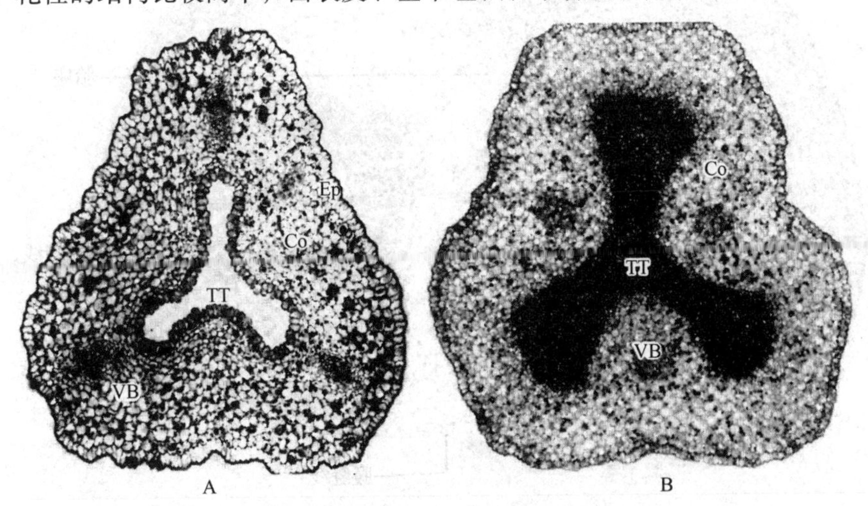

图7-13 百合和灯笼椒花柱横切图(引自胡适宜)

A. 百合空心花柱的花柱道 B. 灯笼椒的实心型花柱

Co：皮层 Ep：表皮 TT：花柱道或引导组织 VB：维管束

花柱主要有空心型花柱(hollow style)和实心型花柱(solid style)两大类(图7-13)。空心型花柱中央有一至数条纵行的沟道，称为花柱道(stylar canal)。花柱道周围是花柱的内表皮，常为2~3层分泌细胞。实心型花柱道中央为引导组织(transmitting tissue)所充塞，引导组织的细胞长形、壁薄、细胞内含丰富的原生质和淀粉，常成疏松状排列。也有些植物如小麦等的实心花柱中无引导组织分化。

三、子房的形态结构

子房为雌蕊基部膨大的部分，由子房壁(ovary wall)、1至数个子房室(locule)和胚珠构成(图7-14)。子房壁的内、外两面都有一层表皮，外表皮上具有气孔器或表皮毛的分化，两层表皮间为薄壁组织，其间有维管束分布。子房室是指子房内由心皮所形成的空间，其数目与形成雌蕊的心皮数目及联合情况不同而不同，通常一个心皮组成的雌蕊子房一室，多心皮联合的雌蕊子房多室或一室。胚珠通常沿心皮的腹缝线向着子房室一侧的子房壁上着生，胚珠着生的位置称胎座(placenta)。不同种类植物的子房室中胚珠数目不同，胚珠是孕育雌配子体(female gametophyte)的场所。

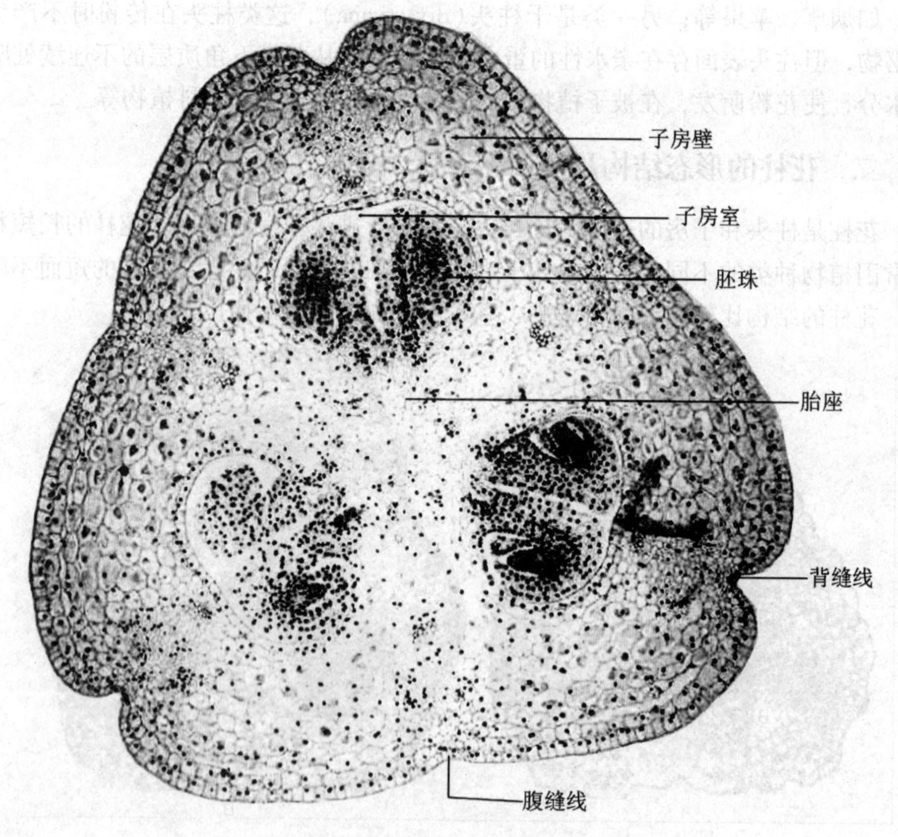

图7-14 百合子房横切结构

(一)胚珠的发育与结构

胚珠的发生从幼小子房胎座的位置起始，由子房壁内表面的2层细胞分裂形成突起，此突起为胚珠原基，原基的前端将来发育成珠心(nucellus)，是胚珠的重要组成部分，胚囊(雌配子体)是在珠心中发育形成的。胚珠原基基部发育成珠柄(funiculus)。以后在珠心的基部产生一环状突起，细胞分裂较快，向上扩展，形成珠被(integument)，将珠心包围起来，仅在珠心顶端留下1个小孔，称为珠孔(micropyle)。如形成2层珠被，则内珠被先发生，外珠被后发生。与珠孔相对的一端，珠被、珠心和珠柄汇合的区域称为合点(chalaza)。胚珠以珠柄着生在胎座上，珠柄中有维管束，可为胚珠输送养料。这样，一个发育成熟了的胚珠由珠心、珠被、珠柄、珠孔和合点等部分组成(图7-15)。

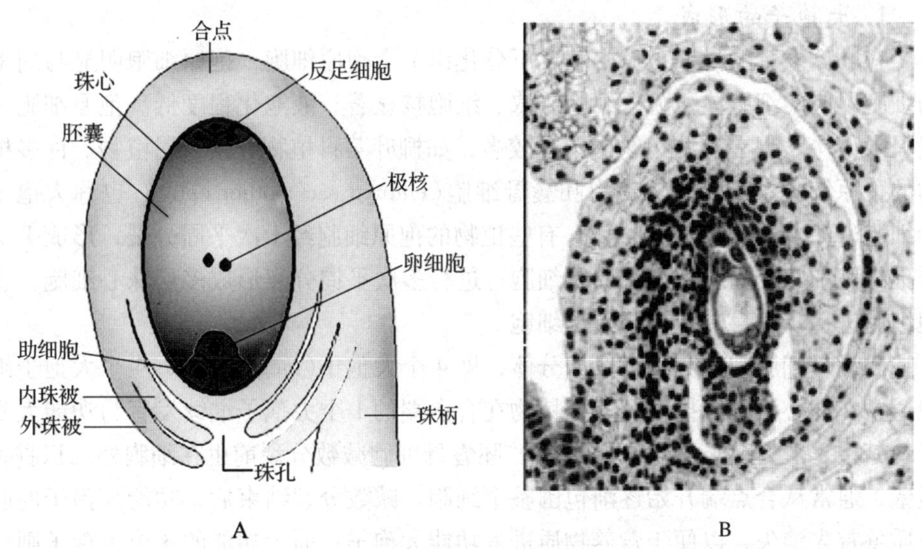

图7-15 成熟胚珠的结构

A. 胚珠模式图 B. 百合胚珠纵切

在胚珠的发育过程中，由于各部位生长速度不同，可形成不同类型的胚珠。如直生胚珠(orthtropous ovule)，特点是珠孔、合点和珠柄在一条直线上，如荞麦；若发育过程中原基一侧的细胞分裂较快，胚珠倒转180°，形成倒生胚珠(anatropous ovule)，特点是珠柄和珠孔近合点在相对的另一端，这种胚珠的珠柄多与外珠被愈合，形成向外突起的珠脊(raphe)，将来形成种子表面的种脊，倒生胚珠是被子植物中常见的胚珠。除此之外，还有弯生、横生等不同类型的胚珠(图7-16)。

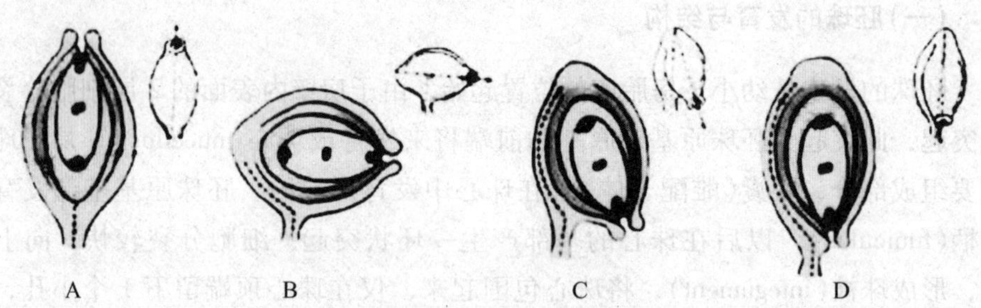

图 7-16 胚珠的类型

A. 直生胚珠 B. 横生胚珠 C. 弯生胚珠 D. 倒生胚珠

(二)胚囊的发育与结构

1. 大孢子的形成

在胚珠发育的早期，珠心表皮下分化出 1 个孢原细胞，孢原细胞明显与周围的细胞不同，细胞体积大、细胞质浓、细胞核显著、液泡化程度低。孢原细胞一般只限 1 个，但在有些植物中数量较多，如柳叶菜科植物、景天属植物。许多植物的孢原细胞直接发育转变为胚囊母细胞(embryo sac mother cell)，也称大孢子母细胞(megaspore mother cell)。有些植物的孢原细胞经 1 次平周分裂，形成 1 个造孢细胞和 1 个周缘细胞，周缘细胞可进行多次平周分裂形成多层珠心细胞，造孢细胞进一步发育转变为胚囊母细胞。

胚囊母细胞减数分裂形成四分体，即 4 个大孢子(megaspore)。4 个大孢子细胞通常在珠心沿直线排列。多数植物在合点端的 1 个大孢子继续发育为功能大孢子，其余 3 个大孢子退化(图 7-17)。胚囊母细胞减数分裂前也在细胞外沉积胼胝质壁，通常从合点端开始逐渐包围整个细胞。减数分裂结束后，功能大孢子的胼胝质壁首先消失，以便于营养物质进入功能大孢子；而无功能的 3 个大孢子则较长时间被胼胝质壁包围。

2. 胚囊(雌配子体)的发育

胚囊(embryo sac)的发育由功能大孢子开始，因此大孢子是胚囊的第 1 个细胞，也称单核胚囊。刚刚形成的单核胚囊体积小、细胞质浓、细胞核较大，随着发育的进行，细胞液泡化，体积增大，当细胞体积增大到一定程度时，进行第 1 次有丝分裂，形成二核胚囊，二核胚囊的 2 个细胞核分别移向胚囊的两极即珠孔端和合点端，中央由 1 个大液泡占据；接着位于胚囊两极的细胞核进行第 2 次和第 3 次有丝分裂，分别形成四核胚囊、八核胚囊。在八核胚囊中的 8 个游离核，4 个在珠孔端，4 个在合点端，在这个过程中胚囊的体积不断增加。接下来八核胚囊的两极各有 1 个游离核向中部移动，当细胞壁形成时，成为 1 个大的双核细胞，称中央细胞(central cell)。中央细胞的 2 个核称极核(polar nucleus)；珠孔端余下的 3 个核产生细胞壁后形成 3 个细胞，其中 1 个是卵细胞(egg cell)；另 2 个

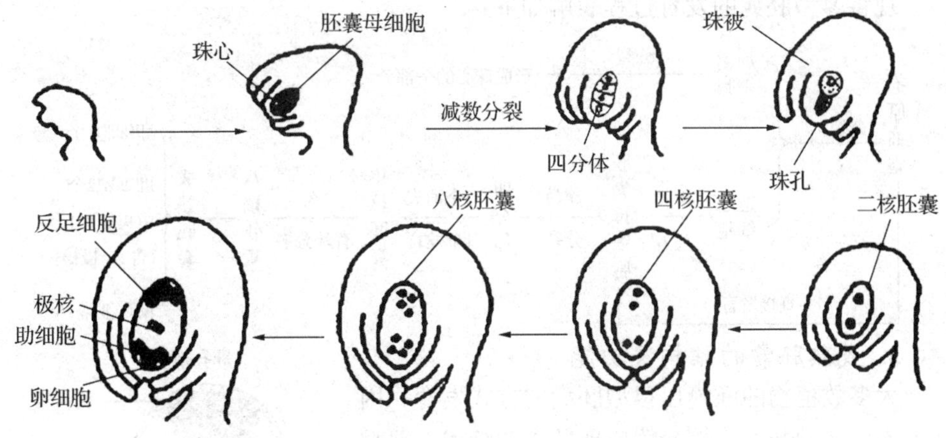

图 7-17 胚囊发育的发育过程图解

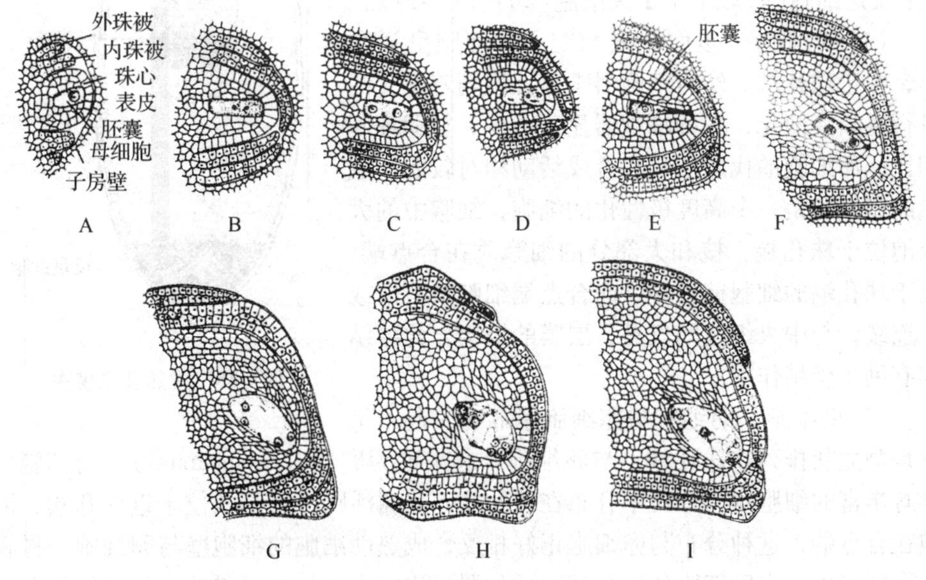

图 7-18 水稻胚珠和胚囊的发育(引自戴伦焰)

A. 胚囊母细胞形成 B、C、D. 胚囊母细胞减数分裂 E. 单核胚囊形成
F、G、H. 二核、四核、八核胚囊的形成 I. 八核胚囊的两端各有一核移向中央

是助细胞(synergid);在合点端的 3 个核产生细胞壁后,形成 3 个反足细胞(antipodal cell)。最终形成了具有 7 个细胞 8 个核的成熟胚囊(图 7-17、图 7-18)。胚囊就是被子植物的雌配子体。

被子植物的胚囊发育类型随植物种类不同而不同,上面所介绍的胚囊由 1 个大孢子发育形成,最早见于蓼科植物,又称为蓼型胚囊,这是被子植物中最常见的一种胚囊类型。除蓼型胚囊外,被子植物的胚囊发育还有其他十余种方式,如葱型、贝母型等。这十余种胚囊发育方式在参加胚囊发育的大孢子数目、功能大孢子的位置、核分裂的次数及成熟胚囊的形态等方面都有所不同。

现将蓼型胚囊的发育过程表解如下：

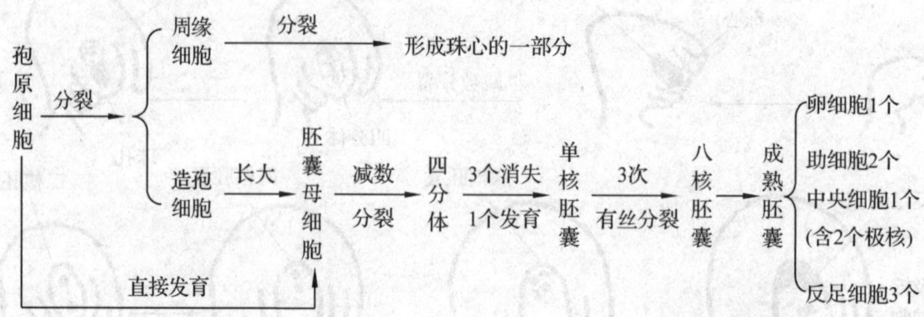

3. 成熟胚囊的结构及功能

大多数植物的胚囊以蓼型胚囊的方式发育，因此下面以蓼型胚囊为例介绍成熟胚囊的结构。蓼型胚囊成熟时含有 1 个卵细胞(n)、2 个助细胞(n)、3 个反足细胞(n)和 1 个中央细胞(2n)(图 7-19)。

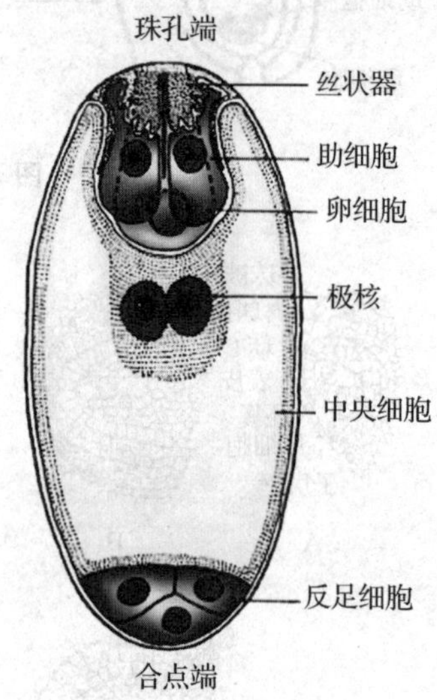

图 7-19 成熟胚囊模式

(1)卵细胞 亦称卵或雌配子，细胞呈洋梨形，位于珠孔端。幼时细胞器丰富，但随着发育的进行逐渐液泡化，各种细胞器显著减少。与助细胞相比，卵细胞的代谢活动和合成活动相对较弱。成熟的卵细胞是一个高度极性化的细胞，细胞中的大液泡位于珠孔端，核和大部分的细胞质在合点端，处于珠孔端的细胞壁较厚，向合点端细胞壁消失或不连续，与中央细胞间仅具 2 层膜的结构，此种结构有助于受精作用。

(2)助细胞 助细胞与卵细胞紧靠在一起，呈三角鼎立状排列在珠孔端，与卵细胞合起来称为卵器(egg apparatus)。助细胞中含有丰富的细胞器，并集中分布在珠孔端，代谢活跃，细胞核位于近珠孔端，液泡在合点端，这种分布与卵细胞正好相反，成熟助细胞的细胞壁与卵细胞一样在合点端消失。在助细胞的珠孔端有丝状器(filiform apparatus)结构。丝状器是助细胞珠孔端细胞壁内突生长形成的结构，因此助细胞具有传递细胞的特点。助细胞在受精过程中具有重要的功能，参与包括引导花粉管定向生长、花粉管在雌配子体中的停止生长、花粉管内容物的卸载、精子的迁移和配子融合等多个受精过程的重要环节。但助细胞在胚囊中是短命的细胞，通常在受精前后解体。

(3)中央细胞 中央细胞是高度液泡化的细胞，在胚囊中体积最大，常有 2 个极核。有些植物的 2 个极核在传粉或受精前融合，称为次生核(secondary)。中央细胞中含有丰富的细胞器，储藏大量的淀粉、蛋白质和脂类等，表明其具有旺盛的合成活动及储藏营养物质的功能。包围中央细胞的壁常有指状内突，有利于中央细胞从珠心细胞吸收营养。中央细胞与卵细胞、助细胞、反足细胞之间通过胞间联丝相互联系，胞间联丝加强了它们之间结构和功能上的联系。中央细胞与 1 个精子融合，将来发育为胚乳。

(4)反足细胞　位于合点端，细胞中有丰富的细胞器，说明其是代谢活跃的细胞。有些植物的反足细胞也有内突生长的细胞壁，表明其有向胚囊转运营养物质的功能。反足细胞的数目变化较大，多数植物只有3个，有些植物的反足细胞还进一步分裂成多个细胞，如小麦、玉米有几十个反足细胞，有些禾本科植物的反足细胞数目最多可达数百个。大多数植物的反足细胞在受精前后退化消失，也有些植物(如小麦)的反足细胞，生活期较长，当形成多细胞胚时仍然存在。

第四节　开花与传粉

一、开花

当雄蕊的花粉粒和雌蕊的胚囊成熟，或二者之一发育成熟时，花被展开，露出雌蕊、雄蕊的过程为开花(anthesis)。开花时，雄蕊的花丝迅速伸长挺立，花药呈现出特有的颜色；雌蕊柱头分泌柱头液，或形成柱头裂片等结构，以利于接受花粉。有些植物的花不开放，在闭合状态下就已经完成传粉受精过程，如闭花传粉的植物。

各种植物的开花习性不同，包括开花的年龄、开花的季节、开花期的长短都随植物种类不同有较大差异。在一个生长季内，一株植物从第一朵花开放到最后一朵花开毕所经历的时间称为开花期(blooming stage)。不同植物的开花期从数天到数月不等。

植物的开花习性是长期适应环境形成的遗传特性，也受生态条件的影响，如纬度、海拔、温度、光照、营养状况等的变化都可能引起植物开花的提前或延迟。掌握开花的规律和条件，并采取相应的措施，能提高作物的产量和品质。

二、传粉

成熟的花粉粒以各种不同的方式传送到雌蕊柱头上的过程，称为传粉(pollination)。传粉的作用在于将雄配子传递到雌蕊组织中，从而使雌、雄配子融合。

(一)传粉的方式

自然界中普遍存在的传粉方式是自花传粉与异花传粉。

1. 自花传粉

雄蕊的花粉粒落到同一朵花的雌蕊柱头上，称自花传粉(selfpollination)。在实际应用中，常将同株异花间和同品种异株间的传粉也称为自花传粉。闭花传粉和闭花受精是一种典型的自花传粉，即在开花前，花粉粒在花粉囊中萌发，产生花粉管穿过花粉囊壁进入雌蕊，完成传粉、受精，如豌豆。自花传粉的植物常具有以下适应性特点：形成两性花；雌、雄蕊同时成熟；柱头对接受自身花粉无生理上的障碍，即自交亲和。

2. 异花传粉

雄蕊的花粉粒落在同一植株的另一朵花的雌蕊柱头上，称异花传粉(cross

pollination)。在农林生产中，将异株间、异品种间的传粉称为异花传粉。自然界多数植物是异花传粉，异花传粉的植物在花的结构上及生理上产生一些防止自花传粉的适应机制：形成单性花，如玉米；雄蕊异长或异熟，如报春花的长花柱、短花丝花和短花柱、长花丝花，向日葵的雄蕊先熟花、马兜铃的雌蕊先熟花等；柱头对接受自身花粉有生理障碍，即存在自交不亲和的现象，如向日葵。

从生物学的意义来讲，异花传粉比自花传粉进化，这是因为异花传粉的雌、雄配子是在不同的环境中产生，遗传性差异较大，受精后形成的后代易发生变异，植株高大，结实率高、抗逆性强。自花传粉产生的后代生活力差，适应性小，结实率降低，抗逆性减弱。因此，连续的自花传粉是有害的。那为什么自然界中还存在自花传粉这种形式呢？因为自花传粉是植物对缺少异花传粉条件的一种适应，达尔文就曾指出：对于植物来说，用自体受精来繁殖种子，总比不繁殖或繁殖很少量的种子来得好些。何况在自然界中，大部分植物既可自花传粉，又可异花传粉。

(二)传粉的媒介

植物传粉的过程，必须借助于各种外力才能把花粉传到雌蕊的柱头上。在自然条件下，花粉主要借助的传粉媒介是风和昆虫。

1. 风媒花

靠风传粉的植物为风媒植物(anemophilous plant)，它们的花称为风媒花(anemophilous flower)。风媒花的花粉散放后随风飘散，随机地落到雌蕊的柱头上。在长期适应风媒传粉的过程中，这类植物产生了一系列有利于风媒传粉的特征：花小，多密集成穗状或柔荑花序，能产生大量的花粉；没有鲜艳的花被、甚至退化，花粉粒体积小、质轻、干燥，表面较光滑；雄蕊花丝细长，开花时花药伸出花外，随风摆动；有些植物雌蕊柱头往往较长，呈羽毛等形状，以利于接收花粉；多数风媒植物先叶开花，以减少枝叶对花粉随风传播的阻挡。

2. 虫媒花

以昆虫作为传粉载体的植物为虫媒植物(entomophilous plant)，它们的花称为虫媒花(entomophilous flower)。大多数被子植物的花为虫媒花，常见的传粉昆虫有蜂类、蝶类、蝇类、蛾类等。虫媒花通常具有大而显著的花冠，并有鲜艳的颜色，若花小则密集形成花序；多数具花蜜和特殊的气味；花粉粒较大，表面粗糙有花纹，并有黏性物质分布，易被昆虫黏附携带。此外，虫媒花在结构上也常和传粉的昆虫间形成互为适应的关系，如昆虫的大小、体形、结构和行动，与花的大小、结构和蜜腺的位置等都是密切相关的。

此外，还有利用鸟类作为传粉媒介的鸟媒花(ornithophilous flower)和利用水力传粉的水媒花(hydrophily flower)。

(三)人工辅助授粉

根据植物传粉规律，人为地加以利用，可提高作物的产量和品质，甚至培育出新的品种。异花传粉方式容易受环境条件的限制，如风媒传粉没有风、虫媒传粉因风大或气温低而缺少昆虫活动传粉等，从而降低传粉和受精率，影响果实和种子的产量。在农业生产上常采用人工辅助授粉的方法，来克服因条件不足而使传粉得不到保证的缺陷，以达到预期的产量。如向日葵在自然条件下，空瘪率较高，如果采用人工辅助授粉，可以提高其结实率和含油量。

不同植物采用的人工辅助授粉的方法不完全一样，一般包括花粉的采集、人工授粉，或把收集的花粉在低温和干燥的条件下储藏、备用。授粉的方法很多，如引蜂传粉、人工点授、振花枝授粉等。人工授粉是一项成本低、效益高的增产技术，在农、林、园艺上广为应用。

第五节　被子植物双受精

被子植物的受精过程包括花粉粒在柱头上的萌发、花粉管在雌蕊组织中的生长、花粉管到达胚珠进入胚囊、花粉管中的 2 个精子与卵细胞和中央细胞融合。

一、花粉粒在柱头上的萌发

成熟花粉粒从花药中释放出来的时候，是干燥的、代谢上不活跃的结构。经传粉后花粉粒落到雌蕊柱头上，并释放其外壁蛋白，与柱头表面的蛋白质进行识别反应(recognition)。亲和的花粉粒能够立即开始从柱头上吸水，恢复原有各种酶的活性并启动各种相应的生化功能。在酶的作用下花粉粒内壁从萌发孔处向外突出，萌发形成花粉管（图 7-20）。不亲和的花粉粒无法从柱头表面吸水，不能

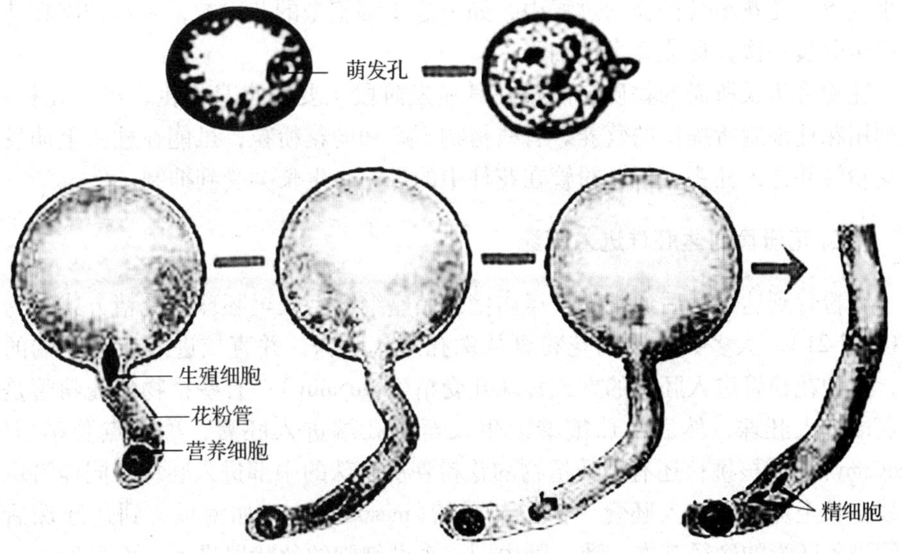

图 7-20　花粉粒萌发及花粉管伸长

萌发；或虽然花粉粒萌发形成了花粉管，但花粉管受到由乳突细胞产生的胼胝质结构的阻挡，不能进入柱头。大多数花粉粒萌发时形成1条花粉管，具多个萌发孔的花粉粒可同时形成多条花粉管，如锦葵科的植物，但最终只有1条花粉管能到达胚囊，其余的在中途停止生长。通过识别作用可以防止遗传差异过大或过小的个体之间交配，从而保证受精作用的完成。

二、花粉管的发育与生长

(一)花粉管的发育

落在柱头上的花粉粒经识别后，亲和的花粉粒从柱头上吸收水分和营养，内壁从萌发孔处向外突出，形成细长的花粉管。生长中的花粉管末端为透明的半球形，称为“帽区”。帽区有大量的小泡分布，通过这些小泡与质膜的融合，把细胞壁的前体物质输送到合成细胞壁的位置上，用于新的细胞壁的形成；帽区的后方有大量的细胞器，包括高尔基体、线粒体、内质网和核糖体等；再向后是生殖细胞(或精细胞)及营养细胞的区域；最后是大液泡；在整个花粉管中存在有大量的微丝和微管，它们都沿花粉管的长轴平行排列。

(二)花粉管的生长

花粉管的生长从穿过柱头进入花柱开始，在空心花柱内，进入花柱的花粉管沿着花柱道，穿过通道细胞分泌的黏液向下生长，如百合科的植物等；在多数具有引导组织的实心花柱中，沿引导组织充满基质的细胞间隙向下生长，如棉等；有些实心花柱无明显的引导组织，花粉管在细胞间隙或质膜和细胞壁之间生长，如小麦等。在花粉管伸长的过程中，如果是2-细胞型的花粉粒，生殖细胞在花粉管中再分裂一次，形成2个精细胞。

花粉管生长所需的物质与能量在其萌发阶段主要由自身提供，进入花柱后，就利用花柱细胞所提供的营养。有些植物不亲和的花粉粒，虽能在柱头上萌发形成花粉管并进入柱头，但花粉管在花柱中的进一步生长会受到抑制。

(三)花粉管到达胚珠进入胚囊

花粉管到达子房后通常沿子房内壁或胎座继续生长至胚珠。受精方式分为三种(图7-21)。大多数植物的花粉管从珠孔进入胚珠，并直接进入在珠孔端的胚囊，这种花粉管进入胚珠的方式称珠孔受精(porogamy)；有些植物的花粉管是从合点端进入胚珠，然后沿珠被继续生长至珠孔端进入胚囊，称合点受精(chalazogamy)，如核桃；还有少数植物的花粉管从胚珠的中部进入胚珠，同样沿珠被继续生长至珠孔端进入胚囊，称中部受精(mesogamy)，如南瓜。到达胚珠后花粉管进入胚囊的途径基本一致，都由同一个助细胞的丝状器进入，而且所进入的那个助细胞在花粉管到来之前就已经开始退化。至此花粉管传递配子的任务完成，雌、雄配子即将相遇。

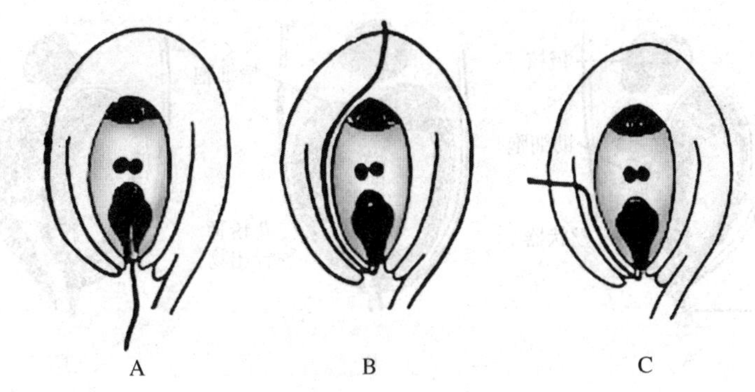

图 7-21　受精方式

A. 珠孔受精　B. 合点受精　C. 中部受精

三、双受精的过程及意义

(一) 双受精

双受精(double fertilization)是指被子植物的雄配子体中释放出来的 2 个精子分别与卵细胞和中央细胞结合的现象，是被子植物有性生殖的特有现象。精子与卵细胞结合形成受精卵，受精卵将来发育成胚；精子与中央细胞结合将来发育成胚乳。受精极核也叫初生胚乳核。

(二) 双受精的过程

花粉管进入胚囊后，先端破裂，在助细胞中释放内容物，包括 2 个精子、营养核和少量细胞质。精子从花粉管的质膜中出来，以自身的质膜暴露在退化的助细胞中；营养核很快解体。2 个精子从卵细胞和中央细胞的无细胞壁处分别与卵细胞和中央细胞结合，首先是质膜的融合，1 个精子与卵细胞的质膜接触，另 1 个精子与中央细胞的质膜接触，质膜融合后，精核进入卵细胞或中央细胞。进入卵细胞中的精核与卵核接触，进行核膜的融合，融合后的新核膜由雌核和雄核的膜共同组成，核膜融合后精子的染色质在卵核中分散，与卵细胞的染色质融合，雄核仁也与雌核仁融合，至此完成受精过程，形成二倍体的合子；同样进入中央细胞的精核与 2 个极核或次生核融合形成初生胚乳核，大多数植物的初生胚乳核是三倍体(图 7-22)。

精细胞与卵细胞融合时，精子的细胞质是否进入卵细胞，在不同的植物中有不同的情况。在棉和大麦等植物中，精子的细胞质留在解体的助细胞中没有进入卵细胞；在白花丹中，精子的细胞质进入卵细胞；在大麦中，精子的细胞质虽然没有参与合子融合，但有精子的细胞质进入中央细胞。精子的细胞质是否进入卵细胞关系到父本质体和线粒体的遗传基因能否传递给下一代。在种子植物中，细胞质单亲母系遗传占 80% 左右，双亲遗传约为 20% 。

不同植物从传粉至受精整个过程所经历的时间不同，短者仅用十余分钟，如

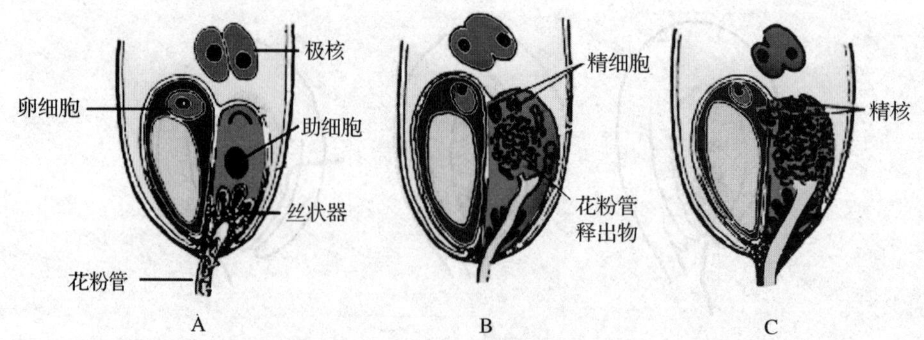

图 7-22 被子植物双受精过程图解(仿 Jensen)

A. 花粉管进入胚囊 B. 花粉管释放内容物 C. 2 个精细胞分别移至卵细胞和中央细胞附近

橡胶草；多数植物要几个小时或几十个小时，如小麦、玉米；长者可达 1 年以上，如栎属。

(三)双受精的意义

被子植物的双受精作用具有特殊的生物学意义。双受精使单倍体的雌、雄配子成为合子，恢复了二倍体的染色体数目，保持了遗传的稳定性；同时使父、母亲本具有差异的遗传物质组合在一起，由此发育的个体有可能形成新的变异，后代的适应性强。在被子植物中胚乳也是经过受精而来的，多数被子植物的胚乳为三倍体，同样带有父、母亲本的遗传物质，作为新一代植物的养料，能为后代提供更好的生长发育条件，生活力更强。因此，被子植物的双受精，是植物界有性生殖过程中最进化、最高级的形式。掌握植物开花、传粉和受精的规律，是农林生产实践及植物遗传育种工作的理论基础。

雄性生殖单位与精子二型性

雄性生殖单位首先发现于白花丹中，1981 年 Russell 等人应用定量三维研究方法观测了白花丹的成熟花粉粒，描述了 2 个精细胞以一横向的具胞间连丝的壁而连接在一起，两精子也被营养细胞质膜包围，一精子通过细胞外突形成的长尾环绕着营养核，也部分地被营养核的裂片所包围，这种联系一直持续到花粉管生长，并明确指出所有雄性成员构成联合体。后来又陆续在其他的 3-细胞花粉植物中发现(图 7-23)。在此基础上 Dumas 等人 1984 年引入雄性生殖单位的概念，即 2 个精细胞与营养核在生殖过程中作为一个结构单位进行传送的现象，称为雄性生殖单位(male germ unit，MGU)。

也有文献报道，在单子叶植物禾草类中，2 个精子互不连接，精子与营养核

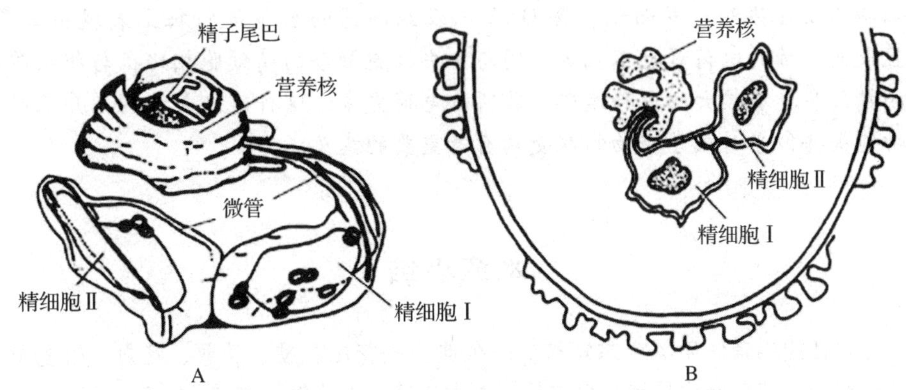

图 7-23 雄性生殖单位图(引自 McConchie)

A. 油菜的雄性生殖单位(三维重组图) B. 油菜花粉粒的一部分(示内部的雄性生殖单位)

间也无联系，精细胞非二型性(大麦、黑麦、小麦等)。定量三维研究显示，在大麦花粉成熟时，该种不存在雄性生殖单位，精子基本是等型的。但进一步的研究指出大麦离体授粉 5 min 后，营养核与两精细胞开始形成紧密联系，15min 内，尚未离开花粉粒，但两精子开始形成细胞外突，并且在不同的区域紧密地联系在一起，至此，营养核才完全包围一个精细胞的突起。精子进入花粉管时，在 2 个精细胞连接处似有纤细的细胞壁形成，当花粉管向柱头生长直至进入花柱时，三维重构显示，2 个精细胞仍连接在一起。在葱莲属(石蒜科)和杜鹃花属中，营养核与生殖细胞的复杂联系的形成发生比较晚，在传粉后 24 h 之内。这些研究表明雄性生殖单位的形成，似乎是一个活跃过程的结果，而不是生殖细胞直接发育的结果。大麦中营养核与精细胞联系持续时间不长，在花粉管中并不相随。

上述研究结果表明，尽管精细胞间或与营养核间连接发生时间可以有差异，或维系的紧密程度和持续时间不同，但在 2 个精细胞间建立持续关系以及营养核与精细胞间的联系迟早是要发生的。目前已证明，雄性生殖单位不仅存在于 3-细胞花粉中，也存在于 2-细胞花粉或 2-细胞花粉的花粉管中。在 2-细胞花粉中，成熟花粉粒或花粉管中营养核与生殖细胞形成的结构单位也被称为雄性生殖单位。

目前仅积累的一些细胞形态学资料，把雄性生殖单位看作为一个传递精细胞的装置，具有在花粉管的生长过程中保证精细胞有序地到达雌性靶细胞的功能，这仅是一种推理。全面认识雄性生殖单位潜在的生物学意义，还需要用生物化学和分子生物学的先进手段，进一步的观察和试验。

目前研究的一些植物的 2 个精子有差异，这种来源于同一生殖细胞的一对姐妹精细胞之间的差异，称为精子的二型性(sperm dimorphism)。这种现象已在白花丹等植物的精细胞中发现，2 个精细胞在大小、形状和细胞器数量上存在明显差异。已发现白花丹的姐妹精细胞中，一个为大精子，具有长长的尾部，线粒体多，几乎无质体，称为精子Ⅰ或 Svn；另一个为小精子，无尾，质体多，线粒体少，被称为精子Ⅱ或 Sua，2 个精子存在于一个共同的包被中。受精时，小精子选择性地与卵细胞融合；大精子与中央细胞融合。研究还发现，一些植物的 2 个精细胞不仅在体积、表面积、含 DNA 以及细胞器的数量等特征上表现出差异，而且表面所带的电荷量也不相等。同与中央细胞融合的精细胞相比，与卵细胞融合的精细胞具有较大的电移速率，其所带电荷更多。这种建立在结构差异基础上的功能差异似乎对被子植物的双受精有着重要的意义。

本章小结

花是适应生殖作用的变态短枝。一朵典型的花由花梗、花萼、花冠、雄蕊群和雌蕊群组成。花芽分化是被子植物从营养生长转入生殖生长的重要标志。

雄蕊包括花丝和花药两部分。花药由花粉囊和药隔组成。花粉囊是产生花粉粒的场所。在花药发育过程中，由孢原细胞通过一次平周分裂形成内、外两层细胞，外层为周缘细胞，内层为造孢细胞。周缘细胞经分裂依次形成药室内壁、中层、绒毡层，构成花粉囊壁，与表皮一起组成了花药壁。同时，造孢细胞分裂形花粉母细胞，花粉母细胞减数分裂形成四分体，其中胞质分裂过程有同时型和连续型两种类型，四分体的胼胝质壁分离后形成单核花粉粒，进一步发育成 2-细胞型或 3-细胞型的成熟花粉粒。成熟花粉粒的结构包括花粉外壁和内壁、1 个营养细胞、1 个生殖细胞或 2 个精细胞。

雌蕊由柱头、花柱和子房三部分构成。由子房壁、子房室和胚珠构成。一个发育成熟了的胚珠由珠心、珠被、珠柄、珠孔和合点等部分组成。在胚珠发育的早期，珠心表皮下分化出 1 个孢原细胞，许多植物的孢原细胞直接发育转变为胚囊母细胞；另有些植物的孢原细胞经 1 次平周分裂，形成 1 个造孢细胞和 1 个周缘细胞，周缘细胞可进行多次平周分裂形成多层珠心细胞，造孢细胞进一步发育转变为胚囊母细胞。胚囊母细胞减数分裂形成 4 个大孢子呈直线形排列，近珠孔端的 3 个大孢子消失，近合点端的 1 个大孢子发育为单核胚囊。单核胚囊经 3 次有丝分裂形成具有 7 个细胞 8 个核结构的成熟胚囊。此种胚囊被称为蓼型胚囊，包括珠孔端的 1 个卵细胞，2 个助细胞，合点端的 3 个反足细胞，中部 1 个大的中央细胞。

当雄蕊的花粉粒和雌蕊的胚囊成熟，或二者之一发育成熟时即为开花。成熟的花粉粒借外力传到雌蕊柱头上，称为传粉。传粉有自花传粉和异花传粉两种，异花传粉比自花传粉要进化，传粉的媒介主要有昆虫和风等。双受精是被子植物特有的生殖方式，从花粉粒落在柱头开始，经过识别反应，亲和的花粉粒萌发形成花粉管，花粉管通过花柱进入子房的胚珠，从一个退化的助细胞进入胚囊并释放内容物，2 个精细胞分别与卵细胞和中央细胞融合，形成合子和初生胚乳核，完成双受精过程。

思考题

一、名词解释

花　花芽分化　2-细胞型花粉　3-细胞型花粉　开花　传粉　双受精

二、问答题

1. 花是由哪些部分组成的? 如何理解“花是一个变态枝”?
2. 比较幼嫩花药与成熟花药结构的不同。
3. 试述花粉粒的发育过程及结构。
4. 以蓼型胚囊为例，试简述胚囊的发育过程。
5. 试述被子植物双受精的过程及意义。

推荐阅读书目

胡适宜. 2005. 被子植物生殖生物学. 北京: 高等教育出版社.

胡适宜. 2000. 被子植物有性生殖图谱. 北京: 科学出版社.

参考文献

樊汝汶，周坚，方炎明，等. 1995. 雄性生殖单位的研究进展[J]. 南京林业大学学报，19(2): 73-78.

胡适宜. 1990. 雄性生殖单位和精子异型性研究的现状[J]. 植物学报，32(3): 230- 240.

唐璐璐，宋云澎，李交昆. 2013. 花器官发育的分子机制研究进展[J]. 西北植物学报，33(5): 1063-1070.

杨弘远，周嫦. 2013. 植物有性生殖实验研究四十年[M]. 武汉: 武汉大学出版社.

COEN ES, MEYEROWITZ E M. 1991. The war of the whorls: genetic interactions controlling flower development[J]. Nature, 353: 31-37.

ERBAR C. 2007. Current opinions in flower development and the evo-devo approach in plant phylogeny[J]. Plant Systematics and Evolution, 269: 107-132.

第八章　种子与果实的形态结构与发育

种子(seed)是种子植物所特有的繁殖器官，它和植物繁衍后代有着密切联系。植物界的所有种类并不都是以种子繁殖的。只有种子植物才能产生种子。种子是由胚珠发育而成的。被子植物的花经传粉、受精后，子房成为植株的生长中心，在胚珠形成种子的过程中，能产生吲哚乙酸等植物激素，使子房进入新陈代谢的活跃状态，整个子房迅速生长，连同其中的胚珠共同发育形成果实。由胚珠形成的种子是真正的种子，如棉花、菜豆、落花生、油菜、柑橘、茶和桑树的种子；农业生产上所谓的种子，其范围比较广泛，除真正的种子外，还有果实、营养器官等也常视为种子，如水稻、小麦、玉米、高粱和向日葵的籽粒，是由子房发育而成的果实；甘薯的种苗是由块根发育而成的。

第一节　种子的形成及基本类型

种子是重要的生殖器官，由胚珠发育形成的，包括种皮、胚、胚乳 3 部分，但不同植物的种子其大小、形态、类型等方面差异很大。

一、种子的基本结构和类型

种子在来源上是相同的，因此有相似的结构，但由于不同植物种子中所含主要物质及习性、功能的不同能形成形形色色的种子。

(一)种子的大小和形状

种子在大小、形状和颜色等方面，因植物的种类不同而有较大的差异，大者如椰子的球形种子，其直径可达 15～20 cm(大实椰子可达 50 cm)，小的如油菜、芝麻种子；烟草的种子比油菜、芝麻的更小，犹如微细的沙粒；匍匐翦股颖的种子 1 g 有 14 000 粒；而腐生兰的种子 1 g 有 500 000 粒。种子的形状各式各样，有肾形的如大豆、菜豆种子；椭圆形的如油菜、豌豆种子；扁形的如蚕豆种子；三棱形的如荞麦种子；以及其他各种形状的种子。从种子的颜色看也各不相同，仅豆类作物种子的颜色就有黄色、白色、绿色、褐色、红色等。这些特征在植物分类、商品检验、检疫等方面已得到应用。

(二)种子的基本结构

虽然种子的形态存在有差异，但种子的基本结构却是一致的。一般种子由种皮(seed coad，testa)、胚(embryo)和胚乳(endosperm)3 部分组成。

1. 种皮

种皮是种子外面的保护层。成熟的种子在种皮上通常可见种脐和种孔。

2. 胚

胚是构成种子最重要的部分，由胚芽、胚轴、胚根、子叶 4 部分构成，是植物新个体的原始体。

3. 胚乳

胚乳是种子内储藏营养物质的组织。种子萌发时，其营养物质被胚消化、吸收、利用。有些植物种子无胚乳，其胚乳在种子发育过程中被胚吸收利用了。

(三)种子的主要类型

可依据种子中子叶数的不同而分为双子叶植物种子和单子叶植物种子；依种子中主要储藏的营养物质的不同而分为淀粉类种子、蛋白质类种子、脂肪类种子；还可依据成熟种子内胚乳的有无分为有胚乳种子和无胚乳种子等。

1. 有胚乳种子

有胚乳种子由种皮、胚和胚乳 3 部分组成。裸子植物、大多数单子叶植物及许多双子叶植物的种子都属于此类。

(1)双子叶植物有胚乳种子　如番茄、茄子、辣椒、烟草、柿、蓖麻等。下面以蓖麻为例说明其结构。蓖麻种子有内、外 2 层种皮，外种皮坚硬、光滑、有花纹，内种皮薄、膜质、白色。种子腹面中央，有一条稍稍隆起的长条状的棱，称为种脊，其长度与种子几乎相等；种子基部有海绵状的突起，称为种阜，由外种皮延伸而成，有吸收作用，利于种子萌发；剥去种皮可见到白色胚乳，胚乳占种子体积的大部分，内含大量的脂肪。胚包藏于胚乳之中，其两片子叶大而薄，上面有明显的脉纹。两片子叶的基部，有很短的胚轴，连接胚芽、胚根和子叶，胚轴上方是胚芽，下方是胚根(图 8-1)。

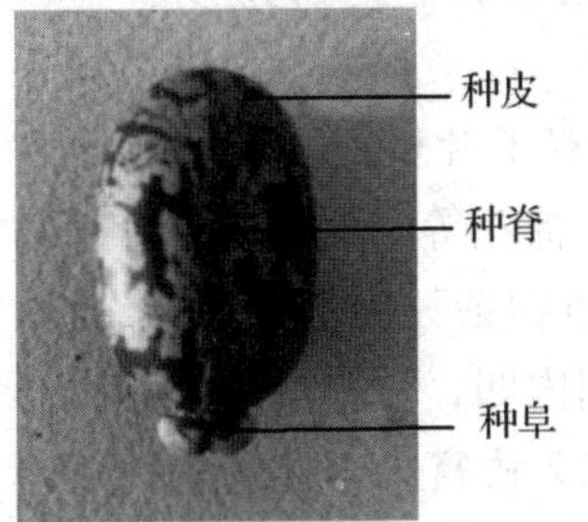

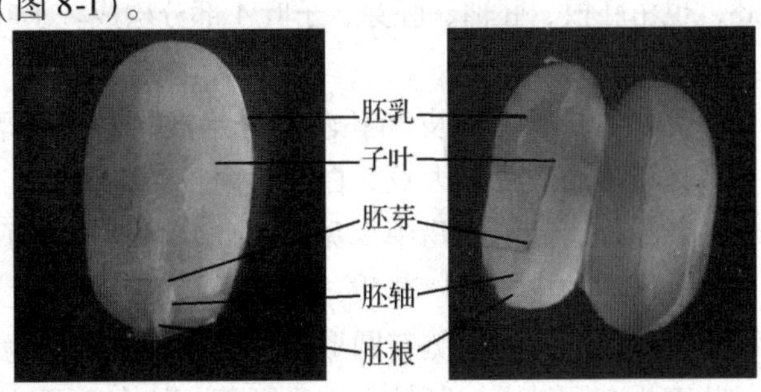

图 8-1　蓖麻种子的结构

(2)单子叶植物有胚乳种子　如小麦、玉米、高粱、水稻、洋葱等。下面以小麦为例说明其结构。小麦籽粒的外面，除种皮外，还有果皮与之合生，果皮较厚，种皮较薄，二者愈合不易分离，所以小麦籽粒应为果实，植物学上称为颖果(caryopsis)。从小麦籽粒纵切面(过腹沟做正中切面)可清楚看到胚和胚乳的位置(图 8-2)。果皮种皮之内，绝大部分是胚乳，胚较小，仅位于籽粒基部的一侧。胚乳可分为两部分，紧贴种皮的是含大量糊粉粒的糊粉层(aleurone layer)，其内为含丰富淀粉的胚乳细胞。胚也由胚芽、胚轴、胚根和子叶组成，但又有自己的特征。胚芽在上方，胚根在下方，中间由很短的胚轴相连，子叶一枚，突起在胚体上方，形如盾状，称为盾片。胚芽由数片幼叶包围着茎尖的生长锥组成，胚芽外还包被一鞘状物，称胚芽鞘。位于胚轴下方的胚根外也包被一鞘状物，称胚根鞘，起保护作用。胚轴上与盾片相对的一侧有一小突起，称外胚叶。在盾片与胚乳相接近的一面，有一层排列整齐的柱状上皮细胞，当种子萌发时，能分泌植物激素或酶类，促进胚乳细胞的营养物质分解，吸收并转运给胚利用。玉米、高粱、水稻、谷子的结构与小麦相似，玉米没有外胚叶。

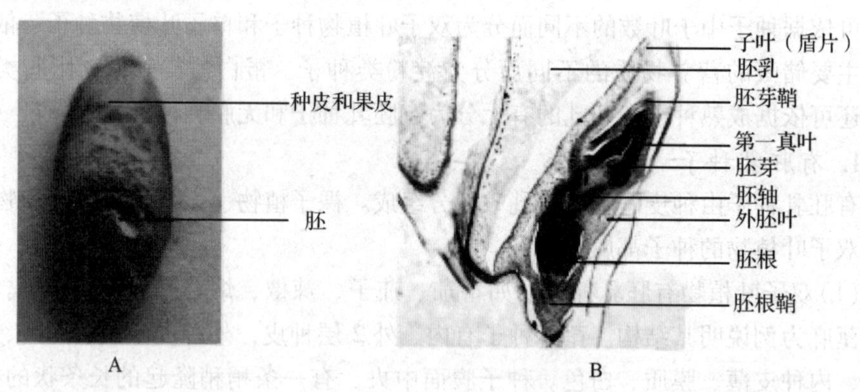

图 8-2　小麦籽粒的结构

A. 小麦籽粒　B. 小麦胚的纵切

(3)裸子植物的种子　以松种子为例。松子有 2 层种皮，外种皮厚、硬，内种皮膜质，去掉种皮是大部分白色的胚乳，含丰富的油脂；在胚乳中央包埋着棒状的胚，也由胚根、胚轴、胚芽、子叶 4 部分构成。子叶多枚，子叶中央为胚芽。

2. 无胚乳种子

无胚乳种子由种皮和胚两部分组成，缺乏胚乳。双子叶植物无胚乳种子常见，如花生、蚕豆、大豆、白菜、向日葵、柑橘、茶、棉花等。而在单子叶植物中除慈姑外，经济作物中少见，因此，下面以双子叶植物蚕豆为例说明其结构。蚕豆种子的种皮一层，革质，种子形状近长方形，中间内凹，较厚的一端为线形种脐，黑色，种脐一侧有圆形的种孔。种皮以内为胚，2 枚富含丰富营养的肥厚子叶着生在胚轴上，胚轴上方为胚芽，加在 2 子叶之间，胚轴下方为胚根，先端靠近种孔，种子萌发时，胚根由此伸出(图 8-3)。

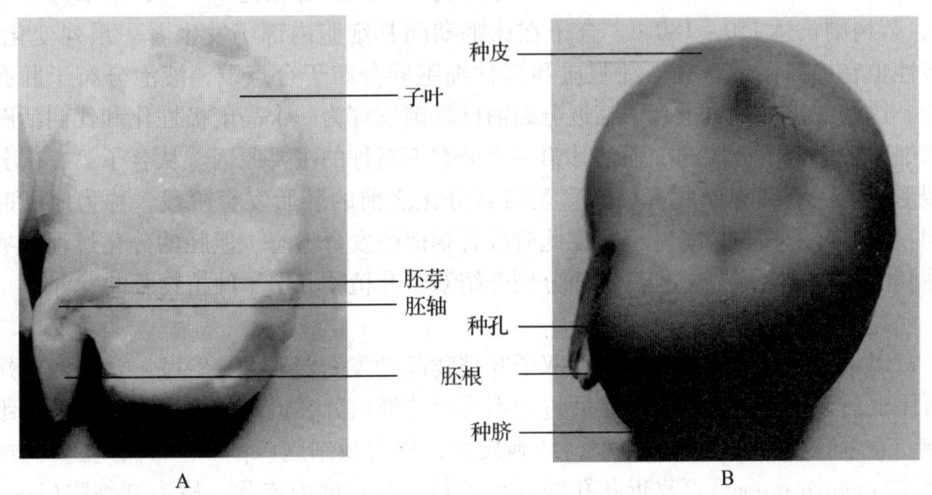

图 8-3　蚕豆种子

A. 掰开 2 片子叶后种子内部　B. 种子的外形

现将种子的基本结构归纳如下：

植物种子
- 种皮：一般是坚韧的，为种子的保护层。禾本科植物籽实的果皮与种皮不易分开
- 胚
  - 胚芽：一般为分生区、叶原基与幼叶所构成(有些植物无幼叶)。禾本科植物的胚分胚芽外包有胚芽鞘
  - 胚轴：是连接胚芽、胚根的短轴，子叶着生其上，分为上胚轴和下胚轴。禾本科植物还具有中胚轴
  - 胚根：由分生区和根冠所组成。禾本科植物的胚根外面包有胚根鞘
  - 子叶：双子叶植物的胚具 2 片子叶,单子叶植物的胚具 1 片子叶。禾本科植物 1 片子叶特称为盾片,裸子植物子叶数目多样,侧柏 2 片子叶,松多片子叶
- 胚乳：是储藏营养物质的组织。有些植物的胚乳在种子发育过程中为胚所吸收或转存于子叶中,形成无胚乳种子。禾本科植物的胚乳分为糊粉层和淀粉储藏组织

二、种子的形成

被子植物经开花、传粉及双受精后，胚珠发生一系列变化形成种子。由合子发育成胚，受精的中央细胞发育成胚乳，反足细胞、助细胞、珠心一般消失，珠被发育成种皮，珠柄发育成种柄。这样由种皮、胚、胚乳(或无)共同构成种子。下面简要介绍这 3 部分的发育过程。

(一) 胚的发育

胚的形态多样，但其结构基本相似，都包括胚芽、胚轴、胚根、子叶 4 部分。双子叶植物和单子叶植物的胚在结构上的最主要区别在于子叶数目，前者为两片子叶，后者为一片子叶。

胚的发育是从合子开始的，所以合子是胚的第一个细胞。卵细胞受精后并不立即分裂，而是产生完整的纤维素的壁，并进入休眠状态，休眠期的长短因植物

种类而异，一般为数小时至数天。如水稻为4～6 h，棉花为2～3 d，苹果为5～6 d，茶树则长达150～180 d。合子在休眠期间其细胞内部仍发生着一系列变化，极性也在加强，细胞核、细胞质和多种细胞器分布于合点端，液泡分布于胚孔端。这些变化，说明了合子临近分裂前已逐渐发育为一个高度极性化和代谢活跃的细胞；而合子极性的加强是其第一次分裂不对称的主要原因。从合子第一次分裂形成的两个细胞原胚开始，直至器官分化之前的胚胎发育阶段，称为原胚时期。双子叶植物与单子叶植物在此阶段有相似的发育形态，但胚的分化过程和成熟胚的结构则有明显差别。下面分别介绍双子叶植物和单子叶植物胚的发育。

1. 双子叶植物胚的发育

以十字花科的荠菜为例说明双子叶植物胚的发育过程(图8-4)。合子经过短暂休眠后，先延伸成管状，然后进行不均等的横向分裂，形成大小不等的两个细胞，靠近胚囊中央的一个很小，细胞质浓，称为顶细胞(apical cell)，主要构成胚体(embryo proper)；靠近胚孔的一个较长，并高度液泡化，称为基细胞(basal cell)，主要构成胚柄(suspensor)，这一时期的胚为2细胞原胚。随后，由于基细胞产生的细胞继续进行横向分裂，形成单列多细胞的胚柄。其作用是把胚体推向胚囊内部，以利于胚在发育中吸收周围的营养物质。胚柄末端的一个细胞膨大成泡状，起吸器的作用，可从周围吸收营养物质转运到胚体，供胚体发育。在胚柄的形成过程中，顶细胞也进行分裂。先进行一次纵向分裂，接着进行与第一次分裂的壁垂直的第二次纵向分裂，于是形成四分体胚体。然后各个细胞再横向分裂一次，成为八分体胚体；八分体胚体的各细胞再经过各个方向的连续分裂，形成多细胞的球形胚体。到此阶段，胚还没有分化，都属于原胚时期。以后，球形胚

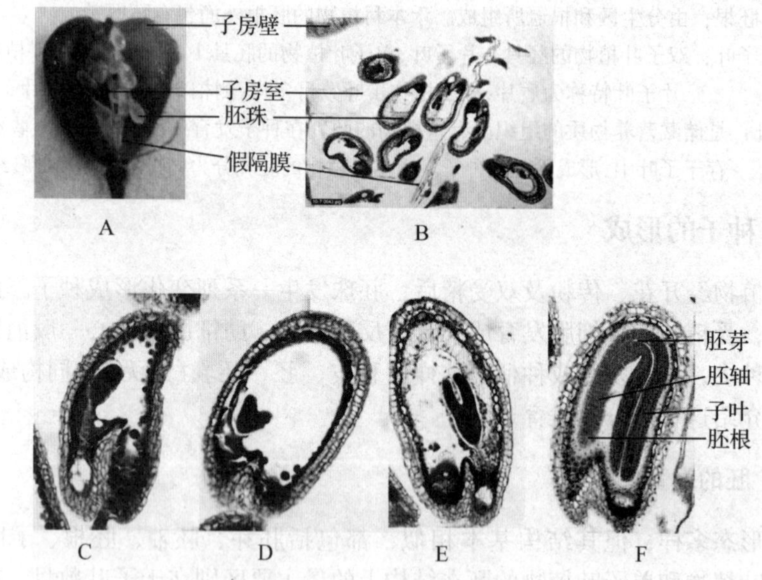

图8-4(1) 荠菜胚的发育

A. 荠菜果实的纵剖面 B. 荠菜果实的纵切，示不同发育阶段的胚珠

C～F. 荠菜胚的不同发育时期

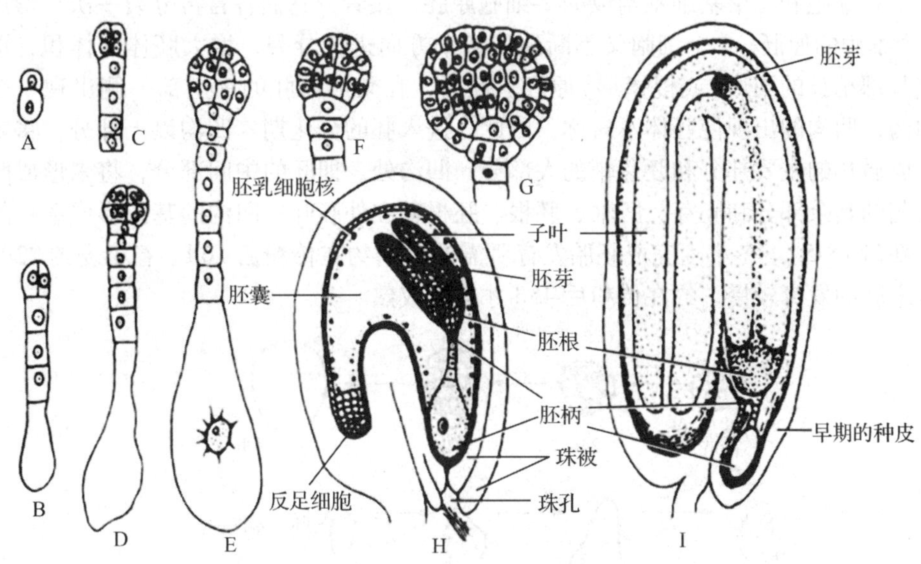

图 8-4(2)　荠菜胚的发育

A. 合子第一次分裂，形成连个细胞　B~F. 原胚时期　G. 心形胚时期
H. 鱼雷形胚时期　I. 马蹄形胚时期，胚和种子初步形成，胚乳消失

体继续增大，由于球形胚顶部的细胞分裂较慢，而在其两侧位置上细胞分裂次数增加，生长较快，因此逐渐形成两个突起，称为子叶原基，子叶原基的出现标志着胚的发育进入第二个时期——胚的分化期，此时胚体形状呈心形——心形胚时期。子叶原基进而发育为两片子叶，子叶基部的胚轴也相应伸长，此时胚体呈鱼雷形。随后在两片子叶基部间的凹陷处分化出胚芽。与此同时，胚体的基部细胞和与其相接的胚柄细胞也不断分裂，共同参与胚根的分化。胚根与子叶之间部分即为胚轴，至此幼胚分化完成。

随着幼胚的发育，胚轴和子叶明显延伸，在胚囊内弯曲成马蹄形，最终胚成熟，而胚柄退化消失。这样，一个具有胚芽、胚轴、胚根及两片子叶的胚已分化完成。

双子叶植物胚的发育过程基本与荠菜的胚的发育过程相似，都有球形胚时期、心形胚时期、鱼雷形胚时期等，但在某些方面也有自己的特点。油菜胚基细胞狭长，末端细胞延伸形成钩状，其子叶弯曲、对折，并包住胚轴和胚根。棉胚发育时无明显的四分体胚体，球形胚的形成过程中，细胞分裂不规则。胚柄短，仅含 4~6 个细胞，且很早解体。受精后 6~10d 为心形胚，18d 胚各部分已分化完成。

2. 禾本科植物胚的发育

单子叶植物胚的发育过程与双子叶植物胚的发育过程基本相似，胚的发育过程也经过原胚期、胚的分化期和胚的成熟期 3 个阶段。主要区别在于原胚分化成成熟胚时，只形成一片子叶。禾本科植物的胚比较特殊，有自己的特点，现以小麦为例，说明它的发育情况。

小麦合子经 16~18h 的休眠后开始第一次分裂，常是倾斜的横分裂，形成由一个顶细胞和一个基细胞构成的2-细胞原胚，接着，它们各自再分裂一次，形成4个细胞的原胚。4个细胞又不断地从各个方向进行分裂，增大胚体的体积，形成基部稍长的梨形(或棍棒形)原胚。此后，在梨形原胚的中上部一侧出现一个凹沟，凹沟的出现使胚体不对称，因此，进入胚的分化期。凹沟以上部分，将来形成盾片的主要部分和胚芽鞘的大部分；凹沟处，即胚的中间部分，将来形成胚芽鞘的其余部分和胚芽、胚轴、胚根、胚根鞘和外胚叶；凹沟的基部形成盾片的下部(图8-5)。冬小麦完成胚胎发育所需的时间约在传粉后16d，春小麦约22d。玉米胚的发育较慢，约在传粉后45d才接近成熟。

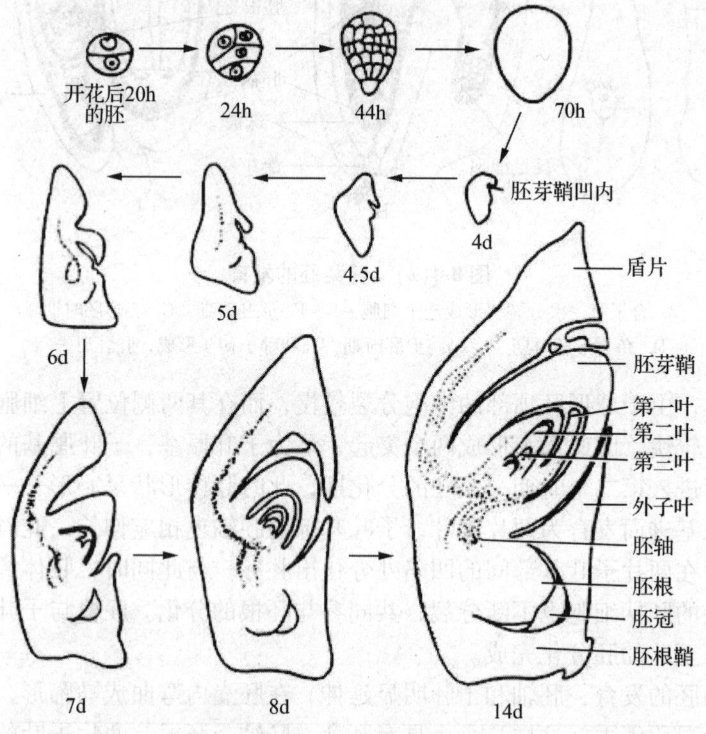

图8-5　小麦胚的发育

(二)胚乳的发育

被子植物的胚乳是由一个精细胞与中央细胞受精后形成的，具有三倍染色体。受精后的中央细胞的第一个细胞核叫初生胚乳核。初生胚乳核通常不经休眠(如水稻)或经短暂的休眠(小麦为0.5～1 h)即进行第一次分裂。因此，初生胚乳核的分裂早于合子的分裂，即胚乳的发育总是早于胚的发育，为幼胚的生长创造条件。胚乳的发育形式一般有核型(nuclear endosperm)和细胞型(cellular endosperm)两种。

1. 核型胚乳

胚乳是被子植物中最普遍的胚乳发育形式。其主要特征是初生胚乳核的第一次分裂和以后的多次分裂，都不伴随细胞壁的形成，各个胚乳核呈游离状态分布在胚囊中。随着核的增多和液泡的扩大，胚乳游离核连同细胞质分布于胚囊的周缘。游离核的数目常随植物种类而异，多的可达数百个以至数千个。当游离核发育到一定阶段，通常在胚囊最外围的胚乳核之间先出现细胞壁，此后，由外向内逐渐产生细胞壁，形成胚乳细胞，最后整个胚囊都被胚乳细胞所充满[图 8-6(1)]。核型胚乳普遍存在于单子叶植物和具有离瓣花的双子叶植物中。如小麦、水稻、玉米、棉花、油菜、苹果等都属于此类型。但也有些植物的核型胚乳有所不同，如菜豆属植物仅在原胚附近形成胚乳细胞，合点端仍为游离核状态；椰子只是在胚囊周围形成几层胚乳细胞，胚囊中央仍为游离核状态(椰乳)；旱金莲等植物至胚乳被胚吸收之前，始终为游离核状态[图 8-6(2)]。

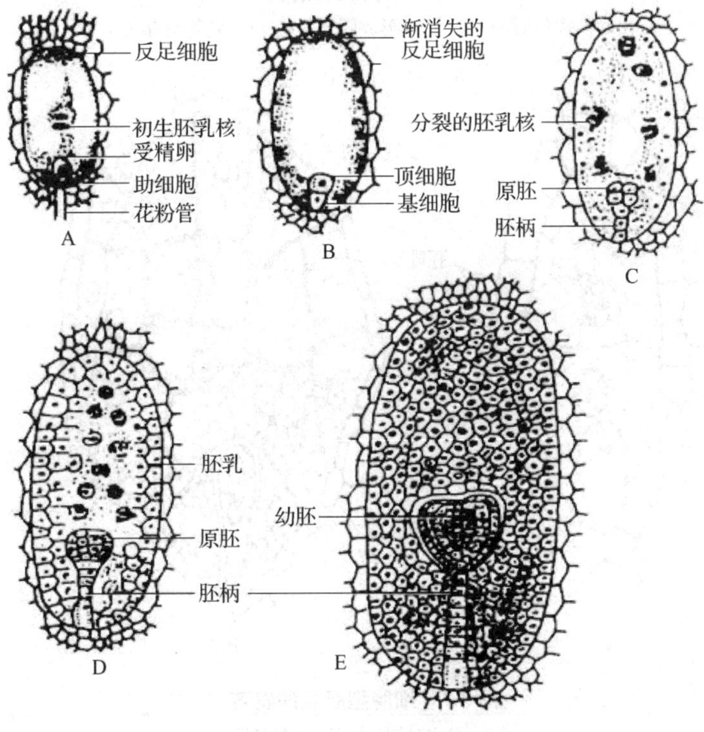

图 8-6(1)　核型胚乳的发育过程

A. 初生胚乳核　B、C. 游离核时期　D. 游离核由边缘向中部形成胚乳细胞
E. 胚乳发育完成

2. 细胞型胚乳

细胞型胚乳的特点是从初生胚乳核分裂开始，随即产生细胞壁，形成胚乳细胞。以后的每次分裂也都产生细胞壁，形成细胞，在胚囊中无游离核时期(图 8-7)。大多数双子叶合瓣花植物，如番茄、烟草、芝麻等胚乳发育都属于这种类型。

此外，沼生目植物(如慈姑等)的初生胚乳核第一次分裂，胚囊被分为 1 个较大的珠孔室(近珠孔的部分)和较小的合点室(近合点的部分)。合点室核的分裂

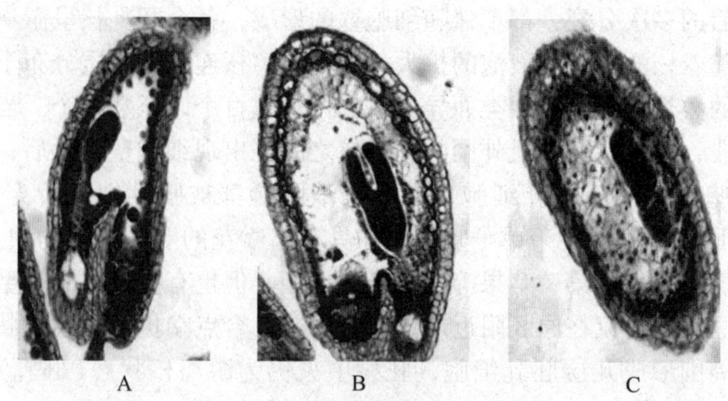

图 8-6(2)　核型胚乳的发育过程

A. 游离核时期　B. 边缘形成胚乳细胞　C. 胚乳发育完成

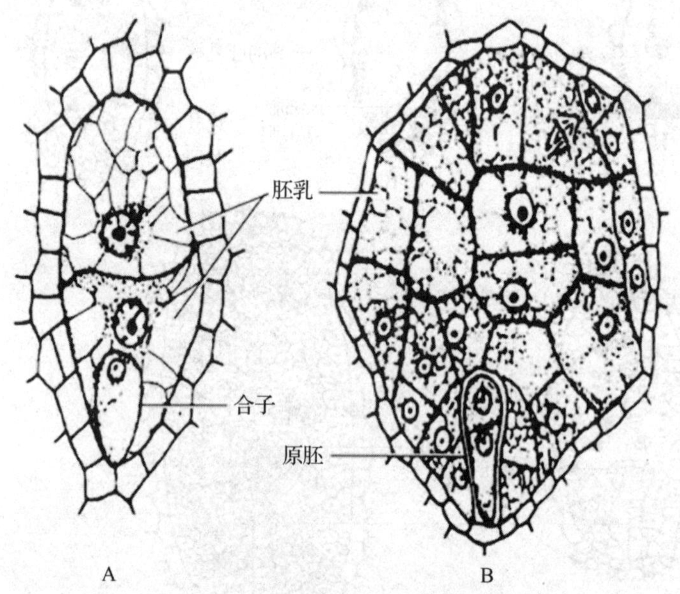

图 8-7　细胞型胚乳的发育

A. 细胞时期　B. 多细胞时期

次数较少，并维持游离状态或呈退化状态；珠孔室的核进行多次分裂，成游离状态，以后形成细胞结构，完成胚乳的发育。这种胚乳的发育形式称为沼生目型胚乳(图 8-8)，是介于核型胚乳与细胞型胚乳之间的一个类型。

多数植物的种子，在胚和胚乳的发育过程中，胚囊外的珠心组织被胚和胚乳完全吸收了，因此成熟种子中无珠心组织。但也有少数植物的成熟种子里，珠心仍被保留，随种子的发育而发育，成为类似胚乳的储藏组织，称为外胚乳(perisperm)。外胚乳也是为胚提供营养物质，既可以在无胚乳种子中存在，又可在有胚乳种子中存在。例如，苋属、石竹属、甜菜等的成熟种子中有外胚乳，而无胚乳；而胡椒、姜的成熟种子中，外胚乳和胚乳均存在。

(三)种皮的发育

随着胚和胚乳的发育，胚珠外的珠被也发育形成种皮，包围在胚和胚乳之外，起保护作用。如果胚珠仅有一层珠被，则形成一层种皮，如番茄、向日葵、胡桃等；如果胚珠具有内、外两层珠被，则通常相应形成内、外两层种皮，外珠被形成外种皮，内珠被形成内种皮，如油菜、蓖麻等。也有一些植物胚珠有两层珠被，但在发育过程中，其中一层珠被被吸收而消失，只有另一层珠被发育成种皮。如大豆、蚕豆的种皮是由外珠被发育而来，其内珠被发育过程中完全消失了；而小麦、水稻的种皮则是由内珠被内层细胞干燥萎缩成一薄层，与果皮愈合共同发育而来，其外珠被退化，内珠被外层细胞也逐渐消失了。

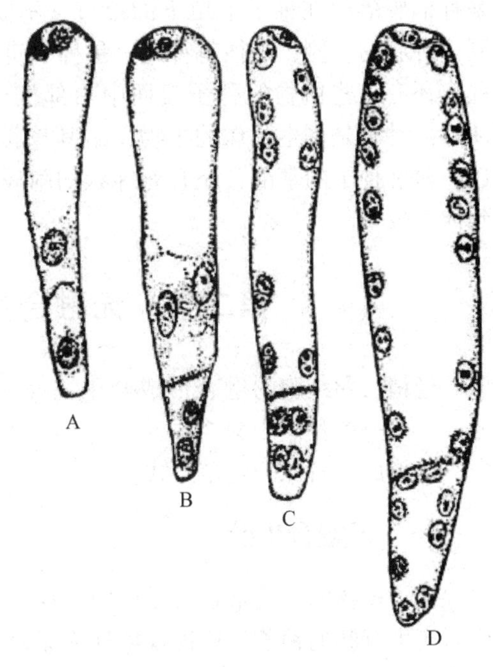

图 8-8　沼生目型胚乳的发育

A. 合子第一次分裂　B～D. 胚乳发育过程

成熟种子的种皮，其外层常分化为厚壁组织，内层分化为薄壁组织，中间各层可以分化为纤维、石细胞或薄壁细胞(图 8-9)。不同植物种皮组织结构差异很大。在大多数被子植物中，当种子成熟时由于细胞失水干燥，种皮往往变得干硬，增强其保护作用。有些植物的种皮非常坚实，不易透水、透气，可能是种子萌发时对不良环境的一种趋避结构。但也有少数被子植物和裸子植物的种皮是肉质的，如石榴的外珠被形成坚硬的外种皮，其表层细胞辐射状向外扩展，肉质多汁，是食用部分；而银杏的外珠被也发育为肥厚肉质结构。还有些植物的种子外面还具有假种皮，它是由珠柄或胎座发育而成的结构，如荔枝、龙眼果实中的肉质多汁的可食部分，就是珠柄发育而来的假种皮。

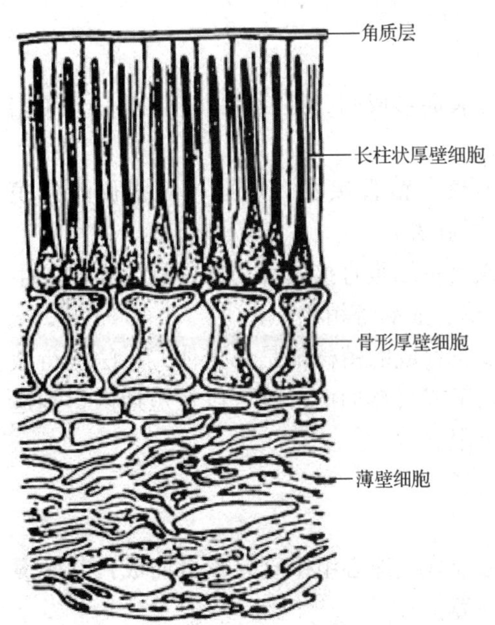

图 8-9　蚕豆种皮

成熟种子的种皮上还有种脐(hilum)、种孔(micropyle)等结构。种脐是种柄脱落后在种子上留下的痕迹，不同植物种脐的大小、形态、颜色都不相同。种脐的一侧，往往有种孔，是种子萌发时，胚根伸出的部位。种孔来源于珠孔。还有一些植物的种子腹面中央部位，有一条稍稍隆起的棱，称为种脊(raphe)。种脊是倒生胚珠的植物，是其珠被与珠柄愈合的纵脊在种皮上留下的痕迹。蓖麻种子的基部，还有海绵状的附属物，称为种阜(caruncle)，是由外种皮延伸而成。

第二节 无融合生殖与多胚现象

经精、卵细胞的融合形成合子，合子发育形成胚，胚是种子的重要组成部分，一般一个种子中只含一个胚。但有些植物在长期的对环境的适应演化过程中，还形成了特殊的生殖方式。

一、无融合生殖

被子植物的胚通常是由受精卵发育而来，但有些植物不经雌、雄性细胞的融合而产生有胚的种子，这种现象称为无融合生殖(apomixis)。有人认为无融合生殖是介于有性生殖和无性生殖之间的一种特殊的生殖方式。因为它虽发生于有性生殖器官中，却无两性细胞的融合；虽然不需精卵融合但仍形成胚，是以种子形式而不是通过营养器官进行繁殖。

无融合生殖现象普遍存在于被子植物中。已发现36个科的440种中都存在无融合生殖，可分为单倍体无融合生殖和二倍体无融合生殖两大类。

(一) 单倍体无融合生殖

胚囊是由胚囊母细胞经过正常减数分裂而形成的，胚囊中的细胞都只含单倍的染色体组。又分为两类：

(1) 单倍体孤雌生殖　由卵细胞不经受精直接发育成胚，称为孤雌生殖(parthenogenesis)，如玉米、小麦、烟草等植物。

(2) 单倍体无配子生殖　由助细胞或反足细胞直接发育为胚，称为无配子生殖(apogamy)，如水稻、玉米、棉花、烟草、亚麻等植物。

这两种方式产生的胚以及由胚进一步发育成的植株都是单倍体，无法进行减数分裂，其后代常常是不育的。但通过人工或自然加倍，就可以在短期内得到遗传上稳定的纯合二倍体，从而缩短育种年限。

(二) 二倍体无融合生殖

胚囊是由未减数的孢原细胞、胚囊母细胞或珠心组织直接发育而成，其胚囊中的细胞都是二倍体的。同样可以分为三类：

(1) 二倍体孤雌生殖　由卵细胞不经受精直接发育成胚，如芸薹属、蒲公英。

（2）二倍体无配子生殖　由助细胞或反足细胞直接发育为胚，如葱。

（3）二倍体无孢子生殖　由珠心或珠被细胞分裂并侵入胚囊，与受精卵形成的合子胚同时发育，形成完整的胚，称为无孢子生殖(apospory)，所产生的胚称为不定胚(adventitious embryo)，如柑橘类。

这三种方式产生的胚及长成的植株均为二倍体，其后代是可育的，可利用它固定杂种优势，提高育种效率。

无融合生殖在克服远缘杂交不亲和、提纯复壮品种等方面也有广泛的应用前景。

二、多胚现象

一粒种子中具有 2 个或 2 个以上胚的现象称为多胚现象(polyembryony)。多胚形成的原因很复杂，一种是由受精卵裂生 2 个至多个胚；一种是在一个胚珠中形成两个胚囊，均能受精而出现多胚(如桃、梅)；还有一种是除了合子胚外、胚囊中的助细胞(如菜豆)和反足细胞(如韭菜)也能发育成胚而构成多胚。这些多胚往往最终不能成熟。但也有种多胚能发育成熟，这就是不定胚。如柑橘的种子中有 4～5 个甚至更多的胚，这些都是有活力的胚，而其中只有一个合子胚，其余均为来源于珠心的不定胚(珠心胚)。通常珠心胚无休眠期，出苗快，比合子胚优先利用种子的营养物质。因此，由珠心胚形成的幼苗(珠心苗)健壮，并能基本保持母体本身的优良特性，所以在生产中很重视培育柑橘类的珠心苗。

第三节　果实的形成和基本类型

开花之后形成果实，即花被凋落后，由子房发育、膨大形成果实。由于子房的位置、参与果实形成的方式不同，所形成的果实也有不同的类型。

一、果实的形成和发育

卵细胞受精后，花的各部分随之发生显著变化；通常花柄形成果柄，花托形成果柄顶端稍膨大的部分，花冠凋谢，花萼脱落，或宿存于果实上(如茄子、番茄等)，雄蕊和雌蕊的柱头、花柱也都枯萎，仅子房连同其中的胚珠生长膨大，发育成为果实。果实(fruit)包括由胚珠发育的种子和由子房壁发育的果皮两部分；单纯由子房发育而成的果实称为真果(true fruit)，如桃、李、杏、小麦、玉米、花生等；有些植物除子房外，还有花的其他部分：花托、花被，甚至整个花序参与果实的形成和发育，如苹果、梨、黄瓜、菠萝等，这种果实称为假果(false fruit)。

(一)真果的结构

真果的结构比较简单，包括果皮和种子两部分，外为果皮，内含种子。果皮是由子房壁发育而成的，常可分为外果皮、中果皮和内果皮三层(图 8-10)。这三层果皮的厚度、细胞类型、结构等在不同植物中有很大差别。一般外果皮较薄，是指表皮(如豌豆)或包括表皮下面数层厚角组织细胞(如桃)，常有气孔、角质、蜡被的分化，有的还有毛、钩、刺、翅等附属物，幼果的外果皮中含有许多叶绿体，所以，常呈绿色。中果皮占大部分，维管束分布其中，在结构上各种植物中果皮的差异也很大。桃、杏、李等的中果皮由许多富有营养的薄壁细胞组成，为肉质可食部分；大豆、花生等的中果皮是由薄壁细胞和厚壁细胞共同组成的，成熟时为革质；丝瓜、柑橘等的中果皮维管束极为发达，形成网状结构。内果皮的变化也很大，柑橘、柚等的内果皮膜质，其内表面生出许多具汁液的毛囊，为可食部分；桃、李、杏等的内果皮细胞木质化加厚，变成非常坚硬的石细胞；葡萄的内果皮则分离成单个的浆汁细胞。不同植物，三层果皮的界限也并不都清晰，如番茄，外果皮较薄、膜质，中果皮和内果皮都是肉质多汁，没有明显界限。

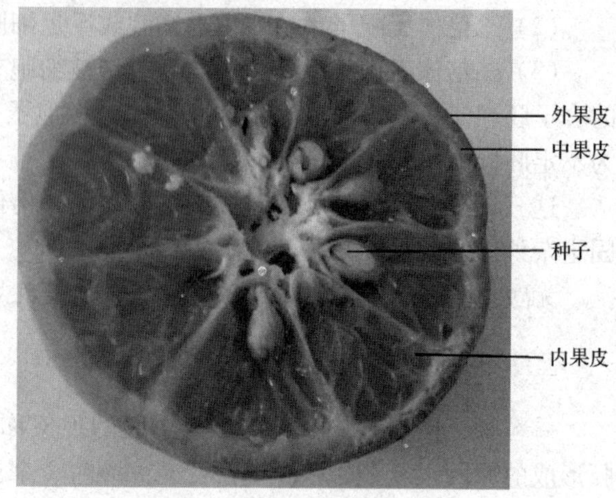

图 8-10 真果(柑橘)的结构

(二)假果的结构

假果的结构比较复杂，是由子房及花的其他部分共同参与形成的。如苹果、梨的食用部分主要是由花筒(是花托、花被与雄蕊基部愈合的部分，又称托杯)发育而成，而位于果实中央的只占果实很少一部分的才是由子房形成的真正果实(图 8-11)，其也可分为外、中、内三层果皮，其外果皮和中果皮肉质，没有明显界限；南瓜、西葫芦、黄瓜等瓜类的果实也是假果，其花托与外果皮愈合形成坚硬的果壁，中果皮和内果皮肉质，界限不明显；桑葚、菠萝和无花果等的果实是由整个花序的各部分共同参与果实的形成。

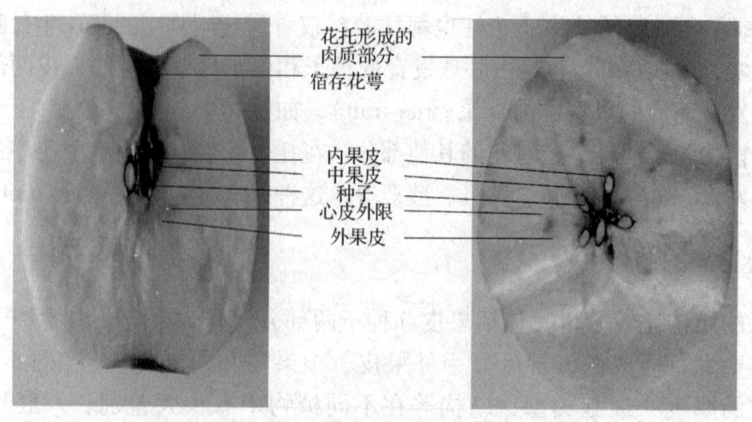

图 8-11 假果(苹果)的结构

在果实发育过程中，随着体积的增大和重量的增加，果实的颜色和细胞内物质也发生显著变化，其内部经各种生理生化变化达到成熟。幼嫩果实中含有叶绿体，故呈现绿色，成熟时，果实细胞中叶绿体分解，产生花青素或有色体，可使果实呈现各种鲜艳的颜色。果实内可合成酯类、酚类等芳香性物质而散发出香气。同时，果实的化学成分发生变化，单宁、有机酸减少，糖分增多，使酸味减少，甜味增加，口感变佳。此外，在果实的成熟过程中，水解酶作用活跃，使胞间层水解，果皮软化。

二、果实的基本类型

果实可按不同的标准分类。按其在发育过程中花的参与部分不同可分为真果和假果；也可依据果实是单花或花序形成、雌蕊的类型及花的非心皮组织是否参与等，将其分为单果、聚合果和聚花果三大类。

(一)单果

单果(simple fruit)是指由一朵花中的一个雌蕊(单雌蕊或复雌蕊)所形成的果实。即一朵花内只结一个果实。单果按果皮的质地及开裂与否又分为若干类型(详见本书第十一章)。

图 8-12　聚合果

A. 聚合蓇葖果(八角茴香)　B. 聚合核果(树莓)　C. 聚合坚果(莲)　D. 聚合瘦果(草莓)

(二)聚合果

聚合果(aggregate fruit)是指由一朵花中的许多离生单雌蕊与花托共同发育形成的果实。每一个单雌蕊发育为一个小果实，这些小果实聚生在花托上形成。根据小果的不同又可分为多种类型：聚合蓇葖果(如八角茴香)、聚合瘦果(如草莓)、聚合核果(如悬钩子)、聚合坚果(如莲)(图8-12)。

(三)聚花果

花果(multiple fruit)也称为复果，是由整个花序发育而成的果实(图8-13)。如桑葚，是由一个雌柔荑花序形成的果实。雌柔荑花序中的每朵小花形成一个小坚果，被肉质多汁的萼片所包被；凤梨为肉质的花轴和苞片，以及发育的子房共同形成一个肉质多汁的果实；无花果是由内陷成囊并肉质化的花轴及其内藏的许多小坚果组成的果实。

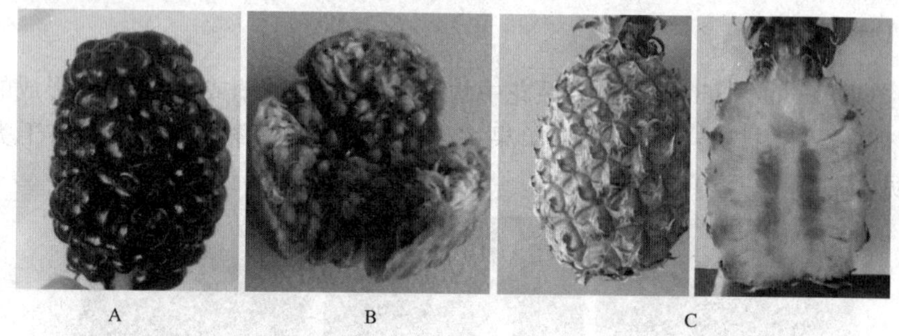

图8-13 聚花果

A. 桑葚 B. 无花果 C. 菠萝

由花至果实的发育过程表解如下：

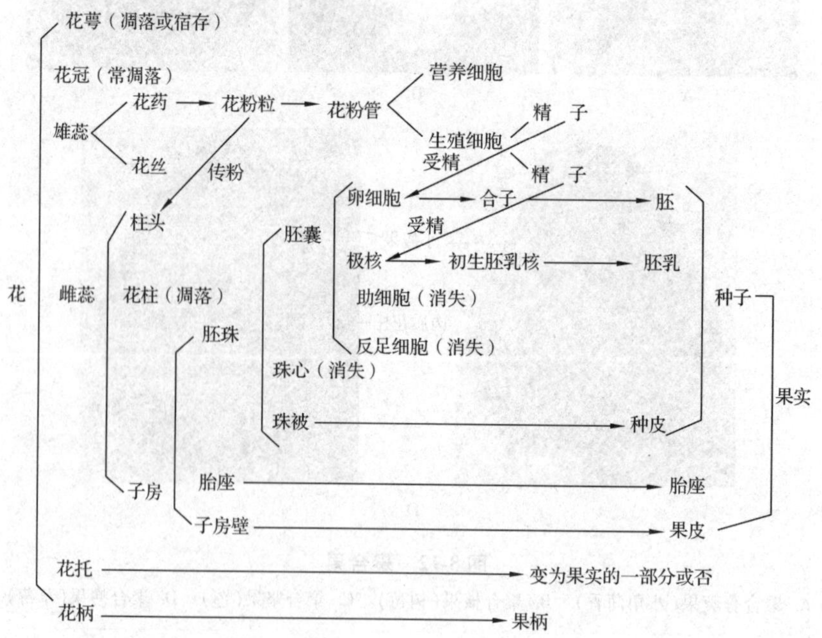

第四节　果实和种子的传播

被子植物的果实和种子成熟后脱离母体，散布各地，才有利于扩大后代植株的生长分布范围和保证品种繁衍昌盛。在长期自然选择过程中，植物的果实和种子往往形成了适应各种传播方式的多种形态特征和特性。

一、借风力传播

有些植物的果实和种子在长期的自然选择和进化过程中形成了适合风力传播的特性。它们一般体积小、质地轻、常具翅或毛等附属物，能够悬浮在空气中，借助风力被吹送到远方。如蒲公英果实的冠毛，臭椿、榆树、槭树、白蜡、杜仲等果实的翅，紫薇种子的翅，杨、柳种柄的绒毛，酸浆果实的气囊，栾树的苞片等，都能随风飘传到远方(图 8-14)。

图 8-14　借风力传播的果实和种子

A. 臭椿的翅果　B. 栾树的蒴果　C. 菠萝的蓇葖果，示种子白色绢质种毛　D. 鹅绒藤的蓇葖果，示种子白色绢质种毛　E. 小飞蓬瘦果的冠毛　F. 蒲公英瘦果的冠毛　G. 毛白杨的蒴果，示种柄的绒毛

二、借水力传播

水生植物和沼泽地生长的植物的果实和种子往往具有漂浮结构，以适应水力传播。如莲的小坚果着生在疏松的海绵状通气组织所组成的莲蓬中，可漂浮在水面进行传播(图 8-15)。生长在热带海边的椰子，其果实的中果皮疏松而富含纤

维，适应在水中漂浮；内果皮坚硬，可防止海水侵蚀；果实内含有大量椰汁，使椰果可在咸水的环境萌发，在海滩上生根发芽，长成植株。水沟(或渠)边杂草的果实，如苋、藜、稗草等的果实散落水面，顺水漂流到远处的湿润土壤上萌发。

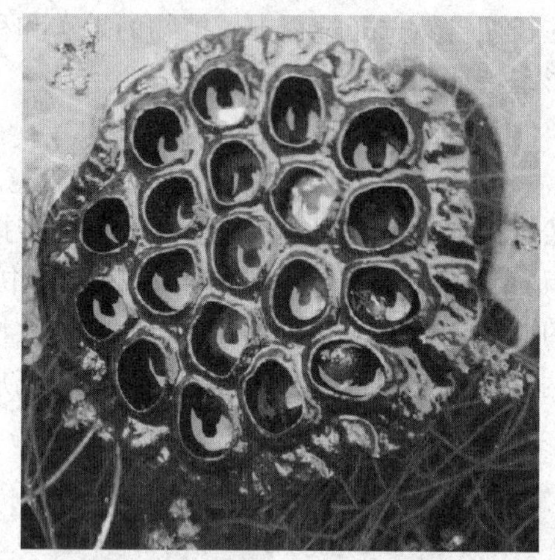

图 8-15 借水力传播种子(莲)

图 8-16 苍 耳

三、借人类和动物传播

有些植物的果实和种子常具刺、倒钩或分泌黏液，能附着在动物的毛、羽或人们的衣物上，随着人和动物的活动携带到远处进行传播，如苍耳、鬼针草、蒺藜、鹤虱、猪殃殃等(图 8-16)。有些植物的果实或种子具有坚硬的果皮或种皮，被动物吞食后不易受消化液的侵蚀，以后随粪便排出体外而传播，如瓜类、番茄等。另外，有些杂草的果实和种子常与栽培植物同时成熟，可借人类收获作物和播种活动而传播。如稻田中的恶性杂草——稗，随稻收割和播种，很难根除。

四、借果实的自身弹力传播

有些植物果实的果皮各部分的结构和细胞的含水量不同，当果实成熟干燥时，果皮各部分发生不均衡的收缩，使果皮爆裂将种子弹出，如大豆、绿豆、凤仙花等植物的果实(图 8-17)。在农业生产中，对于这类植物如大豆、绿豆、蚕豆、油菜等，果实成熟时要及时收获，以防种子散播田间造成损失。喷瓜的果实成熟时，在顶端形成一个小孔，当果实收缩时，可将种子喷射到远处。

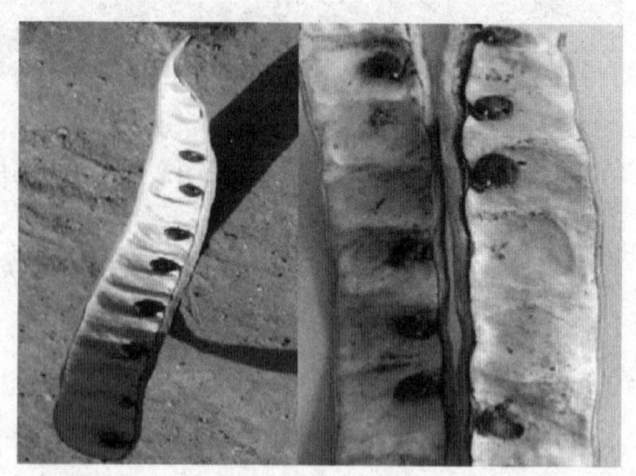

图 8-17 借自身弹力散种子(刺槐)

第五节　种子的寿命、休眠

种子无论以何种方式传播出来后，环境条件适宜即可萌发，形成新植物体，延续种族。但也有些种子不能立即萌发，处于休眠状态。种子脱离母体后，多长时间具有萌发能力呢？不同植物并不完全相同，这涉及种子的寿命。

一、种子的寿命

种子的寿命是指种子在一定环境条件下能继续保持生活力的最长期限，通常是以达到60%以上的发芽率的储藏时间为种子寿命的依据。种子寿命的长短是个很复杂的问题，不同植物种子寿命差异很大，一方面取决于植物本身的遗传特性；另一方面取决于母体发育状态及种子采收后的环境条件，这些因素都直接或间接地影响种子的生理状况和寿命长短。所以，即使同一种植物，其种子在不同的产地、不同的收获方式及不同的储藏方法下，寿命会有很大的差异。在正常的储藏条件下，玉米、小麦、棉花等种子的寿命一般为2～3年；水稻约4年；蚕豆、绿豆、南瓜等为4～6年。随着储藏时间的延长，种子的发芽率降低，因此，在生产上一般种子只保存一年。许多杂草的种子寿命很长，埋在土壤中多年后仍能发芽。如车前的种子在土壤中可存活10年左右，马齿苋的种子可存活20～40年。莲的种子寿命特别长，有人曾使埋藏千年之久的古莲子发芽、生长和开花。据以色列报道，生物学家已使上千年的海枣树种子萌发，并长成了植株。与此相反，也有些植物如橡胶树、柳树的种子寿命只有几个星期。

种子的储藏条件对种子寿命的长短有十分明显的影响。一般种子储藏的理想条件是低温、低湿、低氧、黑暗。实验证明，种子水分在4%～14%范围内，每降低1%，或者温度在0～50 ℃范围内，每降低5 ℃，种子的寿命均可延长一倍。因为在低温、低湿条件下种子的呼吸作用较弱，养料的消耗较少，有利于种子的寿命延长。如湿度大、温度高，呼吸作用将会加强，养料的消耗较多，种子的寿命便会缩短。如葱的种子在自然条件下，不到3年就会失活。若将种子含水量降至6%，温度控制在5 ℃以下来储藏，20年后仍能发芽。但完全干燥的种子也不利于储藏，因为这样会使种子的生命活动完全停止。所以，许多作物的种子入库贮存时，都有一个安全含水量标准，如水稻种子储藏安全水分约为14%，小麦、大豆为12%，棉花为9%～10%，芝麻为7%～8%。

二、种子的休眠

有些植物的种子成熟后，在适宜的环境条件下，能立即萌发。也有些植物的种子成熟后，即使环境条件适宜，也不能立即萌发，必须经过一段相对静止的阶段。这种具有生活力的种子在适宜的环境条件下仍不能立即萌发的特性称为休眠（dormancy）。不同植物种子休眠期长短有很大差异，有些植物的种子休眠期很长，需要数周、数月或数年，如银杏、毛茛、松等；也有一些植物的种子休眠期很短，种子成熟后，只要环境条件适宜就能很快萌发，如芝麻、豌豆等；还有些植物的种子没有休眠期，种子成熟后，常常在植株上就能萌发，如小麦、水稻有的品种的种子就没有休眠，当种子成熟后还未收割而遇到阴雨高温气候时就在植株上萌发，造成减产和品质下降，使生产受到损失。

种子休眠的原因有多种，有些植物在开花结实后，种子虽然脱离母体，但种子中的胚并没有发育完全，还要经过一段时期的继续发育才能达到萌发状态，如银杏的种子；而有些植物种子虽然脱离母体，但胚在生理上尚未全部成熟，需要经过一段时间，完成生理上的成熟，才能萌发，如人参的种子，这种现象称为种子的后熟作用。还有些植物种子休眠是由于种皮阻碍了种子对水分和空气的吸收。这类植物的种子脱离母体时，虽然胚已发育成熟，但是由于种皮过厚，不易透水，对氧气的渗透也极微弱，而限制了种子的萌发，如豆科、锦葵科植物的某些种及苍耳等种子。对这类种子可用机械方法擦破种皮，或用浓硫酸作短时间处理，再用清水洗净，使种皮软化，水分便可顺利地渗入到种子内部。此外，将种子先在冷水浸泡 12 h，然后再在沸水中放 30～60 s，也可以打破休眠，促使种子极早萌发。有的植物种子的内部由于某些抑制性物质的存在，阻碍了种子的萌发。抑制种子萌发的物质有有机酸、生物碱和某些植物激素。这类物质有的产生在种子内部——胚上，有的产生在种皮上，有的存在于果实的果肉或果汁中。只有这些抑制物质消除后，才能使种子得到正常萌发，如番茄、柑或瓜类的种子，只有脱离果实后才能萌发。

第六节 种子的萌发与幼苗的形成(幼苗的类型)

种子的胚从相对静止状态转入生理活跃状态，开始生长，并形成幼苗，这一过程称为种子的萌发。种子萌发的前提是种子完全成熟，并具有生活力。

一、种子萌发的条件

种子萌发的主要外界条件是充足的水分、适宜的温度和足够的氧气。少数植物种子的萌发还受到光照的影响。莴苣、烟草的种子萌发需要光，而苋菜、瓜类的种子只有在黑暗条件下才能萌发。

(一)充足的水分

种子萌发的首要条件是充足的水分。种子吸水膨胀后，可使种皮变软，增强透水性和通气性，加强呼吸作用和新陈代谢作用的进行，同时也利于胚根、胚芽突破种皮；水也是生命活动的重要介质，可使细胞内的原生质由凝胶状态转变为溶胶状态，提高原生质的生理活性，恢复酶活性，将储藏的营养物质水解成简单化合物，供给幼胚的生长。各种植物种子萌发时吸水量是不同的，含蛋白质类较多的种子需水量多，含淀粉或脂肪多的种子需水量较少。如大豆要吸收水分达到本身风干重的120%；如水稻为40%，小麦为60%，花生为50%。土壤的含水量和物理性质对种子的萌发也有很大影响，适宜种子萌发的土壤饱和含水量为60%~70%。

(二)适宜的温度

种子萌发需要适宜的温度。温度是决定种子萌发速度的重要条件。种子萌发时，内部发生一系列复杂的生物化学变化，这些反应需要在多种酶的催化作用下进行，而酶的活动要求一定的温度。温度低时，酶的活动缓慢，随着温度的升高，酶的活动加快，但酶本身是蛋白质，过高的温度会破坏酶的构型，失去催化活性。因此，种子萌发对温度的要求表现出三基点，即最低、最适和最高温度。如：小麦、大麦的最低温度为0~4 ℃，最适温度为20~28℃，最高温度为30~38 ℃；水稻的最低温度为8~12 ℃，最适温度为30~35 ℃，最高温度为38~42 ℃等。种子萌发的三基点因植物种类和地理起源不同而异，原产北方高纬度地区的作物，种子萌发的温度范围较低；起源于南方低纬度地区的作物，温度范围较高。大多数植物种子萌发的最低温度是0~5 ℃，最适温度是25~30 ℃，最高温度是35~40 ℃。最适温度是种子萌发理想的温度条件，低于最低温度和高于最高温度，种子不能萌发。一般在最适温度范围内，温度越高，种子活力越强，萌发生长越快。

了解作物种子萌发的三基点温度对农业生产上的播种有重要的参考价值。实际应用时，要把种子萌发的适宜温度与培育壮苗统一起来，从而确定适宜的播种时期。如棉花的种子，15 ℃时15 d出苗，20 ℃时7~10 d即可出苗，但生产上都以地温稳定在12 ℃左右播种，因为12 ℃时播种的苗比20 ℃的苗健壮、发育快。

(三)足够的氧气

种子萌发还需要足够的氧气。种子萌发是个非常复杂的生命活动，其需要的养分和能量都来源于呼吸作用，呼吸作用需要氧气。当种子得到足够的氧气时，呼吸作用加强，种子中储藏的有机物被氧化、分解，释放出能量，供各种生理活动需要，从而保证了种子的正常萌发。如果氧气不足，正常的呼吸作用会受到影响，胚不能正常生长，严重缺氧则导致种子无氧呼吸，消耗大量能量并引起酒精中毒，使种子失去生活力。不同作物种子萌发时需氧量不同，大多数作物种子需要空气含氧量在10%以上才能正常萌发。当土壤积水或土壤板结、播种太深、镇压太紧等都会因通气不良，氧气不足而影响种子萌发，甚至使种子失去活力。

以上3个条件对植物种子的萌发都很重要，它们之间既相互联系又相互制约，缺一不可。农业生产上常根据种子萌发的特性采取一些措施，如在播种前进行整地、松土；播种时选择适当播期和播种深度，进行浸种、催芽或晒种处理；播种后镇压保墒等，目的就是合理调整各种萌发条件之间的关系，为种子顺利萌发创造良好的环境条件。

种子在获得适宜的萌发条件时，即开始萌发形成幼苗。

二、种子萌发的过程

种子萌发时，首先吸水膨胀，种皮变软，透入氧气，促进呼吸作用，种子内储藏的营养物质在酶的作用下，被分解为简单的可溶性物质，运往胚根、胚芽、胚轴等部分，供细胞吸收利用。随之，胚根和胚芽的分生区及胚轴部分的细胞不断地进行分裂，使细胞数目增加，体积增大，整个胚体迅速伸长、长大。一般情况下，胚根首先突破种皮向下生长，形成主根，与此同时，胚芽或连同下胚轴细胞也相应生长和伸长，向上生长，伸出土面形成茎叶系统。至此一株由胚长成的能独立生活的幼小植物体，就是幼苗。

种子萌发过程中，先形成根，具有重要的生物学意义。因为根发育较早，可使幼苗固定于土壤中，及时从土壤中吸取水分和养料，使幼小植物体很快地独立生长。有的植物种子，其子叶随胚芽一起伸出土面，转为绿色，可暂时进行光合作用，如大豆、蓖麻、向日葵、瓜类等。当胚芽幼叶展开能进行光合作用以后，子叶就枯萎脱落。小麦种子萌发时，胚根鞘首先露出，随后胚根突破胚根鞘形成主根，然后从胚轴基部陆续生出 1 ~ 3 对不定根，栽培学上称它们为种子根。同时胚芽鞘也露出。随后，从胚芽鞘裂缝中长出第一片真叶，接着出现第二、第三叶，形成幼苗（图 8-18）。

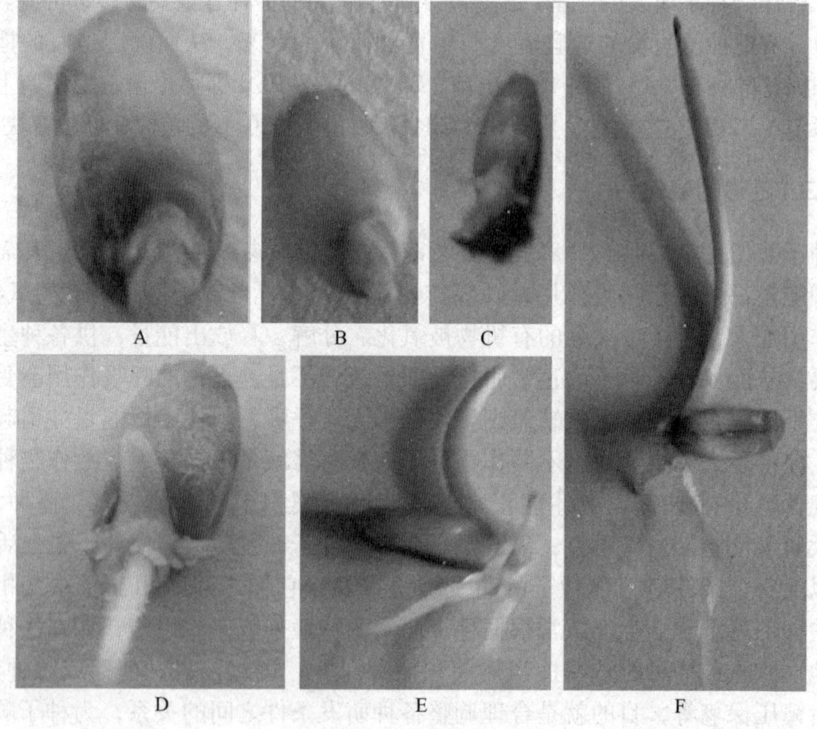

图 8-18 小麦种子萌发过程

A. 种子 B. 种子开始萌发 C. 胚根向下生长 D. 胚芽鞘伸出
E. 胚芽进一步发育，不定根增多 F. 第一真叶长出

三、幼苗的类型

不同植物的幼苗呈现不同的形态。常见的幼苗有两种类型，即子叶出土幼苗和子叶留土幼苗。

(一)子叶出土幼苗

双子叶植物如大豆、棉花、向日葵以及各种瓜类的无胚乳种子，在萌发时，胚根首先伸入土中形成主根，接着下胚轴伸长，将子叶和胚芽推出土面(图8-19)，这种幼苗称为子叶出土幼苗。幼苗在子叶以下至胚根之间的一部分主轴即下胚轴伸长而形成的；子叶以上和第一真叶之间的主轴称为上胚轴。子叶出土后立即展开变为绿色，可以进行光合作用。以后胚芽继续发育形成地上的幼茎和真叶。子叶内营养物质耗尽即枯萎脱落。

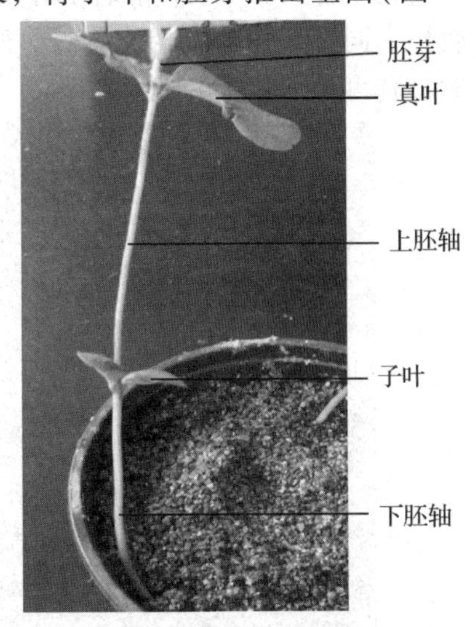

图8-19　子叶出土幼苗(大豆)

双子叶植物的有胚乳种子，如蓖麻种子萌发时，胚乳的养料逐渐供胚发育所消耗，在子叶出土时，残留的胚乳附着在子叶上伸出土面，不久即脱落消失。

单子叶植物的有胚乳种子，如洋葱的幼苗也是子叶出土幼苗，但其种子萌发和幼苗形成较为特殊。当种子开始萌发时，子叶中部和下部呈弯曲的弓形伸长，以弯曲处突破种皮伸出，将胚根和胚轴推出种皮外，胚根迅速向下生长形成主根，在其上方胚轴处长出不定根，构成须根系。这时，子叶先端仍被包在胚乳内吸收养料。以后进一步生长，使弯曲的子叶逐渐伸直，并将子叶先端推出种皮外面，待胚乳的养料被吸收用尽，干瘪的胚乳也就从子叶先端脱落下来。同时，子叶出土以后，逐渐变为绿色，进行光合作用。不久，第一片真叶从子叶鞘的裂缝中伸出。

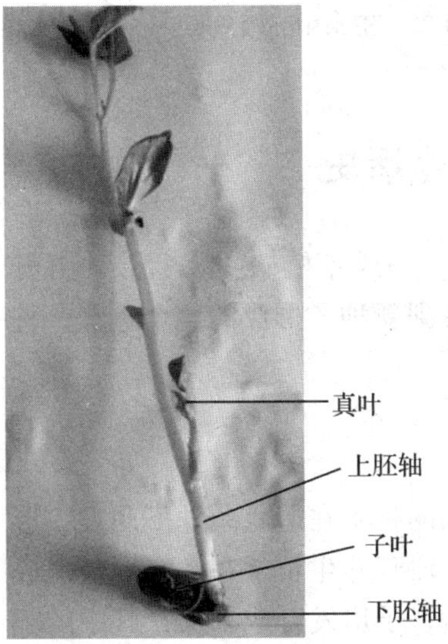

真叶
上胚轴
子叶
下胚轴

图8-20　子叶留土幼苗(蚕豆)

(二)子叶留土幼苗

双子叶植物无胚乳种子如蚕豆、豌豆、荔枝、柑橘等和有胚乳种子如核桃、橡胶树等以及单子叶植物如小麦、水稻、玉米等的幼苗，都属于子叶留土幼苗。例如，蚕豆种子萌发时，胚根首先突破种皮，向下伸长，形成主根。同时，由于上胚轴的伸长，胚芽被推出地面，而下胚轴伸长缓慢或不伸长，故子叶仍留在土中，只供给营养物质而不进行光合作用，当幼苗形成后，子叶便在土中逐渐烂掉(图8-20)。

禾谷类植物，如玉米、小麦，在籽粒萌发时，子叶都保留在土壤中，但它们的胚芽伸出土面的方式不同，有的是上胚轴伸长，即芽鞘节与真叶节之间伸长，使胚芽出土，如小麦(图8-21)。有的是中胚轴伸长，即盾片节与芽鞘节之间伸长，如玉米(图8-22)。

花生种子的萌发，兼有子叶出土和子叶留土的特性：它的下胚轴和胚芽伸长较快，同时下胚轴也相应生长。所以播种较深时，不见子叶出土；而播种较浅时，则可见子叶露出土面。

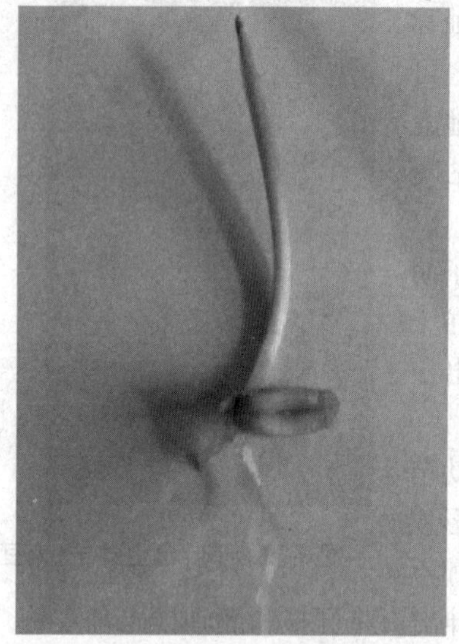

图8-21 小麦上胚轴伸长

图8-22 玉米中胚轴伸长

第七节 被子植物的生活史

被子植物的个体发育经历种子萌发⟶幼苗⟶成年植株(根，茎，叶)开花⟶种子、果实形成的整个周期，即从种子萌发到新种子形成的整个过程，称为生活史。

一、被子植物生活史的概念

被子植物的生活史，一般是从种子开始。成熟的种子在适宜条件下萌发，形成幼苗，长成具有根、茎、叶的植物体，再经过一段营养生长，在一定部位形成花芽，再发育成花。经过开花、传粉、受精作用后，子房发育成果实，其中的胚珠发育成新一代种子。通常将这种从上一代种子开始至新一代种子形成所经历的周期，称为被子植物的生活史(life history)或生活周期(life cycle)。

二、被子植物的生活史

通常我们将“从种子到新产生的种子”的全部生活历程称为被子植物的生活史，这一过程与农业生产上许多大田作物每年从播种开始到收获种子的周期性活动相吻合，如大豆、绿豆、芝麻、棉花、玉米等。然而，严格地说，被子植物生活史应是指从受精卵开始，由合子分裂形成胚，胚进一步发育形成种子，种子成熟后萌发形成幼苗，幼苗逐渐长成具根、茎、叶的植株，经过一段时间的营养生长后，便转入生殖生长，在一定部位进行花芽分化，形成花，在花中雄蕊的花药里生成花粉粒，雌蕊子房的胚珠中形成胚囊，成熟花粉中产生雄性的精子，成熟胚囊中产生雌性的卵细胞，经开花、传粉、受精，产生了下一代受精卵。水稻、小麦、向日葵、番茄、南瓜、油菜、棉花等一年生或二年生植物，经开花、结实，在种子成熟后，整个植株死亡。苹果、李、茶、柑橘等多年生植物要经多次开花、结实之后才衰老死亡，即多年生植物一生中，可以重复完成多次营养生长—繁殖的周期性活动(图 8-23)。

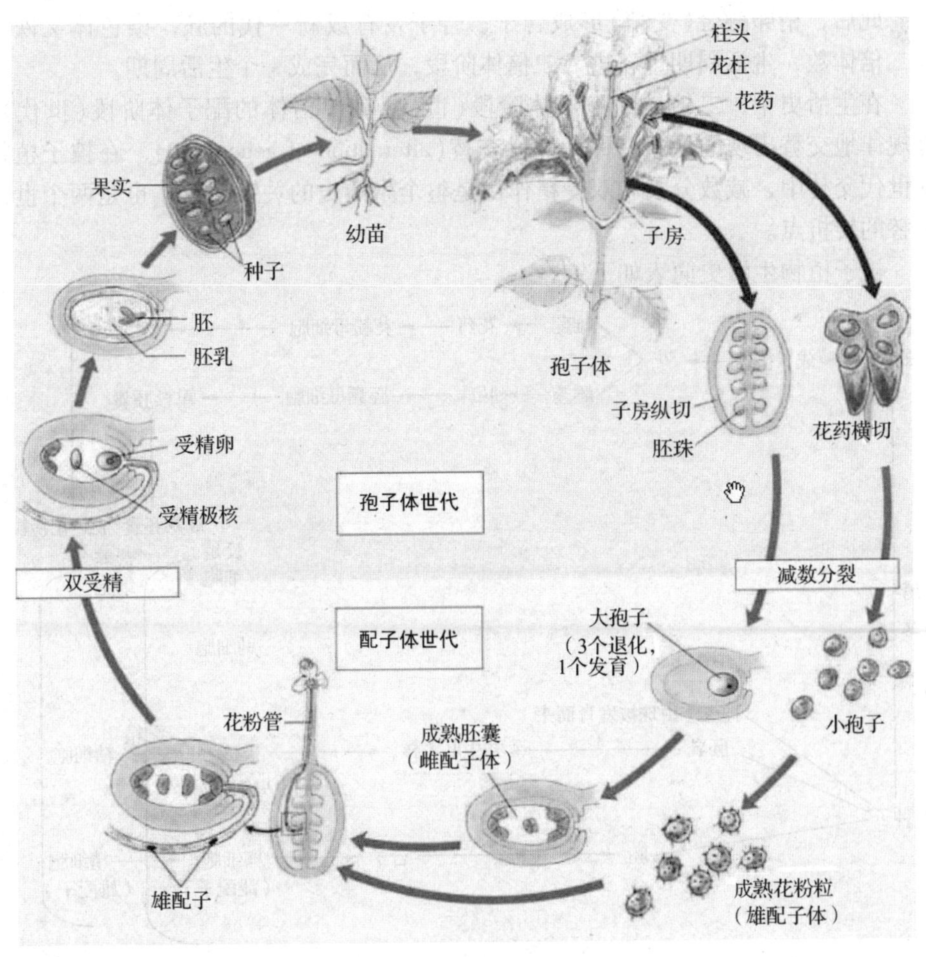

图 8-23 被子植物的生活史

三、被子植物生活史的特征

在被子植物的生活史中，包括两个基本阶段：第一阶段是从受精卵(合子)开始，直到胚囊母细胞(大孢子母细胞)和花粉母细胞(小孢子母细胞)减数分裂前为止。这一阶段细胞内染色体的数目为二倍体，称为二倍体阶段(或称孢子体阶段、孢子体世代、无性世代)。这一阶段在被子植物生活史中所占时间很长，也是植物体的无性阶段，所以又称无性世代。

孢子体有高度分化的营养器官和生殖器官，以适应复杂多变的陆地环境，这是被子植物成为陆生植物优势类群的主要原因。第二阶段是从胚囊母细胞和花粉母细胞经过减数分裂分别形成单核胚囊(大孢子)和单核花粉粒(小孢子)开始，直到各自发育为含有卵细胞的成熟胚囊(雌配子体)和含有精细胞的成熟花粉粒或花粉管(雄配子体)为止。这时，其细胞染色体数目是单倍的，称为单倍体阶段(或称配子体阶段、配子体世代、有性世代)。此阶段在被子植物生活史中所占时间很短，配子体结构相对简化，不能独立生活，并且需要附属在孢子体上生活。此后，精卵融合(受精)形成合子，合子发育成新一代的胚，染色体又恢复到二倍体数，生活周期重新进入二倍体阶段，从而完成一个生活周期。

在生活史中，二倍体的孢子体阶段(世代)和单倍体的配子体阶段(世代)，有规律地交替出现的现象，称为世代交替(alternation of generation)。在被子植物的世代交替中，减数分裂和双受精作用是整个生活史的关键环节，也是两个世代交替的转折点。

被子植物生活史简表如下：

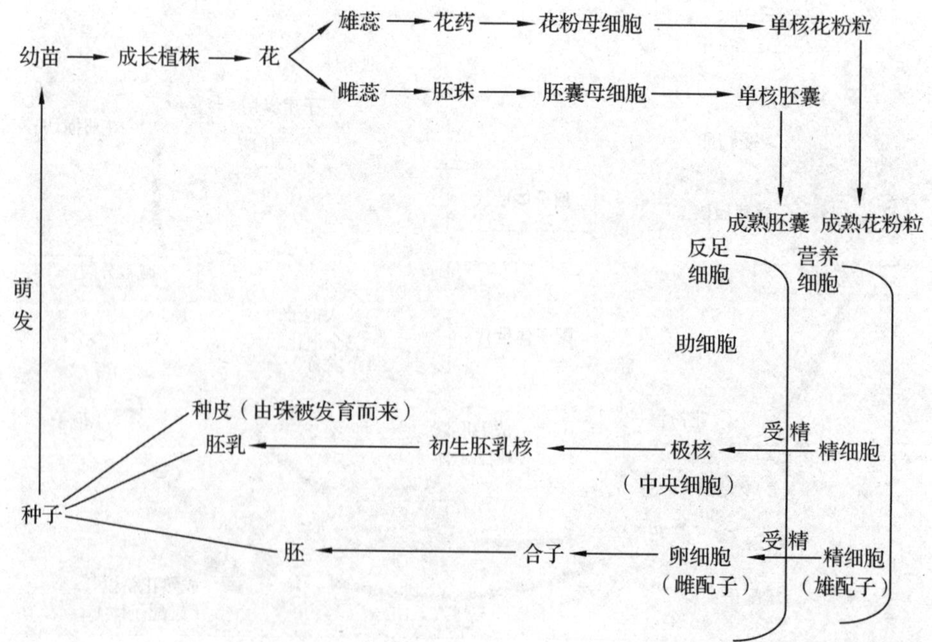

单性结实和无籽果实

单性结实(parthenocarpy)是指子房不经过受精作用而形成不含种子的果实的现象。单性结实可分为天然的单性结实和诱导单性结实两种类型。造成单性结实的原因较多，例如，低温、激素等均能导致单性结实现象发生。

天然单性结实：又称自发单性结实，指在自然条件下，不经传粉或其他任何刺激，便能发育结实的现象。如香蕉、脐橙、凤梨、温州蜜橘及葡萄的某些品种。这些栽培植物的果实不含种子，品质优良，为园艺上的优良品种。

诱导单性结实：又称刺激单性结实，指需要通过某种刺激才能引起单性结实的现象。诱导因素(刺激物)包括异种植物的花粉、生长调节物质或其他化学物质、低温、高温、高光强度等。例如，用爬山虎的花粉刺激葡萄的柱头，用2，4-D、吲哚乙酸等刺激瓜类和番茄的柱头，用赤霉素喷洒或浸泡玫瑰香葡萄果穗来诱导单性结实，均取得良好效果。目前已知有4种诱导单性结实的机制：授粉诱导、环剥诱导、振动诱导和化学诱导。

单性结实受许多环境因素如温度和光照时数影响，这些环境因素会影响植物激素的合成，而间接影响单性结实。植物激素对单性结实有显著的影响，越来越多的研究证实影响单性结实的是多种植物激素间的平衡状态，而非单一激素的影响，这种理论称为“激素平衡理论”，只有各种植物激素和化学物质在特定比例的混合下才会造成单性结实最好的环境。例如苹果和梨添加生长素无法产生单性结实，但同时添加生长素与赤霉素便能成功诱导。对单性结实有影响的激素还包括脱落酸、玉米素、赤霉素等。

单性结实在自然界是普遍存在的，它有重要的意义。单性结实与对抗种子摄食有关。如欧防风的种子会被欧防风结网虫吞食并破坏，而约有两成的野生种欧防风会产生单性结实，由于欧防风结网虫比较偏好无籽的果实，这些无籽的果实就作为对抗种子摄食(seed predation)的一种方法，提供给欧防风结网虫食用，实验表明食用单性结果的欧防风结网虫生长较食用正常果实的要慢，因此单性结实产生的果实可作为一种诱饵，除了减缓掠食者生长外，还可以减少正常、含种子的果实被掠食者食用而破坏的机会。犹他杜松也有类似防卫鸟类种子摄食的机制，所以，单性结实可能有防卫种子摄食的功用。

单性结实可在授粉失败时，仍能长出果实，提供传播种子的动物食物。若没有这些果实，传播种子的动物可能饿死或迁移。

在某些植物中，单性结实的增产效力相当显著，如用来制作腌黄瓜的黄瓜品种大多是经杂交选育的可单性结实品种。近年来已有人开始研究单性结实在转基因上的应用。将金鱼草的启动子和萨氏假单孢菌合成色氨酸单氧酶(该酶可催化生长素形成)的基因结合，植入茄子中，结果茄子的产量显著提高，甚至较未经转基因、但经激素处理的品种还高。这种转基因的技术在番茄中也已实验成功。

由单性结实产生的果实没有种子，成为无籽果实，在果树生产上有重要的经济价值。如香蕉、“磨盘”柿和“华盛顿”脐橙等就是人们喜爱的无籽果实，尤其是种子坚硬的如凤梨、橘子和葡萄柚等，人们希望其成为无籽果实。单性结实对于授粉困难或难以施肥的植物也有迫切的需求，如番茄和南瓜等。而对于柿子等雌雄异株(dioecious)的植物而言，单性结实可以减少养分消耗，增加作物产量。但无籽果并非对一切果树都有经济意义，如桃、李、杏、樱桃等核果类的果实，即使没有种子，由内果皮发育而成的硬核依然存在；苹果等仁果类果实，即使无籽也无法消除其皮纸质的内果皮(果心)。也并非所有的无籽果都是由单性结实产生。在低温或营养不足等不良条件下，即使经正常受精也会成为无籽果，有些葡萄品种(如“无核白”)甚至在正常条件下，胚和胚乳在少量发育之后发生败育，所结的果实也总是无籽的。但严格说来，也并非单性结实，而属于种子败育型结实。单性结实形成无籽果实，但无籽果实不一定都是单性结实造成的。正常授粉受精的子房，在发育过程中胚珠的发育停滞或异常，也形成无籽果实。

本章小结

种子是种子植物所特有的繁殖器官，由受精的胚珠发育而成。被子植物受精作用完成后，合子经原胚阶段、胚的分化阶段，逐渐发育成成熟胚，胚是下一代植物的原始体，是种子中最重要的部分，包括胚芽、胚轴、胚根和子叶4部分。受精的中央细胞(极核)通过核型、细胞型或沼生目型中的一种方式发育成胚乳，胚乳主要是为胚提供发育所需的营养物质，这类种子成为有胚乳种子；有些植物的种子成熟后，胚乳中的营养物质被胚吸收了，转移到子叶中，胚乳消失，成为无胚乳种子。胚珠外的珠被发育形成种皮，整个胚珠形成种子，所以种子一般由胚、胚乳、种皮3部分组成。同时包被胚珠的子房膨大发育形成果实。少数植物可不经受精作用，通过自发性单性结实或诱导性单性结实两种类型，也可发育形成果实，这就称单性结实。果实是单纯由子房发育形成的为真果；除子房外，还包括花的其他部分参与形成的果实为假果。

果实及种子成熟后脱离母体，通过不同的传播方式散布各地。多数植物的种子离开母体后，在适宜的环境条件下仍不能立即萌发，需要休眠。度过休眠期的种子在充足的水分、足够的氧气和适宜的温度下即可萌发形成幼苗，由于上、下胚轴的生长速度不同，形成子叶出土和子叶留土两种幼苗类型。幼苗经一段时间的营养生长后，花芽分化，转入生殖生长，经开花、传粉、受精等又可由胚珠形成种子。从种子萌发到新一代种子形成的整个过程，称为被子植物的生活史。在生活史中孢子体阶段和配子体阶段是两个基本阶段，二者有规律的交替出现，称为世代交替，在被子植物世代交替中的两个转折点和关键环节是减数分裂和受精作用。

思考题

1. 举例说明真果、假果的结构，如何判断假果?
2. 举例说明不同植物种子寿命的差异，并解释其原因。
3. 举例说明无融合生殖及单性结实在生产上的意义。
4. 粮库中的种子是休眠状态吗? 为什么?
5. 请阐述被子植物占优势的主要原因。

推荐阅读书目

金银根. 2010. 植物学. 2 版. 北京：科学出版社.
贺学礼. 2010. 植物学. 2 版. 北京：高等教育出版社.
李扬汉. 1981. 植物学. 2 版. 上海：上海科学技术出版社.
梁建萍. 2013. 植物学. 北京：中国农业出版社.

参考文献

曹慧娟. 1989. 植物学[M]. 北京：中国林业出版社.
贺学礼. 2010. 植物学[M]. 2 版. 北京：高等教育出版社.
金银根. 2010. 植物学[M]. 2 版. 北京：科学出版社.
李扬汉. 1981. 植物学[M]. 2 版. 上海：上海科学技术出版社.
梁建萍. 2013. 植物学[M]. 北京：中国农业出版社.
赵桂仿. 2009. 植物学[M]. 北京：科学出版社.
郑相如，王丽. 2007. 植物学[M]. 2 版. 北京：中国农业大学出版社.

第九章　植物分类基础知识

第一节　植物分类的方法

人类利用植物是从识别植物开始的，人类辨别不同的植物，对其进行分类。而植物分类逐渐成为一门学科，也像其他学科一样经过了漫长的发展。古希腊泰奥弗拉斯托斯(Theophrastus，约371BC—286BC)的著作《De Historia et De Causis Plantarum》(植物的历史和植物本原)的问世拉开了人类认识和描述植物、对其进行分类的序幕。植物的分类经历了人为分类方法与人为分类系统(artificial system)到自然分类方法与自然分类系统(natural system)的发展时期。

一、人为分类法与人为分类系统

人为分类法是人类按照自己的目的和方便，选择植物的一个或几个明显的(形态、习性、经济或生态)特征进行分门别类的分类方法。人为分类法不考虑物种间亲缘关系的远近及其在系统发育中的地位。

中国明代药物学家李时珍(1518—1593)所著《本草纲目》将所收集的1000多种植物按照植物的外形和用途分成草部、木部、谷部、果部和菜部五部。每部又分成若干类，如草部分为山草、芳草、湿草、毒草、蔓草、水草、石草、苔草和杂草等。瑞典植物学家林奈(Carl Linnaeus，1707—1778)在其《自然系统》(*Systema Naturae*，1735)中以表格的形式发表了“性”系统：依据有花植物雄蕊的数目、雄蕊的特征以及雄蕊与雌蕊的关系，将植物分为24纲，如一雄蕊纲、二雄蕊纲……二十四雄蕊纲。其中1～23纲为显花植物，第24纲为隐花植物。这些都是典型的人为分类方法。按照人为分类法所建立的植物体系(或分类系统)就是人为分类系统。

人为分类法常把亲缘关系极远的植物归并为一类，而相近的植物反被分离得很远，以致所建立的分类系统不能科学地反映植物之间的亲缘关系和系统地位。但是一些人为分类法及其系统因其通俗易懂、紧密联系生产等特性至今仍在使用。如农业生产中常将植物分为作物、蔬菜、花卉和果树等，经济植物学常将植物分为粮食作物、油料作物、纤维植物、芳香植物等，果树学常将果树分为仁果类、核果类、坚果类、浆果类等。

二、自然分类法与自然分类系统

自然分类法是在林奈的《植物的纲》(*Classes Plantarum*，1738)中“自然系统的片段”、瑞士植物学家德堪多(A. P. De Candolle，1778—1841)的《植物学的基本原理》(*Elementary Theory of Botany*，1813)以及达尔文的《物种起源》(*The Origin of Species*，1859)中“进化学说”等著作和理论的影响下逐渐建立起来的。

自然分类法是根据植物间的形态结构、生理生化和生态习性等特性的相似性程度大小，判断植物间亲缘关系的远近，寻求分类群谱系的发生关系和进化过程，并进行植物的分门别类和排序的方法。按照生物进化的观点，现今的植物都由共同的祖先演化而来，彼此间都有或近或远的亲缘联系，关系越近相似性越多，关系越远则差异性越大。因此根据植物形态、结构及习性的相似程度就可判断它们之间亲缘关系的远近。如小麦与水稻相似的性状多，亲缘关系就近；而小麦与甘薯相似的性状少，它们的亲缘关系就较远。

自然分类法能够比较客观地反映植物界发生发展的本质和进化上的顺序性，因此，现代植物的分类大都依此进行。按照自然分类法建立的分类系统称为自然分类系统。由于古代灭绝植物的化石资料残缺不全，再加之新物种的不断发现，使从事这方面研究的学者们很难达成一致的见解，继而形成了不同的分类系统。尤其很多分类学家根据各自的系统发育理论提出了许多不同的现代被子植物分类系统，其中代表性的主要有：恩格勒(Engler)分类系统(1897)、哈钦松(Hutchinson)分类系统(1926)、塔赫他间(Takhtajan)分类系统(1954)、克朗奎斯特(Cronquist)分类系统(1958)、APG(Angiosperm Phylogeny Group)分类系统(1998)等。这些系统从不同侧面反映了植物界的发生演化关系，各有其优缺点。随着生产实践的发展和科学水平的提高，植物分类系统将会不断得到修正和完善。

传统的植物分类是以植物的形态特征作为主要分类依据，即根据植物的营养器官(根、茎、叶等)和生殖器官(花、果实、种子等)的形态特征进行分类。随着植物学各分支学科的不断发展，解剖学、胚胎学、孢粉学、遗传学、分子生物学等学科的研究方法和研究成果也已被应用于植物分类。如用透射电子显微镜及扫描电子显微镜技术研究植物的细微结构，产生了超微结构分类学(Ultra-structural Taxonomy)。用细胞学方法研究染色体的数目、形态结构、核型和行为，产生了细胞分类学(Cytotaxonomy)。一个突出的例子是芍药科(Paeoniaceae)，仅芍药属(Paeonia)1 属。以前都将它放在毛茛科中，但这个属具花盘，心皮大而肉质，柱头厚而镰状，2 唇状，雄蕊离心式发育以及种子有大的假种皮等特征，使其从毛茛科分出独立成芍药科。细胞学研究表明芍药属染色体基数 X =5，这和毛茛科大多数属的基数很不相同，支持了将芍药属独立成科的观点。用生物化学(血清学技术、电泳技术、同工酶分析、氨基酸顺序、DNA 分子杂交等)分析植物体内次生代谢物质(如生物碱、酚类、氨基酸)、蛋白质、核酸以及其他内含物的特性，产生了化学分类法(Chemotaxonomy)。将数学、统计学原理和电子计算机技术应用于植物的分类，产生了数量分类学(Numerical Taxonomy)。此外，植物结构学、植物生殖生物学、结构地理学和生态学学科的研究成果也在分类学中得到了很好的应用，使植物分类系统趋于更加合理化。

第二节 植物分类的各级单位

一、植物分类的各级单位

对全部植物进行分门别类，一方面有效地识别多样性的植物种类，另一方面能够系统地表示植物间的亲缘关系以及系统发生和进化的时序性。按照植物类群的所属等级，给予的一定名称，就是分类单位(taxon)或分类阶元(unit)。现将植物分类的基本单位列于表9-1。

表9-1 植物分类的基本单位

分类单位			植物举例	
中文名	英文名	拉丁名	中文	拉丁文
界	Kingdom	Regnum	植物界	Plantae
门	Division	Divisio/Phylum	被子植物门	Angiospermae
纲	Class	Classis	单子叶植物纲	Monocotyledoneae
目	Order	Ordo	莎草目	Cyperales
科	Family	Familia	禾本科	Gramineae
属	Genus	Genus	小麦属	*Triticum*
种	Species	Species	小麦	*T. aestivum* L.

各主要分类等级根据需要可再分成亚级，即在各级单位之前，加上一个亚(sub-)字，如亚门(subdivision)、亚纲(subclass)、亚目(suborder)、亚科(subfamily)、亚属(subgenus)。如蔷薇科(Rosaceae)根据心皮数、子房位置和果实特征分为4个亚科：绣线菊亚科(Spiraeoideae)、蔷薇亚科(Rosoideae)、李亚科(Prunoideae)、苹果亚科(Maloideae)。此外，在科以下有时还加入族(tribe)、亚族(subtribe)，在属以下有时还加入组(section)、亚组(subsection)、系(series)、亚系(subseries)等分类等级。

二、种的概念

英国植物学家约翰·雷(John Ray，1627—1705)在其《植物史》(*Historia Plantarum*，1686)中把物种定义为“形态类似的个体之集合”，同时认为物种具有“通过繁殖而永远延续的特点”。林奈继承了约翰·雷的观点，他认为物种是“由形态相似的个体组成，同种个体可以自由交配，并能产生可育的后代，而异种杂交则不育”。达尔文打破了物种永恒性的传统观点，认为“一个物种可变为另一个物种，物种之间存在着不同程度的亲缘关系”。

物种(species)(或种)是自然界中客观存在的，是生物分类系统的基本单位。物种不是相似个体的简单集合，而是起源于共同祖先、具有极为相似的形态和生理特征，且能自由交配、产生育性正常的后代，并具有一定的自然分布区的生物类群。通常一个物种的个体一般不能和其他物种进行生殖结合，即使结合，也不能产生有生殖能力的后代，即种间存在生殖隔离现象。因此，物种是生物进化过程中从量变到质变的一个飞跃，是长期自然选择的历史产物。

物种虽一方面具有相对稳定的形态特征，其特征可以代代遗传，而另一方面物种又处于不断发展和演化中。如果种内某些个体之间具有显著差异，则可视差异的大小，分为亚种、变种和变型等。亚种(subspecies)是指在不同自然分布区分布的同一种植物，由于生境不同导致其在形态结构和生理功能上表现一定差异的个体群。变种(variety)是指种内个体在不同微环境条件影响下所产生的可稳定遗传的变异个体群，如花色、枝条下垂与否等特征发生变异的类群。变型(forma)是指同一种内的植物，在形态学上表现出差异的个体群，其变异更小，不能稳定遗传，如叶色的变异类群等。

栽培植物中，人们常以栽培品种来区分和评价种内不同栽培群体类型。品种(cultivar)通常指经过人工选择及人工栽培而得到的有一定经济价值和观赏价值的变异群体类型。确立品种的指标主要有色、香、味、形状、产量等。如牡丹有‘二乔’、‘姚黄’、‘洛阳红’等品种，小麦、玉米、水稻、菊花等具有更多的品种。品种只用于栽培植物，不用于野生植物。种内各品种间的杂交，称为近缘杂交。种间、属间或更高级的单位之间的杂交，称为远缘杂交。育种工作者，常常遵循近缘易于杂交的法则来培育新品种。

第三节 植物命名法规

一、植物双名命名法

人类在识别、掌握和利用植物的时候常给不同种类的植物起不同的名称，借以区别它们。因此不同国家、地区和民族对某种植物都有自己通俗的称谓，即俗名。俗名具有形象、地方通用等特性，如龙爪槐、七叶一枝花、钻天杨等。但由于语言和文化的差异，往往出现同物异名(synonym)和同名异物(homonym)的混乱现象，这给识别和利用植物以及成果交流等方面的造成了障碍。如马铃薯在南京叫洋山芋，在东北和华北多叫土豆，在西北则叫洋芋。给予每一种植物统一的名称是研究和交流的基础。

林奈的《植物种志》(*Species Plantarum*，1735)一书中采用前人的建议创立了双名命名法(binomial nomenclature)，简称双名法，后被世界植物学家所采用。

双名法是用两个拉丁词或拉丁化词作为一种植物的学名(scientific name)：第一个单词是属名，是这个种所处的属，其首字母必须大写；第二个单词为种加词

(specific epithet)，通常是反映该植物特征的拉丁文形容词，其首字母小写。这两个词共同组成一个种名。属名通常使用拉丁文名词，如果使用其他语言的名词，则必须拉丁化，一般为名词单数第一格。种加词多为形容词，也可为名词的所有格或同位名词，种加词的性、数、格要求与属名一致。双名之后还应附加命名人之名，以示负责，便于查证。如果命名人姓名过长，可采用缩写的形式。命名人缩写的姓名之后要加点(". ")号，其首字母也要大写。命名人的缩写形式以英国皇家植物园——邱园发布的标准索引为准。标准缩写可以在国际植物名称索引的作者查询页(http：//www. ipni. org/ipni/authorsearchpage. do)中查询。在印刷出版科学文献时，属名和种加词习惯以斜体表示，命名人习惯以正体表示。

例如，水稻的学名 *Oryza sativa* L. 中第一个词是其属名，是水稻的古希腊名，为名词；第二个字是形容词，是栽培的意思；大写"L"，是命名人卡尔·林奈的姓氏缩写。

种下的常用分类单位有亚种、变种、变型等。其命名方法是在原种的完整学名之后，加上拉丁文亚种或变种或变型的缩写，然后再加上亚种、变种或变型的"加词"，最后附以命名人姓氏或姓氏缩写。这三个等级的缩写分别为 subsp. 或 ssp.（亚种）、var.（变种）、f.（变型），在出版印刷的时候该类等级缩写必须为正体。

如：中国沙棘(*Hippophae rhamnoides* L. subsp. *sinensis* Rousi.)为沙棘的亚种

白丁香(*Syringa oblata* Lindl. var. *alba* Rehd.)为紫丁香的变种

龙爪槐(*Sophora japonica* L. f. *pendula* Loud.)为槐的变型

二、国际藻类、真菌及植物命名法规概要

在林奈双名法的基础上，1867 年由德堪多等人拟定出国际植物命名法规(International Code of Botanical Nomenclature，ICBN)，并经第一届国际植物学会议确认通过，其后的每届国际植物学会议都对其进行修订，使其日臻完善。目前使用的最新版法规是《墨尔本法规》(Melbourne Code)，为 2011 年第 18 届国际植物学会议修正《维也纳法规》(第 14 版，2005 年出版)后出版。同时第 18 届的国际植物学会议将《国际植物命名法规》更名为《国际藻类、真菌及植物命名法规》(International Code of Nomenclature for algae，fungi，and plants，ICN)，以便更准确有效地反映该法规所涵盖的分类群。

国际藻类、真菌及植物命名法规是植物命名法的基础，是各国植物分类学者命名植物时所必须遵循的规章。现将其要点简述如下：

(1) 命名模式 科或科级以下的分类群的名称，都是由命名模式来决定的。更高等级(科级以上)分类群的名称，只有当其名称是基于属名的才由命名模式来决定。种或种级以下的分类群的命名必须有模式标本作根据。

(2)学名的有效发表和合格发表 学名的有效发表条件是发表作品一定要是出版的印刷品，并可通过出售、交换或赠送，到达公共图书馆或者至少一般植物学家能去的研究机构的图书馆。仅在公共集会上、手稿或标本上以及仅在商业目

录中或非科学性的新闻报刊上宣布的新名称，即使有拉丁文特征集要，也属无效。自1935年1月1日起，除藻类(自1958年1月1日)和化石植物外，1个新分类群名称的发表，必须附有拉丁文描述或特征集要，否则不算合法发表。自1958年1月1日以后，科或科级以下新分类群的发表，必须指明其命名模式，才算合格发表。例如新科应指明模式属；新属应指明模式种；新种应指明模式标本。自2012年1月1日起，在印刷出版品上发表新名称已非必要；于网络上以便携式文件格式(PDF档)发表且具有国际标准书号(ISBN)或国际标准连续出版物号(ISSN)之出版品亦可视为有效发表。自2012年1月1日起，发表新种时可用拉丁文或英文描述。

(3)优先律原则 新种名称的发表有优先权，凡符合法规的最早发表的名称为唯一学名。种子植物的种加词(种名)优先律的起点为1753年5月1日，即以林奈1753年出版的《植物种志》(*Species Plantarum*)为起点；属名的起点为1754及1764年林奈所著的"植物属志"(*Genera Plantarum*)的第5版与第6版。因此，对于某种植物，如已有2个或2个以上的学名，应以最早发表的名称为合法学名。

(4)学名必须采用双名命名法 包括属名和种加词，最后附加命名人。

(5)每一种植物只有一个合法的正确名称 若发生同物异名的状况时，应将不符合法规的名称视作异名加以废弃。

(6)属的转移 通过专门的研究，认为一个属中的某一种应转移到另一属中去时，假如等级不变，可将它原来的种加词移到另一属中而被留用，这样组成的新名称叫"新组合"(combination nova)。原来的名称为基本名(basionym)。原命名人则用括号括之，一并移去，转移的作者写在括号之外。例如，杉木最初是1803年由Lambert定名为*Pinus lanceolata* Lamb.。1826年，Robert Brown又定名为*Cunninghamia sinensis* R. Br. ex Rich.。1872年，Hooker在研究了该名的原始文献后，认为它属于*Cunninghamia*属，但发表最早的种加词*lanceolata*应予保留。故杉木的合格学名为*Cunninghamia lanceolata* (Lamb.) Hook.，而*Pinus lanceolata* Lamb.为基本名，其他两个学名为异名。

第四节 植物分类检索表

植物的鉴定是植物科学中的一项基本技能。进行植物鉴定的时候，首先要正确运用植物分类学的基本知识。通过细致全面观察植物标本或新鲜材料各部分的形态特征，依据形态术语做出正确的判断。还要参考野外记录和随访资料，了解该植物在野外的生长状况、分布生境以及俗名等。然后利用分类学文献进行鉴定。植物分类学文献包括国家或地方的植物志、植物图鉴、专著、期刊等。分类学文献中常包括植物种的形态、产地、生境、经济用途的描述，多有附图，且分类检索表也是重要的内容。

植物分类检索表是植物分类学中识别植物不可缺少的工具，能够为鉴定植物提供重要帮助。分类检索表(identification key)根据法国拉马克(Lamarck，1744—1829)的二歧分类原则编制：将同一关键特征性状分为相对应的两个分支，再把每个分支中相对的性状又分为相对应的两个分支，依次编制下去，直到编制的科、属或种检索表的终点为止。

植物分类检索表在编制和排版上有不同的类型，如定距式检索表、平行式检索表等、连续平行式检索表。

一、定距式检索表

定距式检索表将成对的特征分列在检索表的不同部分，以相同的号码标志，在每一特征之下对这一特征进一步进行分类，不同编码的特征会依次缩进。此类检索表同一特征群体的生物在空间上比较接近，但是成对特征之间的距离常常很远。如蔷薇科的亚科分类检索表：

1. 果实不开裂；叶具托叶
  2. 子房上位
    3. 心皮多枚，分离，极少 1~2，聚合果；多为复叶 ……………… 蔷薇亚科(Rosoideae)
    3. 心皮 1 枚，极少 2 或 5 枚，核果；单叶 ……………………………… 李亚科(Prunoideae)
  2. 子房下位，2~5 心皮合生，梨果 ……………………………………… 苹果亚科(Maloideae)
1. 果实为开裂的膏葖果或蒴果；叶多无托叶 ……………………… 绣线菊亚科(Spiraeoideae)

二、平行式检索表

平行式检索表是将成对特征紧临排列，并标示为相同的序号，每一种特征之后指向下一对特征的序号。不同序号的特征之间并不缩进。这种检索表将成对特征相临排列，但同一特征群的生物相互区隔。同样以蔷薇科的亚科分类检索表为例：

1. 果实为开裂的膏葖果或蒴果；叶多无托叶………………………… 绣线菊亚科(Spiraeoideae)
1. 果实不开裂；叶具托叶 ……………………………………………………………………… 2
2. 子房下位，2~5 心皮合生，梨果 ……………………………………… 苹果亚科(Maloideae)
2. 子房上位 ……………………………………………………………………………………… 3
3. 心皮多枚，分离，极少 1~2 聚合果；多为复叶 ……………………… 蔷薇亚科(Rosoideae)
3. 心皮 1 枚，极少 2 或 5 枚，核果；单叶 ……………………………… 李亚科(Prunoideae)

学会使用检索表是鉴定植物的关键。在使用的时候要细致，要耐心，通过反复检索，直至完全符合为止。学习鉴定、检索植物的过程是掌握植物分类学的必经之路。

《国际栽培植物命名法规》要点

1. 品种

品种是栽培植物的基本分类单位，是指栽培植物在人工选择下，获得了一致而稳定的特性，而且能够保持下来的一个分类单位。它与野生植物中的变种、变型等分类等级不是同级，位于植物界22级分类等级之下。

2. 栽培品种

栽培品种种加词用正体，它的首字母必须大写，并用一个单引号将品种种加词括起来，加词前无须加“cv.”来表明它的栽培变种的等级，其后也无须引证它的命名人。

如蟠桃 *Prunus persica* L.‘Compressa’

3. 栽培植物的命名和发表

栽培植物的命名和发表同样有一套严格的规定，需要有拉丁化文字或英文的特征集要，提供新品种的彩照、插图、该品种的亲本和栽培历史、该品种建立的日期和地点等，并经国际栽培植物品种登录权威机构(IRCA)审定和履行登录手续后，才能成为正式的品种名。商业名称和商标不能成为品种名。

本章小结

生物的分界、植物分类是我们识别植物的基础。植物分类的方法有两种：一种是人们依据自己的用途或方便进行分类的方法，称为人为分类法；另一种是根据植物的亲缘关系进行分类的方法，称为自然分类法。随着植物学分支学科的发展，在传统分类学的基础上形成了细胞分类学、化学分类学、数量分类学等。按照亲缘关系的远近，植物分类的基本等级包括界、门、纲、目、科、属、种。种是植物分类的基本单位，种下还设有亚种、变种和变型等分类等级。品种是栽培植物分类的基本单位。

植物的命名采用双名法：用两个拉丁单词作为一种植物的学名。第一个单词是属名，第二个单词是种加词，最后附加命名人。

植物检索表是根据二歧分类原则，对比不同植物，汇同辨异，逐一编制而成。科学、准确地使用检索表是鉴定植物的关键。

思考题

1. 植物分类中什么是人为分类系统？什么是自然分类系统？它们各有什么优缺点？

2. 植物命名中的双名命名法和三名命名法的优点有哪些？

3. 如何正确使用植物检索表？

推荐阅读书目

古尔恰兰·辛格. 刘全儒，郭延平，于明译. 2008. 植物系统分类学. 北京：化学工业出版社.

国际生物科学联盟栽培植物命名法委员会. 靳晓白，成仿云，张启翔译. 2013. 国际栽培植物命名法规. 8版. 北京：中国林业出版社.

参考文献

古尔恰兰·辛格. 2008. 植物系统分类学[M]. 刘全儒，郭延平，于明译. 北京：化学工业出版社.

国际生物科学联盟栽培植物命名法委员会. 2013. 国际栽培植物命名法规[M]. 8版. 靳晓白，成仿云，张启翔译. 北京：中国林业出版社.

强胜. 2006. 植物学[M]. 北京：高等教育出版社.

马炜梁. 2009. 植物学[M]. 北京：高等教育出版社.

郑湘如，王丽. 2007. 植物学[M]. 2版. 北京：中国农业大学出版社.

第十章　植物界的基本类群与进化

地球上现有植物种类近50万种，它们是在长期演化过程中形成的。据考证，地球上最原始的植物是原核的藻类植物，诞生于迄今38亿年前的海洋，陆地植物的出现至少有26亿年的历史。陆地上出现真核植物至少是20亿年以前。植物经过长期的进化发展，出现了形态结构、生活习性等方面的差别。有些类群繁盛起来，有些类群衰退下去；老的物种不断消亡，新的物种不断产生。植物从无到有、从少到多、从简单到复杂、从水生到陆生、从低级到高级，不断进化着。

在形形色色、多种多样的植物中，有的结构简单、低等而古老，常生活于水中或阴湿地方；植物体没有根、茎、叶的分化，其生殖器官常为单个细胞；有性生殖的合子，不形成胚而是通过减数分裂形成单倍体的细胞，再萌发成新的植物体，故又称为无胚植物(nonembryophyta)或低等植物(lower plant)，包括藻类(algae)、菌类(fungi)、地衣(lichenes)等类群，约有10多万种。有的植物，形态构造和生理上都比较复杂，绝大多数营陆生生活；常有根、茎、叶的分化(苔藓植物没有真正的根，属例外)，生活周期有明显的世代交替，生殖器官由多个细

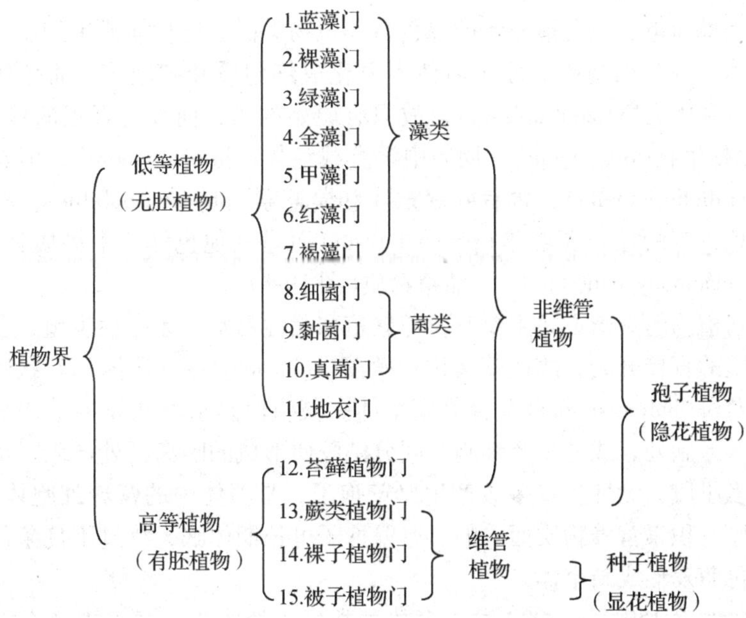

胞构成；受精卵发育成胚，继而形成植物体，因此，又称有胚植物(embryophyta)或高等植物(higher plant)，包括苔藓植物(bryophyta)、蕨类植物(pteridphyta)和种子植物(seed plant)等植物类群，约有20万种以上。在各类群中，又以用雌性生殖器官是否为颈卵器、是以孢子繁殖还是种子繁殖、植物体内有无维管束的分化等，把植物各大类群进行区别。植物界的分门并不统一。根据多数学者的观点，植物界可分为以下十五门。

第一节 藻类植物(Algae)

藻类植物是一群具有光合色素、能独立生活的自养生物。现存的藻类植物多生于海水和淡水，少数生于潮湿的土壤、树皮或岩石。藻类植物的植物体为单细胞个体或多个细胞的丝状体、球状体、片状体或枝状体等。

藻类植物的繁殖有营养繁殖、无性生殖和有性生殖等方式。生活史具有核相交替(如衣藻、水绵等)和世代交替(如海带、紫菜等)两种。

在植物分类系统中，藻类植物不是一个自然类群，约有2万种。根据藻类植物体的形态结构、细胞内所含色素、鞭毛有无和着生的位置与类型、储藏物质及其生殖方式等的不同，可将藻类植物分为蓝藻门(Cyanophyta)、裸藻门(Euglenophyta)、绿藻门(Chlorophyta)、金藻门(Chrysophyta)、红藻门(Rhodophyta)、褐藻门(Phaeophyta)、甲藻门(Pyrrophyta)7门。下面仅简单介绍其中的6门植物。

一、蓝藻门(Cyanophyta)

(一)主要特征

蓝藻是最简单、也是最原始的绿色自养植物类群。植物体或单细胞、或多细胞丝状群体。蓝藻细胞中的原生质体不分化成细胞质和细胞核，而分化成周质(periplasm)和中央质(centroplasm)，故只有原始的核，而没有真正的核(缺乏核膜)，是原核生物(procaryote)。周质中没有载色体(chromatophore)，但有光合片层(photosynthetic lamella)，含有叶绿素a和藻蓝素(phycocyanobilin)，故植物体常呈蓝绿色，有的还有藻红素(phycoerythrin)而呈其他色泽。中央质具染色质。蓝藻淀粉(cyanophycean starch)为储藏物质(图10-1)。

蓝藻门植物的繁殖方式主要有营养繁殖和无性繁殖，无有性生殖。营养繁殖是通过细胞的直接分裂，故蓝藻又称裂殖藻(schizophyta)。群体和丝状体的种类常形成藻殖段(hormogonium)发育为新个体。藻殖段是从丝状体中某些细胞死亡处、或从异形胞处、或从2个细胞之间分泌胶质形成的隔离盘处产生，也可机械地段为许多小段。无性生殖多数产生厚壁孢子，是藻体内的营养细胞体积增大，细胞壁加厚，积累营养物质而成的。厚壁孢子可长期休眠，渡过不良条件，待环境适宜时再萌发形成新个体。

蓝藻门约有150属，2000种。多数种类生于淡水中，海水中亦有，甚至在

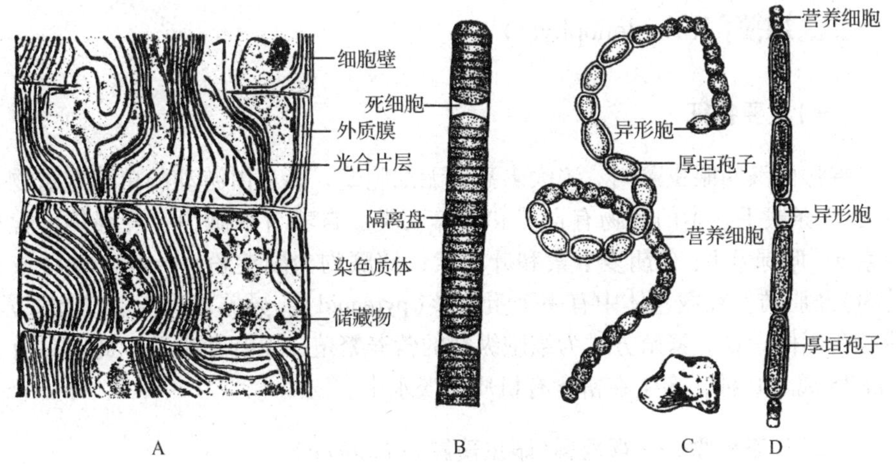

图 10-1　蓝藻(*Cyanophyta*)

A. 颤藻属(*Oscillatoria*)电子显微镜下的结构　B. 颤藻属(*Oscillatoria*)
C. 念珠藻属(*Nostoc*)去掉胶质包被　D. 鱼腥藻属(*Anabaena*)

85℃温度的热水泉中亦有蓝藻的分布。还有的则附生于别的植物上、石上，或树干上等阴湿之处，或与真菌共生形成地衣。

(二) 代表植物

1. 色球藻属(*Chroococcus*)

植物体为单细胞或群体型。单细胞时，细胞为球形，外被固体的胶质鞘。群体型由两代或多代的多细胞聚集而成，单个细胞和群体外围都有胶质鞘分布。

2. 颤藻属(*Oscillatoria*)

植物体为丝状群体，无或近无胶质鞘，细胞圆筒形，可前后伸缩或左右摆动。丝状体中常间隔分布着中空且呈双凹形的死细胞，或具有胶化膨大的隔离盘(separation disc)，2 个死细胞或隔离盘之间的藻丝体段，称为藻殖段。颤藻属多生于有机质丰富的水湿环境中(图 10-1)。

3. 念珠藻属(*Nostoc*)

念珠藻生于水中、湿地、草地上，植物体为念珠状丝状群体，或外有公共的胶质鞘所包被的片状体。细胞为圆球形，丝体上有异形胞和厚垣孢子(图 10-1)。念珠藻一般生长在潮湿的地区或水流缓慢、有机质较丰富的浅水水底，或生长于地面和岩石上。

常见可食用的种有葛仙米(*N. commune* Veauch.)和发菜(*N. flagelliforme* Born. et Flah.)等。

4. 鱼腥藻属(*Anabaena*)

本属与念珠藻属相近，念珠状的丝状体无胶质鞘包被，营养细胞为球形或圆筒形，厚垣孢子较长或较大(图 10-1)。有的能生长在满江红属(*Azolla*)植物的体内，固定游离氮。

二、裸藻门(Euglenophyta)

(一)主要特征

裸藻门又叫眼虫藻门。绝大多数为无细胞壁，能自由游动的单细胞植物，具有1~3条鞭毛。本门植物有自养和异养两类。自养者细胞内有叶绿体，含有叶绿素a、叶绿素b、β胡萝卜素和叶黄素；储藏物为副淀粉(paramylum)(或裸藻淀粉)及脂肪。在载色体中有一个蛋白核(pyrenoid)。异养者腐生、动物式营养，能吞食固体食物。繁殖方式为细胞纵裂的营养繁殖，无有性生殖。此门只有1纲2目25属450种，多生在富含有机质的淡水中。

(二)代表植物——裸藻属(眼虫藻属)(*Euglena*)

裸藻属植物细胞为梭形，前端有胞口(cytostome)，有一条鞭毛(flagellum)从胞口伸出。胞口下有沟，沟下端有胞咽(cytopharynx)，胞咽以下有一个袋状的储蓄泡(reservoir)。附近有一到几个伸缩泡(contractile vacuole)。体中的废物可经胞咽及泡口排出体外。贮蓄泡旁有趋光性的眼点(eyespot)，植物体仅有一层富于弹性的表膜(pellicle)，没有纤维素的壁，因而个体可以伸缩变形。细胞内含多个载色体(图10-2)。

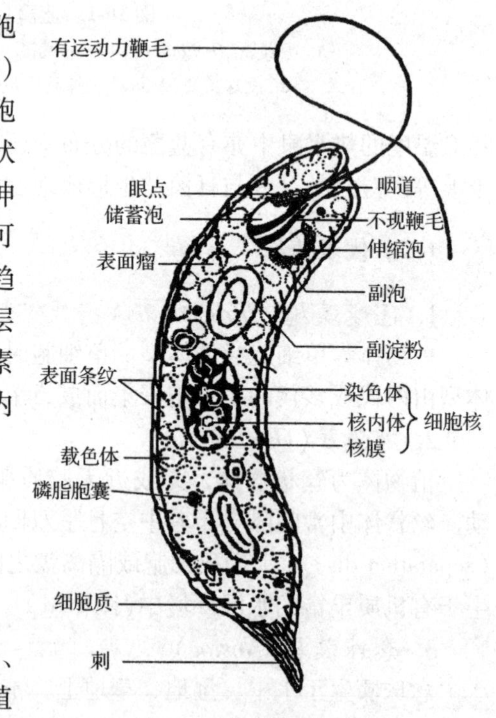

图10-2 裸藻属细胞结构

三、绿藻门(Chlorophyta)

(一)主要特征

绿藻植物的细胞结构、细胞壁成分、含有的色素及其储藏的物质都与高等植物细胞相似。其含有的色素包括叶绿素a、叶绿素b、叶黄素和胡萝卜素；储藏的养料有淀粉和油类。叶绿体中有一至几个蛋白核。游动细胞有2或4条等长的顶生鞭毛。

绿藻植物体多种多样，有单细胞、群体和丝状体类型，有1至多个核。具有营养繁殖、无性生殖和有性生殖(同配、异配和卵式生殖)3种繁殖方式。绿藻的分布以淡水为主，陆地上阴湿处或海水中也有分布。或附着生长，或浮游生活，或共生，或寄生。有的与真菌共生成为地衣。

绿藻门是藻类植物中最大的一个门，约430属，8600种。一般将其分为绿藻纲(Chorophyceae)和轮藻纲(Charophyceae)。

(二)代表植物

1. 衣藻属(*Chlamydomonas*)

本属有100种以上，多生于有机质丰富的淡水中。植物体为单细胞，卵形，细胞内有1个核，1个杯状叶绿体，叶绿体中有淀粉粒，细胞前端有2条等长的鞭毛，其基部有2个伸缩胞，旁边有1个红色眼点。衣藻进行无性繁殖时，其营养细胞失去鞭毛，原生质体分为2、4、8、16团，各形成具有2条鞭毛的游动孢子(zoospore)。游动孢子形成后，母细胞成为游动孢子囊，囊破裂后放出新个体。

衣藻有性繁殖为同配或异配、少为卵配生殖。合子(zygote)休眠后，经过减数分裂，产生4个游动孢子。当合子壁破裂后，游动孢子散出新的衣藻个体(图10-3)。

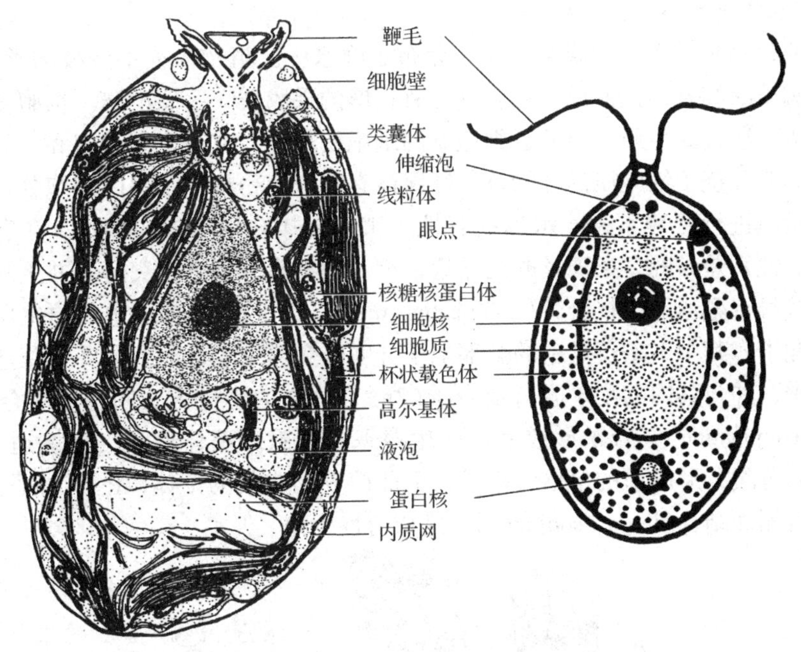

图10-3　衣藻细胞结构

衣藻已成为叶绿体基因工程的理想材料，衣藻基因组序列已清楚，人们可以定点整合目的基因。如有人将细菌编码的抗链霉素基因aadA转化到衣藻叶绿体中，使其能抗链霉素和壮观霉素。

2. 团藻属(*Volvox*)

本属植物生长在淡水池、沼泽和淤泥的河流中。植物体是由数百至数万个衣藻型的细胞(大多数为营养细胞，少数为大型、具有繁殖能力的生殖细胞)构成球形群体。藻体沿着球体表面排列为一层，中央为充满黏液的空腔。无性繁殖时，少数大型的繁殖胞(gonidium)可发育成子群体，落入母群体腔内，母体破裂时，放出子群体。有性生殖为卵配生殖(图10-4)。

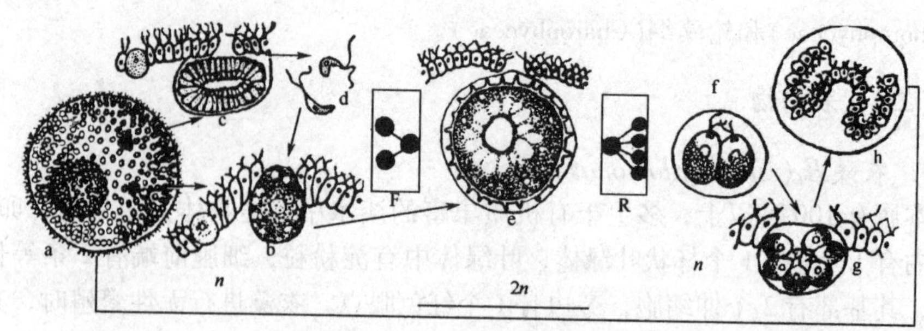

图 10-4 团藻生活史

a. 植物体 b. 卵囊与卵 c. 精子器 d. 精子 e. 合子 f. 单倍体细胞分裂 g. 定型群体 h. 翻转 F. 受精 R. 减数分裂

3. 水绵属(*Spirogyra*)

本属植物是最普通的淡水绿藻，分布于静水中。植物体为不分枝的丝状体，由许多圆筒状细胞连接而成。细胞壁外有很厚的果胶质，手感滑腻。细胞核位于细胞中央，通过原生质丝与贴近细胞壁的细胞质相连，有一个大液泡和一至多条呈带状螺旋环绕于细胞质的叶绿体，叶绿体有多个淀粉粒。水绵以细胞分裂和丝状体的折断进行营养繁殖。水绵的有性生殖通过接合生殖方式进行。在春秋季节，具有性别差异的 2 条藻丝并列靠近，相对的细胞分别产生突起，并生长、接触直至接触点融通形成接合管(conjugation tube)。同时，各细胞中的原生质体收缩成为配子，其中 1 条藻丝中的全部配子分别以变形虫式运动到另 1 条藻丝的对应细胞中，并与其内的配子融合成合子(2n)，这样的生殖方式叫梯形结合(scalariform conjugation)；合子形成后，产生厚壁，休眠，藻体腐解。环境适宜时，合子减数分裂，形成新的单倍体孢子，由此萌发形成新的个体(图 10-5)。此外，水绵还可侧面结合(lateral conjugation)完成有性生殖。

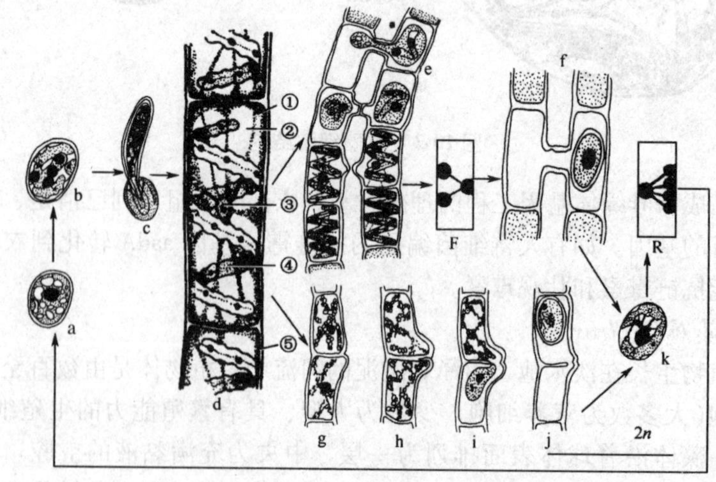

图 10-5 水绵的生活史

a. 孢子 b. 开始萌发的孢子 c. 幼植物体 d. 营养体(①细胞质 ②液泡 ③细胞核 ④载色体 ⑤细胞壁) e、f. 梯形结合 g～i. 侧面结合 j、k. 合子 F. 受精 R. 减数分裂

4. 轮藻属(*Chara*)

轮藻属分布于流动缓慢、富含钙质的淡水中，如浅湖、池塘、稻田等。轮藻有灭蚊作用，凡轮藻多的地方，往往孑孓很少。

轮藻属植物体分枝多，以单列多细胞的无色假根(rhizoid)固着于底泥。高10~60cm。体外被有钙质。主枝的顶端有1个大型的顶细胞(apical cell)，枝有“节”与“节间”之分，“节间”由有1个多核的中央大细胞和数个细长的外围细胞组成。“节”部生“侧枝”，“侧枝”的“节”上有轮生的“叶”(图10-6)。

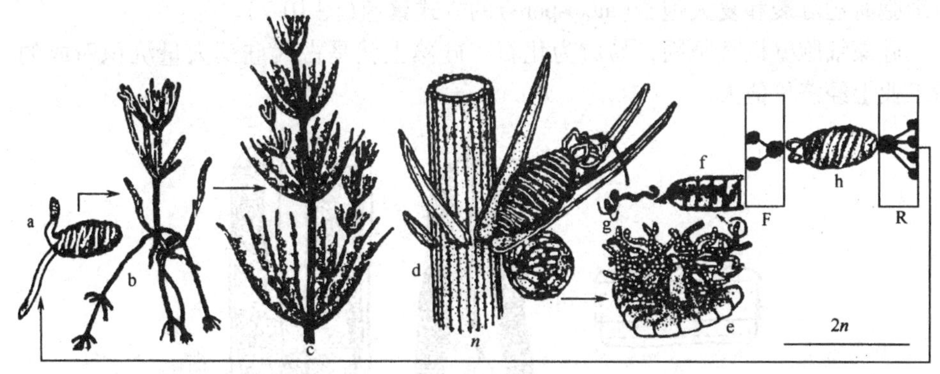

图10-6　轮藻属的生活史

a. 合子萌发　b. 幼植物体　c. 植物体的一部分　d. 一短枝的一部分示卵囊和精子囊
e. 盾形细胞及精子囊丝　f. 精子囊丝　g. 精子　h. 合子　F. 受精　R. 减数分裂

轮藻没有无性生殖，有性生殖为卵式。生殖器官的结构较其他藻类复杂、高级。雌性生殖结构叫卵囊球(nucule)，雄性生殖结构叫精囊球(globule)；前者位于节之上侧，后者位于节之下侧。卵囊球卵形，由5个螺旋形管细胞和1个位于中央的卵细胞所组成。精子囊呈球形，由8个三角状的盾细胞(shield cell)组成，其细胞内的载色体呈橘红色。盾细胞内侧生有数个盾柄细胞，盾柄细胞上生出1~2个头细胞和次生头细胞。次生头细胞上生出几条精子囊丝(antheridia filament)，其上每1个细胞中各有1个精子。精子放出后，进入卵囊球与卵结合形成受精卵。受精卵经休眠以后，减数分裂形成新的个体。轮藻的营养繁殖以藻体断裂为主，轮藻的枝状体基部也可长出珠芽，由珠芽长成植物体。

四、金藻门(Chrysophyta)

(一)主要特征

藻体为单细胞、群体和分枝丝状体。多数种类的藻体无细胞壁，具眼点、有鞭毛，能运动；载色体黄绿色、金黄色或褐色；储藏物质为金藻糖(chrysose)或脂滴。细胞有壁时，壁常为套合的两半；主要以细胞分裂、群体断裂成片等方式进行繁殖；多分布于淡水，一般在温度低、有机质含量少、微酸性水体中生长较多。

此门约有3000属6000余种。由黄藻纲、金藻纲、硅藻纲等3个纲组成。

(二)代表植物——羽纹硅藻属(*Pinnuloria*)

本属植物可分布于淡水、海水。植物体为单细胞，有时贴合成丝状或其他形状的群体；细胞由套合的两瓣构成，其壁只含果胶质和硅质而不含纤维素；藻体正面为瓣面(valve view)，其上多孔并组成各式花纹，侧面称为环面(girdle view)，瓣的套合处称为环(girdle)；细胞有1核，1个至几个金褐色的色素体，主要含叶黄素、叶绿素a和叶绿素c等色素；储藏物质脂滴散布于细胞中。主要以细胞有丝分裂和复大孢子(auxospore)的方式繁殖(图10-7)。

硅藻细胞壁极其坚固，易成为化石。硅藻土就是古代硅藻大量沉积而成的，在工业上经济价值大。

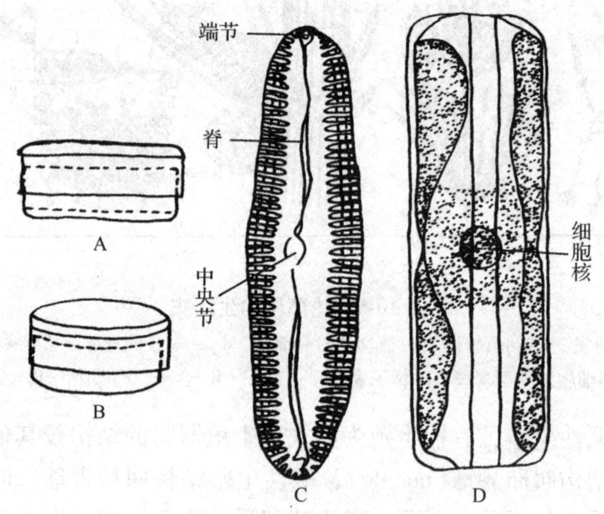

图10-7 羽纹硅藻细胞结构示意

A、B. 硅藻细胞上、下壳示意 C. 羽纹硅藻属细胞壳面观 D. 羽纹硅藻属细胞带面观

五、红藻门(Rhodophyta)

(一)主要特征

藻体多数为多细胞丝状体或片状体，很少是单细胞个体；细胞壁分2层，内层由纤维素组成，外层为琼胶、海萝胶等红藻特有的果胶化合物；载色体含叶绿素a、类胡萝卜素、叶黄素及藻红素和藻蓝素，藻体多为红色或紫红色；储藏物质主要是红藻淀粉(floridean starch)；无性繁殖产生不动孢子，有性生殖为卵配生殖。

红藻门约有550属，3740种，生于淡水或海水中，多营固着生活。

(二)代表植物——紫菜属(*Porphyra*)

藻体为单层或双层细胞组成的叶状体，以固着器固着于基物上，细胞有1~2个星状载色体，载色体中央为一个蛋白核。紫菜在水温15℃左右时产生性器官。

藻体的任何1个营养细胞都可转变为精子囊器，其原生质体分裂形成64个精子。果胞是由1个普通营养细胞稍加变态形成的，一端微隆起，伸出藻体胶质的表面，形成受精丝，果胞内有1个卵。精子从精子囊器释放出后随水流漂到受精丝上，进入果胞与卵结合，形成二倍的合子。合子经过减数分裂和普通分裂，形成8个单倍体的果孢子。果孢子成熟后，落到文蛤、牡蛎或其他软体动物的壳上，萌发进入壳内，长成单列分枝的丝状体，即壳斑藻。壳斑藻产生壳孢子，由壳孢子萌发为夏季小紫菜，其直径约3mm。当水温在15℃左右时，壳孢子也可直接发育成大型紫菜。夏季因水中温度高，不能发育成大型紫菜，故小紫菜产生单孢子，发育为小紫菜。在整个夏季，小紫菜不断产生不断死亡。大型紫菜也可以直接产生单孢子，发育成小紫菜。晚秋水温在15℃左右时，单孢子萌发为大型紫菜(图10-8)。

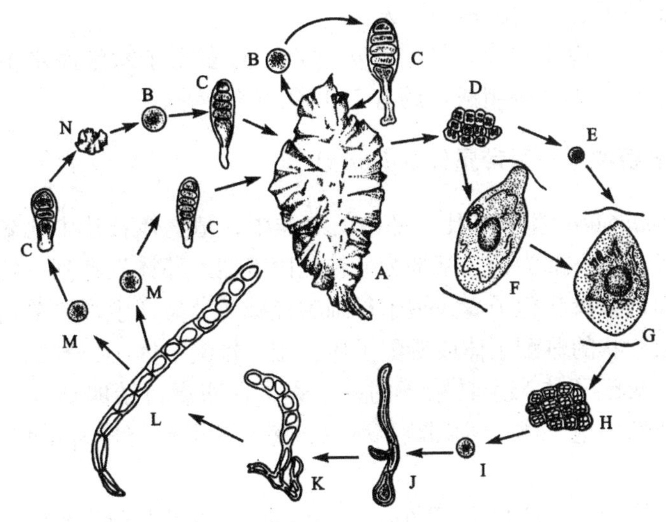

图10-8　紫菜属的生活史

A. 营养体　B. 单孢子　C. 幼株　D. 精子囊　E. 精子　F. 果胞　G. 合子　H. 果孢子囊　I. 果孢子　J. 萌发初期的幼体　K. 丝状体孢子囊　L. 壳孢子的形成和释放　M. 壳孢子　N. 小紫菜

红藻门中的许多植物可以食用、药用和纺织工业用。从海萝(*Gloiopeltis furcata*)中可提取海萝胶来浆丝，如广东的香云纱；紫菜是著名的蔬菜，作食用的还有石花菜(*Gelidium amansii*)、江篱(*Gracilaria confervoides*)等。鹧鸪菜(*Caloglossa leprieurii*)、海人草(*Digenea simplex*)常用为小儿驱虫药。从石花菜属、江篱属、麒麟菜属(*Eucheuma*)中提取琼胶(agar)做培养基等。

六、褐藻门(Phaeophyta)

(一)主要特征

褐藻是多细胞植物体，不存在单细胞及群体类型；分枝的丝状藻体直立或匍匍，或分枝的丝状体相互紧贴成假薄壁组织体，或分化成具有“表皮”、“皮层”和“髓”的组织体，或有假根、假茎和假叶的分化，有些植物体很大，如巨藻属(*Macrocystis*)可长达400m；细胞壁的组成物质主要是纤维素和藻胶；载色体含叶绿素a、叶绿素c、胡萝卜素及叶黄素。其中以可利用短波光的墨角藻黄素含量较多，使藻体呈褐色；储藏物质主要是褐藻淀粉(laminarin)(或称海带糖，一种水溶性的多糖)和甘露醇(mannitol)，有的种类(如海带)，其体内含碘量很高。

褐藻的繁殖方式有营养繁殖、无性生殖和有性生殖。有些种类以断裂方式进行营养繁殖；无性生殖产生游动孢子和不动孢子；褐藻都有有性生殖，有性生殖有同配、异配或卵式生殖。游动孢子和配子都具有侧生的两根不等长的鞭毛，一般向前的一条较长，向后的一条较短。褐藻植物有同型世代交替和异型世代交替。同型世代交替即孢子体世代与配子体世代形状、大小相似；异型世代交替即孢子体和配子体形态、大小差别很大。

本门植物属于冷水藻类，几乎全为海产，且多见于寒带海水中，营固着生活，是“海底森林”的主要组成，约有250属，1500种。

(二)代表植物——海带属(*Laminaria*)

海带(*L. japonica*)生长在比较寒冷的海洋中，植物体长达十几米，分为三部分：上部为带片，下部为柄，基部为分枝的固着器。藻体发育到一定时期，带片的两面丛生出许多棒状孢子囊，孢子母细胞经减数分裂产生许多单倍体的游动孢子，分别形成丝状的雌配子体或雄配子体。雌、雄配子体小，雌配子体产生具卵细胞的卵囊，雄配子体产生具精子的精子囊，在卵囊口精卵结合，合子不离母体，再萌发成新的孢子体(小海带)。所以，海带的世代交替为异型世代交替(图10-9)。

褐藻中除海带外，鹿角菜(*Pelvetia siliguosa*)、裙带菜(*Undaria pinnatifida*)等可食用或药用，马尾藻属(*Sazgassun*)的植物还可作饲料或肥料。从马尾藻等植物

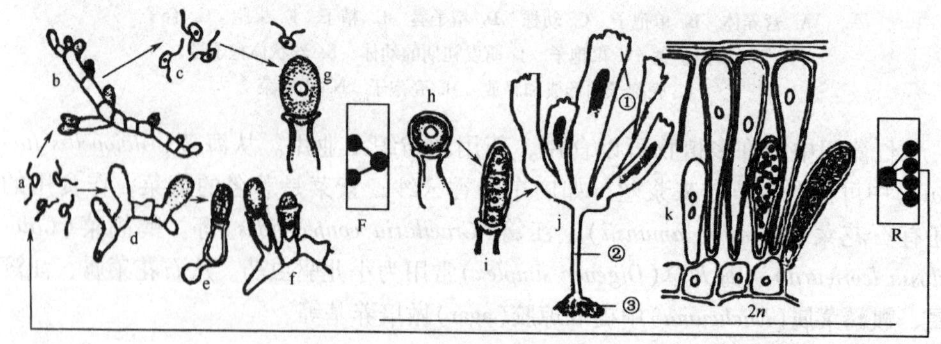

图10-9 海带属的生活史

a. 游动孢子 b. 雄配子体 c. 精子 d~f. 雌配子体 g. 卵 h. 合子 i. 合子萌发
j. 具有孢子囊堆的植物体(①带片 ②柄 ③固着器) k. 通过孢子囊堆的横切面
F. 受精 R. 减数分裂

中提取的褐藻胶、甘露醇、碘化钾、褐藻淀粉等，已用作食品或医药工业原料。

七、藻类各门间的亲缘关系

蓝藻是原核生物，在地质年代中出现最早。但是它和有性生殖很复杂的红藻，却都含有藻胆素(phycobelin)，同时二者又都没有游动细胞，因此，它们可能有亲缘关系相近的远祖。金藻门、甲藻门、褐藻门的植物体多为黄褐色，均含有较多的叶黄素和胡萝卜素，游动细胞又都具2个侧生鞭毛，因而，推断它们的远祖可能也有相近的亲缘关系。裸藻门、绿藻门含有的色素种类相似，但储藏的养分与鞭毛的类型不同，它们的亲缘关系就不明显。

一般认为藻类的起源是同源的，裸藻门、绿藻门、金藻门、甲藻门、褐藻门可能起源于原始鞭毛类。蓝藻门则出现在原始鞭毛类以前，红藻门可能与蓝藻门有共同的远祖，而与其他门的关系不明。

附：植物界各门及其主要特征检索表

1. 植物体无根、茎、叶的分化，生殖器官为单细胞(极少数为多细胞)结构，合子直接萌发成植物体而不形成胚……………………………………………………………… 低等植物
  2. 植物体不为菌、藻共生体
    3. 细胞内含有叶绿素或其他光合色素，为自养植物 …………………… 藻类植物(Algae)
      4. 原核生物 ……………………………………………………………… 蓝藻门(Cyanophyta)
      4. 真核生物
        5. 植物体为单细胞，无细胞壁，具鞭毛、能游动 …………… 裸藻门(Euglenophyta)
        5. 植物体为单细胞、群体或多细胞个体，绝大多数有细胞壁
          6. 细胞内色素与高等植物相同，细胞壁由纤维素构成，储藏物质为淀粉…………
          ………………………………………………………………… 绿藻门(Chlorophyta)
          6. 细胞内色素与高等植物不同，大多数种类的细胞壁为纤维素或硅质，储藏物质不是真正的淀粉
            7. 细胞内含有叶绿素a、叶绿素d、黄色素和藻红素，储藏物质为红藻淀粉……
            ……………………………………………………………… 红藻门(Rhodophyta)
            7. 细胞内含有叶绿素a、叶绿素c
              8. 植物体无单细胞和群体类型，通常为大型海藻，细胞内除含叶绿素a、叶绿素c外还有褐藻黄素，呈褐色，储藏物质为海带多糖和甘露醇……………
              ………………………………………………………… 褐藻门(Phaeophyta)
              8. 多为单细胞个体，细胞内含有较多的叶黄素
                9. 细胞壁常呈套合的两半，有些种类为无隔多核的分枝丝状体或球状体，储藏物质为金藻淀粉和油 …………………………… 金藻门(Chrysophyta)
                9. 植物体常为花纹的甲片相连而成，储藏物质为淀粉和脂肪………………
                …………………………………………………………… 甲藻门(Pyrrophyta)
    3. 细胞内不含叶绿素，异养植物(除少数细菌外) …………………… 菌类植物(Fungi)
      10. 原核生物……………………………………………………… 细菌门(Sonzomycophyta)
      10. 真核生物
        11. 植物体在营养阶段为裸露的原生质体(无壁)，能运动，吞食固体食物 …………
        ……………………………………………………………… 黏菌门(Myxomycophyta)

11. 植物体在营养阶段有细胞壁，常呈丝状体 ……………………… 真菌门(Eumycophyta)
2. 植物体为菌、藻共生体 ……………………………………………………… 地衣门(Lichenes)
1. 植物体有根、茎、叶分化，生殖器官为多细胞结构，合子在母体内萌发成胚 …… 高等植物
12. 植物体内无维管束，配子体占优势，孢子体寄生在配子体上 …… 苔藓植物门(Bryophyta)
12. 植物体有维管束
13. 孢子繁殖。孢子体发达，配子体退化，各自独立生活 …… 蕨类植物门(Pteridophyta)
13. 种子繁殖。孢子体发达，配子体寄生在孢子体上 ……… 种子植物门(Spermatophyta)
14. 无子房构造，胚珠裸露 ……………………………… 裸子植物门(Gymnospermae)
14. 有真正的花，胚珠包被在子房内，不裸露…………… 被子植物门(Angiospermae)

第二节 菌类植物(Fungi)

菌类(Fungi)植物通常是指不具光合色素，不能进行光合作用，营异养生活的一类植物的总称。菌类植物体为单细胞或丝状体；细胞有细胞壁；营养方式大多数为异养(heterotrophy)，包括寄生和腐生。它们分布极广，水中、陆地、动植物体内外都能见到。

菌类植物的繁殖方式有细胞分裂、营养繁殖、无性繁殖和有性生殖。

据估计，自然界的菌类约有150万种，目前已经被人类发现并定名的有10万余种，分属于细菌门、黏菌门和真菌门。菌类植物的形态结构、繁殖方式、生活史等特征各不相同，它们为没有自然亲缘关系的一类植物。

一、细菌门(Schizomycophyta)

(一)细菌的特征

细菌是微小的单细胞原核植物，有细胞壁，无真正的细胞核，属原核生物(图10-10)。

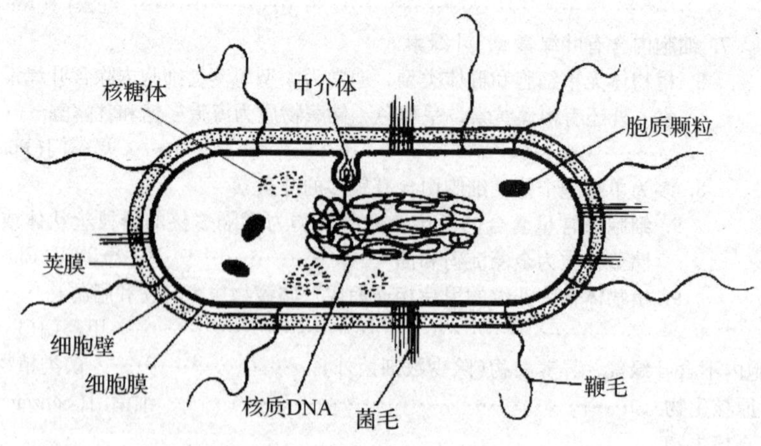

图10-10 细菌的细胞结构模式图(据Ryan等)

细菌有细胞壁、细胞膜、细胞质、核质和内含物，有的细菌还有荚膜、芽孢和鞭毛。绝大多数细菌为不含叶绿素（紫细菌含有细菌叶绿素）的异养植物，有的细菌（如硫细菌、铁细菌等）是自养的，能利用CO_2及化学能自制养料。细菌除含有核糖体外（沉降系数是70S），无其他细胞器，但多数细菌具细胞膜向内凹陷延伸形成的内膜系统结构。

此外，很多细菌细胞含有一种染色体外的遗传物质——质粒，其上携带着决定细菌某些遗传特性的基因，如接合或致育、抗药性、致病性等基因。质粒能独立于染色体存在并复制，是很好的基因工程载体，已广泛应用于基因工程研究。

细菌分布极其广泛，空气、水中、土壤、生物体的内外和一切物体的表面。

（二）细菌的形态和结构

细菌平均体长2～3μm，宽0.5μm，十分微小。根据细菌的形态，通常将细菌分为球菌、杆菌和螺旋菌3种类型（图10-11）。

（1）球菌　细胞为球形或半球形，直径在0.5～2μm的范围。

（2）杆菌　细胞呈杆棒状，长度在1.5～10μm的范围。

（3）螺旋菌　细胞长而弯曲，略弯曲的称为弧菌，其形态又常因发育阶段和生活环境的不同而改变。不少杆菌和螺旋菌在其生活中的某一个时期生长出鞭毛，从而能够游动。

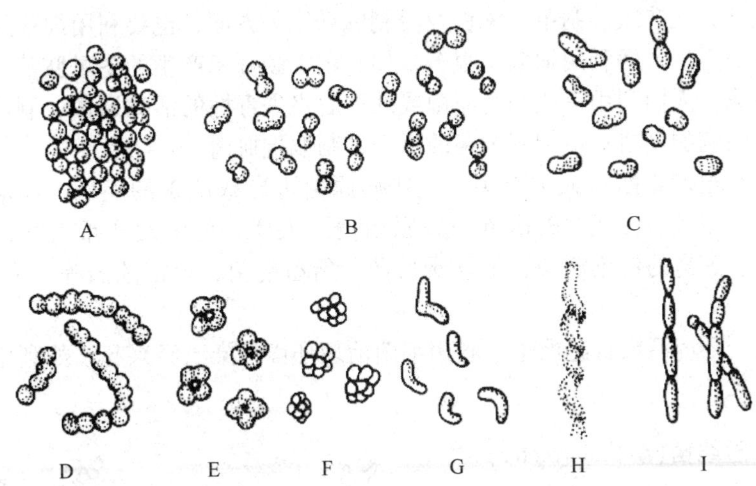

图10-11　细菌的基本形态

A. 葡萄球菌　B. 各种双球菌　C. 球杆菌　D. 链球菌　E. 四联球菌
F. 八叠球菌　G. 弧菌　H. 螺菌　I. 链杆菌

有一些细菌如产甲烷细菌、极端嗜盐细菌、极端嗜热细菌等，能在厌氧、高热的环境中生存，或能在动物的消化道内共生，这些细菌被称为古细菌。古细菌是一类在分子水平上与原核和真核细胞均有所不同的特殊生物类群。它们所栖息的环境和早期地球生命出现初期的环境可能有相似之处，而且保持了古老细菌的形态和生化代谢特性，在系统发育上很早就与其他细菌分开。

(三)细菌的繁殖

细菌主要进行无性生殖，除少数种类外，分裂繁殖是细菌唯一的繁殖方法。细菌的繁殖速度极快，在最适条件下，20~30 min 就分裂 1 次，并可继续分裂若干次。绝大多数细菌没有发现具有性生殖；个别的细菌如大肠杆菌被发现具有性生殖。芽孢是细菌渡过不良环境的适应结构，某些杆菌在不良环境下，细胞内能形成一个内生芽孢。芽孢的细胞壁很厚，可生存十几年，遇到适宜的环境，再形成新的个体，1 个芽孢只产生 1 个菌体。

(四)细菌在自然界中的作用和经济意义

自然界中分布的腐生细菌和腐生真菌一起，把动植物的遗体和排泄物以及各种遗弃物分解为简单物质，直至变成水、二氧化碳、氨、硫化氢或其他无机盐类为止。它们不仅在完成自然界的物质循环方面起到重要作用，还可为农作物提供肥料。

有益于农业的细菌种类很多，如与豆科植物共生的根瘤菌。磷细菌能把磷酸钙、磷灰石、磷灰土分解为农作物容易吸收的养分。硅酸盐细菌能促进土壤中的磷、钾转化为农作物可吸收的物质。

细菌还可用于工业方面，如利用细菌的发酵作用制造乳酸、丁酸、醋酸、丙酮等。此外，在造纸、制革、炼糖及浸剥麻纤维等方面，也要利用细菌的活动。

在医药卫生方面利用细菌也很多，如利用大肠杆菌产生的冬酰胺酶，可用于治疗白血病。人们利用杀死的病原菌或处理后丧失毒性的活病原菌，制成各种预防和治疗疾病的疫苗；也利用细菌的活动，制取抗血清。

细菌在很多方面对人类有害。一些病原菌可导致严重的疾病，如痢疾、伤寒、鼠疫、霍乱、白喉、破伤风等病原菌侵入人体，可引发严重疾病，危害生命。家畜、家禽的传染病菌，如马炭疽菌、猪霍乱菌、鸡霍乱菌等，可致家畜、家禽死亡。

目前，环境污染日趋严重，利用细菌治理环境污染已经兴起，如利用光合细菌处理废水。

(五)放线菌(Actinomycetes)

放线菌最早由 Cohn 自人泪腺感染病灶中分离到 1 株丝状病原菌——链丝菌(*Streptomyces*)而发现的。它为单细胞结构，细胞核无定形，与细菌类似。其菌丝体的构造和用分生孢子繁殖接近真菌，但其不能进行有性生殖。因此，放线

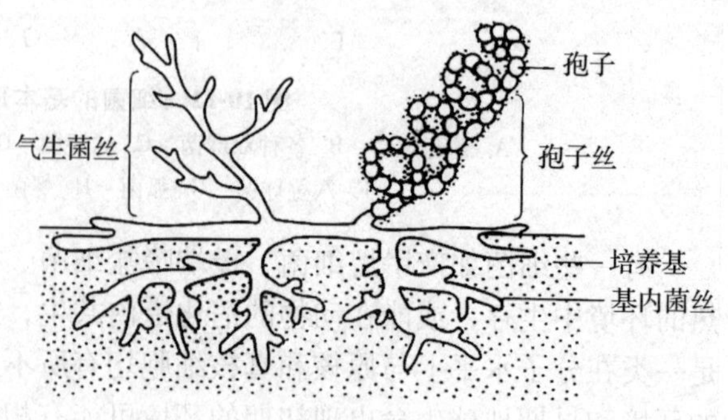

图 10-12 放线菌的形态

菌被看作是细菌和真菌之间的过渡类群。

放线菌为丝状菌(图 10-12)，菌丝直径约 0.5～1.2 μm。菌丝体分为营养菌丝和气生菌丝。繁殖时期，气生菌丝顶端产生分生孢子。放线菌以无性孢子和菌体断裂方式繁殖。

目前，从微生物中发现的抗生素约 16 500 种，放线菌产生的抗生素就多达 8700种，占 53%，如链霉素、四环素、土霉素、氯霉素、红霉素、庆大霉素等。

二、黏菌门(Myxomycophyta)

(一)主要特征

黏菌门是介于动物和植物之间的一类生物，在其生活史中，一段时间是动物性的，另一段时间是植物性的(图 10-13)。它的营养体为无细胞壁、多核、能变形运动、行摄食营养的原生质体，称为变形体(plasmodium)，这一点与动物相似。黏菌摄食细菌、真菌的子实体、孢子和菌丝，还有少量无机物质，此外，它的原生质团也能从溶液中吸收自身所需的营养物质。黏菌在繁殖时期，形成孢子囊，产生具纤维素细胞壁的孢子，而具植物的性状。黏菌的原质团颜色多样，从无色到白色、灰色、黑色、紫色、蓝色、绿色、黄色、橙色和红色。

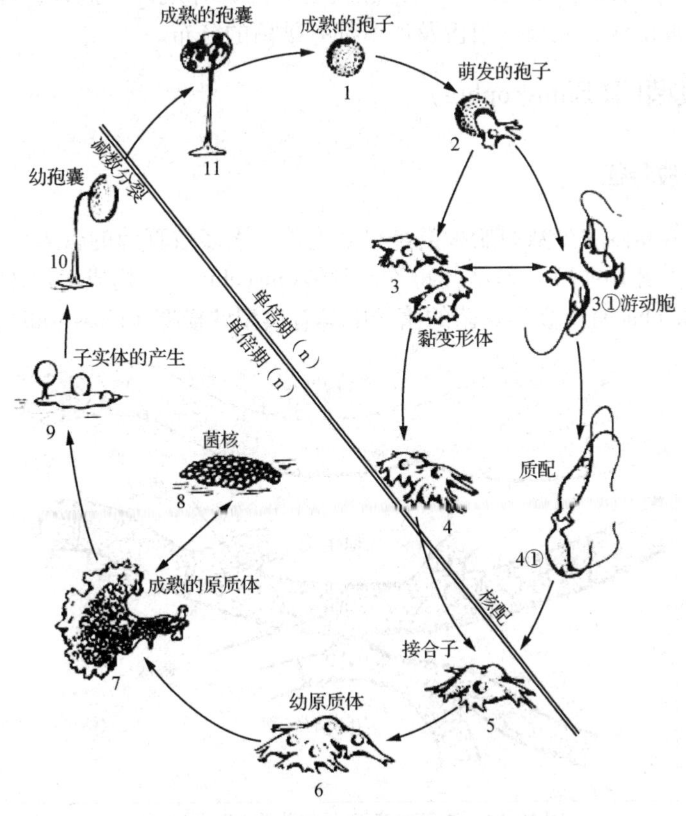

图 10-13　典型黏菌生活史

（二）代表植物

发网菌属（*Stemonitis*）为黏菌的代表植物。发网菌的营养体为裸露的原生质团，称为变形体。变形体呈不规则网状，直径数厘米，在阴湿处的腐木或朽叶上缓缓爬行。繁殖时，变形体爬到干燥光亮处，形成很多发状的突起，每个突起发育成一个具柄的孢子囊（子实体）。孢子囊通常长筒形，紫灰色，外有包被（peridium）。孢子囊柄深入囊内的部分，称菌轴（columella），囊内由孢丝（capillitium）交织成孢网。原生质团中的许多核进行减数分裂，然后割裂成许多块单核的小原生质。每块小原生质分泌出细胞壁，变成一个孢子，藏在孢丝的网眼中。成熟时，包被破裂，借助孢网的弹力把孢子弹出。孢子在适合的环境下，萌发为具2条不等长鞭毛的游动细胞。游动细胞的鞭毛可收缩，使游动细胞变成一个变形体状细胞，称变形菌胞。游动细胞或变形菌胞两两配合，形成合子。合子不需休眠，合子核进行多次有丝分裂，形成多数双倍体核，构成一个多核的变形体。

（三）黏菌的分类及分布

《真菌字典》第9版本记载了800余种黏菌，而在国际黏菌分类学界常认为有1500种，我国有412种。

黏菌在世界各地广泛分布，尤喜温暖湿润的森林地区。此外，在热带森林、草原、高海拔山地、北极、南极及沙漠都有黏菌的分布。

三、真菌门（Eumycophta）

（一）一般特征

真菌的营养体除少数原始种类是单细胞外，大多数真菌的营养体是多细胞结构的丝状体（图10-14）。丝状体特称菌丝体（mycelium），构成菌丝体的每一根丝称为菌丝（hyphae）。高等真菌的菌丝中具有典型的横壁（cross wall），或称为隔

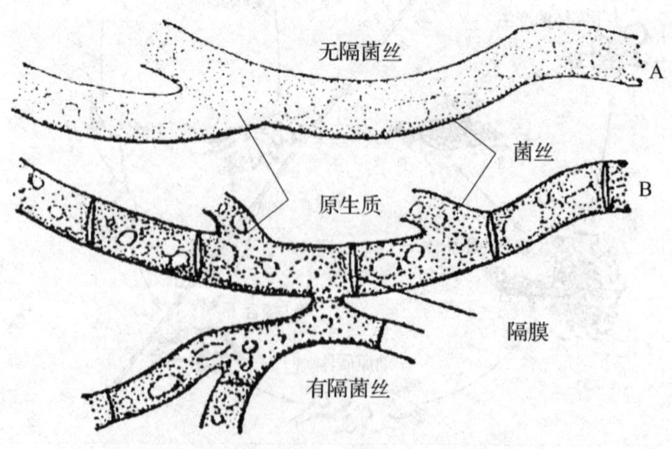

图10-14 真菌营养菌丝的类型（据邢来君）

膜。而低等真菌的菌丝中无隔膜，因而菌丝由于隔膜的有无分为无隔菌丝（aseptate hyphae）和有隔菌丝（septate hyphae）。

大多数真菌细胞壁的主要成分是几丁质（壳多糖），部分低等真菌的细胞壁由纤维素组成。真菌的细胞核比其他真核生物的细胞核小，直径一般为 2～3 μm，个别可至 25 μm。形状常为椭圆形，不同真菌细胞核的数目变化很大，从 1 个到多达 50 个不等。

菌丝内还有线粒体、过氧化物酶体、核糖体、内质网、高尔基体等细胞器。真菌细胞中液泡含量非常丰富，液泡内含物主要是碱性氨基酸、磷酸盐和多磷酸盐等。

真菌的储存物有油滴、肝糖等养分。有些真菌细胞的原生质体含有色素（非光合色素）而使菌丝（尤其是老的菌丝）呈现不同的颜色。

真菌的生殖方式有营养繁殖、无性生殖和有性生殖 3 种。大多数真菌借助无性生殖繁殖后代，可形成游动孢子、孢囊孢子和分生孢子等。真菌的有性生殖常包括质配、核配和减数分裂 3 个不同的时期，且可形成多种有性孢子，如卵孢子、接合孢子、子囊孢子、担孢子等。

真菌为异养生物，异养方式有寄生和腐生。有些真菌只能寄生，称为专性寄生；有些真菌只能腐生，故称为专性腐生；有的真菌以寄生为主兼腐生或以腐生为主兼寄生，前者为兼性腐生，后者称为兼性寄生。

真菌分布极广，陆地、水中及大气中都有，尤其以土壤中最多。

（二）真菌的分类

1995 年的资料显示真菌约有 72 000 种。真菌分为 5 个亚门，即鞭毛菌亚门、接合菌亚门、子囊菌亚门、担子菌亚门和半知菌亚门。

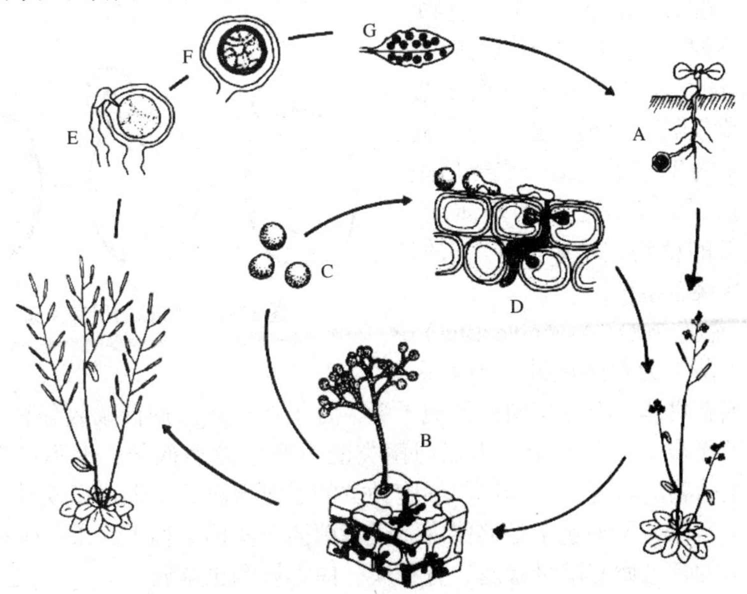

图 10-15　寄生霜霉及其侵染十字花科植物图解

A. 受侵染的幼苗　B. 多核的菌丝体在寄主细胞间生长　C. 分生孢子　D. 分生孢子侵入寄主　E. 精子囊与卵囊　F. 合子　G. 病斑

1. 鞭毛菌亚门(Mastigomycotina)

本亚门大部分种类是分枝的丝状体，部分为单细胞类型。菌丝常无隔膜，多核，只在繁殖时期繁殖器官的基部产生隔膜，把繁殖器官分成1个典型的细胞。无性繁殖时产生单鞭毛或双鞭毛的游动孢子，无性孢子具鞭毛是本亚门的主要特征。有性生殖时产生卵孢子或休眠孢子，低等的种类为同配或异配生殖。代表属是霜霉属(*Peronospora*)，寄生霜霉(*P. parasitica*)为常见种，其分布广泛，寄生于油菜、甘蓝、花椰菜、大白菜、萝卜等十字花科植物上(图10-15)，可在植物生长的各个时期出现病症。

2. 接合菌亚门(Zygomycotina)

本亚门菌类明显地由水生发展到陆生，由游动孢子发展到静孢子或分生孢子，腐生、兼性寄生、寄生或专性寄生。代表植物是根霉属(*Rhizopus*)，该属为腐生菌，最常见的是匍枝根霉(*Rh. nigricans*)，又称面包霉，生于面包、馒头和富于淀粉质的食物上，使食物腐烂变质。其菌丝横生，向下生有假根，向上可生出孢子囊梗，其先端分隔形成孢子囊。孢子囊中产生许多内生孢子，孢子成熟后呈黑色。当孢子散落在适宜的基质上，就萌发成新的植物(图10-16)。它们可进行有性接合生殖。

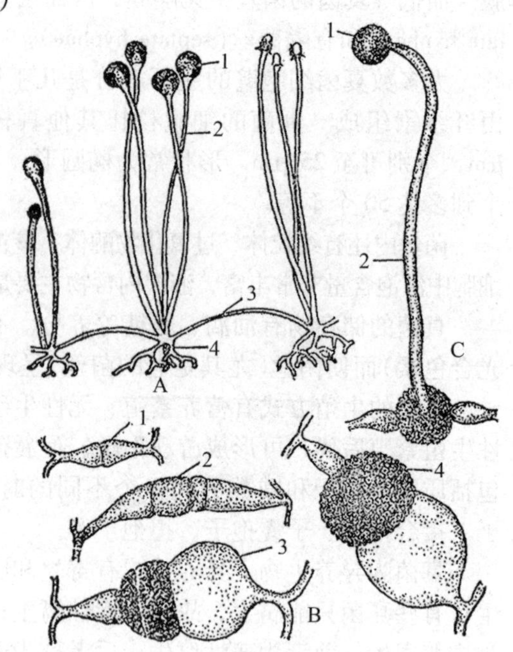

图10-16 黑根霉的形态和繁殖

A. 菌丝体的一部分(1. 孢子囊 2. 孢子囊梗 3. 匍匐枝 4. 假根) B. 接合过程(1. 突起 2. 配子囊 3. 配子囊柄 4. 接合孢子) C. 接合孢子的萌发和接合孢子囊的形成(1. 接合孢子囊 2. 孢子囊柄)

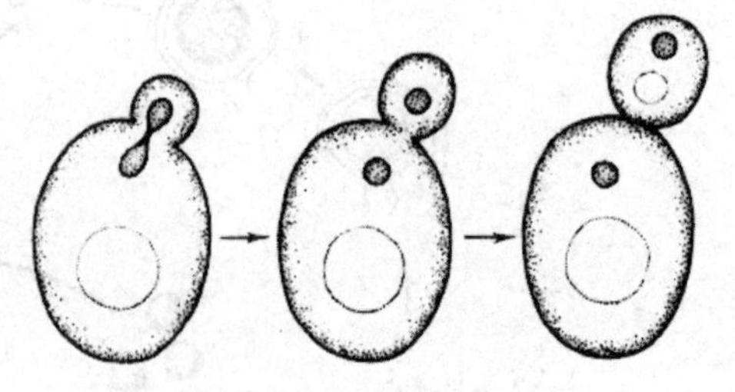

图10-17 酵母的出芽生殖

3. 子囊菌亚门(Ascomycotina)

除酵母菌类为单细胞外，绝大多数为多细胞有机体；有性生殖时形成子囊，合子在子囊内进行减数分裂，产生子囊孢子。子囊孢子常为8个。本亚门菌类既不产生游动孢子，也不产生游动配子，具陆生植物的特征。本亚门单细胞种类的子囊裸露，不形成子实体，多细胞种类形成子实体，子囊包于子实体内。子囊菌的子实体又称子囊果(ascocarp)。

本亚门的常见属有酵母菌属、青霉属、曲霉属和虫草属。

(1)酵母菌属(*Saccharomyces*) 是本亚门中最原始的种类，常用于制造啤酒。植物体为单细胞，卵形，有一个大液泡，核很小。酵母菌的重要特征是出芽繁殖(图 10-17)，即首先在母细胞的一端形成一个小芽(也叫芽生孢子 blastospore)，老核分裂后形成子核，其中一个子核移入其中一个小芽。小芽长大后脱离母细胞，成为一个新酵母菌。芽细胞可以相连成为假菌丝。有性生殖时合子不转变为子囊，以芽殖法产生二倍体的细胞，由二倍体的细胞转变成子囊，减数分裂后形成 4 个子囊孢子。酵母能将糖类在无氧条件下分解为二氧化碳和酒精，与人类生活密切相关。

目前对酵母菌的研究已非常透彻，1996 年已完成了酿酒酵母菌的基因组的测序工作，并绘制出了酵母染色体的完整图谱。酵母菌是第一个被完整测序的真核生物，在基因工程研究领域酵母菌被广泛用于构建基因转化和表达体系。

(2)青霉属(*Penicillium*)　主要是以分生孢子繁殖。繁殖时从菌丝体上产生很多直立的分生孢子梗，梗的先端分枝数次，呈扫帚状，最后的分枝称小梗(sterigma)，生小梗的枝叫梗基，小梗上有一串青绿色的分生孢子(图 10-18A)。有性生殖仅在少数种中发现，子囊果是闭囊壳。盘尼西林(青霉素)是 20 世纪医学上的一大发现，其主要是从黄青霉(*P. chrysogenum*)和点青霉(*P. notatum*)中提取的。但有的青霉有毒，同时它们也是常见的污染菌。

(3)曲霉属(*Aspergillus*)　与青霉相近，其分生孢子梗顶端膨大成球不分枝，可区别于青霉(图 10-18B)。其中的黄曲霉(*A. flavus*)的产毒菌株产生黄曲霉素，毒性很大，能使动物致死和引起癌症。

(4)虫草属(*Cordyceps*)　在鳞翅目昆虫体内寄生的子囊菌，其中冬虫夏草(*C. sinensis*)(图 10-19)最著名。该菌的子囊孢子秋季侵入鳞翅目幼虫体内，幼虫仅存完好的外皮，虫体内菌丝形成菌核。越冬后，翌年春天从幼虫头部长出有柄

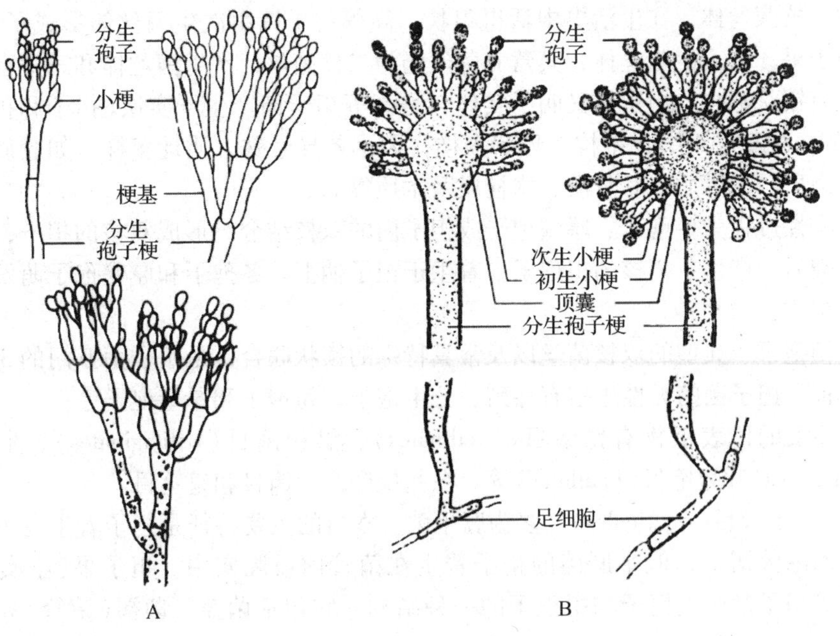

图 10-18　青霉和曲霉

A. 青霉　B. 曲霉

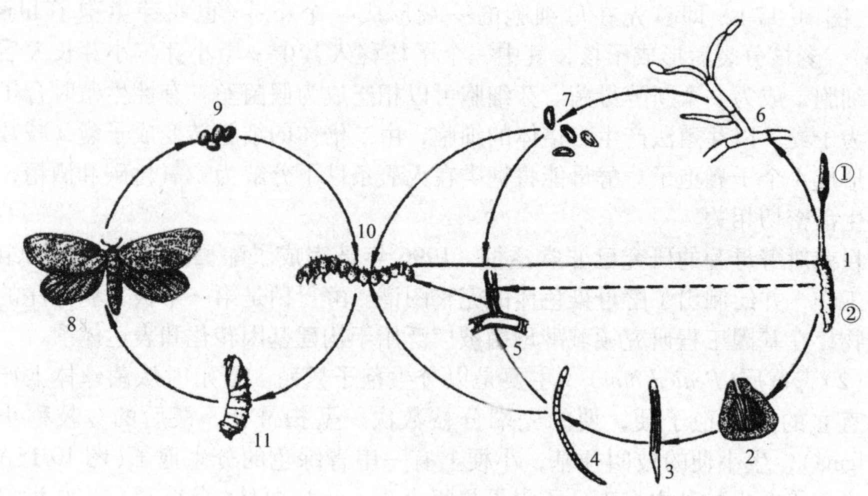

图 10-19　冬虫夏草形成过程图

1. 冬虫夏草(① 子座　② 菌核)　2. 子囊壳　3. 子囊　4. 子囊孢子　5. 菌丝　6. 分生孢子梗　7. 分生孢子　8. 蝙蝠蛾成虫　9. 卵　10. 幼虫　11. 蛹

的棒状子座。由于子座伸出土面，状似一棵褐色的小草，故该菌有冬虫夏草之名。该菌为我国特产，为名贵补药，有补肾和止血化痰之效。

4. 担子菌亚门(Basidiomycotina)

此亚门为多细胞有机体，菌丝有隔，有两种菌丝体，即初生菌丝体和次生菌丝体。初生菌丝体的细胞单核，在生活史上生命很短。次生菌丝体的细胞 2 核，又称双核菌丝体，在生活史中活得很长。高等担子菌由次生菌丝体形成子实体，称担子果，为三生菌丝体，其营养菌丝仍为二核菌丝，次生菌丝体和三生菌丝体往往有锁状联合。担子果又叫子实体，是高等担子菌产生子实层(担子和担孢子等)的一种高度组织化结构，形状多样，大小差异悬殊，质地多样，如胶质、革质、肉质、海绵质、软骨质、木栓质及木质等。

有性过程为冬孢子、厚壁孢子或担子内的双核结合，形成双核的担子，经减数分裂后，产生 4 个核的担孢子，着生于担子柄上。冬孢子和厚壁孢子萌发后产生担孢子。

担孢子、典型的双核菌丝以及常具特殊的锁状联合，是担子菌亚门的 3 个明显特征。担子菌的无性生殖有芽殖、分生孢子、粉孢子和厚壁孢子等。

主要的代表植物有锈菌目(Uredinales)、黑粉菌目(Ustilaginales)、伞菌目(Agaricales)和鬼笔目(Phallales)等。在此仅介绍伞菌目和鬼笔目。

(1)伞菌目(Agaricales)　多为腐生菌。本目的主要特征是担子着生在伞状结构下面的菌褶上，但牛肝菌的担子着生在菌管内或腔穴中。担子果(子实体)，是高等担子菌产生担子和担孢子的一种结构。它包括菌盖、菌褶(菌管)和菌柄等结构(图 10-20)。

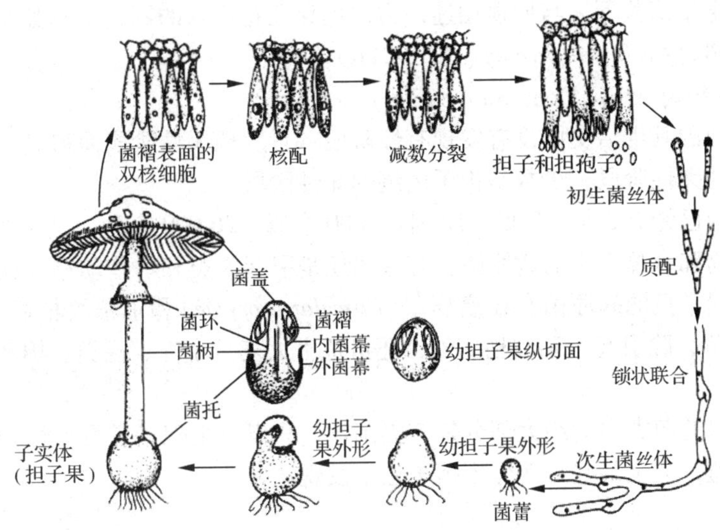

图 10-20 蘑菇属植物生活史（引自周云龙）

本目的香菇（*Lentinus edodes*）、口蘑（*Tricholoma mongolicum*）、鸡枞菌（*Collybia albuminosa*）等为重要的食用菌。但也有很多种类有毒，如豹斑毒伞（*Amanita pantherina*）（图 10-21A），人误食后，抢救不及时可中毒死亡。

（2）鬼笔目（Phallales） 腐生于土中和腐木上，此目的菌又称臭角菌。子实体最初在地下发育，成熟时包被破裂。产孢子组织由柄状组织的伸长而带出地面，成为有臭气的胶状物（自溶的担子和孢子的混合物）。常见种类为红鬼笔（*Phallus rubicundus*）（图 10-21C）。本目有食用价值高的竹荪属（*Dictyophora*），该

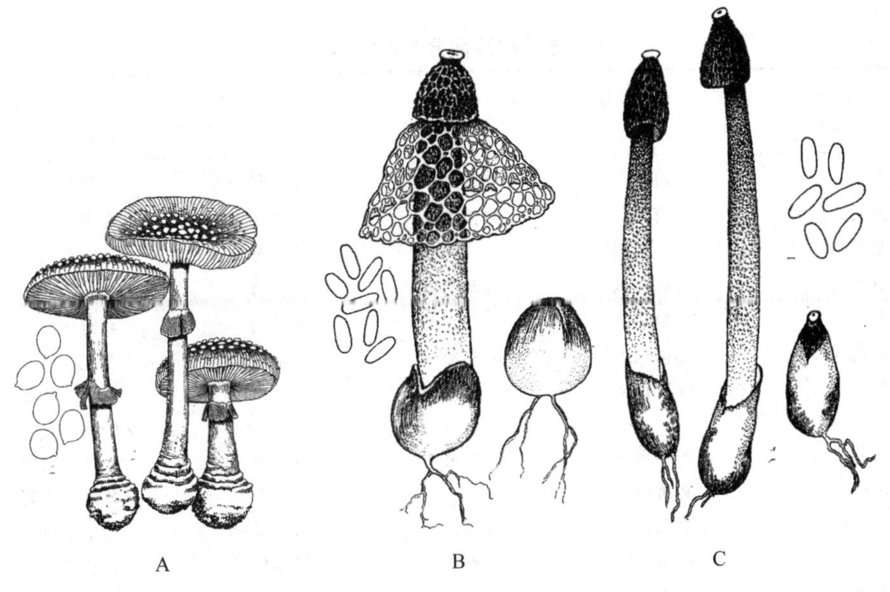

图 10-21 几种真菌的示意图

A. 豹斑毒伞 B. 短裙竹荪 C. 红鬼笔

属的菌幕生于菌盖下，与柄顶相连，为白色穿孔花边状的网，下垂如裙，楚楚动人，如短裙竹荪(*D. duplicate*)(图10-21B)。

5. 半知菌亚门(Deuteromycotina)

本亚门因其生活史中没有发现有性阶段，只发现无性阶段而得名。大多数是子囊菌纲的无性阶段，少数是担子菌纲的无性阶段。

本亚门已知有3纲、8目、12科、1800余属、26 000余种，其中约有300余种是农作物和森林病害的病原菌，有些属还是引起人类和一些动物皮肤病的病原菌。本亚门常见的病原菌有稻瘟病菌(*Piricularia oryzae*)和水稻纹枯病菌(*Rhizoctonia solani*)，除引起水稻纹枯病外，还可危害大麦、小麦、豆类、棉花、马铃薯等作物。

本亚门的菌类中的绝大部分是有隔菌丝，只以分生孢子进行无性繁殖，很少见有性生殖，甚至某些种连分生孢子也未发现。

真菌的主要分类系统

目前，真菌分类已进入到分子系统分类时期，自1973年Ainsworth系统发表后，至今40多年里已有10多个重要的分类系统发表。国际真菌学研究的权威机构——英国国际真菌学研究所(International Mycological Institute)1995年出版的第8版《真菌字典》里列举了十几个重要的分类系统，下表为5个分类系统，供参考。

5个重要的真菌分类系统比较表

Ainsworth *et al.* (1973)	真菌字典 (1983)*	Kendrick (1992)	真菌字典 (1995)	Alexopulous & Mins(1996)
真菌界	真菌界	原生真菌	原生动物界	真菌界
黏菌门	黏菌门	黏菌纲	集胞菌门	壶菌门
集胞菌纲	鹅绒菌纲		网柄菌门	接合菌门
网黏菌纲	网柄菌纲	网柄菌纲	黏菌门	接合菌纲
黏菌纲	集胞菌纲		黏菌纲	毛菌纲
根肿菌纲	黏菌纲	网黏菌纲	原柄菌纲	子囊菌门
真菌门	根肿菌纲		根肿菌门	无性子囊菌(半知菌)
鞭毛菌亚门	网黏菌纲	根肿菌纲	藻菌界	古生子囊菌
壶菌纲	真菌门			丝状子囊菌
丝壶菌纲	鞭毛菌亚门	壶菌门	丝壶菌门	担子菌门
卵菌纲	壶菌纲	丝壶菌门	网黏菌门	担子菌类
接合菌亚门	丝壶菌纲	卵菌门	卵菌门	腹菌类

（续）

Ainsworth *et al.*（1973）	真菌字典（1983）*	Kendrick（1992）	真菌字典（1995）	Alexopulous & Mins（1996）
接合菌纲	卵菌纲	真菌	真菌界	卵菌门
毛菌纲	接合菌亚门			丝壶菌门
子囊菌亚门	接合菌纲	双核菌门	子囊菌门	网黏菌门
半子囊菌纲	毛菌纲	子囊菌亚门	担子菌门	根肿菌门
不整囊菌纲	子囊菌亚门	担子菌亚门	担子菌纲	网柄菌门
核菌纲	（不分纲）	接合菌门	冬孢菌纲	集胞菌门
盘菌纲	担子菌亚门		黑粉菌纲	黏菌门
腔菌纲	层菌纲		壶菌门	
虫囊菌纲	腹菌纲		接合菌门	
担子菌亚门	锈菌纲		毛菌纲	
冬孢菌纲	黑粉菌纲		接合菌纲	
层菌纲	半知菌亚门			
腹菌纲	腔孢纲			
半知菌亚门	丝孢纲			
芽孢纲				
丝孢纲				
腔孢纲				

（三）真菌在自然界中的地位和演化

1. 真菌在自然界中的地位

在人类社会发展过程中，随着科学的不断进步，对生物界认识不断深入，对真菌界在生物界中的地位的认识也不断变化：在林奈的两界系统中将真菌和细菌列为植物界的真菌门，称为原叶体植物；在 Hogg（1860）和 Haeckel（1866）的三界分类系统中，真菌属于原生生物界；在 Copeland（1938，1956）的四界分类系统中，真菌与部分藻类一起划为原生生物界；Whittaker（1959）的四界和五界分类系统中都有独立的真菌界；我国陈世骧等（1979）的六界分类系统中，真菌界属于真核总界。随着分子生物学的不断发展，分类学家们将 rRNA 的碱基序列用于系统发育的分析中。Cavalier-Smith（1988—1989）提出了八界分类系统，真菌界中的黏菌和卵菌分别属于藻菌界和原生动物界。

2. 真菌从水生到陆生的演化

接合菌亚门中的若干种类是水生的，它们的游动孢子、游动配子或精子都具有鞭毛，代表着较原始的类型。子囊菌可能是由藻菌纲中能产生静孢子的类型进化而来的。子囊菌和担子菌的生活史完全没有游动细胞，形成的子实体的子实层的面积也不断增加，孢子数量大大增多，孢子散播的方式也有了进步，有些种类甚至利用昆虫和其他动物来散播孢子，这些都使真菌更适应陆生生活。

真菌在适应陆生生活的过程中，首先以菌丝体深入基质，避免了陆生环境的干燥和营养物质的缺乏。子实体结构的发展，既保证了形成孢子所需的营养，提高孢子形成过程的保护作用，又增加了产生孢子的面积，以适应不利季节的来临。真菌产生的孢子小而轻，不仅量大而且种类繁多，降低了干燥、寒冷、炎热等陆上环境对植物生存的威胁。上述这些特征使真菌适应了陆生生活，成为陆地上最繁荣的低等、异养植物。

第三节　地衣植物门(Lichenes)

一、地衣的一般特征

地衣为多年生植物，是藻类和真菌共生形成的植物。地衣的共生菌绝大部分属于子囊菌中的球果菌和盘菌，共生藻类则为蓝藻和绿藻，以绿藻为主。地衣体中的菌丝缠绕藻细胞，并从外面包围藻类，致使藻类与外界隔绝。菌类吸收二氧化碳、水分和无机盐，藻类利用这些原料进行光合作用为整个植物体制造养分。

二、地衣的形态和构造

(一)地衣的形态

根据地衣外部形态的不同及与基质的结合情况，分为壳状地衣、叶状地衣和枝状地衣3种类型。

1. 壳状地衣(crustose lichen)

地衣体为颜色多样的壳状物(图10-22)，以菌丝固着于基质上，有的菌丝或连同藻细胞深入基质内部，因此很难与基质分离，如茶渍属(*Lecanora*)地衣。

图10-22　壳状地衣

2. 叶状地衣(foliose lichen)

地衣体呈叶片状(图10-23)，有背腹面之分，四周有瓣状裂片，以叶片下部生出的假根或脐附着于基质上，容易从基质上剥离，如梅衣属(*Parmelia*)和牛皮叶科(Stictaceae)地衣。

图10-23　叶状地衣

3. 枝状地衣(fruticose lichen)

地衣体须状、带状或灌木状(图10-24)，分枝或不分枝，外形通常呈直立的灌丛状或悬垂的细丝状，仅基部附着在基质上，有时是以基部圆盘状固着器固着，如松萝科(Usneaceae)地茶属(*Thamnolia*)植物。

图10-24　枝状地衣

(二)地衣的内部结构

叶状地衣的内部结构，可分为皮层(cortex)、藻胞层(algal layer)、髓层(medulla)，其中皮层又分为上皮层和下皮层(图10-25)。上皮层和下皮层均由致密交织的菌丝构成；藻胞层是在上皮层之下由藻类细胞聚为1层；髓层介于藻胞层和下皮层之间，由一些蛛丝状疏松胶质菌丝和藻细胞组成，有这样构造的地衣称为异层型地衣(heteromerous lichens)。绝大多数地衣属于异层地衣。

还有一些地衣体的内部结构中，藻细胞在髓层均匀分布，不在上皮层之下集中排列成1层，上、下皮层之间没有明显分层现象，这种地衣称为同层型地衣(homoiomerous lichens)。壳状地衣多为同层型地衣。

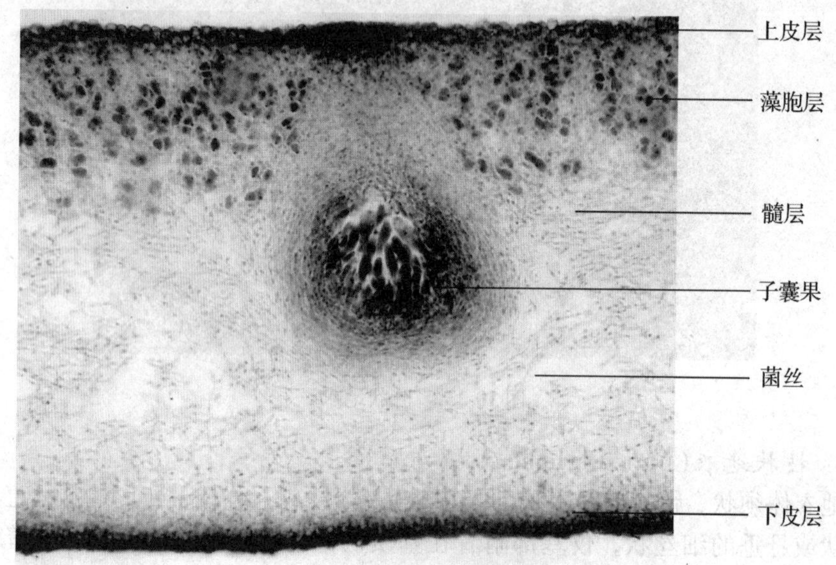

图10-25 异层地衣内部构造

此外，地衣还有一些独特的附属结构，如杯点、假杯点、粉芽、裂芽、小裂片和衣瘿等，有些可作为营养繁殖体，有的则有一定生理功能，常用作地衣分类的依据。

三、地衣的繁殖

地衣的繁殖一般分为营养繁殖和有性生殖两种。营养繁殖是地衣最常见的繁殖方式，在自然界中当地衣体裂片或分枝断裂后，即可发育成新的个体。粉芽、裂片和小裂片等从地衣母体上断裂或脱落后，就可以发育为新个体。有性生殖是以其共生的真菌独立进行的。

四、地衣的分类

地衣通常分为子囊衣纲(Ascolichens)、担子衣纲(Basidiolochens)和半知衣纲(Deutrolichens)3纲，目前，全世界已经描述的地衣约有500个属，26 000余种。我国已经记载的地衣约有200个属、近2000个种。

小知识

地衣是真菌与藻类的共生体，因此地衣植物的分类和命名长期以来争议很大。目前地衣植物分类是以地衣中真菌的类别进行分类。地衣的分类的主要依据是形态学、化学、地理学、生态学方面的异同。形态学包括其外部形态特征和繁殖特性，如地衣的生长型、大小和形状、皮层的色泽、下皮层的假根和缘毛等、营养繁殖体的有无、子囊盘的形态和颜色、细胞形状及数目、子囊孢子的大小和颜色等。化学成分也是地衣分类的重要依据，其中地衣多糖是藻菌共生体的主要特征产物，是地衣化学分类的主要指标。此外，地衣的分布、生存的生态环境、生长基质等也是地衣分类的重要依据。

五、地衣的作用

(一)在自然界中的作用

地衣是自然界中的先锋植物，它生于峭壁和裸露的岩石上，通过分泌地衣酸，腐蚀岩石。当地衣死亡后其遗体经过腐化并和被他分解的岩石颗粒混合在一起，逐渐形成土壤，其他植物就可随之生长，为其他植物开辟了生长的环境。地衣在植物群落原生演替系列中土壤的形成和环境条件的改善等方面有重要的作用。研究表明地衣群落在一些山区的土壤表面可形成类似致密结皮等结构，可改变土壤水文进程，减少入渗而增加径流，可有效防治水土流失。

(二)经济价值

研究表明绝大多数地衣的初生、次生代谢产物中含极高的抗癌活性的地衣多糖；松萝酸的抗菌谱极为广泛。地衣可食用，如红腹石耳(*Umbilicaria hypococcina*)；可用作保健饮料，如雪茶(*Thamnolia stlbulofirmsi*)等；还可用作生物化学试剂和饲料等，如石蕊(*Cladonia cristatella*)可提取酸、碱指示剂。地衣对 SO_2 反应敏锐，工业区及大气污染严重地区地衣不能生长，所以地衣可用作对大气污染的监测指示植物。

地衣也有危害的一面，如云杉、冷杉林中，树冠上常被松萝挂满，导致树木死亡。有的地衣生长在茶树和柑橘上，危害较大。

第四节　苔藓植物门(Bryophyta)

一、苔藓植物的一般特征

苔藓植物是高等植物中最原始的陆生类群，是从水生到陆生的过渡类群。苔藓植物的生活史中有明显的世代交替。配子体世代发达，自养，孢子体寄生在配子体上。配子体为小型多细胞的绿色植物，无维管组织，属非维管植物。具假根和类似茎、叶的器官分化。

有性生殖时，配子体上分别形成雌性生殖器官颈卵器(archegonium)(图10-26A、B)，雄性生殖器官精子器(antheridium)(图10-26C)，它们分别产生卵细胞和精子。精子有鞭毛，能游动(图10-26D)，在有水的情况下游至颈卵器内与卵细胞结合，形成受精卵，受精卵(合子)在颈卵器中发育成胚，由胚再发育成小型的孢子体。苔藓植物的配子体因为具有颈卵器，所以又称为颈卵器植物。此外，蕨类植物和部分裸子植物也为颈卵器植物。

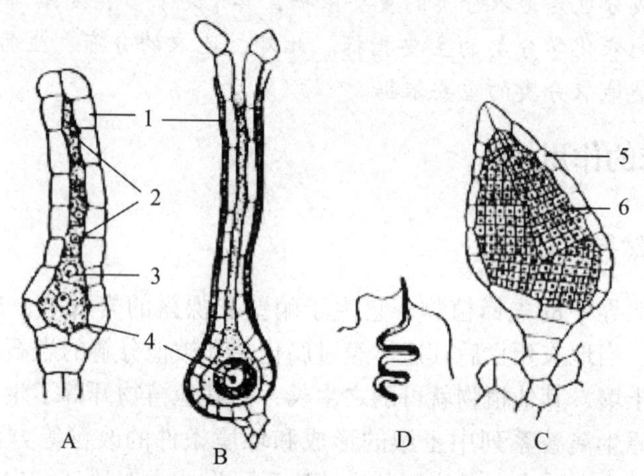

图10-26 钱苔属(*Riccia*)的精子器与颈卵器

A、B. 不同时期的颈卵器 C. 精子器 D. 精子

1. 颈卵器的壁 2. 颈沟细胞 3. 腹沟细胞 4. 卵

5. 精子器的壁 6. 产生精子的细胞

孢子体包括孢蒴(孢子囊)(capsule)、蒴柄(seta)和基足(foot)3部分。孢子体寄生在配子体上，通过基足从配子体的组织即颈卵器中吸取养料。孢蒴内的孢子母细胞通过减数分裂形成孢子，孢子成熟后释放出来，在适宜条件下，先萌发成原丝体，然后由原丝体形成芽体再发育为新的配子体。

小知识

苔藓植物为最原始的高等植物，其结构简单，但是苔藓植物的形态结构与陆生生活密切相关。苔藓植物没有真的根、茎、叶，但是具有假根和拟茎、拟叶，拟茎的横切面显示有眼观皮部和中轴之分，拟叶有中肋结构，类似种子植物的叶脉。苔藓植物的有性生殖器官为多细胞结构，形成精子器和颈卵器，受精卵在母体内发育成多细胞的胚，由胚发育成孢子体，但是其受精作用离不开水，因此在陆地上生存受到一定的限制，成为植物界进化中的一个旁支(图10-27)。

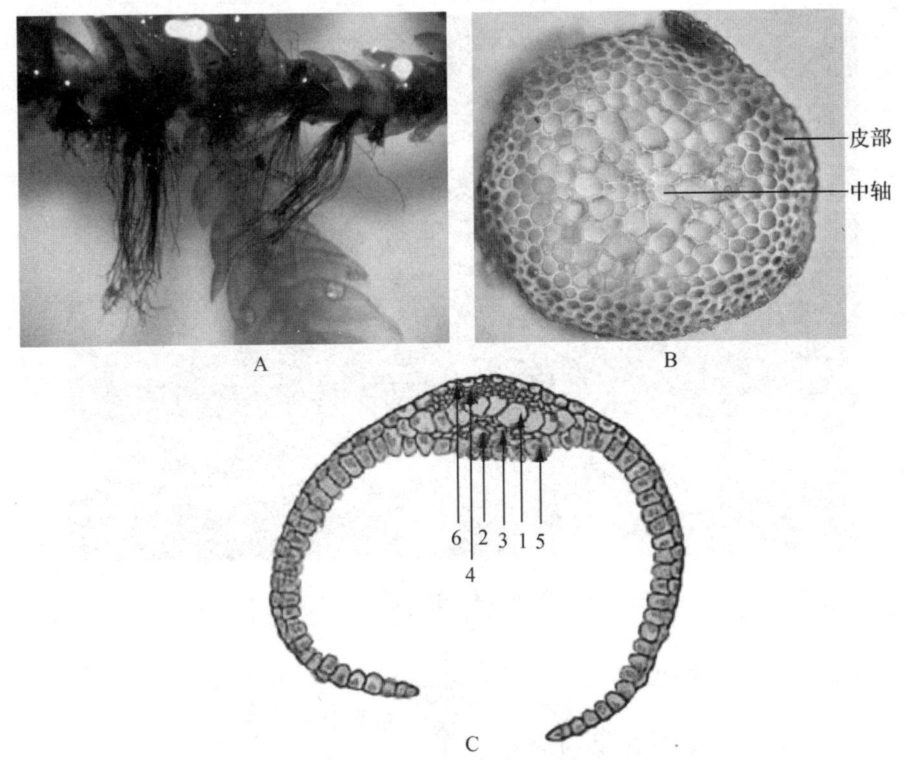

图 10-27 藓类植物及拟茎叶横切面

A. 藓类植物体 B. 拟茎横切面 C. 藓类拟叶横切面图示中肋

1. 主细胞 2. 副细胞 3. 腹厚壁细胞 4. 背厚壁细胞 5. 上皮细胞 6. 下皮细胞

二、苔藓植物的分类

现有的苔藓植物约有 40 000 种，我国约有 2100 种。本门分为苔纲(Hepaticae)、角苔纲(Anthocerotae)和藓纲(Musci)。

(一)苔纲(Hepaticae)

1. 一般特征

植物体为叶状体(或有拟茎、叶的分化)，有背腹之分，常为两侧对称；有单细胞的假根。孢子萌发后，原丝体阶段不发达。

2. 分类和代表植物

苔纲可分为两个亚纲，即叶苔亚纲(Jungermanniae)和地钱亚纲(Marchtiae)。苔纲约 83 科，391 属，5000 种左右。

叶状体苔类常见的种类有地钱(*Marchantia polymorpha* L.)、蛇苔[*Conocephalum conicum* (L.) Dum.](图 10-28)和钱苔(*Riccia glauca*)等；茎叶体类型常见的有叶苔目的光萼苔(*Porella platyphylla*)等。

图 10-28 蛇 苔

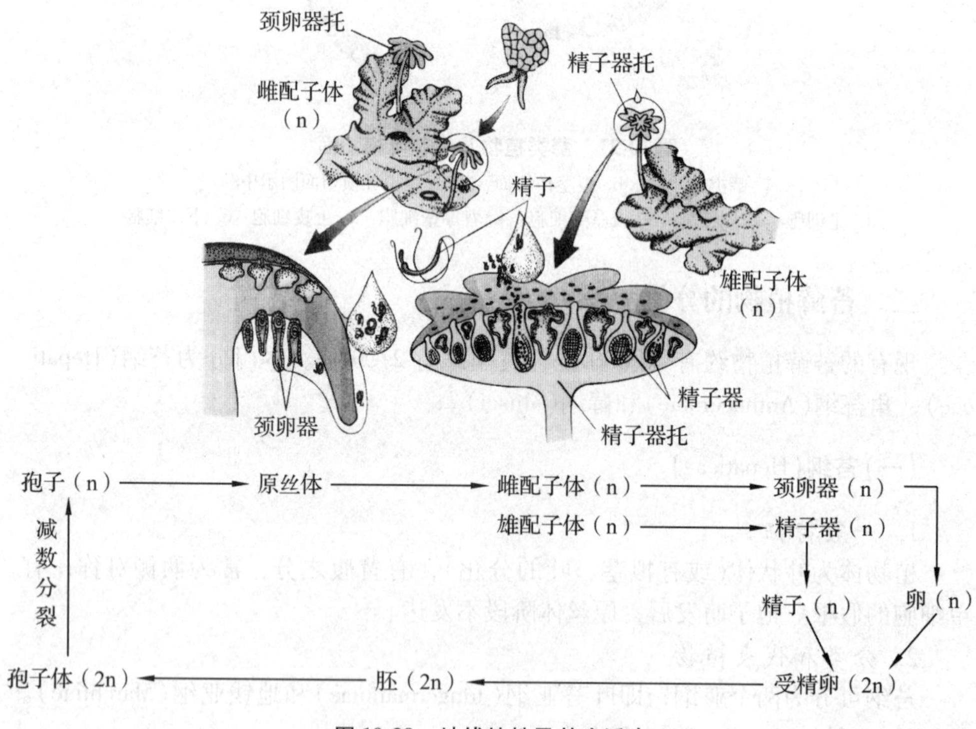

图 10-29 地钱植株及其生活史

地钱(图 10-29)生于阴湿地，配子体为绿色扁平分叉的叶状体，腹面有假根。地钱主要以胞芽进行营养繁殖。胞芽生于叶状体背面的孢芽杯中，呈绿色圆片形，两侧有凹口，下部有柄，成熟后自柄处脱落，在土壤中萌发成新的植物体。地钱的配子体雌雄异株，雄株产生精子器托，雌株形成颈卵器托。精子器托和颈卵器托皆由托盘和托柄两部分组成，前者托盘边缘浅裂，后者托盘边缘深裂，呈辐射芒指状，颈卵器倒生于其间。成熟精子随水进入颈卵器与卵结合形成合子，合子在颈卵器内发育成胚，由胚成长为孢子体。孢子体基部为基足，伸入配子体中吸取养分。孢子体上部为孢蒴，孢蒴下有蒴柄。孢蒴中的孢子母细胞经过减数分裂形成孢子，其内有长形的、壁上有螺旋状增厚的弹丝(elater)，可助孢子散出。孢子同型异性，在适宜的环境中，萌发成异性的原丝体，进而分别形成雌、雄配子体(图10-29)。

(二)藓纲(Musci)

1. 一般特征

植物体有拟茎、拟叶的分化，多为辐射对称。假根由单列细胞构成，叶常具中肋。孢子萌发形成原丝体(protonema)，在原丝体上生出带叶的配子枝(gametophore)。孢子体的结构较苔类复杂，孢蒴有蒴轴。

2. 分类及代表植物

藓纲常分为4个亚纲，即泥炭藓亚纲(Sphagnidae)、黑藓亚纲(Andreaeidae)、真鲜亚纲(Bryidae)和藻藓亚纲(Takakiidea)。目前，藓类植物全世界约111科，854属，大约12 800种。

葫芦藓(*Funaria hygrometrica* Hedw.)是藓纲中最常见的种类，常生活在有机质丰富的土地上。植株直立矮小，黄绿色，具拟茎、拟叶分化和假根；拟叶生于茎的中上部，长舌形，有1条中肋；雌雄同株，但雌雄异枝；雄枝先生长，雌枝稍后生长。雌枝端的叶集生呈芽状，其中有几个具柄的颈卵器。雄枝端的叶较大，枝顶端集生多个精子器。当生殖器官成熟时，精子器顶端裂开，精子溢出，借助于水游入颈卵器中与卵结合。卵受精后形成合子，合子不经休眠，在颈卵器中发育成胚，胚逐渐分化发育成孢子体。孢子体的柄迅速增长，使颈卵器断裂成为上下两部分，上部成为蒴帽（calyptra)。孢子体由孢蒴、蒴柄和基足三部分组成。孢蒴的造孢组织发育为孢子母细胞，孢子母细胞经减数分裂形成四分体孢子。孢子成熟后从孢蒴中散出，在适宜的环境条件下萌发形成原丝体。原丝体细胞含叶绿体，能独立生活，它向上生成芽体，再形成具有茎、叶和假根分化的配子体(图10-30)。

(三)角苔纲(Anthocerotae)

1. 一般特征

植物体为叶状体；结构较简单，植物体每个细胞仅具1个或2~8个大的叶绿体，并有1个蛋白核；有单细胞的假根；孢子体无蒴柄，仅具长角状的孢蒴和基足。

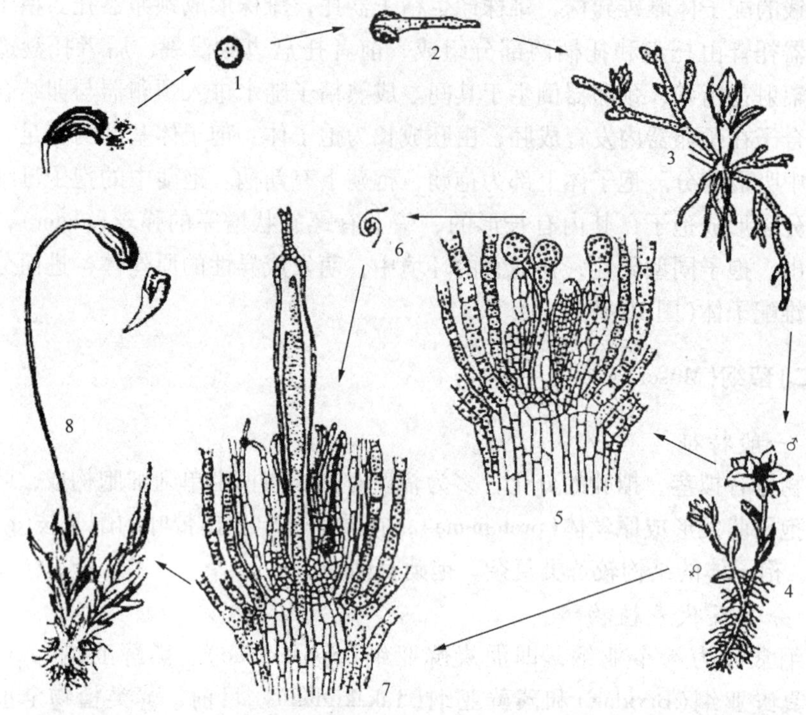

图 10-30 葫芦藓的生活史(吴国芳等)

1. 孢子 2. 孢子萌发 3. 具芽的原丝体 4. 成熟的植物体，具雌、雄配子枝 5. 雄器苞的纵切面，示有许多的精子器和隔丝 6. 精子 7. 雌器苞纵切面，示有许多颈卵器和正在发育的孢子体 8. 成熟的孢子体仍着生于配子体上，孢蒴中有大量的孢子，孢子蒴的蒴盖脱落后，孢子散发出蒴外

2. 分类及代表植物

角苔纲含5科，14属，300多种，广泛分布于全球，但以北半球为多。如黄角苔[*Phaeoceros laevis* (L.) Prosk](图10-31)分布于我国东北及南方各地，日本及欧洲、北美洲也有。

图 10-31 黄角苔

苔藓植物三纲主要特征的比较(表10-1)。

表10-1　苔藓植物三纲的主要特征比较

	苔纲	角苔纲	藓纲
配子体	叶状体或茎叶体，叶2或3列，有背腹之分，两侧对称	叶状体	茎叶体，叶多螺旋排列，辐射对称
原丝体	不发达，由一个原丝体发育为一个配子体	同苔纲	发达，由一个原丝体上发育为多个配子体
孢子体	孢蒴、蒴柄、基足	孢蒴、基足	孢蒴、蒴柄、基足
弹丝	有	具假弹丝	无

三、苔藓植物的作用

苔藓植物在生态系统中有重要的作用，既是生态恢复的先锋植物，又是重要的初级生产者，可以作为保持水土、森林类型和生态系统健康的指示植物，还成为一些小动物的栖息地等。此外，苔藓植物可使湖泊、沼泽陆地化，也可使陆地沼泽化。

苔藓植物在日常生活中也有重要的作用。很多苔藓植物有重要的药用价值，如在我国，宋代所载《嘉佑补注本草》中的“土马”，其原为大金发藓(*Polytrichum commune*)，可败热散毒、治骨热、通大小便。研究证实苔藓植物是活性天然产物的宝库，应大力开发和利用。苔藓植物的次生代谢产物的生物活性物质主要包括细胞生长活性抑制、植物生长调节作用、血管增压、强心作用、抗菌作用、抗真菌作用、抗肿瘤作用等。

此外，苔藓植物还可作为植物装饰材料，其保水性能可作苗木的包装材料，泥炭藓可代替棉花用作医用敷料，泥炭藓等死亡后形成的泥炭，为重要的燃料资源，目前全世界约有40余个国家开采泥炭用作日常发电、工业和城市供热等。

四、苔藓植物的起源与演化

苔藓植物的起源，迄今仍认识不一，主要有两种观点：一种观点认为苔藓植物起源于古代绿藻类。其理由是：① 它们所含的色素相同，储藏的淀粉相同；② 它们的游动细胞都具有2条顶生、等长的鞭毛；③ 苔藓植物的孢子萌发时须经过原丝体阶段，原丝体与分枝的丝状绿藻很相似。但是虽然如此，此种观点尚待论证。另一种观点认为苔藓植物是裸蕨类植物退化而来的。理由是裸蕨类中有的个体类似苔藓植物，没有真正的叶与根，孢子囊内亦有中轴构造，输导组织也有退化消失的情况等。因而认为配子体占优势的苔藓植物，是由孢子体占优势的裸蕨植物演变而来的，由于孢子体逐步退化，导致配子体逐步复杂化。此外，根据地质年代记载，裸蕨类出现在志留纪，而苔藓植物发现于泥盆纪中期，晚出现数千万年，从年代上也可以说明其进化顺序。但是同样缺乏足够的论据。苔藓植物的配子体虽然有茎、叶的分化，但是构造简单，没有真正的根，没有输导组织，喜欢阴湿；有性生殖时，必须借助于水，这都说明它是由水生到陆生的过渡类型，尚不能像其他孢子体发达的高等植物一样，充分适应陆生生活。另外，苔藓植物的孢子体不能独立生活，须寄生在配子体上，因此有学者认为苔藓植物在植物界的系统演化中，只能作为一个盲枝。最新的研究认为，苔藓植物可能是从轮藻门(Charophyta)进化而来的。

第五节 蕨类植物门(Pteriophyta)

一、蕨类植物的一般特征

蕨类植物又称羊齿植物(fern)，有根、茎、叶的分化，内有由较原始的维管组织构成的输导系统，属维管植物。蕨类植物的生活史中具有明显的世代交替现象，孢子体占优势，但孢子体和配子体皆能独立生活。配子体又称原叶体，结构简单。蕨类植物的无性生殖只产生孢子，不产生种子，属孢子植物；有性生殖在配子体上形成精子器和颈卵器，精子器内产生有鞭毛的精子借助水进入到颈卵器内与卵细胞结合形成合子，合子萌发形成胚。

蕨类植物分布广泛，除海洋和沙漠仅有极少数种类外，无论是平原、森林、草地、高山、水域、溪沟、沼泽、岩峰都有分布。

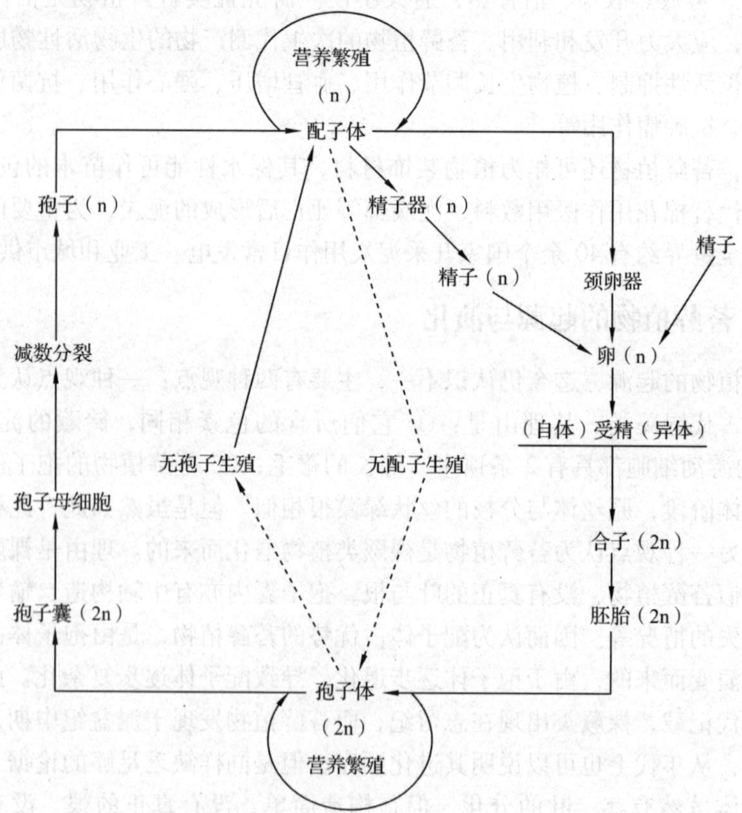

图 10-32 蕨类植物的生活史(配子体世代和孢子体世代交替现象)

二、蕨类植物的生活史

蕨类植物孢子体发达，配子体不发达，但二者都能独立生活。蕨类植物生活史中世代交替明显，从受精卵萌发开始，到孢子母细胞进行减数分裂前为止，这一过程称为孢子体世代或无性世代(2n)；从孢子萌发到精子和卵结合前，称为配子体世代或有性世代(n)(图10-32)。

三、蕨类植物分类

全世界蕨类植物约有12 000种，我国约有2600种，隶属于63科230属。根据我国蕨类植物学家秦仁昌教授的分类系统，蕨类植物门分为5个亚门：松叶蕨亚门(Psilophytina)、石松亚门(Lycophytina)、水韭亚门(Isoephytina)、楔叶亚门(Sphenophytina)和真蕨亚门(Filieophytina)(表10-2)。

表10-2　蕨类植物5亚门主要特征比较

特征		松叶蕨亚门	石松亚门	水韭亚门	楔叶亚门	真蕨亚门
孢子体	根	假根	真根	真根	真根	真根
	茎	根状茎和气生茎	气生茎	粗壮似块茎	根状茎和气生茎，节间明显、中空	多数仅有根状茎，少数为木质气生茎
	叶	小型叶，具1条叶脉或无	小型叶，仅1条叶脉	小型叶，细长条形，具叶舌	小型叶鳞片状，轮生，侧面联合成鞘齿状，非绿色，1条叶脉	大型叶，幼叶拳卷，具各种类型脉序，多为复叶
	孢子囊	厚孢子囊，2或3个形成聚囊	厚孢子囊单生于孢子叶叶腋基部组成孢子叶球	厚孢子囊生于孢子叶基部特殊的凹穴中	5～10个厚孢子囊生于孢囊柄六角形盘状体下面	多数为薄孢子囊，聚成囊群生于孢子叶背面或背缘
	孢子	同型	同型或异型	异型	同型，具弹丝	多同型，少异型
配子体	形态和营养方式	柱状有分枝，不含叶绿素，与真菌共生	柱状或块状，无叶绿素，与真菌共生，有的含叶绿素，有的生于孢子壁内	在大、小孢子壁内发育	绿色，垫状，自养	绿色自养，多为心形
	精子	螺旋形具多条鞭毛	纺锤形或长卵形，具2条鞭毛	螺旋形具多条鞭毛	螺旋形具多条鞭毛	螺旋形具多条鞭毛

图 10-33 松叶蕨的孢子体及孢子囊（源引自 http：//www. plantphoto. cn）

（一）松叶蕨亚门（Psilophytina ）

小型蕨类，无根。有根状茎和地上茎，具原生中柱。小型叶，无叶脉或仅有单一叶脉。孢子囊大多生于枝端，孢子圆形。配子体为不规则的柱状（图 10-33）。

本亚门现仅有松叶蕨目（Psilotales）1 目，2 科，即松叶蕨科（Psilotaceae）和梅溪蕨科（Tmesipteridaceae），2 属，即松叶蕨属（*Psilotum*）和梅溪蕨属（*Tmesipteris*），10 余种。我国仅有松叶蕨［*P. nudum*（L.）Grised］1 种。

（二）石松亚门（Lycophytina）

有根、茎、叶的分化。茎多数二叉分枝，常具原生中柱。小型叶，仅 1 条叶脉，无叶隙。孢子囊单生于叶腋或近叶腋处，孢子叶常集生于分枝的顶端，形成孢子叶球。孢子同型或异型，配子体两性或单性。

石松亚门植物现仅存 2 目，石松目（Lycopodiales）和卷柏目（Selaginellales）。

石松目约有 400 种，全世界均有分布。我国约有 20 余种，常见的有石松（*Lycopodium japonicum* Thunb.）（图 10-34）等。

卷柏目常见的有卷柏［俗称九死还魂草，*Selaginella tamariscina*（Beauv）Spr］和圆枝卷柏［*S. sanguinolenta*（L.）Spring］（图 10-35）。

（三）水韭亚门（Isoephytina）

孢子体为草本，茎粗短似块茎状，具原生中柱，有螺纹及网纹管胞。叶具叶舌，孢子叶的近轴面生长孢子囊，孢子有大小之分。游动精子具多鞭毛。

本亚门现仅存水韭目（Isoetales）水韭科（Isoetaecea）水韭属（*Isoetes*），约有 70 多种，我国有 2 种，常见种为中华水韭（*I. sinensis* Palmer）（图 10-36）。

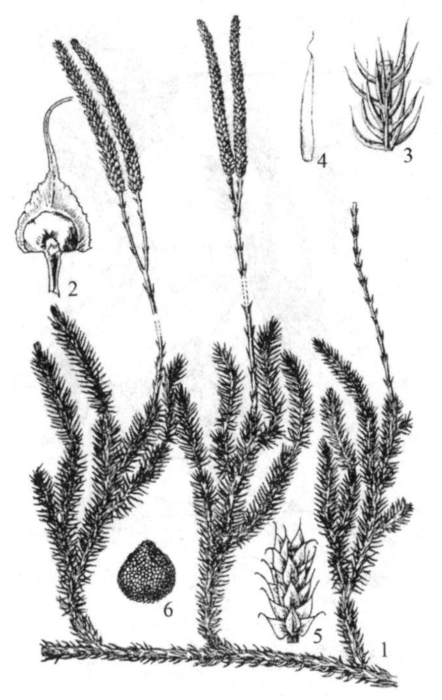

图 10-34　石松(引自《中国植物志》)
1. 植株　2. 孢子叶腹面　3. 茎示营养叶着生方式
4. 营养叶　5. 孢子囊穗放大　6. 孢子

图 10-35　圆枝卷柏(田晔林摄)

图 10-36　中华水韭植株及孢子囊
(源引自 http://www.plantphoto.cn)

(四)楔叶亚门(Sphenophytina)

茎有节，节间中空，外有纵棱。叶细小，无叶绿素，联合成筒状，轮生于节上。能育叶盾形，在枝顶组成孢子叶球。孢子同型或异型，圆球形，具弹丝4条。

本亚门仅有木贼科(Equisetaecae)1科。常见种有问荆(*Equisetum arvense* L.)(图10-37)、木贼(*E. hiemale* L.)和节节草(*Hippochaete ramosissimum* Desf)等。

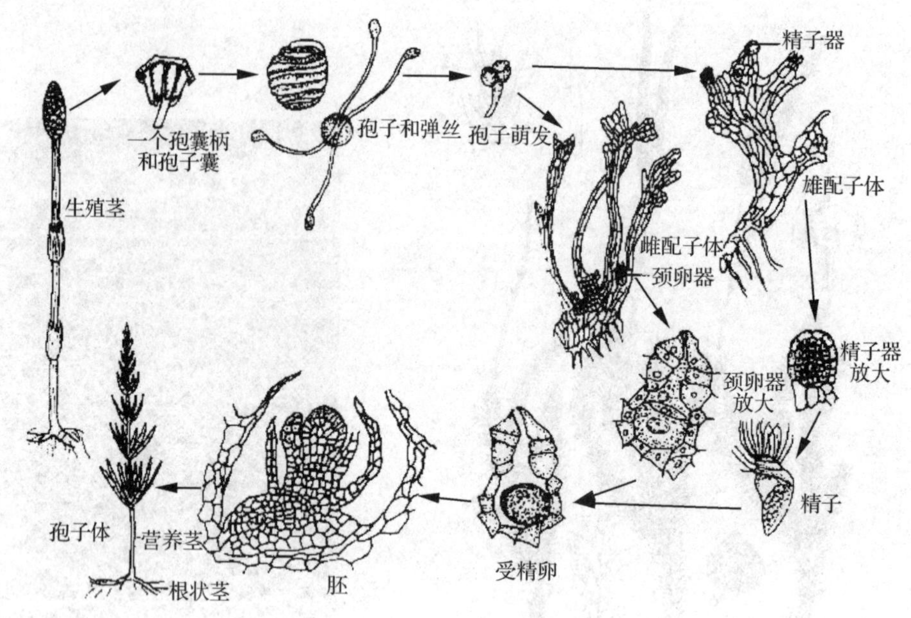

图 10-37 问荆生活史

(五)真蕨亚门(Filieophytina)

孢子体发达，有根、茎、叶的分化。根为不定根，除了树蕨外，茎都为根状茎。叶为大型叶。多数孢子囊生在孢子叶的边缘、背面或特化了的孢子叶上形成孢子囊群。孢子囊壁具多层细胞或1层细胞，无或有环带。配子体绝大多数为腹背性叶状体，心脏形。

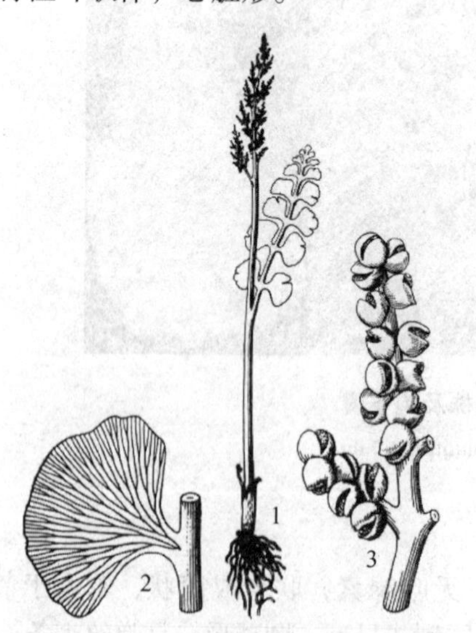

图 10-38 扇羽阴地蕨(引自《中国植物志》)

1. 植株 2. 小羽片 3. 孢子囊穗

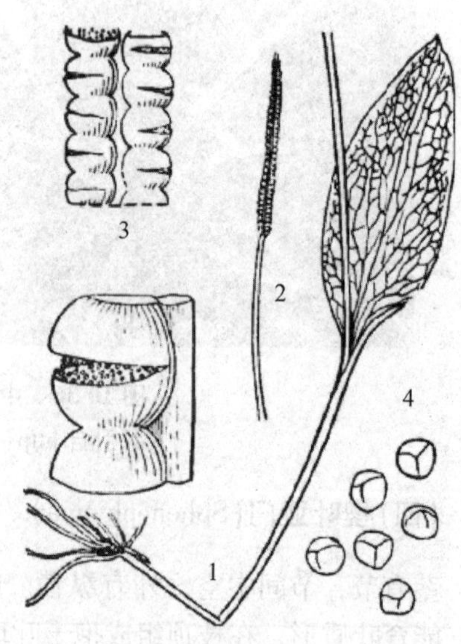

图 10-39 瓶尔小草(引自《中国植物志》)

1. 植株 2. 孢子囊穗 3. 孢子囊穗及放大的孢子囊 4. 孢子

真蕨类植物约1万种以上。根据孢子囊的起源和孢子囊壁的厚薄，真蕨亚门分为厚囊蕨纲(Eusporangiopsida)、原始薄囊蕨纲(Protoleptosporangiopsida)和薄囊蕨纲(Leptosporangiopsida)3纲。

厚囊蕨纲包括瓶尔小草目和观音座莲目，常见属种有瓶尔小草(*Ophioglossum vulgatum*)(图10-39)、扇羽阴地蕨(*Botrychium lunaria*)(图10-38)、观音座莲属(*Angiopteris*)等。

原始薄囊蕨纲现仅存1目，1科，5属，即紫萁目(Osmundales)紫萁科(Osmundaceae)。其中紫萁属(*Osmunda*)为常见属，如紫萁(*O. japonica*)(图10-40)。

图10-40　紫萁(引自《中国高等植物》)

1. 植物　2. 孢子叶和羽片放大　3. 孢子

图10-41　海金沙(引自《中国高等植物》)

1. 植株　2. 孢子囊示顶生环带和孢子　3. 孢子囊穗　4. 示1~2回羽状二叉脉序

薄囊蕨纲在蕨类植物中占绝对优势，共3目。其中水龙骨目(Polypodiales)为蕨类植物门中最大的一目，包含现存的真蕨亚门植物95%以上的种属，本目常见种有海金沙(*Lygodium japonicum* Sw.)(图10-41)、芒萁[*Dicranopteris linearis*(Brum. f.) Under]、肾蕨[*Nephrolepis cordifolia*(L.)Prest]、瓦韦[*Lepisorus thunbergianus*(Kaulf.) Ching](图10-42)和铁线蕨(*Adiantum capillus-veneris* L.)(图10-43)等。

苹目(Marsileales)是浅水或湿生性植物，仅苹科(Marsileaceae)1科3属，我国仅有苹属(*Marsilea*)的苹(*M. quadrifolia* L.)，苹在我国南北均有分布。

槐叶苹目(Salviniales)是飘浮水生植物，有2科2属，槐叶苹科(Salviniacae)的槐叶苹属(*Salvinia*)，常见种为槐叶苹[*S. natans*(L.) All](图10-44)；满江红

科(Azollaceae)的满江红属(*Azolla*)，常见种为满江红(*A. pinnata*)(图10-44)。

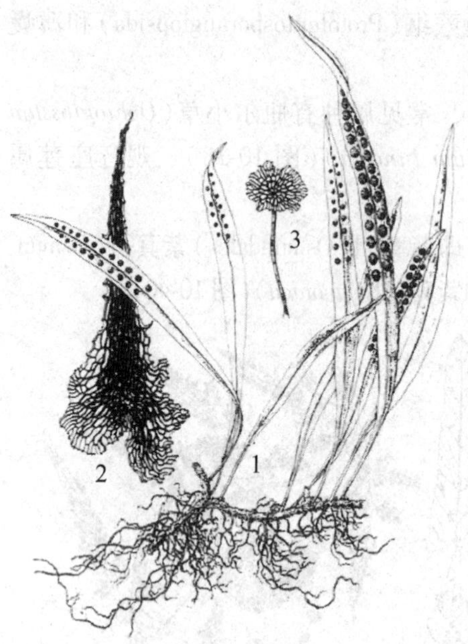

图10-42 瓦韦(引自《高等植物图鉴》)

1. 植株 2. 根状茎上的鳞片放大 3. 隔丝放大

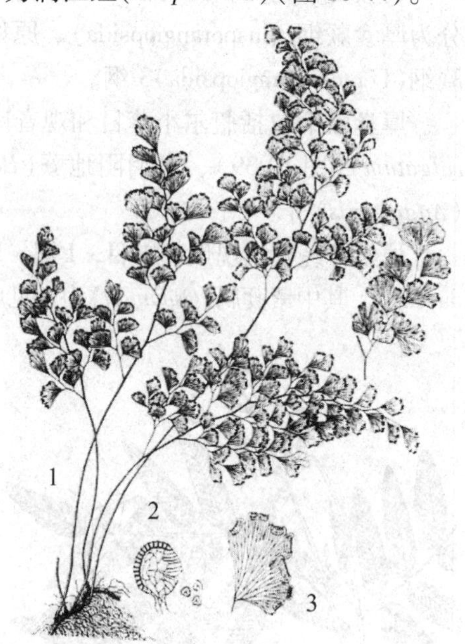

图10-43 铁线蕨(引自《高等植物图鉴》)

1. 植株 2. 孢子囊及孢子 3. 能育小羽片

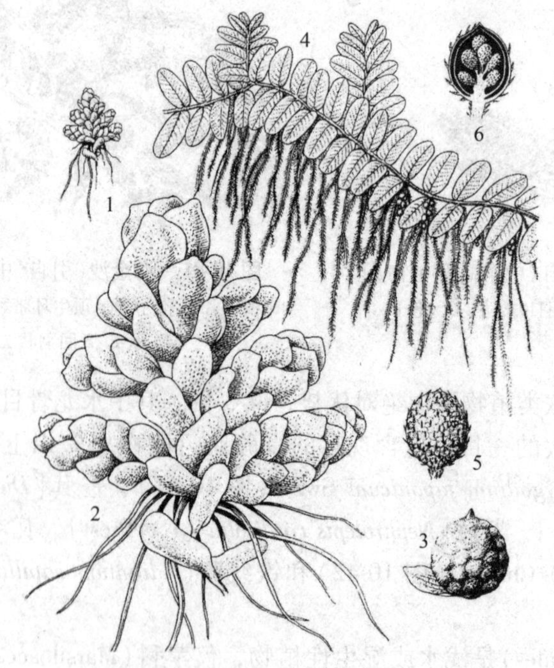

图10-44 满江红(1~3)与槐叶苹(4~6)

满江红：1. 植株 2. 放大的植株 3. 大、小孢子果

槐叶苹：4. 植株全形 5. 孢子果(放大) 6. 孢子果纵切面

四、蕨类植物的起源与演化

一般认为蕨类植物起源于距今4亿年前的古裸蕨植物，而且多数学者又认为裸蕨起源于绿藻。其理由是裸蕨与绿藻有相同的叶绿素、相同的淀粉类储藏物质，游动细胞都有等长的鞭毛等。但尚缺乏足够的论据，有待进一步研究。

五、蕨类植物在自然界的作用和经济价值

蕨类植物和人类关系十分密切。古代蕨类植物形成的煤炭，可提供大量能源；许多蕨类植物可作为药用，如卷柏、海金沙、贯众、金毛狗等；有些蕨类可食用，如蕨菜、荚果蕨、西南凤尾蕨等。在工业上，石松可作为冶金工业上的优良脱膜剂；此外，蕨类还可在火箭、信号弹、照明弹等各种照明工业上，用作突然起火的燃料。一些蕨类植物可作为环境指示植物，如石松、芒萁、里白等可指示酸性土环境等。农业上，满江红因和蓝藻共生，是水稻良好的绿肥，也可做饲料。目前，很多蕨类植物的观赏价值也很高，成为现代园林中重要的植物素材之一，如肾蕨、鸟巢蕨、鹿角蕨、王冠蕨等。

第六节 裸子植物门(Gymnospermae)

裸子植物和被子植物都能产生种子，因此合称为种子植物(seed plant)。其中裸子植物的种子裸露，没有心皮包被，不形成果实；而被子植物的种子有心皮包被，不裸露，形成果实。

一、裸子植物的一般特征

种子裸露，不形成果实；配子体寄生在孢子体上；花粉萌发产生花粉管，花粉管用于吸收珠心的养料[如苏铁属（*Cycas*）和银杏属（*Ginkgo*）]或输送精子[如松属（*Pinus*）]；有些类型的精子有环生鞭毛，能游动[如苏铁（*Cycas revolute* Thunb.）、银杏（*Ginkgo biloba* L.）]；大部分裸子植物的雌配子体有颈卵器，只有买麻藤属(*Gnetum*)和百岁兰属(*Welwitschia*)无颈卵器；孢子体多为乔木，有形成层和次生构造，多数裸子植物的次生木质部有管胞无导管；盖子植物中如麻黄属(*Ephedra*)和买麻藤属有导管；种子的胚具有2至多枚子叶；胚乳丰富。

二、裸子植物的生活史

以松属(*Pinus* sp.)的生活史为代表说明裸子植物的生活史。松的雌配子体颈卵器有数个颈细胞，一个大型中央细胞(central cell)。中央细胞在受精前分裂成1个卵细胞和1个腹沟细胞，后者很快退化消失。雄配子体(即成熟的花粉粒)有4个细胞：2个原叶体细胞、1个管细胞和1个生殖细胞。花粉粒具2翅。花粉传到雌球果的胚珠孔上，由珠孔溢出的传粉滴挥发散失，花粉进入珠孔；之后长出花粉管，穿越珠心组织达颈卵器，将精子送入颈卵器受精。另外，花粉管中的生

殖细胞不等分裂为 2 个，大的为体细胞，小的为柄细胞。体细胞的核再分裂为 2 个精子核，与其周围的细胞质一起称为精子细胞，精子无鞭毛。当体细胞壁消失后，精子进入花粉管尖端。当花粉管达到卵上时破裂，精子入卵，其中一个与卵结合，另一个则死亡。松传粉在春季，花粉入胚珠需寄生 1 年多，翌年夏季卵与精子结合。松属的胚中具数个至 10 多枚子叶。成熟种子除胚外，还有由雌配子体发育而来的胚乳。种皮有 3 层，外层肉质不发达，中层石质，内层纸质(图 10-45)。

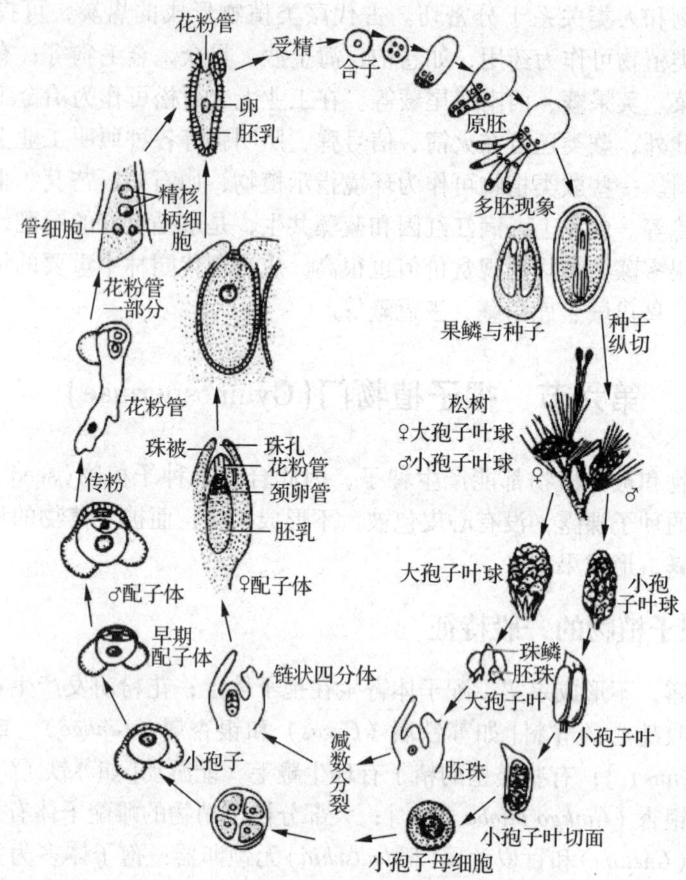

图 10-45 松属生活史(引自吴国芳《植物学》)

三、裸子植物的分类

根据《中国植物志》第 7 卷，现代裸子植物有 4 纲、9 目、12 科、71 属、约 800 种。我国有 4 纲、8 目、11 科、41 属、236 种、47 变种，其中引种栽培 1 科、7 属、51 种、2 变种。

裸子植物分为 4 纲，分别是苏铁纲(Cycadopsida)、银杏纲(Ginkgopsida)、松柏纲(Coniferopsida)和盖子植物纲(Chamydospermopsida)。

（一）苏铁纲（Cycadopsida）

常绿木本植物，茎粗壮，常不分枝。叶螺旋状排列，有鳞叶和营养叶，二者相互呈环状着生；鳞叶小，密被褐色毡毛；营养叶大，羽状深裂，集生于树干顶部。孢子叶球亦生于茎顶，雌雄异株。游动精子有多数鞭毛。

本纲植物在古生代末期二叠纪兴起，中生代的侏罗纪繁盛，以后逐渐趋于衰退，现仅存1目、1科、10属、110种，分布于南北半球的热带及亚热带地区，我国仅有苏铁科（Cycadaceae）苏铁属（*Cycas*）8种植物。苏铁（*Cycas revoluta* Thunb.）为最常见观赏树种。其茎内髓部富含淀粉，可食用。种子含油和丰富的淀粉，有微毒，可食用和药用（图10-46）。

图10-46　苏铁（仿《植物学》）

A. 植株外形　B. 小孢子叶　C. 小孢子囊　D. 雄配子体　E. 大孢子叶　F. 胚珠纵切面　G. 珠心和雌配子体部分放大　1. 原叶细胞　2. 生殖细胞　3. 花粉管细胞　4. 珠被　5. 珠心　6. 雌配子体　7. 颈卵器　8. 贮粉室　9. 贮粉室的花粉粒

（二）银杏纲（Ginkgopsida）

现仅存1目、1科、1属、1种，即银杏科（Ginkgoaceae）的银杏（*Ginkgo biloba* L.）（图10-47）。银杏为落叶乔木，枝条有长枝和短枝之分；叶扇形，先端二裂或波状缺刻，脉序分叉；叶在长枝上螺旋状着生，在短枝上簇生。球花单性，雌雄异株。小孢子叶球呈柔荑花序状，生于枝顶端的鳞片内。小孢子叶有一短柄，柄端通常有2个小孢子囊组成的悬垂的小孢子囊群。大孢子叶球很简单，通常仅有1长柄，柄端有2个环形的大孢子叶，又称珠领，各着生1个直生胚珠，但通常仅1个成熟。珠被1层，珠心中央凹陷为花粉室。珠被发育时有叶绿素，并有明显的腹沟细胞。游动精子具鞭毛，受精时仍离不开水。银杏种子核果状，有3层种皮，外层肉质，中层骨质，内层膜质，胚乳丰富，子叶2。

银杏特产我国，为中生代孑遗植物，有活化石之称。侏罗纪时极繁盛，种类多，分布几遍全球。欧洲、北美洲的银杏在第四纪冰川侵入时全部灭绝。

目前，银杏广泛作为观赏树种栽培；其种子有微毒，可食但不宜多用；种仁为润肺、止咳、平喘药，治肺结核；现代医学证实银杏叶对心血管疾病治疗效果良好。

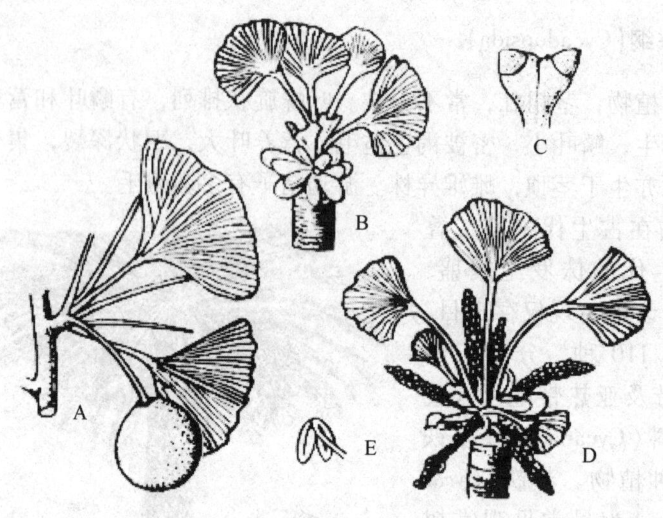

图 10-47 银 杏

A. 短枝及种子 B. 着生大孢子叶球的短枝 C. 大孢子叶球
D. 着生小孢子叶球的短枝 E. 小孢子叶

(三)松柏纲(Coniferopsida)

常绿或落叶乔木，稀灌木，茎多分枝，常有长短枝之分；茎的髓部小，次生木质部发达，由管胞组成，无导管，具树脂道。叶单生或成束，针形、鳞形、钻形、条形或刺形，螺旋着生或交互对生或轮生，叶的表皮细胞常具较厚的角质层及下陷的气孔。孢子叶大多数聚生成球果状(strobiliform)，称孢子叶球，孢子叶球单性同株或异株。小孢子叶(雄蕊)聚生成小孢子叶球(staminate strobilus)，或称雄球花。每个小孢子叶下面生有贮满小孢子(花粉)的小孢子囊(花粉囊)。小孢子有气囊或无气囊，精子无鞭毛。大孢子叶(心皮)聚生成大孢子叶球或称雌球花(female cone)。每个大孢子叶是一片宽厚的珠鳞(果鳞、种鳞)。球果的种鳞与苞鳞有离生(或仅基部合生)、半合生(顶端分离)及完全合生。种子有翅或无翅，胚乳丰富，子叶 2~10 枚。松柏纲植物因子叶多为针形，故称为针叶树或针叶植物；又因孢子叶常排成球果状，也称为球果植物。

松柏纲植物有 4 目、7 科、57 属、约 600 种，我国有 4 目、7 科、36 属、209 种、44 变种(引种 1 科、7 属、51 种、2 变种)。4 目分别是松杉目(Pinales)、罗汉松目(Podocarpales)、三尖杉目(Cephalotaxales)及红豆杉目(Taxales)。

松杉目常见科有松科(Pinaceae)、柏科(Cupressaceae)和杉科(Taxodiaceae)。松科常见属种有云杉属(*Picea*)的云杉(*P. asperata* Mast.)，落叶松属(*Larix*)的落叶松［*L. gmelinii* (Rupr.) Kuz.］；松属(*Pinus*)的红松(*P. koraiensis* Sieb. et Zucc.)(图 10-48)、马尾松(*P. massoniana* Lamb.)和油松(*P. tabulaeformis* Carr.)(图 10-49)；金钱松属(*Pseudolarix*)的金钱松［*P. amabilis* (Nelson) Rehd.］(图 10-50)；雪松属(*Cedrus*)的雪松［*C. deodara*(Roxb.)G. Don］等。

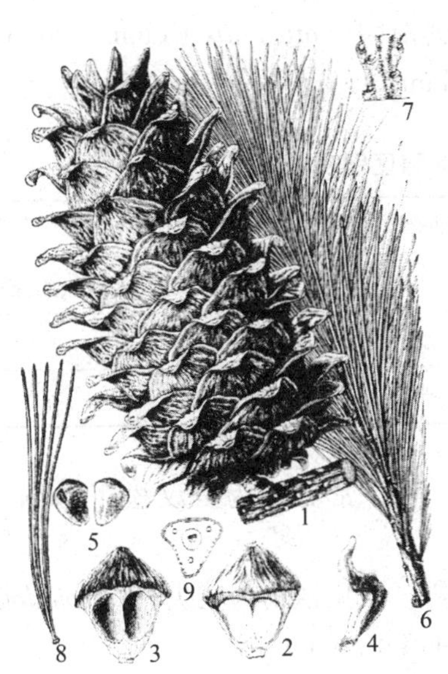

图 10-48　红　松

1. 球果枝　2～4. 种鳞背腹面及侧面　5. 种子　6. 枝叶　7. 小枝一段　8. 一束针叶　9. 针叶横切面

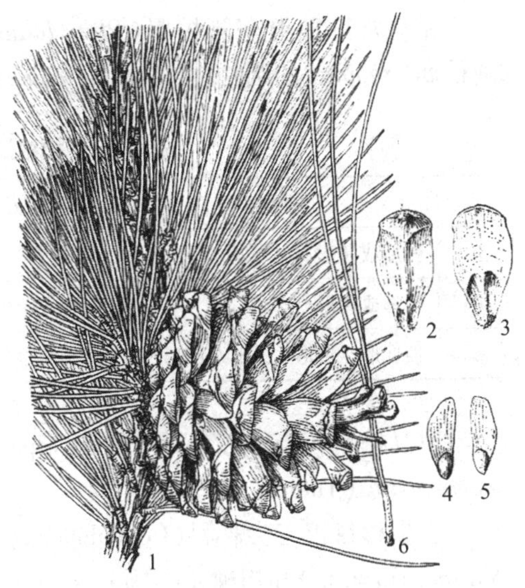

图 10-49　油松(引自《中国植物志》)

1. 球果枝　2. 种鳞背面　3. 种鳞背面　4. 种子背面　5. 种子腹面　6. 短枝

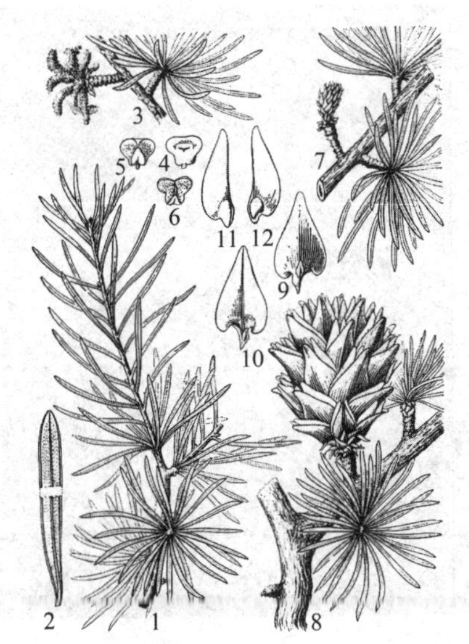

图 10-50　金钱松(张荣厚、吴彰桦绘)

1. 长、短枝及叶　2. 叶的下面　3. 雄球花枝　4～6. 雄蕊　7. 雌球花枝　8. 球果枝　9. 种鳞背面及苞鳞　10. 种鳞腹面　11、12. 种子

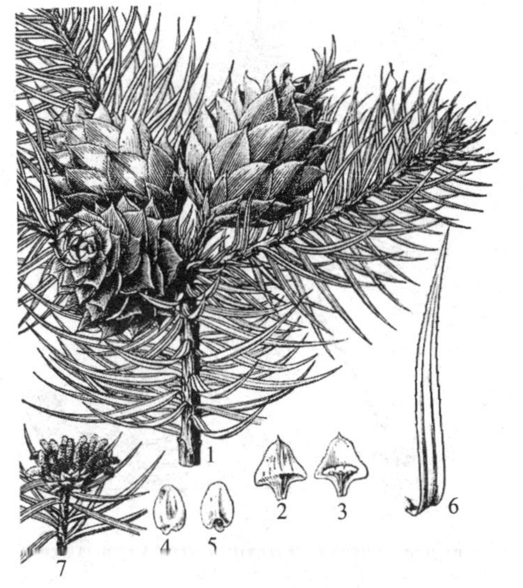

图 10-51　杉木(张荣厚绘)

1. 球果枝　2. 苞鳞背面　3. 苞鳞腹面及种鳞　4、5. 种子背腹面　6. 叶　7. 雄球花枝

杉科常见种类有水杉属(*Metasequoia*)的水杉(*M. glyptostroboides* Hu et Cheng)，杉属(*Cunninghamia*)的杉木(*C. lanceolata* Hook)(图 10-51)等，巨杉(世界爷)[*Sequoiadendron giganteum* (Lindl.) Buchholz]高可达百米，直径 8～11m，树龄达2000～4000 年。

柏科常见种类有侧柏属(*Platycladus*)的侧柏[*P. orientalis* (Linn.) Franco];圆柏属(*Sabina*)的圆柏(桧柏)[*S. chinensis* (Linn.) Ant.]等(表10-3)。

表10-3 松柏纲常见3科区别表

科	叶形	叶的排列方式	种鳞与苞鳞	代表植物
松科	针形或条形	螺旋状	离生	油松、白皮松、云杉、雪松等
柏科	鳞形或刺形	对生或轮生	完全合生	侧柏、圆柏等
杉科	披针形、钻形、条形及鳞形	螺旋或二列	半合生	水杉、杉木等

罗汉松目仅有罗汉松科(Podocarpaceae)1科，常见种为罗汉松[*Podocarpus macrophyllus*(Thunb) D. Don.]。

三尖杉目仅三尖杉科(Cephalotaxaceae)1科，常见植物为三尖杉(*Cephalotaxus fortunei* Hook. f.)和粗榧[*C. sinensis* (Rehd. et Wils.) Lit]等。

红豆杉目也只有红豆杉科(Taxaceae)1科，常见植物为红豆杉[*Taxus chinensis* (Pilger) Rehd](图10-52、图10-53)等。近年发现可从红豆杉中提取抗癌活性成分——紫杉醇。

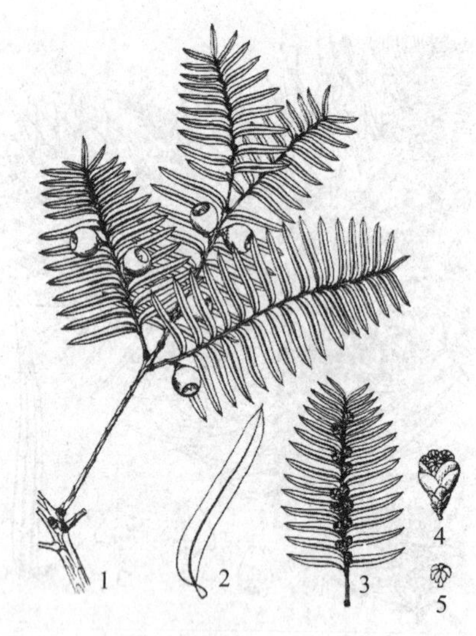

图10-52 红豆杉

(引自《植物学》叶创兴等)

1. 种子枝 2. 叶 3. 雄球花枝 4. 雄球花 5. 雄蕊

图10-53 红豆杉

(源引自 http://www.plantphoto.cn)

(四)盖子植物纲(Chlamydospermopsida)

植株一般为灌木或木质藤本。次生木质部有导管，无树脂道。叶全为单叶对生或轮生，孢子叶球单性，异株或同株，或有两性的痕迹，孢子叶球有类似于花被的盖被，即假花被，盖被膜质、革质或肉质；珠被1~2层；精子无鞭毛；颈

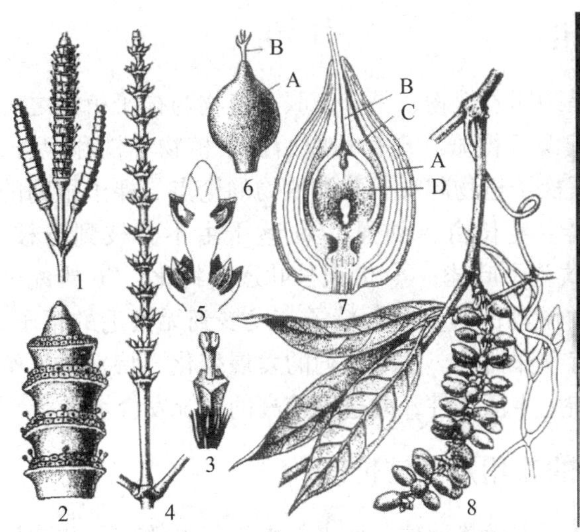

图 10-54 买麻藤(仿库里乞阿索夫)(源引自 http://www.plantphoto.cn)

1. 雄花序 2. 雄花序(局部) 3. 有苞片的"雄花" 4. 雌花序 5. 雌花序(部分)纵切面 6. 雌花 7. 雌花纵切面 8. 具"种子"的枝条

A. 苞片 B. 内珠被 C. 外珠被 D. 珠心

卵器极其退化或无；成熟大孢子叶球果状、浆果状或长穗状。种子包于由盖被发育而成的假种皮中，种皮 1~2 层，子叶 2 枚，胚乳丰富，如买麻藤(图 10-54)。

本纲植物是裸子植物中最进化的类群，共有 3 目、3 科、3 属，约 80 种。分别是麻黄目(Ephedrales)、买麻藤目(Gnetales)和百岁兰目(Welwitschiales)。我国有 2 目、2 科、2 属、19 种，分布几乎遍及全国。

常见种有草麻黄(*Ephedra sinica* Stapf)、木贼麻黄(*E. equisetina* Bunge)、买麻藤 (*Gnetum montanum* Markgr)和百岁兰(*Welwitschia mirabilis* Hook，F.)(图 10-55)。

图 10-55 百岁兰(源引自 http://commons.wikimedia.org/wiki/)

四、裸子植物的起源与演化

裸子植物既是种子植物，又是颈卵器植物，是介于蕨类植物与被子植物之间的一群高等植物，一般认为它们起源于裸蕨。现存的原始裸子植物苏铁和银杏，具有多数鞭毛的游动精子，加强了裸子植物起源于蕨类植物的论点。裸子植物的演化有如下趋势：① 植物体的次生生长由弱到强；② 茎干由不分枝到分枝；③ 孢子叶由散生到集生，成为各式孢子叶球；④ 大孢子叶逐渐特化；⑤ 雄配子体由吸器发展为花粉管，雄配子由游动的、多鞭毛精子，发展到无鞭毛的精子，颈卵器由退化、简化、发展到没有颈卵器等。这一系列的发展变化，特别是生殖器官的演化，使裸子植物更适应陆生生活条件，并达到较高的系统发育水平。

五、裸子植物在自然界中的作用及经济价值

历史上，裸子植物一度在地球上占优势地位。后来，由于气候的变化和冰川的发生，很多种类埋于地下，形成煤炭，为人类提供了大量的能源。

现在的裸子植物虽然种类不多，但常大面积的组成针叶林，并且木材优良，是林业生产上的主要用材树种。此外，裸子植物还可提供单宁、松香等原料。大多数裸子植物为常绿树，树冠美丽，是园林绿化的优良植物材料。

裸子植物可能的祖先

裸子植物是种子植物，又是颈卵器植物，是介于蕨类植物与被子植物之间的植物类群，它们是由蕨类植物演化而来的。现存的原始类型的苏铁类和银杏等裸子植物的游动精子具多数鞭毛，进一步加强了裸子植物是起源于蕨类的论点。贝克(Berk，1962，1964，1970，1971)和南伯德里(Namboodiri，1968)通过对前裸子植物的古蕨属(*Archaeopteris*)、无脉蕨属(*Aneurophyton*)、四裂木属(*Tetraxylophyteris*)的研究得出的中柱进化理论支持裸子植物可能起源于同型或异型孢子囊类的古代原始蕨类——“前裸子植物”。前裸子植物为木本植物，具单轴分枝和复杂的枝系，末级枝条扁化成叶，具二叉分枝脉序；茎内有形成层，有次生生长，从肋状原生到具髓原生中柱或真中柱，原生木质部中始式起源，管胞上有具缘纹孔；用孢子繁殖，由同孢子发展到异孢。

第七节　被子植物门(Angiospermae)

一、被子植物门的特征

被子植物是植物界最进化、分布最广、适应性最强、种类最多的类群，在不同的系统，被子植物约20万~25万种，300多至400多科，1万多属，超过植物界总种数的一半。我国有2700多属，约3万种被子植物。被子植物种类多、适应性强与它们复杂、完善的结构特征息息相关。被子植物的主要特征如下：

(1)具有真正的花　具有生殖功能的美丽花朵，是由花萼、花冠、雄蕊群、雌蕊群组成的真正的花。

(2)具有果实　被子植物开花后，经传粉受精，胚珠发育成种子，子房发育成果皮，形成果实。

(3)具有特殊的双受精作用　即2个精细胞分别与卵细胞和2个极核结合后形成受精卵和受精极核，它们进而形成的胚和胚乳均含有父母双方的遗传物质，具有更强的生命力和适应环境的能力。

(4)孢子体高度发展和分化　如输导组织是由木质部和韧皮部组成的，其中木质部有导管、管胞和木纤维的分化，韧皮部有筛管、伴胞、韧皮纤维的分化，因而导致被子植物的输导和支持功能大大加强，从而能适应陆生生活。

(5)配子体进一步退化　配子体寄生在孢子体上，结构极其简单，雄配子体(成熟花粉粒)仅由2~3个细胞组成；雌配子体(胚囊)简化成7个细胞8个核(多数种类为此种类型)。这种简化在生物学上具有进化的意义。

(6)生活史有明显的世代交替，但配子体不能脱离孢子体而独立生活。

二、被子植物分类的原则

以植物形态、地理为根据的传统分类法，承认植物形态的异同可分析各类群之间的亲缘进化关系，因此，原始的种类和进化的种类在相同的器官上，必然会有原始性状和进化性状的差别。基于多数学者支持真花说，他们对原始性状和进化性状有共同的观点，就是植物分类的原则，这些原则归纳见表10-4。

表10-4　被子植物分类原则

	初生的、较原始的特征	次生的、进化的特征
茎	1. 乔木、灌木	1. 多年生草本和一、二年生草本
	2. 直立	2. 藤本
	3. 木质部无导管，有管胞	3. 木质部有导管
叶	4. 单叶	4. 复叶
	5. 互生或螺旋排列	5. 对生或轮生
	6. 常绿	6. 落叶
	7. 叶绿色，自养	7. 无叶绿素，腐生、寄生

（续）

	初生的、较原始的特征	次生的、进化的特征
花	8. 花单生 9. 花各部螺旋状排列 10. 花托柱状或稍隆起 11. 花组成部分数目多，为不定数 12. 有两层花被(花萼和花冠均存) 13. 萼片与其花冠分离(离生) 14. 花冠辐射对称(整齐花) 15. 雄蕊多数，离生 16. 心皮离生，雌蕊群由多心皮组成，也可为少数心皮离生 17. 子房上位 18. 两性花 19. 边缘胎座、中轴胎座	8. 有花序 9. 花部轮生 10. 花托平或下凹为杯状、壶状、盘状，有时在中央部分隆起 11. 花组成部分数目较少，为定数(3、4、5或1、2) 12. 单层花被或无花被 13. 萼片、花冠合生 14. 花冠两侧对称 15. 雄蕊定数 16. 心皮2至多个，合生 17. 子房半下位或下位 18. 单性花 19. 侧膜胎座、特立中央胎座及基底胎座
果实	20. 单果 21. 骨突果、蒴果、瘦果	20. 聚花果 21. 核果、浆果
种子	22. 种子多(花期胚珠多数) 23. 胚小，胚乳丰富，子叶2至多枚	22. 种子少(花期胚珠少) 23. 胚较大，胚乳少或无，子叶1枚
寿命	多年生 绿色自养植物	一或二年生或短命植物 寄生、腐生植物

表10-4为被子植物形态演化的一般规律，是判别某类植物进化地位的准则，亦即分类的原则。应当注意的是，不要孤立地只看某一条原则来判别植物，如胚珠多、胚小、两性花是初生的、较原始的特征，但在兰科中，却是进化的标志，因此判断植物是否进化，应当联系各条综合地看，认真分析，因为某一种植物的器官形态特征并非在演化上同步，通常有的特征已进化，有的仍然保留在原始状态。

第八节　植物界进化的一般规律

植物界的漫长演化史，可以从地质史上划分的不同"代"、"纪"地层中保存的植物化石资料中得到证实。从表10-5中可看出各主要植物类群在各地质年代中发展的大致情况。

表 10-5　植物演化地质年代表

代	纪	世	距今年代/百万年前	优势植物
新生代 Cnozoic	第四纪 Qutenary	现代	1. 2	有花植物
	第三纪 Tertiary	更新世	2. 5	
		上新世	7. 0	
		中新世	26	
		渐新世	38	
		始新世	54	
		古新世	65	
中生代 Mesozoic	白垩纪 Cretaceous	晚白垩世	90	被子植物形成优势 被子植物起源，裸子植物繁盛
		早白垩世	136	
	侏罗纪 Jurassic	晚侏罗世	166	
		早侏罗世	190	
	三叠纪 Triassic	晚三叠纪	200	
		早三叠纪	225	
古生代 Paleozoic	二叠纪 Perrnian	晚二叠纪	260	蕨类植物及种子蕨繁盛
		早二叠纪	280	
	石炭纪 Carboniferous	晚石炭世	325	
		早石炭世	345	
	泥盆纪 Devonian	晚泥盆世	360	蕨类植物兴盛，苔藓及裸子植物发生
		中泥盆世	370	
		早泥盆世	395	
	志留纪 Silurian		430	简单维管植物，最早的蕨类
	奥陶纪 Ordovician		500	藻类植物繁盛
	寒武纪 Cambrian		570	
元古代 Proterzoic	前寒武纪 Percambrian		4500～5000	细菌及蓝藻出现

距今32亿前发现细菌和蓝藻的化石，10亿年前发现了真核生物化石，元古代海洋中充满了生物，包括许多原始的动、植物类型，寒武纪、奥陶纪以及志留纪的大部分时间，藻类植物占优势，距今3.45亿~4.3亿年的志留纪和泥盆纪化石说明松叶蕨、石松、楔叶蕨以及原始蕨登陆成功，并形成了适应陆地生活的内部结构，如维管组织、保护组织等。在早泥盆世，出现了最早的木本植物瘤指蕨(*Pseudosporochnus nodosus*)，其具多体中柱或编织中柱，在中泥盆世到晚泥盆世出现了无脉蕨(*Aneurophyton*)和古蕨(*Archaeopteris*)，二者都具真中柱。其中古蕨有形成层，产生了次生木质部，有大型叶。晚泥盆世发现了最早的种子——古籽(*Archeosperma*)。石炭纪时期的沼泽森林非常繁盛，森林中以石松植物占优势，其次是木贼植物，林下植物为种子蕨和真蕨，森林中还有裸子植物——苏铁类和松柏类的祖先，5000万年后裸子植物成为地球上森林内的优势植物，二叠纪4500万年里物种大灭绝。由于气候和地质的巨大变化，白垩纪是物种第3个快速进化期，这一时期被子植物散布，部分裸子植物灭绝或趋于消亡，白垩纪以后至今被子植物主宰了地球。

植物在发展进化过程中形态结构、繁殖方式等遵循以下规律：

(1) 植物由水生生活过渡到陆生生活。生命起源于水中，最原始的植物一般在水中生活，如低等的藻类；以后逐渐移居于阴湿地区如一些苔藓植物和蕨类植物；最后变成能在干燥地面生长的陆地植物，如绝大多数的种子植物。

(2)植物形态结构由简单到复杂，即由单细胞到群体再到多细胞的个体。随着植物的生存环境由水域向陆地发展，环境的变化越来越复杂，植物体也相应发生了更适宜于陆地生活的形态结构转变。例如，根的出现与输导组织的形成和完善，使陆生植物对水分的吸收和输导更有效；保护组织、机械组织的分化和加强，对调控水分的蒸腾、支持植物体直立于地面意义重大。

(3) 植物个体生活史的演化表现在由配子体世代占优势进化到孢子体世代占优势。这也体现了植物从水生到陆生的重大发展。植物体向陆生过渡时，配子体逐渐简化，保证在较短的时期内能完成受精作用；而孢子体是由合子萌发形成的，合子继承了父母的双重遗传性，具有较强的生活力，能更好的适应多变的陆地环境，如进化地位最高级的被子植物有极为发达的孢子体，而配子体极其简化仅由几个细胞构成。

(4) 植物的生殖方式是从以细胞分裂方式进行的营养繁殖，或通过产生各种孢子的无性繁殖方式，进化到通过配子结合的有性生殖的。植物的有性生殖，是从同配生殖进化到异配生殖，再进化到卵式生殖的。有性生殖是最进化的生殖方式，它的出现使得2个亲本染色体的遗传基因有机会重新组合，使后代获得更丰富的变异，从而使植物出现了飞跃式的进化。另外，被子植物的双受精作用，使胚和胚乳都具有丰富的遗传特性，增强了植物的生命力和适应性，这也是目前被子植物在地球上欣欣向荣的内在原因。

(5) 植物的生殖器官在进化过程中日益完善。低等植物的生殖器官多为单细胞的，精子与卵细胞结合形成合子后即脱离母体进行发育，合子不形成胚而直接形成新的植物体。高等植物的生殖器官由多细胞组成，合子在母体内发育，先形成胚，再由胚发育成新的植物体。藻类、苔藓、蕨类植物产生游动精子，受精过程必须在有水的条件下才能进行，而种子植物产生花粉管，使受精作用不再受水的限制。种子的出现使胚包被在种皮内，使胚免受外界不良环境的影响。

植物界在发展过程中，上述这些变化是相互影响，相互联系，相互制约，不能孤立地以植物某一性状来作为衡量植物进化地位的标准。

本章小结

植物界分为藻类、菌类、地衣、苔藓、蕨类和种子植物（包括裸子植物和被子植物两大类）六大基本类群。藻类植物多生活在水中，植物体有单细胞、多细胞群体、丝状体和片状体等，无根、茎、叶的分化，生殖方式多样，大部分藻类植物能进行光合作用，行自养生活；菌类植物为一类不具自然亲缘关系的植物，它们也没有根、茎、叶的分化，通常不具光合色素，营养方式通常也为异养，异养的方式为寄生和腐生；地衣为藻类（主要为蓝藻和绿藻）和菌类（主要是子囊菌）共生体，植物体没有根、茎、叶的分化；苔藓植物是高等植物中最原始的陆生类群，是从水生到陆生的过渡类群，其配子体发达占优势，孢子体寄生在配子体上，苔藓植物体内无维管组织，具假根和拟茎、叶的分化，苔藓植物具多细胞构成的雌雄生殖器官——颈卵器和精子器，受精过程离不开水，孢子成熟后首先萌发成原丝体，由原丝体再形成配子体；蕨类植物孢子体发达占优势，配子体也能独立生活，其具根、茎、叶的分化，有维管组织，孢子成熟后首先萌发为配子体（又叫原叶体），在配子体产生有性生殖器官颈卵器和精子器，受精过程离不开水；裸子植物孢子体极发达，有根、茎、叶的分化，具维管组织，大部分裸子植物的雌性生殖器官为结构简单的颈卵器，由于大多数种类的雄配子体可形成将精子直接送到颈卵器的花粉管，因此裸子植物的受精过程脱离了水。

思考题

1. 植物界分为哪几个基本类群？其特征是什么？
2. 低等植物有哪些基本特征？包括哪几个类群？
3. 蓝藻有哪些基本特征？举出几个代表植物。
4. 绿藻有哪些基本特征？举出几个代表植物。
5. 阐述藻类植物的演化趋势。
6. 简述细菌门的主要特征。
7. 简述细菌的形态和构造。
8. 简述细菌对自然界的作用和经济意义。
9. 真菌门分为几个亚门？各亚门的主要特征是什么？

10. 简述地衣门的主要特征，同层地衣和异层地衣有何异同?
11. 简述苔藓植物门的主要特征，为何苔藓植物属于高等植物?
12. 如何区别苔类和藓类植物?
13. 简述蕨类植物门的主要特征，它和苔藓植物有何异同?
14. 简述裸子植物有什么主要特征? 它和苔藓植物、蕨类植物有何异同?
15. 为什么说盖子植物纲是裸子植物中最进化的类群?
16. 简述被子植物有什么主要特征? 它和裸子植物有何异同?
17. 简述被子植物分类的基本原则。
18. 简述被子植物的进化规律。

推荐阅读书目

马炜梁，等. 2009. 植物学. 北京：高等教育出版社.

A·M·史密斯，G·库普兰特，L·多兰，等. 2012. 植物生物学. 北京：科学出版社.

古尔恰兰·辛格. 刘全儒. 郭延平. 于明. 2008. 植物系统分类学：综合理论及方法. 北京：化学工业出版社.

Michael G. Simpson. 2011. 植物系统学(导读版). 2 版. 北京：科学出版社.

张宪春. 2012. 中国石松类和蕨类植物. 北京：北京大学出版社.

参考文献

曹同，郭水良，娄玉霞，等. 2011. 苔藓植物多样性及其保护[M]. 北京：中国林业出版社.

傅立国，等. 2000. 中国高等植物(第 3 卷)[M]. 青岛：青岛出版社.

傅立国，等. 2008. 中国高等植物(第 2 卷)[M]. 青岛：青岛出版社.

金银根. 2010. 植物学[M]. 2 版. 北京：科学出版社.

陆树刚. 2007. 蕨类植物学[M]. 北京：高等教育出版社.

强胜. 2006. 植物学[M]. 北京：高等教育出版社.

汪劲武. 2009. 种子植物分类学[M]. 2 版. 北京：高等教育出版社.

吴国芳，等. 1992. 植物学[M]. 2 版. 北京：高等教育出版社.

吴鹏程，贾渝. 2011. 中国苔藓志(第 5 卷)[M]. 北京：科学出版社.

邢来君，李明春，魏东盛. 2010. 普通真菌学[M]. 2 版. 北京：高等教育出版社.

叶创兴，等. 2006. 植物学[M]. 广州：中山大学出版社.

郑湘如，王丽. 2008. 植物学[M]. 北京：中国农业大学出版社.

第十一章　被子植物分科概述

被子植物是现今植物界进化程度最高、分布最广的类群，其在长期适应环境的演化过程中形成了种类繁多、结构复杂、形态各异的植物类型。因其具有明显而艳丽的花朵，常常被称为显花植物；又因其具有重要的雌性生殖器官，称为雌蕊植物。被子植物的用途很广，是人类和动物赖以生存的物质基础，与人类的生活息息相关。根据克朗奎斯特系统，被子植物约有 21.5 万种，分为 2 纲 11 亚纲 83 目 383 科。其分类是以根、茎、叶、花、果实等器官的形态学特征为依据，也是被子植物分类的主要依据。

第一节　被子植物分类主要形态术语

植物的形态学术语是指把整个植物体及其各组成器官的结构、形态特征、性状等给予一定的形态学名称加以描述。由于被子植物在长期适应环境的过程中，各组成器官逐渐演化形成了多种多样的形态特征，因而被子植物的形态学术语很多。为了正确地描述和鉴定被子植物，熟练、准确地掌握其形态学术语成为被子植物分类的基础。

一、根

根是被子植物的营养器官之一，可分为主根、侧根和不定根。其在植物鉴定和分类中具有一定的意义，特别是变态根可作为重要的分类依据。

（一）根系的类型

一株植物地下所有的根称为根系。依据主根的生长特性及整个根系的组成形态，将根系分为两大类：直根系和须根系（图 11-1）。

1. 直根系

凡是由一个明显而粗壮发达的垂直并纵向生长的主根和多分枝的各级侧根组成的根系称为直根系，如陆地棉（*Gossypium hirsutum* L.）、胡萝卜（*Daucus carota* var. *sativus* Hoffm.）、蒲公英（*Taraxacum mongolicum* Hand. et Mazz.）、大豆［*Glycine max*（L.）Merr.］等大多数双子叶植物和裸子植物的根系。直根系一般入土较深，为深根系。

2. 须根系

由不发达的主根及多条从胚轴或茎下部的节上产生的粗细近似、呈丛生状态的不定根组成的根系称为须根系。如小麦（*Triticum aestium* L.）、水稻（*Oryza sativa* L.）、玉米（*Zea mays* L.）、高粱（*Sorghum vulgare* Pers.）、葱（*Allium fistulosum* L.）、蒜（*Allium sativum* L.）等多数单子叶植物的根系。须根系一般入土较浅，为浅根系。

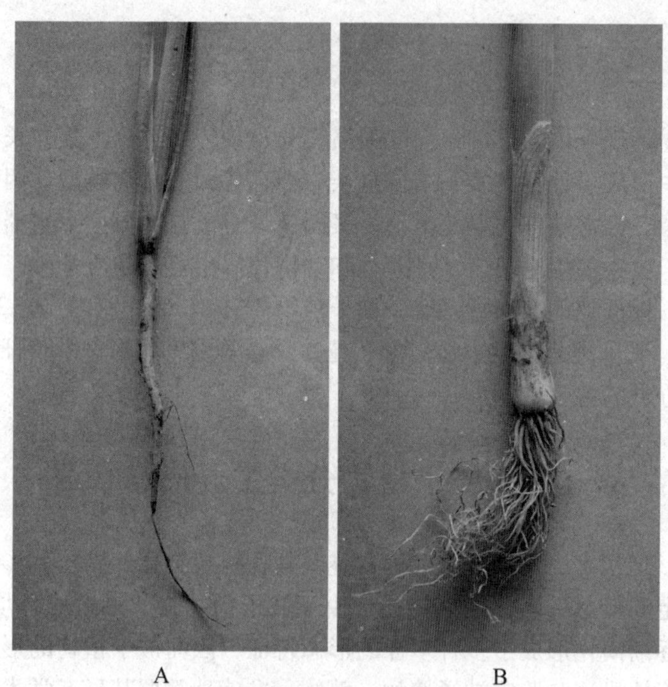

A B

图 11-1 根系的类型

A. 直根系 B. 须根系

二、茎

（一）茎的性质

根据植物茎内木质化程度的高低及质地，将植物分为木本植物与草本植物及藤本植物。

1. 木本植物（woody plant）

茎内木质部发达，木质化组织较多，质地坚硬，其寿命较长，为多年生植物，可分为：

（1）乔木（tree） 具明显粗大而直立的主干，分枝距离地面较高，形成宽阔的树冠，整个植株高达 5 m 以上，如青杨（*Populus cathayana* Rehd.）、槐树（*Sophora japonica* L.）、玉兰（*Magnolia denudata* Desr.）、榆树（*Ulmus pumila* L.）、红

松、泡桐[*Paulownia fortunei*（Seem.）Hemsl.]、梓树(*Catalpa ovata* G. Don.)等。

(2)灌木(shrub)　具不明显的主干，分枝常由基部进行，呈丛生状，整个植株比较矮小，如柑(*Citrus reticulata* Blanco.)、月季(*Rosa chinensis* Jacq.)、玫瑰(*R. rugosa* Thunb.)等。

(3)半灌木(half-shrub)　较灌木矮小，植株高在1 m以下，茎基部近地面处木质，多年生，上部茎草质，越冬时枯萎死亡。如金丝桃(*Hypericum monogynum* L.)、黄芪[*Astragalus membranaceus*（Fisch.）Bge.]和一些蒿属植物。

2. 草本植物(herb plant)

茎内木质部不发达，木质化组织较少，质地柔软，其寿命较短，植株矮小。根据生存年限可分为：

(1)一年生草本植物(annual herb plant)　全部生活史在一年内完成，即从种子萌发、生直至开花结果、枯萎死亡，在一个生长季节完成，如玉米、小麦、高粱、大豆、水稻、陆地棉、花生(*Arachis hypogaea* L.)等。

(2)二年生草本植物(biennial herb plant)　全部生活史在两个年份内完成，第一年进行营养器官生长，第二年开花、结果后枯死。如冬小麦、胡萝卜和白菜(*Brassica pekinensis* R.)、洋葱(*Allium cepa* L.)等。

(3)多年生草本植物(perennial herb plant)　生存期连续三年以上的草本植物，地下部分生活多年，每年继续发芽生长，地上部分每年生长季末枯死，如薄荷(*Mentha haplocalyx* Briq.)、百合(*Lilium brownie* F. E. Br. var *viridulum* Baker.)、鸢尾(*Iris tectorium* Maxim.)、芍药(*Paeonia lactiflora* Pall.)、萱草(*Hemerocallis fulva* L.)、羊茅(*Festuca ovina* L.)等。有些植物如蓖麻(*Ricinus communis* L.)等在北方为一年生植物，在华南则为多年生植物。

3. 藤本植物(vein plant)

凡植物体细长，茎不能直立，只能通过缠绕或攀缘方式依附于其他物体向上生长的植物，称为藤本植物。根据质地分为木质藤本和草质藤本。木质藤本如葡萄(*Vitis vinifera* L.)、紫藤[*Wisteria sinensis*(Sims.)Sweet.]；草质藤本如黄瓜(*Cucumis sativus* L.)、牵牛[*Pharbitis nil*（L.）Choisy.]、茑萝[*Quamoclit pennata*（Desr.）Bojer]等。

(二) 茎的生长习性

根据茎的生长习性，将茎分为以下几种(图11-2)：

1. 直立茎(erect stem)

茎垂直地面直立向上生长，为最常见的茎，如白杨(*Populus tomentosa* Carr.)、小麦、玉米、水稻等。

2. 平卧茎(prostrate stem)

茎不能直立而平铺地面生长，节上无不定根，如蒺藜(*Tribulus terrestris* L.)、地锦(*Euphorbia humifusa* Willd.)等。

3. 匍匐茎(stolon stem)

茎不能直立，平卧地面生长，节上生不定根，如草莓(*Fragaria ananasa*

Duch.)、甘薯(*Ipomoea batatas* Lam.)、狗牙根[*Cynodon dactylon*(L.)Pers.]、委陵菜(*Potentilla chinensis* Ser.)等。

4. 攀缘茎(climbing stem)

借助茎、叶产生的卷须、吸盘等攀缘器官依附于其他物体上，如黄瓜、爬山虎[*Parthenocissus tricuspidata*(Sieb. et Zucc.)Planch.]、葡萄(*Vitis vinifera* L.)等。

5. 缠绕茎(twining stem)

茎呈螺旋状缠绕于其他物体上，如牵牛花、葎草[*Humulus scandens*(Lour.)Merr.]、菜豆(*Phaseolus vulgaris* L.)等。

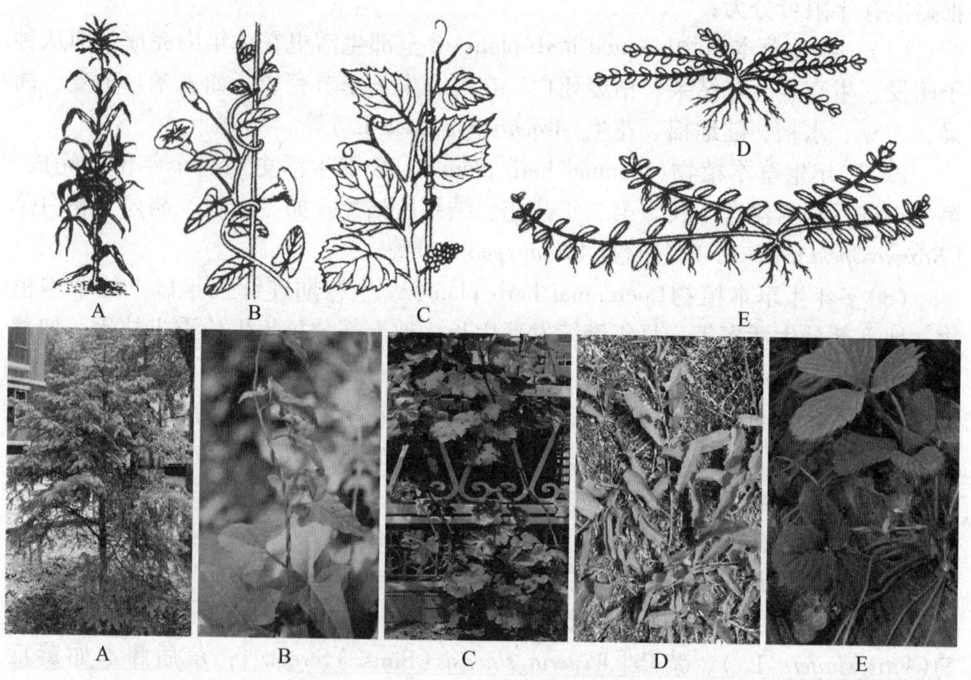

图 11-2 茎的生长习性(肖红梅摄)

A. 直立茎 B. 缠绕茎 C. 攀缘茎 D. 平卧茎 E. 匍匐茎

(三)茎的分枝方式

茎的分枝是植物生长存在的普遍现象，不同植物分枝的方式不同。常见的植物分枝方式有以下4种类型(图 11-3)：

1. 单轴分枝(monopodial branching)

也称总状分枝(racemose branching)，分枝的特点是顶芽活动始终占优势，具有由顶芽不断向上伸展而形成的明显粗大的直立主茎，侧枝生长受到抑制，使整个植物体形态呈塔形，如青杨、黄麻(*Corchorus capsularis* L.)等植物茎的分枝。单轴分枝比较原始，在蕨类植物和裸子植物中占优势。

图 11-3 茎的分枝类型图解(肖红梅摄)
A. 单轴分枝 B. 合轴分枝 C. 假二叉分枝
(相同数字表示同级分枝)

2. 合轴分枝(sympodial branching)

是主茎不明显的分枝方式。分枝的特点是主茎的顶芽生长一段时期后，生长渐渐迟缓或停止生长，分化成花芽或卷须等变态器官，继而紧靠顶芽的侧芽迅速生长为新枝，并取代了原有的主茎继续生长，等生长到一段时间后，新枝的顶芽又停止生长，为其下部的侧芽生长所代替，如此继续生长，形成曲折的主茎，如苹果(*Malus pumila* Mill.)、榆(*Ulmus pumila* L.)、无花果(*Ficus carica* L.)、马铃薯(*Solanum tuberosum* L.)、梨(*Pyrus bretschneideri* Rehd.)等大多数被子植物的茎的分枝。合轴分枝是较为进化的分枝方式，由于分枝的节间较短，使得树枝有更大的伸展空间，可多开花、多结果，是农作物丰产的重要分枝形式。另外有些植物如茶树、某些果树幼年期主要为单轴分枝，到开花结果阶段才出现合轴分枝。

3. 假二叉分枝(false dichotomy branching)

一些具有对生叶的植物，当顶芽生长到一定程度即停止生长或分化为花芽后，顶芽下部对生的两个侧芽同时生长形成叉状侧枝，每一侧枝的顶芽生长到一定阶段停止生长或分化为花芽后，顶芽两侧的对生侧芽又同时生长，如此反复生长形成枝条的形式，称为假二叉分枝，如梓树、紫丁香(*Syringa oblata* Lindl.)、石竹(*Dianthus chinensis* L.)、接骨木(*Sambucus williamsii* Hance.)等。假二叉分枝在被子植物中较为普遍。

常见的低等植物和部分高等植物如石松(*Lycopodium clavatum* L.)、卷柏的分枝形式也有二叉分枝。所谓二叉分枝(dichotomy branching)是当顶芽发育到一定程度即停止生长或缓慢生长时，其顶端分生组织均匀地分裂成两半，分别发育形成分枝，并重复进行。

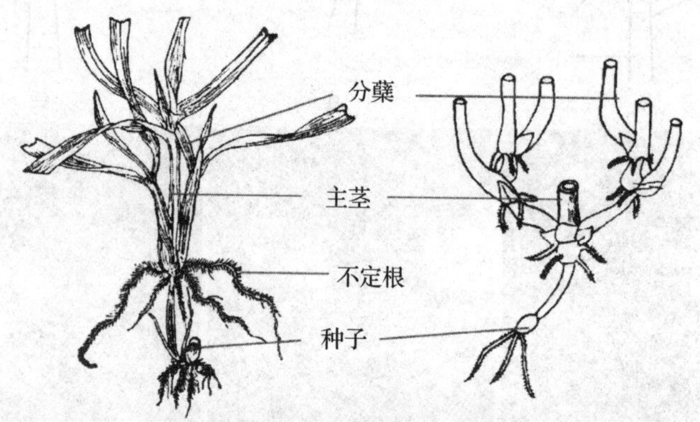

图 11-4 小麦分蘖图解

4. 分蘖(tiller)

禾本科植物如水稻、小麦等在生长初期，即当幼苗长出3、4片幼叶时，茎基部密集而短的节上的一些腋芽开始活动形成新枝和产生不定根群，这种分枝方式称为分蘖。分蘖是禾本科植物特有的分枝方式。产生分枝的节称为分蘖节(图11-4)。分蘖产生新枝后，在新枝的基部又进行分蘖活动，形成新的分蘖节，依次产生各级分枝和不定根。在农业上一般以2~3级分蘖为益。禾本科植物的分蘖分为3种类型(图11-5)。

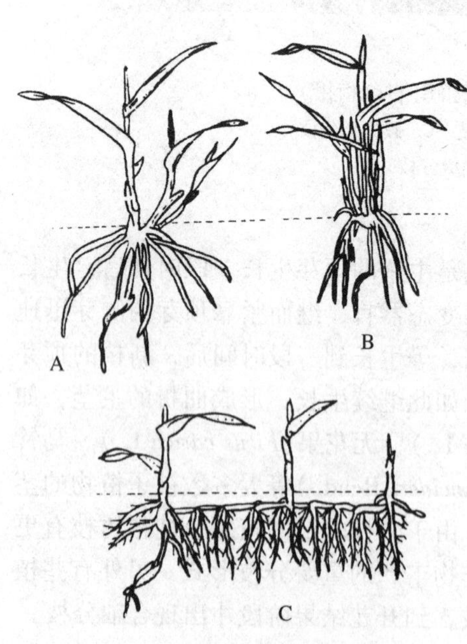

图 11-5 禾本科植物分蘖类型图解

(仿 B. P. 威廉士)

A. 疏蘖型 B. 密蘖型 C. 根茎型

(1)疏蘖型 分蘖节之间的距离较远，均从地下茎的节上形成，各分蘖在地上的分枝呈疏松丛生状，如水稻、小麦。

(2)密蘖型 分蘖节在靠近地面或地上部分形成，分蘖节间短，分蘖呈密集丛生状，如针茅属和狐茅属等植物。

(3)根茎型　一些多年生、具根状茎的植物，其地下茎上的侧芽开始生长时与主轴垂直，并以合轴分枝方式形成根状茎和不定根群，当生长到一段后，向地面形成分蘖，其附近的侧芽再继续水平生长一段，又形成地上分蘖，如甘蔗(*Saccharum officinarum* L.)和芦苇(*Phramites communis* Trin.)等。

三、叶

(一)叶的形态

叶的形态通常是指叶片的整体形状、质地、叶缘特点、叶尖与叶基的形状、叶裂程度以及叶脉的分布形式。

1. 叶形(leaf shape)

即叶片的整体形状。根据叶片的长宽比例以及最宽处的位置，将叶划分为以下不同类型(图11-6、图11-7)：

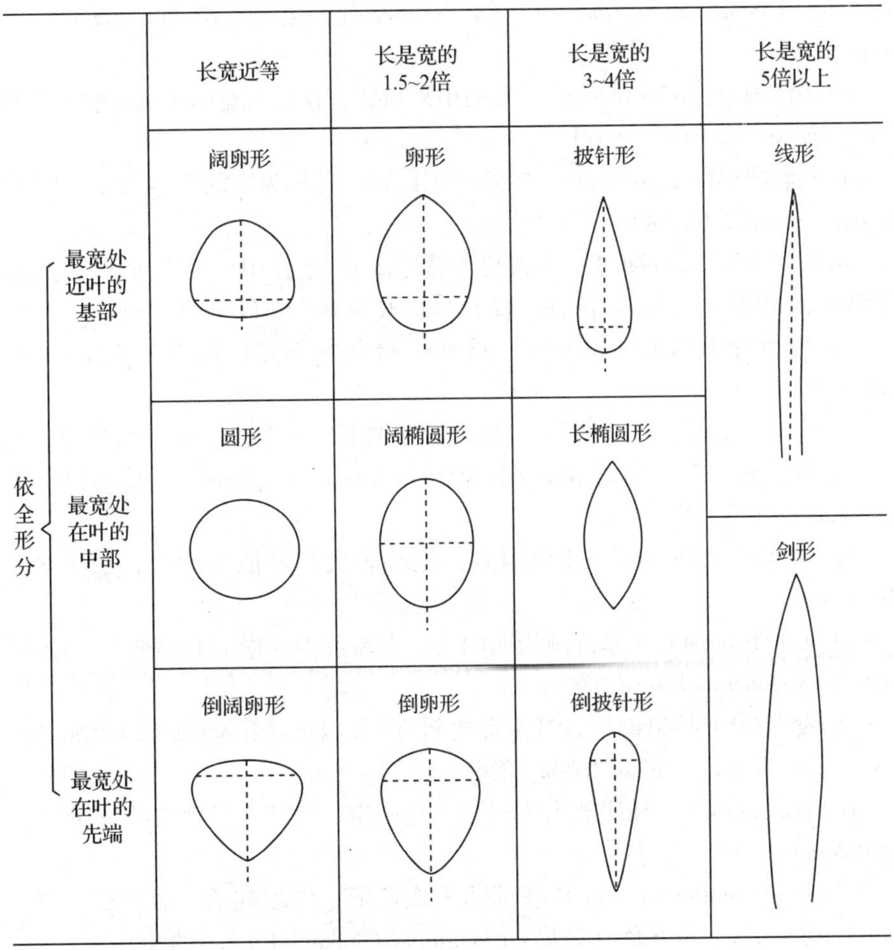

依全形分	长宽近等	长是宽的1.5~2倍	长是宽的3~4倍	长是宽的5倍以上
最宽处近叶的基部	阔卵形	卵形	披针形	线形
最宽处在叶的中部	圆形	阔椭圆形	长椭圆形	剑形
最宽处在叶的先端	倒阔卵形	倒卵形	倒披针形	

图11-6　基本叶形

(1)圆形(orbicular) 叶的长宽大致相等，形状圆形，如莲叶(*Nelumbo nucifera* Gaertn.)。

(2)卵形(ovate) 叶的中部以下宽阔，中部以上渐狭，长约为宽的2倍左右，如女贞(*Ligustrum lucidum* Ait.)、向日葵(*Helianthus annuus* L.)叶。

(3)倒卵形(obovate) 卵形特征的倒置，如泽漆(*Euphorbia helioscopia* L.)、紫云英(*Astragalus sinicus* L.)、马齿苋(*Portulaca oleracea* L.)叶。

(4)阔卵形(broad ovate) 卵形叶的最宽处靠近叶的基部，叶长为叶宽的1~1.5倍，如苎麻[*Boehmeria nivea* (L.) Gaud.]、毛白杨(*Populus tomentosa* Carr.)叶。

(5)倒阔卵形(broad obovate) 卵形叶最宽处近于叶尖，叶长为叶宽的1~1.5倍，如玉兰叶。

(6)针形(acicular) 叶细长，先端尖锐，如油松叶。

(7)椭圆形(oblong) 叶两端狭窄、中部较宽，两侧叶缘成弧形的叶片，如玫瑰、樟[*Cinnamomum camphora* (L.) Pres.]、地肤[*Kochia scoporia* (L.) Schrad.]叶。

(8)阔椭圆形(broad oblong) 叶的中部最宽，且长为宽的2倍或较少，如橙[*Citrus sinensis*(L.) Osbeck]叶。

(9)长椭圆形(long oblong) 叶的中部最宽，且长为宽的3~4倍，如栓皮栎(*Quercus variabilis* Bl.)叶。

(10)披针形(lanceolate) 叶长约为宽的3~4倍，中部以下近于叶基最宽，向上渐狭，如桃(*Amygdalus persica* L.)、垂柳(*Salix babylonica* L.)叶。

(11)倒披针形(oblanceolate) 披针形特征的倒置，如细叶小檗(*Berberis poiretii* Schneid.)。

(12)条形(linear) 又称线形，叶片扁平狭长，长约为宽的5倍以上，两侧叶缘近平行，如小麦、韭菜(*Allium tuberosum* Rottl. ex Spreng.)、鸢尾(*Iris tectorum* Maxim.)叶。

(13)剑形(ensiform) 长而稍宽，先端较尖，形似剑的叶，如玉米、鸢尾叶。

(14)心形(cordate) 基部圆阔而凹入，上端急尖、形似心形的叶，如牵牛、紫荆(*Cercis chinensis* Bunge.)的叶。

(15)菱形(rhomboidal) 叶片呈等边斜方形，如乌桕[*Sapium sebiferum* (L.) Roxb.]、菱(*Trapa bispinosa* Roxb.)的叶。

(16)管状(tube) 长比宽大许多倍，呈中空、管状、多汁的叶，如葱(*Allium fistulosum* L.)。

(17)肾形(reniform) 叶片基部凹入成钝形，先端钝圆，似肾形，如冬葵(*Malva crispa* L.)、连钱草[*Glechoma longituba* (Nakai) Kupr.]的叶。

(18)扇形(flabellate) 形如扇形，如棕榈[*Trachycarpus fortunei* (Hook.) H. Wendl.]、银杏叶。

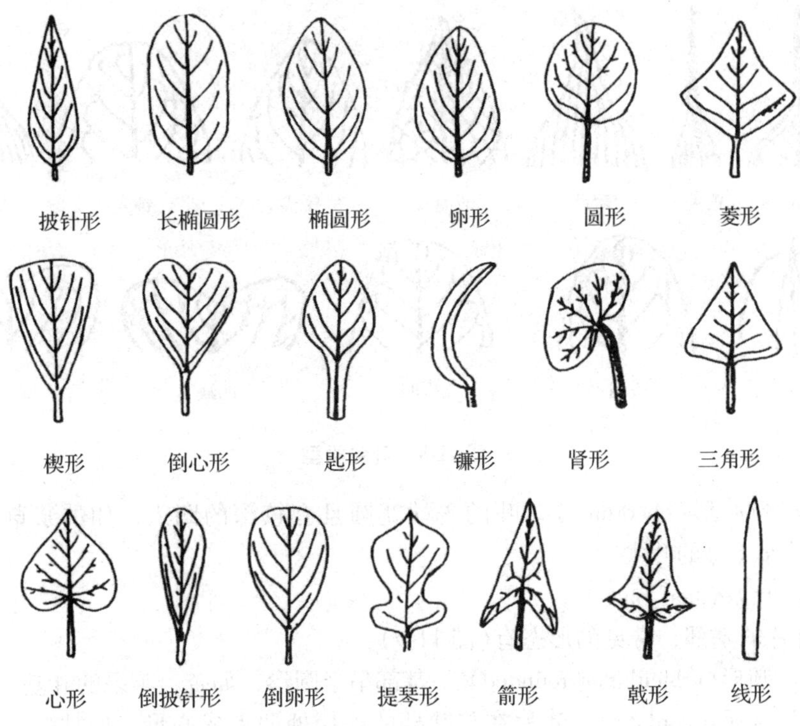

图 11-7　叶的基本类型图解

叶片除了以上形状外，还有很多植物叶形常具有以上两种形状的特征，常用复合词来描述，如大叶桉的叶为卵状披针形。

2. 叶尖(leaf apex)

叶片的尖端，其常见的形态有(图 11-8)：

(1)锐尖(acute)　叶的先端呈锐角，叶两侧边缘直，如荞麦(*Fagopyrum esculentum* Moench.)、桑(*Morus alba* L.)的叶尖。

(2)渐尖(acuminate)　叶的先端较长，逐渐尖锐，如桃、杏(*Armeniaca vulgaris* Lam.)的叶。

(3)钝尖(obtuse)　叶的先端成钝角或狭圆形，如厚朴(*Magnolia officinatis* Rehd. et Wils.)的叶尖。

(4)骤尖(cuspidate)　叶先端突起成硬的短尖，如虎杖(*Reynoutria japonica* Houtt.)的叶尖。

(5)尾尖(caudate)　叶先端延伸成尾状，如梅(*Armeniaca mume* Sieb.)、白豆蔻(*Amomum kravanh* Perre ex Gagnep.)的叶尖。

(6)截形(truncate)　叶的先端几乎平截成一条直线，如蚕豆(*Vicia faba* L.)、鹅掌楸[*Liriodendron chinense*(Hemsl.)Sargent.]的叶尖。

(7)微缺(emarginated)　叶的先端稍凹入，如黄檀(*Dalbergia hupeana* Hance)、苜蓿(*Medicago sativa* L.)的叶尖。

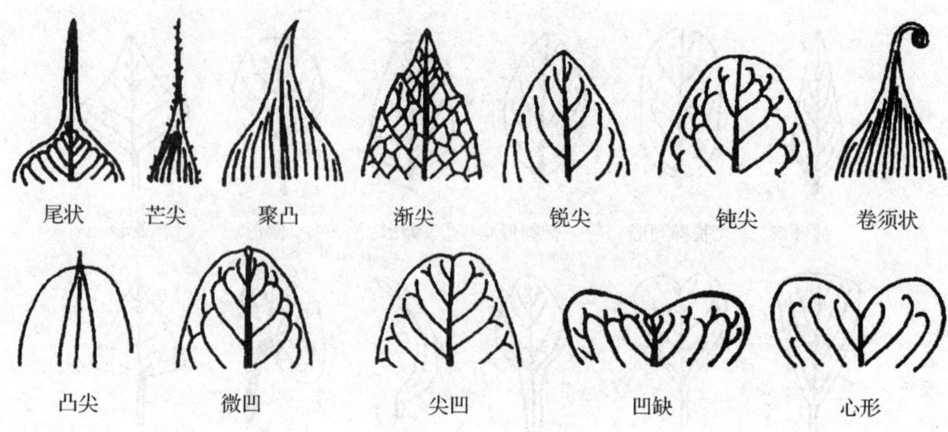

图 11-8 叶尖类型

(8)倒心形(obcordate) 叶的先端宽圆且有较深的凹入，如酢浆草(*Oxalis corniculata* L.)的叶尖。

3. 叶基(leaf base)

叶片的基部，常见的形态有(图 11-9)：

(1)圆形(orbicular or rounded) 基部呈半圆形，如杏、苹果的叶基。

(2) 心形(cordate) 叶片在与叶柄的连接处凹入成心形，如甘薯、牵牛的叶基。

(3) 箭形(sagittate) 叶片基部的两个小裂片尖锐向后并稍向内，形似箭，如慈姑(*Sagittaria sagittifolia* L.)的叶基。

(4)耳垂形(auriculate) 叶片基部两侧的裂片呈耳垂状，如油菜(*Brassica campestris* L.)、狗舌草(*Senecio kirilowii* Turcz.)、苦荬菜(*Ixeris polycephala* Cass.)的叶基。

(5) 楔形(cuneate) 叶片从中部以下向基部两边渐狭，形如楔子，如含笑[*Michelia figo* (Lour.) Spreng.]、垂柳的叶基。

(6)戟形(hastate) 叶片基部两侧的小裂片向外开展，如打碗花(*Calystegia hederacea* Wall.)、菠萝[*Ananas comosus* (L.) Merr.]的叶基。

(7)偏斜形(oblique) 叶片基部的两个裂片不对称，大小不一，如朴树(*Celtis sinensis* Pers.)、秋海棠(*Begonia grandis* Dry.)的叶基。

(8)匙形(spatulate) 叶片基部向下逐渐狭长，如金盏菊(*Calendula officinalis* L)的叶基。

(9)抱茎(amplexicaul) 无叶柄，叶基部两侧的裂片包围着茎，如抱茎苦荬菜(*Ixeris sonchifolia* Hance)的叶基。

(10)穿茎(perfoliate) 无叶柄，叶基部两侧的裂片包裹茎后合生，似茎穿过叶片，如金黄柴胡(*Bupleurum aureum* Fisch.)。

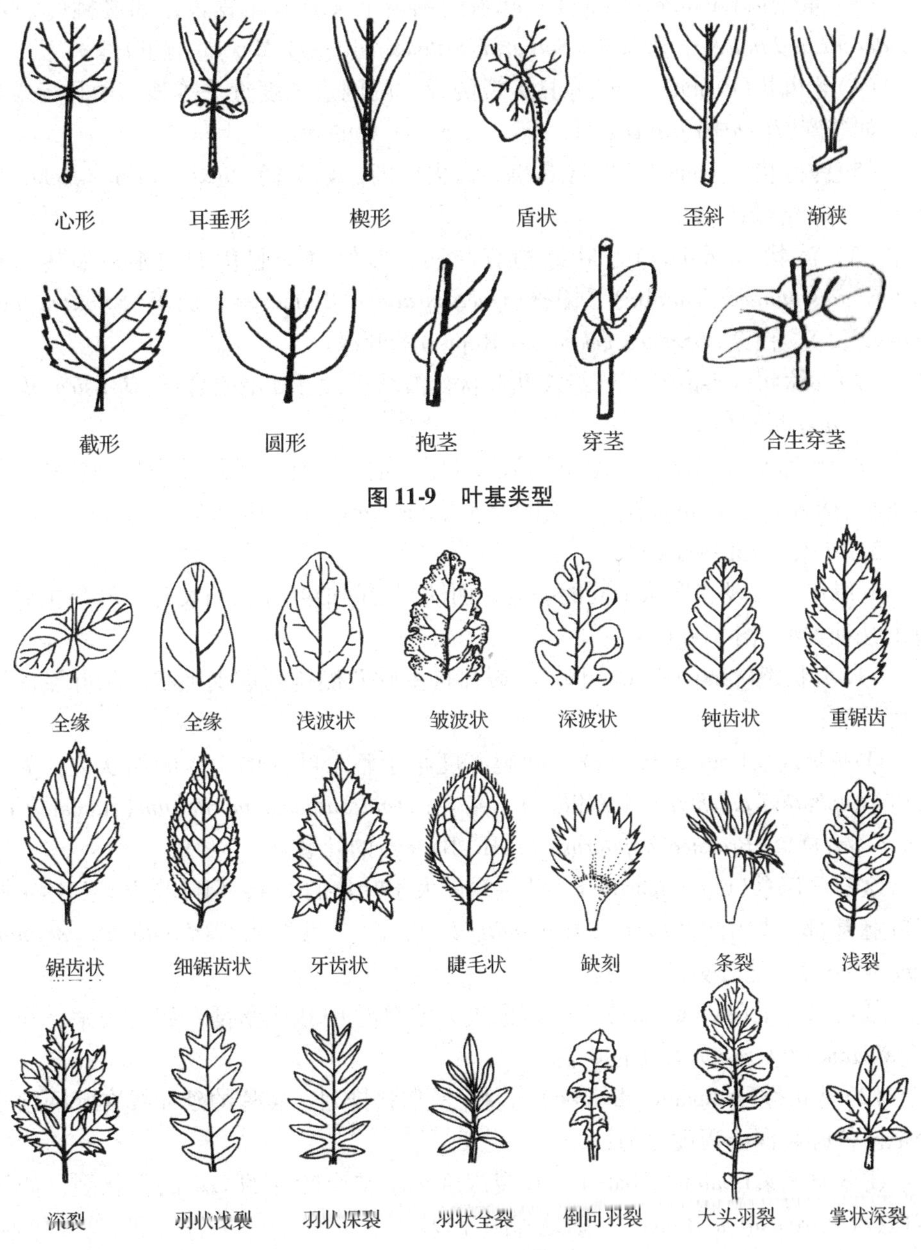

图 11-9　叶基类型

图 11-10　叶缘类型

4. 叶缘(leaf margin)

叶片的边缘，常见的形态有(图 11-10)：

(1)全缘(entire)　叶缘连续成一平整无缺的线，如小麦、女贞、海桐(*Pittosporum tobira* Ait.)的叶缘。

(2)锯齿状(serrate)　叶缘具尖锐向叶尖倾斜的锯齿，如大麻(*Cannabis sativa* L.)、桃、苹果、月季的叶缘。

(3) 重锯齿(double serrate)　叶缘的锯齿上又具有小锯齿，如樱桃(*Prunus pseudocerasus Lindl.*)、珍珠梅[*Sorbaria kirilowii* (Regel) Maxim.]的叶缘。

(4)牙齿状(dentate)　叶缘具尖锐的齿，两侧边长度近乎等长，而且齿端向外，如苎麻[*Boehmeria nivea* (L.) Gaudich.]、桑的叶缘。

(5)钝齿状(crenate)　叶缘具齿，齿尖钝圆，如黄杨[*Buxus sinica* (Rehd. et Wils.) Cheng]的叶缘。

(6) 波状(undulate)　叶缘稍有凸凹，形似缓慢起伏的波浪，如胡颓子(*Elaeagnus pungens* Thunb.)、槲栎(*Quercus aliena* Blume.)、茄子(*Solanum melongena* L.)、白菜(*Brassica pekinensis* Rupr.)的叶缘。

(7)邹缩状(crisped)　叶缘波状起伏比波状更大，如羽衣甘蓝(*Brassica oleracea* var. *acephala* DC.)。

(8)刺毛状(aristate)　由于侧脉从叶缘有向外延伸，而使叶缘呈刺芒状，如栓皮栎(*Quercus variabilis* Bl.)、刺叶冬青(*Ilex bioritsensis* Hayata)。

5. 叶裂(leaf crack)

叶缘出现深浅、形状不同的缺刻，两缺刻之间的叶片，叫裂片。叶裂主要有以下几种类型(图 11-11)：

(1)羽状裂(pinnately divided)　裂片自主脉两侧排列成羽毛状。依叶裂深浅程度分为：

①羽状浅裂(pinnatilobate)　叶裂深度小于整个叶片的 1/4 的羽状裂，如一品红(*Euphorbia pulcherrima* Willd.)、菊花[*Dendranthema morifolium* (Ramat.) Tzvel.]、诸葛菜(*Brassica napiformis* L. H. Bailey)的叶裂。

②羽状深裂(pinnatipartite)　叶裂深度大于叶片的 1/4，但叶裂没有到达主脉或叶脉基部，如山楂(*Crataegus pinnatifida* Bge.)、牻牛儿苗(*Erodium stephanianum* Willd.)、蒲公英的叶裂。

③羽状全裂(pinnatisect)　叶裂深度几乎到达中脉或基部，如委陵莱、马铃薯(*Solanum tuberosum* L.)的叶裂。

(2)掌状裂(palmately divided)　裂片呈掌状排列，裂片的延伸线在叶柄顶端交汇。依叶裂深浅程度分为：

①掌状浅裂(palmatilobate)　叶裂深度小于整个叶片的 1/4 的掌状裂，如元宝枫(*Acer truncatum* Bunge)、陆地棉的叶裂。

②掌状深裂(palmatipartite)　叶裂深度大于叶片的 1/4，但叶裂没有到达主脉或叶脉基部，如葎草、蓖麻的叶裂。

③掌状全裂(palmatisect)　叶裂深度几乎到达中脉或基部的掌状裂，如大麻的叶裂。

6. 叶脉(vein)

在叶片的叶肉内分布的粗细不同的维管束。其中居于叶中央最大的为中脉(主脉)，中脉的分支称为侧脉，侧脉的分支称为细脉，最细的细脉末端称为脉梢。叶脉在叶片上的分布形式，称为脉序，不同的植物，脉序不同，常见的有如

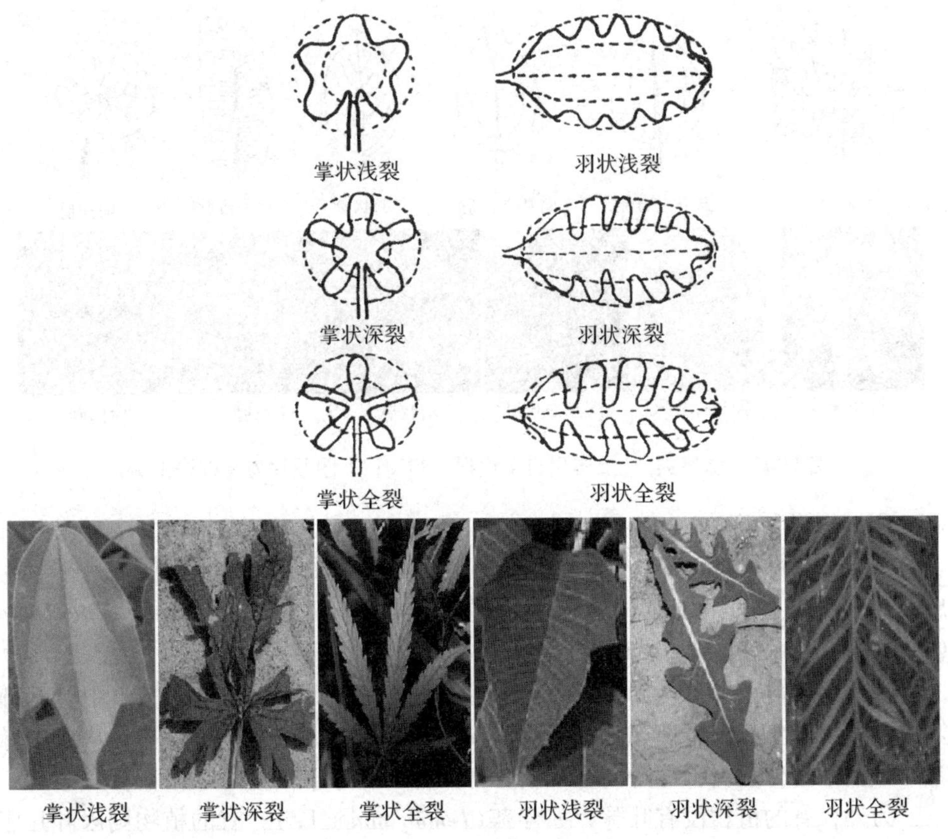

图 11-11　叶裂图解（肖红梅摄）

下类型（图 11-12）：

（1）平行脉（parallel venation）　侧脉从中脉两侧分出并与中脉平行走向叶尖或叶缘，虽有细脉相连，但不构成网状，如大多数单子叶植物的叶脉。平行脉可分为：

①直出平行脉（vertical parallel vein）　侧脉从叶基部发出与中脉平行直达叶尖，如早园竹（*Phyllostachys propinqua* McClure）、玉米的叶脉。

②横出平行脉（horizontal parallel vein）　侧脉从中脉两侧分出、平行走向叶缘，如香蕉（*Musa nana* Lour.）、芭焦（*M. basjoo* Siebold）的叶脉。

③弧形脉（arcuate vein）　各脉自叶的基部发出，呈弧形，最后于叶尖处集中汇合，如车前草（*Plantago asiatica* L.）的叶脉。

④射出脉（radiate vein）　大多数叶脉从叶片基部呈辐射状发出，如莲、蒲葵（*Livistona chinensis* R. Br.）的叶脉。

（2）网状脉（reticulate venation）　侧脉与分枝的细脉相互交错连接而成网状，是多数双子叶植物和少数单子叶植物脉序。可分为：

①羽状网脉（pinnate vein）　中脉明显，侧脉从中脉两侧分出呈羽毛状而由细脉连接成网状，如苹果、夹竹桃（*Nerium indicum* Mill.）、板栗（*Castanea mollis-*

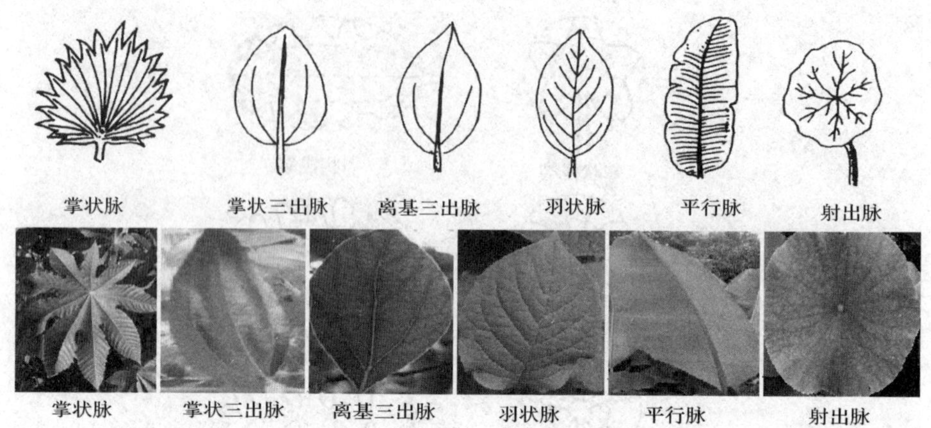

图 11-12 脉序类型（上图引自金银根，2010；下图照片为肖红梅拍摄）

sima Blume）的脉序。

②掌状网脉（palmate vein） 数条近于等大的叶脉同时从叶柄顶端呈掌状射出，并多次分枝，由细脉相互连接成网状，如蓖麻、南瓜［*Cucurbita moschata*（Duch.） Poir.］、向日葵的脉序。

③三出脉（ternately vein） 中脉两侧只发出一对侧脉。如果侧脉由中脉基部发出，称为基生三出脉，如枣（*Ziziphus jujuba* Mill.）的脉序；如侧脉是从离中脉基部一段距离处发出，称为离基三出脉，如樟的脉序。

另外，有的植物没有叶脉，如浮萍（*Lemna minor* L.）；有的植物则因叶片肥厚或叶脉太细，从外观看不见叶脉，如瓦松［*Orostachys fimbriatus*（Turcz.）Berger］等景天科植物。

（二）叶的质地

1. 革质（coriaceous）

叶厚而有韧性且表面有蜡质，如橡皮树［*Hevea brasiliensis*（Willd. ex A. Juss.）Muell. Arg.］的叶。

2. 草质（herbaceous）

叶薄、柔软，如陆地棉。

3. 肉质（succulent）

叶肥厚而多汁，如芦荟［*Aloe vera* L. var. *chinesis*（Haw.）Berger］、狼爪瓦松（*Orostachys cartilaginea* A. Ber.）等。

4. 膜质（membranaceous）

叶薄、呈半透明，如中麻黄（*Ephedra intermedia* Schrenk.）、膜叶茜草（*Rubia membranacea* Diels）。

（三）叶的类型

根据叶片在叶柄上着生的数量，把叶主要分为两种类型：

1. 单叶(simple leaf)

一个叶柄上只着生一片叶，且叶片与叶柄之间无关节，如陆地棉、桃的叶。

2. 复叶(compound leaf)

一个叶柄上着生两片或两片以上具关节的叶，如月季。复叶的叶柄称为总叶柄，总叶柄上着生的叶称为小叶，着生小叶的叶柄称为小叶柄。落叶时，小叶先于总叶柄脱落。依据小叶在总叶柄上的着生和排列方式，将复叶分为(如图 11-13)：

(1)羽状复叶(pinnately compound leaf) 小叶在总叶柄左右两侧相对排列、形似羽毛状。根据小叶的数量可分为：

①奇数羽状复叶(imparipinnate leaf) 总叶柄的顶端着生一个小叶，且小叶的总数为奇数的羽状复叶，如刺槐(*Robinia pseudoacacia* L.)、核桃(*Juglans regia* L.)。

②偶数羽状复叶(paripinnate leaf) 总叶柄的顶端着生两片小叶，且小叶的总数为偶数的羽状复叶，如花生(*Arachis hypogaca* L.)。

根据总叶柄的分枝情况可分为：

①一回羽状复叶(simple pinnate leaf) 总叶柄不分枝，小叶直接生在总叶柄的左右两侧，如刺槐。

②二回羽状复叶(bipinnate leaf) 总叶柄只分枝一次后再生小叶，如云实(*Caesalpinia sepiaria* Roxb.)、皂荚(*Gleditsia sinensis* Lam.)。

③三回羽状复叶(tripinnate leaf) 总叶柄分枝两次后根据组成复叶再生小叶，如南天竹(*Nandina domestica* Thunb.)、楝树(*Melia azedarach* L.)。

④多回羽状复叶(pinnately decompound leaf) 总叶柄分枝多次而着生小叶，如蒿属。

(2)掌状复叶(palmately compound leaf) 多数小叶都着生在总叶柄的顶端，排列成掌状，如牡荆(*Vitex negundo* L.)、人参(*Panax ginseng* C. A. Mey.)、七叶树(*Aesculus chinensis* Bunge)等。根据总叶柄的分枝情况可分为 1 回、2 回等掌状复叶。

(3)三出复叶(temately compound leaf) 3 个小叶着生在总叶柄的顶端。若有 1 个叶生丁顶端，2 个小叶侧生于顶端之下，称为 3 出羽状复叶，如苜蓿(*Medicago sativa* L.)、大豆；若 3 枚小叶都着生于总叶柄顶端，称为 3 出掌状复叶，如红花酢浆草(*Oxalis corymbosa* DC.)、三叶五加[*Acanthopanax trifoliatus*(L.) Merr.]。

(4)单身复叶(unifoliate compound leaf) 只有一个小叶且着生于总叶柄的顶端，并与叶柄间具有明显的关节，如柑、橙[*Citrus sinensis*(L.)Osbeck]的叶。单身复叶可能是 3 出复叶由于两侧小叶的退化，总叶柄向两侧延展而成的一种特殊形状的复叶。

图 11-13　复叶的类型(肖红梅摄)

A. 奇数羽状复叶　B. 偶数羽状复叶　C. 二回羽状复叶　D. 三回羽状复叶
E. 掌状复叶　F. 三出掌状复叶　G. 三出羽状复叶　H. 单身复叶

(四)叶序

叶在茎或枝上着生的排列方式称为叶序，常见的有如下几种类型(图 11-14)：

图 11-14　叶序（上图引自金银根，2010；下图照片为肖红梅摄）

A. 互生叶序　B. 对生叶序　C. 轮生叶序　D. 簇生叶序

1. 互生(alternate)

茎或枝条的每个节上只着生一片叶，如小麦、大豆、苹果、银白杨(*Populus alba* L.)、海岛棉(*Gossypium barbadense* L.)等。

2. 对生(opposite)

茎或枝条的每个节上着生两片相对的叶，如薄荷(*Mentha haplocalyx* Briq.)、紫丁香、石竹等。

3. 轮生(verticillate)

茎或枝条的每个节上着生 3 片或 3 片以上的叶，如夹竹桃等。

4. 簇生(fascicled)

多片叶着生于极度缩短的短枝上，如银杏、金钱松[*Pseudolarix amabilis* (Nelson) Rehd.]。

5. 基生(basalsal)

多片叶密集着生于茎基部或近地表的短茎上，如蒲公英、车前草(*Plantago asiatica* L.)、水仙[*Narcissus tazetta* L. var. *chinensis* Roem.]。

四、花及花序

(一)花的形态

花的形态是被子植物分类的最主要依据。

1. 花的类型

(1)根据花的组成划分

①完全花(complete flower) 一朵花的花冠、花萼、雄蕊、雌蕊四个组成部分均具有的花，如油菜花。

②不完全花(incomplete flower) 一朵花的花冠、花萼、雄蕊、雌蕊4个组成部分，只要缺少其中任一部分的花，如小叶杨(*Populus simonii* Carr.)的雌花和雄花、南瓜的雌花和雄花。

(2)根据雌蕊、雄蕊发育状况划分

①单性花(unisexual flower) 一朵花中仅有正常发育的雌蕊或正常发育的雄蕊的花。其中仅有雌蕊的花称为雌花(pistillate flower)；仅有雄蕊的花，称为雄花(staminate flower)；雄花和雌花同生于一个植株上的称为雌雄同株(monoecious)，如玉米、黄瓜；雄花和雌花分别生长在不同植株上的称为雌雄异株，如菠菜(*Spinacia oleracea* L.)、小叶杨。

②两性花(bisexual flower) 一朵花中雌蕊和雄蕊都具备且能正常发育的花，如桃花、油菜花。

③中性花(neutral flower) 也称无性花，即一朵花中的雌蕊和雄蕊均不具备或发育不完全的花，如向日葵的边缘花。

④杂性花(polygamous flower) 一种植物上单性花和两性花皆有，如槭属。

⑤ 孕性花(fertile flower) 雌蕊正常发育，能结种子的花。

⑥不孕性花(sterile flower) 雌蕊不能正常发育，不结种子的花。

(3)根据花被存在状况划分

①单被花(monochlamydeous flower) 一朵花中只有花萼或花冠的花，如菠菜、百合、桑等。

②两被花(dichlamydeous flower) 一朵花中花萼与花冠同时具有的花，如白菜。

③裸花(achlamydeous flower) 又称无被花，即花萼和花冠都不具有的花，如杨属、柳属的花。

④重瓣花(pleiopetalous flower) 花瓣层数较多的花，如月季花、樱花(*Prunus serrulata* Lindl.)。

(4)根据花被的排列状况划分

①辐射对称花(actinomorphic flower) 一朵花的花被片大小、形状相似，通过花的中心有2个以上对称轴的花，又称整齐花，如向日葵、油菜花。

②两侧对称花(bisymmetry flower) 一朵花的花被片大小、形状不同，通过

花的中心只有一个对称轴的花，又称不整齐花(irregular flower)，如唇形科植物的花、大豆的花等。

③完全不对称花(asymmetrical flower)　一朵花的花被片大小、形状不同，通过花的中心没有任何对称轴的花，也是一种不整齐花，如美人蕉(*Canna indica* L.)、三色堇(*Viola tricolor* L.)等。

(5)根据花冠的离合状况划分

①合瓣花(synpetalous flower)　花瓣下部联合在一起，上部分离或联合的花，如牵牛、茄的花等。合瓣花中，联合的部分称花冠筒，分离的部分称花冠裂片。

②离瓣花(choripetalous flower)　花瓣彼此之间分离的花，如桃花、毛茛(*Ramunculus japonicus* Thunb.)的花。

(6)根据花萼的离合状况划分

①合萼花(synsepalous flower)　萼片彼此联合的花，如石竹花。合萼花中，联合的部分称花萼筒，分离的部分称萼裂片。

②离萼花(aposepalous flower)　萼片各自分离的花，如油菜花。

2. 花冠的类型

由于花瓣的离合、大小、形状，以及花冠筒的长短、花冠裂片的形态等不同，形成形态多样的花冠类型(图11-15)。

(1)十字形花冠(cruciate corolla)　由4片分离的花瓣相对排列成十字形，如白菜等十字花科植物的花冠。

(2)蝶形花冠(papilionaceous corolla)　由5片分离的花瓣呈两侧对称排列，其中最上端的一片花瓣最大，称旗瓣；侧面两片称翼瓣；最下面两片稍合生并弯曲成龙骨状，称龙骨瓣，如豌豆(*Pisum sativum* L.)等蝶形花亚科植物的花冠。

假蝶形花冠：5片离生的花瓣呈上升覆瓦状的两侧对称排列，其中最上一片旗瓣最小，位于花的最内方；侧面两片翼瓣较小；最下两片龙骨瓣最大，位于花的最外方，如洋紫荆(*Bauhina blakeana* Den.)等云实亚科植物的花冠。

(3)唇形花冠(labiate corolla)　由5片基部合生成筒状的花瓣组成，其花冠裂片排列略成二唇状，如益母草(*Leonurus japonicus* Houtt.)等唇形科植物。

(4)舌状花冠(ligulate corolla)　花瓣基部合生成短筒，上部向一边张开成扁平的舌状，如向日葵的边花。

(5)漏斗形花冠(funnelform corolla)　5片花瓣全部合生成基部狭窄而上部扩大的漏斗状花冠，如牵牛花。

(6)钟形花冠(campanulate corolla)　花冠筒宽而稍短，上部扩大成钟形，如南瓜、沙参(*Adenophora stricta* Miq.)。

(7)管状花冠(tubular corolla)　花瓣合生成管状，花冠裂片向上伸展，如向日葵花序的盘花。

(8)坛状花冠(urceolate corolla)　花冠筒膨大成卵形，上部收缩成一短颈，而且花冠裂片向四周辐射状伸展，如柿树(*Diospyros kaki* Thunb.)、乌饭树(*Vaccinium bracteatum* Thunb.)。

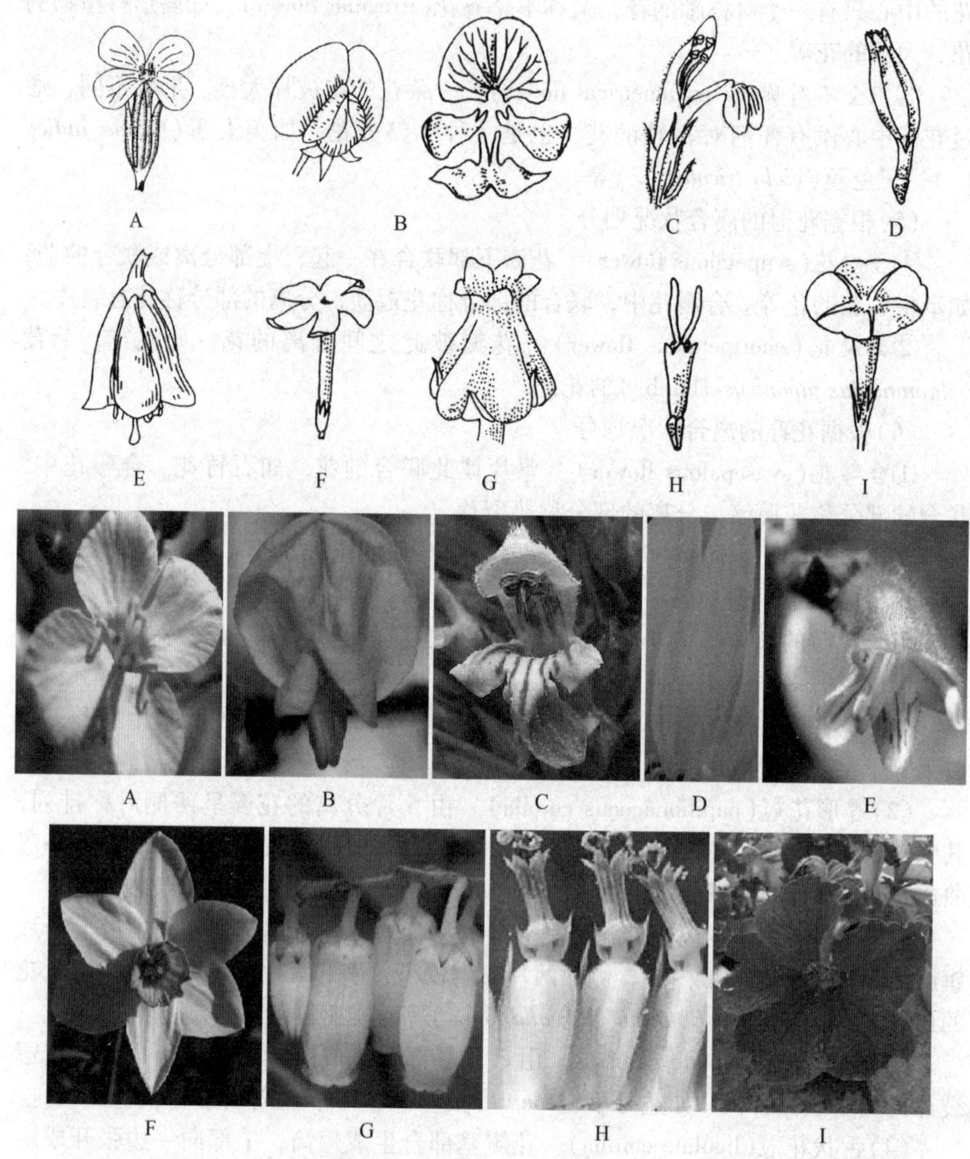

图 11-15 花冠类型(肖红梅摄)

A. 十字形 B. 蝶形 C. 唇形 D. 舌状 E. 钟状 F. 坛状 G. 高脚轮状 H. 筒状 I. 漏斗状

(9)高脚碟状花冠(hypocrateriform corolla) 花冠下部是狭圆筒状，上部突然扩展成水平状，形如碟，如水仙花。

(10)辐射状花冠(rotate corolla) 花冠筒很短，花冠裂片由基部向四周辐射状扩展，如茄、番茄(*Lycopersicon esculentum* Mill.)。

(11)蔷薇花冠(roseform corolla) 由相互分离的 5 片或更多花瓣呈辐射对称排列，如桃、梨(*Pyrus bretschneideri* Rehd.)、月季的花。

图 11-16　花被片在花芽中的排列方式

A. 镊合状　B. 旋转状　C. 覆瓦状

3. 花被的排列

花被在花芽中的排列方式常随植物种类不同而不同，主要有以下几类(图 11-16)：

(1)镊合状(valvate)　各片花瓣或萼片彼此间边缘接触，但不互相覆盖，如番茄、茄等。

(2)旋转状(convolute)　每一片花瓣或萼片的一边覆盖着相邻一片的边缘，而另一片的边缘又被另一相邻片的边缘覆盖，如夹竹桃、牵牛花等。

(3)覆瓦状(imbricate)　与旋转状排列相似，但有一片完全在外，一片完全在内，如桃、油菜的花。

4. 雄蕊类型

花中雄蕊数目、花丝长短、花药和花丝的分离与联合方式因植物种类不同而异，形成多种雄蕊类型，主要类型如下(图 11-17)。

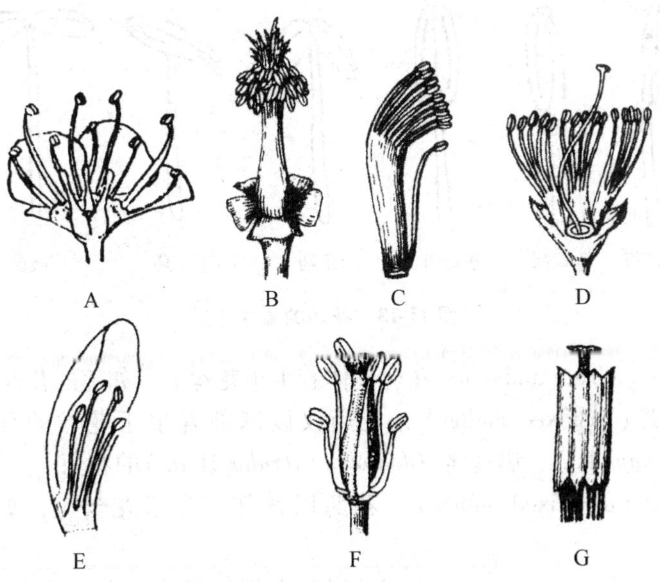

图 11-17　雄蕊的类型

A. 离生雄蕊　B. 单体雄蕊　C. 二体雄蕊　D. 多体雄蕊

E. 二强雄蕊　F. 四强雄蕊　G. 聚药雄蕊

(1)单体雄蕊(monadelphous stamen) 一朵花中所有的雄蕊的花丝联合成一体而花药分离，如棉属的雄蕊。

(2)二体雄蕊(diadelphous stamen) 一朵花中有10枚雄蕊，其中9枚的花丝联合在一起，而1枚雄蕊单生，呈二束，如蚕豆、刺槐；或10枚雄蕊中，各5枚的花丝联合而成2束，如合萌属(*Aeschynomene*)，豆科植物蝶形花亚科的植物。

(3)多体雄蕊(polyadelphous stamen) 一朵花中有多数雄蕊且花丝联合成多束，如金丝桃(*Hypericum monogynum* L.)、蓖麻。

(4)离生雄蕊(distinct stamen) 一朵花中的花药和花丝都彼此分离，只花丝基部与花托相连，如桃等蔷薇科植物。

(5)聚药雄蕊(synantherous stamen) 一朵花中雄蕊的花药合生，花丝彼此分离，如菊科植物。

(6)二强雄蕊(didynamous stamen) 一朵花中通常有4枚雄蕊，其中花丝2长2短，如唇形科植物。

(7)四强雄蕊(tetradynamous stamen) 一朵花中通常有6枚雄蕊，其中花丝4长2短，如十字花科植物。

(8)冠生雄蕊(epipetalous stamen) 一朵花中雄蕊的花丝一部分与花瓣或花冠筒部合生，如泡桐[*Paulownia fortunei*(Seem.)Hemsl.]、紫丁香等。

5. 花药着生及开裂方式

(1)花药着生方式 花药着生于花丝顶端，其着生方式有如下不同类型(图11-18)：

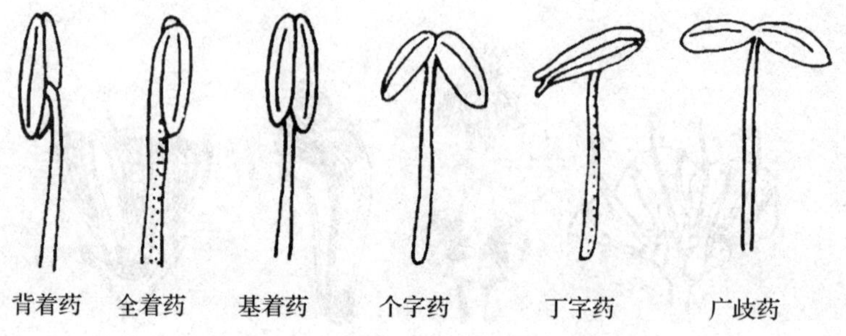

图11-18 花药的着生方式

①全着药(adnate anther) 花丝整体着生于花丝上，如莲的花药。

②基着药(basifixed anther) 花药仅以基部着生于花丝的顶端，如莎草(*Cyperus rotundus* L.)、唐菖蒲(*Gladiolus hybridus* Hort.)的花药。

③背着药(dorsifixed anther) 花药以背部着生于花丝上，如桑、苹果的花药。

④个字药(divergent anther) 花药以其上部与花丝相连，而基部张开时形如"个"字，如凌霄[*Campsis grandiflora*(Thunb.)Loisel.]的花药。

⑤丁字药(versatile anther) 花药以其背部的中部一点与花丝相连，如小麦、百合的花药。

⑥广歧药(divaricate anther) 花药以其顶部与花丝相连，而基部张开时呈平展状态，如地黄(*Rehmannia glutinosa* Libosch.)的花药。

(2)花药开裂方式 花药成熟后要开裂，释放花粉，其主要的开裂方式有(图 11-19)：

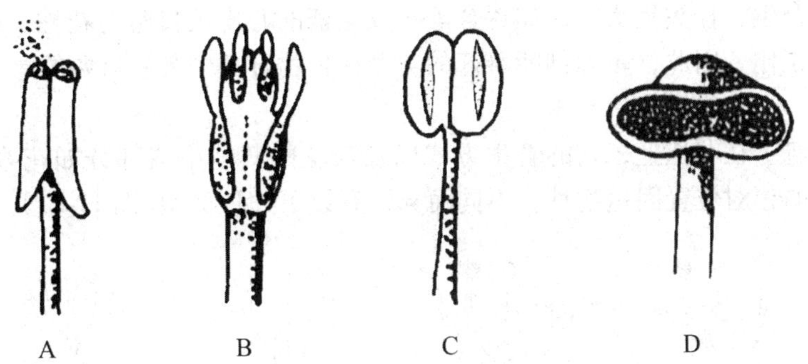

图 11-19 花药的开裂方式

A. 孔裂 B. 瓣裂 C. 纵裂 D. 横裂

①孔裂(porous dehiscence) 花药成熟后从药室顶端的开孔散发出去，如马铃薯、茄的花药。

②瓣裂(valvuler dehiscence) 花药成熟后，药室的 2 个或 4 个瓣状盖打开，花粉从打开的盖孔散发出，如樟、小蘗(*Berberis julianae* Schneid)等的花药。

③纵裂(congitudinal dehiscence) 为最常见的花药开裂方式，是花药成熟后通过药室纵长开裂方式散发出去，如小麦、百合等的花药。

④横裂(transverse dehiscence) 花药成熟时，花粉从花药中部横向裂开处散发出去，木槿(*Hibiscus syriacus* L.)、蜀葵[*Althaea rosea*(L.)Cav.]等花药。

6. 雌蕊类型

雌蕊是由心皮构成的，由于心皮数目、心皮间离、合状况不同，雌蕊可分为下列几种类型(图 11-20)。

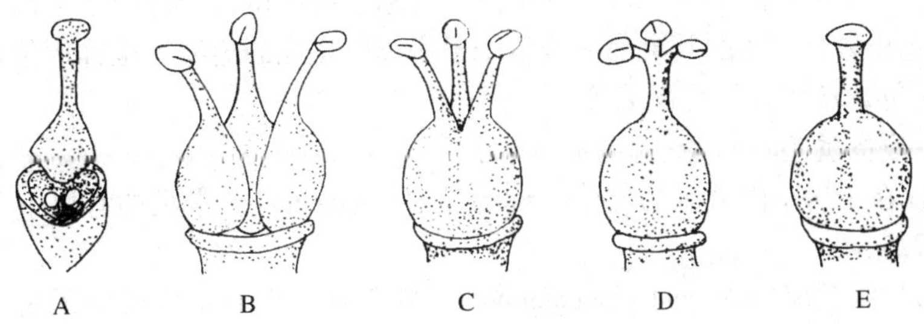

图 11-20 雌蕊的类型

A. 单雌蕊 B. 离生雌蕊 C～E. 复雌蕊

(1)单雌蕊(simple pistil) 只有一个心皮构成的雌蕊叫单雌蕊，如豆类、桃等。

(2)离生雌蕊(apocarpous pistil) 由多个彼此分离的心皮构成的多个分离的

雌蕊，如玉兰、草莓、梧桐[*Firmiana platanifolia*(L. f.)Mar.]和毛茛等。

(3)复雌蕊(compound pistil)　由2个以上的心皮合生形成的雌蕊，如油菜、陆地棉、茄等。复雌蕊中，各部分的联合情况不同，有的子房、花柱合生而柱头分离，如向日葵；有的子房合生，花柱、柱头分离，如梨等；有的子房、花柱、柱头全部合生，柱头呈头状，如百合等。复雌蕊的心皮数目常与花柱、柱头、子房室数成正比。因此，正确判断雌蕊的类型在植物分类中具有重要的意义。

7. 子房位置

子房着生在花托上，它的着生方式以及与花的其他组成部分如花萼、花冠，雄蕊群等的相对位置因植物种类不同而异，有以下几种类型(图11-21)。

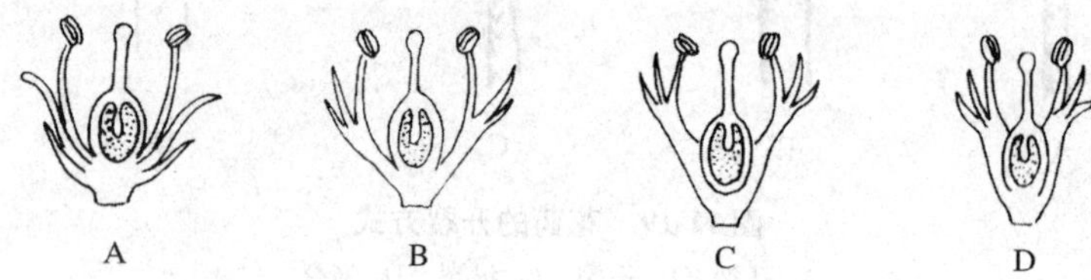

图11-21　子房位置(引自《中国高等植物图鉴》)

A. 上位子房下位花　B. 上位子房周位花　C. 半下位子房周位花　D. 下位子房上位花

(1)上位子房(superior ovary)　又称子房上位，子房仅以其基部着生于花托上，花的其余部分均与子房分离。又分为以下两种：

①上位子房下位花(superior hypogynous flower)　子房仅以其基部着生于花托上，但花被与雄蕊着生的位置比子房低，如油菜、刺槐等。

②上位子房周位花(superior perigynous flower)　子房仅以其基部着生于杯状花托的底部，花被与雄蕊着生于杯状花托的边缘，如李、桃等。

(2)下位子房(inferior ovary)　又称子房下位，整个子房深埋于下陷的花托中，并与花托愈合，花的其余部分均着生在子房上方花托的边缘，也称上位花，如南瓜、梨等。

(3)半下位子房(half inferior ovary)　又称子房中位，子房的下半部陷于花托中并与花托愈合，花的其余部分着生于子房周围花托的边缘，也称周位花，如甜菜(*Beta vulgaris* L.)、马齿苋等。

8. 胎座类型

胚珠在子房室内着生的部位，称为胎座(placenta)。常见的有以下几种类型(图11-22)：

(1)边缘胎座(marginal placentation)　雌蕊由1个心皮构成的子房一室，胚珠成纵行着生在心皮的腹缝线上，如桃、梧桐[*Firmiana platanifolia*(L. f.)Mar.]、大豆。

(2)侧膜胎座(parietal placentation)　雌蕊由2个以上的心皮构成的子房一室，胚珠沿相邻2个心皮的腹缝线着生，成多个纵行排列。如黄瓜、西瓜[*Citrullus lanatus*(Thunb.)Mansfeld]、油菜等。

(3)中轴胎座(axile placentation)　雌蕊由2个以上心皮构成，各心皮的一部

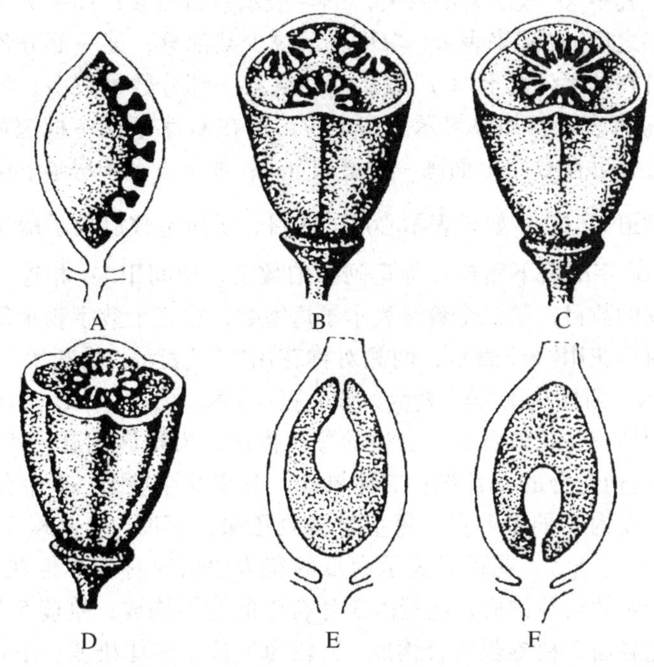

图 11-22　胎座的类型(引自杨世杰, 2000)

A. 边缘胎座　B. 侧膜胎座　C. 中轴胎座　D. 特立中央胎座　E. 顶生胎座　F. 基生胎座

分边缘内卷于中央连合形成中轴，并将子房分为多室，胚珠着生于中轴上，如陆地棉、百合等。

(4)特立中央胎座(free central placentation)　雌蕊由多个心皮联合构成子房一室，子房基部与花托愈合形成向上突起的短轴，胚珠着生于短轴的四周，如马齿苋、石竹。

(5)基生胎座(basal placentation)　子房一室，胚珠着生于子房室的基部，如向日葵。

(6)顶生胎座(apical placentation)　子房一室，胚珠悬垂于子房室的顶部，如桑、榆等。

9. *花程式和花图式*

被子植物的花复杂多样，为了研究其形态特征，常常采用一种公式或图解来科学地进行直观描述和记载，分别称为花程式和花图式。通过花程式和花图式来鉴别植物。

(1)花程式(floral formula)　把花的形态结构用字母、符号和数字按一定顺序排列成的公式来表示，称为花程式。通过花程式可以表明花各部分的组成、数目、排列、位置以及它们彼此之间的关系。

通常用花各部分名称的第一个字母来表示，如用 K 或 Ca 表示花萼；C 或 Co 代表花冠，A 代表雄蕊群，G 代表雌蕊群，如果花萼和花冠区分不明显，可用 P 代表花被；如果表示各部的实际数目，则在每一字母的右下角处标上一个对应的阿拉伯数字，其中“0”表示某部缺失，“∝”表示数目极多；如果为某数字的倍数时，可在数字之后加“S”来表示；“0”表示缺少某部分；某一部分各单位互相联合在一起，可在数字外加上“( )”表示。如果某一部分数量较多，可在各轮数字间加上“+”号来表示；如果表示子房上位，可在G字下画一横道如“$\underline{G}$”；如果表示子房下位，可在G字上面画一横道如“$\overline{G}$”；如果表示子房半下位，可在G字上下各画一横道如“$\overline{\underline{G}}$”；如果表示心皮的数目、子房室数以及子房每室中胚珠的数目，可在“G”字的右下角连续标记阿拉伯数字，中间用“:”相连，其中第一个数字表示心皮的数目，第二个数字表示子房室数，第三个数字表示每室中胚珠的数目；辐射对称花用“*”表示，两侧对称花用“↑”表示，雄花用“♂”表示，雌花用“♀”表示，两性花用“⚥”表示，如大豆：$\uparrow K_{(5)} C_{1+2+(2)} A_{(9)+1} \underline{G}_{1:1:\propto}$，花程式表示花为两性花；花萼由5片合生的萼片构成，为蝶形花冠，其中1片旗瓣、2片翼瓣、2片稍连合的龙骨瓣；二体雄蕊，其中9个联合，1个分离；上位子房，由1个心皮构成子房1室，每室含多数胚珠。南瓜：♀ $* K_{(5)} C_{(5)} \overline{G}_{(3:1:\propto)}$，♂ $* K_{(5)} C_{(5)} A_{(2)+(2)+1}$，花程式表示南瓜的花为辐射对称的单性花、雌雄同株；花萼由5片合生的萼片构成；花冠由5片合生的花瓣构成；雄蕊5枚，排列为3轮，其中两轮各由2枚雄蕊联合构成，1轮为1枚，多体雄蕊；下位子房，由3个心皮合生而成的子房1室，含多数胚珠。

（2）花图式（floral diagram） 花的各部分组成垂直投影于花轴平面上构成的花的横剖面简图，用以表示花各部分的离合状况和数目，以及在花托上的排列。如图11-23所示，最下面的空心弧线表示苞片，实心弧线表示花被，雄蕊和雌蕊以其横切面图表示。

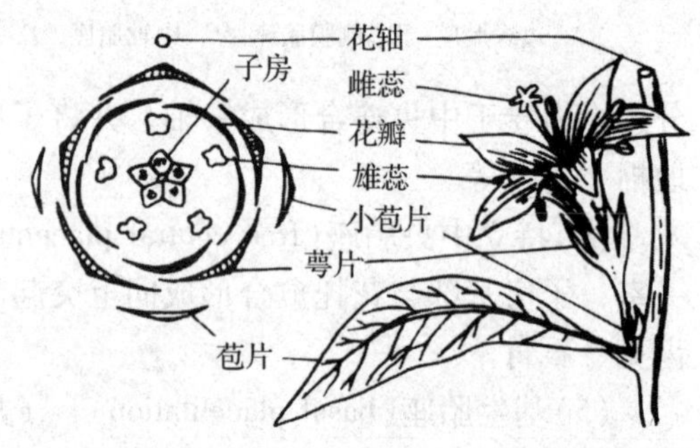

图11-23 花图式（引自 Генкеле 和 Кудрящов）

（二）花序类型

花序（inflorescence）是许多花在花序轴上根据一定的方式和顺序的排列。花序的主轴也称花轴（rachis）。花序轴可以形成分枝或不分枝。如果花序轴从地表附近及地下茎伸出，不分枝，不具叶，称花葶（scape）。花序中没有典型的营养叶，有时仅在花的基部生有一个小苞片或由多数密集苞片构成的总苞。根据花在花序轴上的排列方式、花序轴分枝形式及生长状况，可分为无限花序和有限花序两大类型。

1. 无限花序（indefinite inflorescence）

也称向心花序（centripetal inflorescence），花序轴的分枝类似于总状分枝的一种花序，开花顺序是从花序轴下部或周围的花逐渐向上部或中心依次开放，花序轴的顶端不断生长，连续形成花。分为以下几种类型（图11-24）：

（1）总状花序（raceme） 花柄长度相等的两性花排列在较长且不分枝的花序

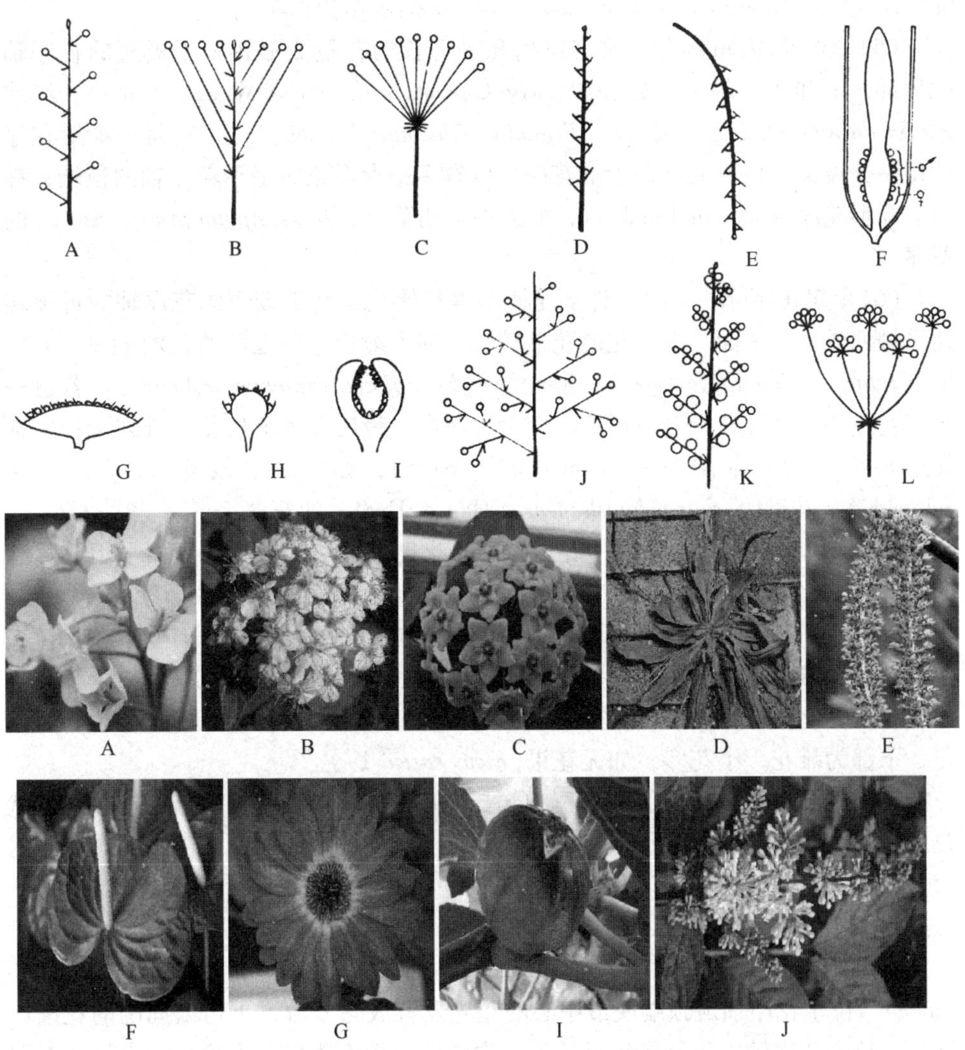

图 11-24　无限花序的类型(A～G、J、L 引自 Hill，Popp 和 Grove；照片为肖红梅拍摄)

A. 总状花序　B. 伞房花序　C. 伞形花序　D. 穗状花序　E. 柔荑花序　F. 肉穗花序

G、H. 头状花序　I. 隐头花序　J. 圆锥花序　K. 复穗状花序　L. 复伞状花序

轴上，如芥菜[*Brassica juncea*(L.)Czern. et Coss.]、珍珠菜(*Lysimachia clethroides* Duby.)、油菜等。

(2)穗状花序(spike)　花轴较长、直立，花的排列与总状花序相似，但花无柄或近无柄，呈穗状生长在花序轴上，如大麦(*Hordeum vulgare* L.)、车前等。

(3)柔荑花序(catkin)　花序轴常柔软、下垂，许多无柄或近无柄的单性花排列于其上，开花后整个花序或连果一同脱落，如青杨、桑、旱柳(*Salix matsudana* Koidz.)的花序。

(4)肉穗花序(spadix)　类似于穗状花序，但花序轴肉质化呈棒状，在花序的基部常有一大型的佛焰苞片，又称佛焰花序，如马蹄莲(*Zantedeschia aethiopica*

Spr.)、红掌(*Anthurium andraeanum* L.)、玉米的雌花序等。

(5)伞形花序(umbel) 许多花柄几乎等长的花呈弧形排列于极短的花序轴的顶部，形如张开的伞，如五加(*Acanthopanax gracilistylus* W. W. Smith)、红瑞木(*Swida alba* Opiz.)、报春花(*Primula malacoides* Franch.)等。若每一伞形花序的每一分枝又分枝形成一个伞形花序，以致多个伞形花序生于花序轴的顶端，称为复伞形花序(compound umbel)，如人参、胡萝卜、芹菜(*Apium graveolens* L.)的花序。

(6)伞房花序(corymb) 许多花柄不等长的花排列于较短的花序轴的近顶端几乎排列成一个平面。下部花的花柄较长，向上渐短，最上部的花柄最短，如山楂(*Crataegus pinnatifida* Bge.)、麻叶绣线菊(*Spiraea cantoniensis* Lour.)。若每一伞房花序的每一分枝又分枝形成一个伞房花序，最后多个伞房花序排列于花序轴的近顶端称为复伞房花序(compound corymb)，如华北绣线菊(*S. fritschiana* Schneid.)、花楸[*Sorbus pohuashanensis*(Hance)Hedl.]的花序。

(7)头状花序(capitulum) 许多无柄的花集生于一个极度缩短而平坦或隆起的花序轴上，形成一头状体，花序外有总苞，如菊科植物。

(8)隐头花序(hypanthodium) 花序轴特别肥厚膨大向内凹陷呈中空状，许多无柄的、多为单性的小花着生于凹陷的腔壁上，几乎看不见，只留一个小孔与外界相通，此小孔成为昆虫进出腔、传播花粉的通道。一般花序轴的上部为雄花，下部为雌花，小花多，如无花果(*Ficus carica* L.)。

(9)圆锥花序(panicle) 花序轴分枝，在每一分枝上形成一总状花序或穗状花序，整个花序形如圆锥状，又称复总状花序或复穗状花序，如玉米的雄花、水稻、小麦、珍珠梅[*Sorbaria kirilowii* (Regel) Maxim.]的花序。

2. 有限花序(definite inflorescence)

有限花序又称离心花序(centrifugal inflorescence)或聚伞花序(cymose inflorescence)。位于花序轴最顶端或最中心的花先发育成熟开放，下边或周围的花渐次开放，整个花序轴由于顶端较早的失去生长能力而不能再向上延长。常见的有限花序类型为(图11-25)：

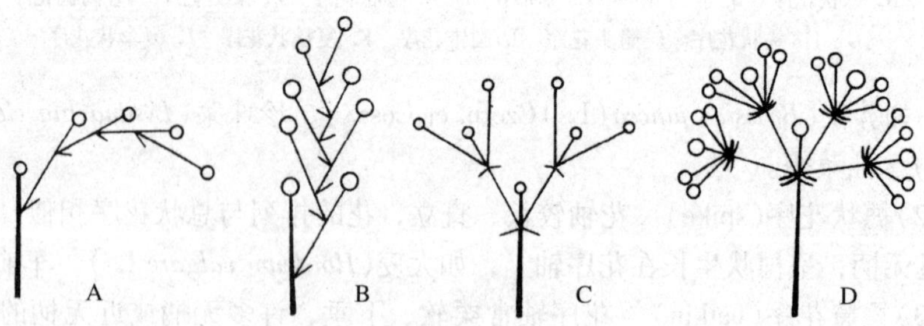

图11-25 有限花序的类型

A、B. 单歧聚伞花序(A. 螺状聚伞花序 B. 蝎尾状聚伞花序)

C. 二歧聚伞花序 D. 多歧聚伞花序

（1）单歧聚伞花序（monochasium）　花序轴顶端先开一花后，在顶花的一侧形成分枝，又在顶端开花，在顶花一侧分枝，如此开花、分枝继续下去，形成合轴分枝式的花序。单歧聚伞花序各次分枝的方向是有变化的。如果各次分枝是向一侧的同一方向，整个花序轴就会成螺旋状卷曲，称为螺旋状聚伞花序（helicoid-scyme），如附地菜[*Trigonotis peduncularis*（Trev.）Benth. ex Baker et Moore]、紫草的花序；如果各次分枝是左右相间形成，左右对称，形如蝎尾，称为蝎尾状聚伞花序（scorpioidcyme），如委陵菜、唐菖蒲的花序。

（2）二歧聚伞花序（dichasium）　花序轴顶端先开一花后，在顶花的左右两侧同时形成分枝，在分枝的顶端开花后，在顶花的两侧又同时形成分枝，如此分枝下去，如石竹、繁缕[*Stellaria media*（L.）Cyr.]的花序。

（3）多歧聚伞花序（pleiochasium）　花序轴顶端先开一花后，在其下方同时形成多个分枝，各分枝形成顶花后又形成多分枝，中部花先开放，整个花序形如伞形，如泽漆、大戟（*Euphorbia pekinensis* Rupr.）的花序。

（4）轮伞花序（verticillaster）　许多花着生在对生叶的叶腋处呈轮状排列，其花序轴及花柄极短，如夏至草[*Lagopsis supine*（Steph.）Ik. Gal.]、益母草（*Leonurus japonicus* Houtt.）等的花序。

此外，有些植物的花序比较复杂，在同一花序，无限花序和有限花序都存在，即主花序轴形成无限花序，分枝的花序轴形成有限花序，如紫丁香；有的外形为无限花序，而开花顺序却为顶花先开的有限花序，如葱、苹果的花序。

五、果实

根据果实的结构组成和形态特点将果实分为3大类：单果、聚合果和聚花果。

（一）单果

单果（simple fruit）是由一朵花的单心皮构成的单雌蕊或合生心皮构成的复雌蕊所形成的果实。根据果实成熟时的质地和结构，将单果分为肉质果和干果。

1. 肉质果（fleshy fruit）

果实成熟后，果皮及果肉肉质而多汁的果实（图11-26）。常见的类型有：

（1）浆果（berry）　由一至多个心皮组成的复雌蕊的子房发育而来的果实，其外果皮薄、膜质；中果皮、内果皮均肉质化、汁液丰富，内含1至多粒种子。如葡萄、辣椒（*Capsicum annuum* L.）、番茄、柿、香蕉的果实。

（2）柑果（hesperidium）　由多心皮组成的复雌蕊且具中轴胎座的子房发育而来的果实，为柑橘属植物所特有。其外果皮厚呈革质，并分布有许多油囊；中果皮髓质、较疏松，分布有多分枝的维管束；内果皮薄呈膜质，向内突起形成许多长丝状、肉质多浆的汁囊细胞，这些汁囊细胞分隔成瓣状（见图8-10），为主要的食用部分。

（3）梨果（pome）　由花筒和子房愈合一起发育而形成的假果，花筒形成的果

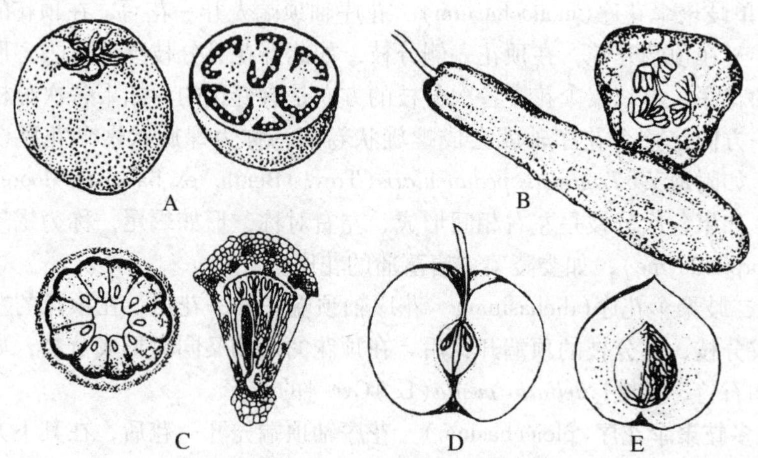

图 11-26 肉果的主要类型(外形和切面)(引自强胜, 2006)

A. 番茄的浆果 B. 黄瓜的瓠果 C. 温州蜜柑的柑果 D. 苹果的梨果 E. 桃的核果

壁与外果皮及中果皮均肉质化，内果皮纸质或革质化，中轴胎座，如梨、苹果。

(4)瓠果(pepo) 主要由多心皮组成的复雌蕊的下位子房发育而成的果实。其外果皮与花托愈合发育成坚硬的果壁；中果皮和内果皮肉质；侧膜胎座发达，为葫芦科植物所特有。不同的瓜类食用部分不同，如南瓜、冬瓜[*Benincasa hispida* (Thunb.) Cogn.]的食用部分主要为果皮、西瓜的食用部分主要为胎座。

(5)核果(drupe) 由1至多心皮组成的单雌蕊或复雌蕊的子房发育而来的果实。其外果皮极薄；中果皮厚、多肉质化，为食用的主要部分；内果皮坚硬石质化，常包于1粒种子之外，构成坚硬的果核。如核桃、梅、李、桃、杏等。

2. 干果(dry fruit)

果实成熟时，果皮干燥的果实。根据果皮开裂与否，分为闭果和裂果两种类型(图 11-27)。

(1)闭果(indehiscent fruit) 实成熟后，果皮不开裂的干果，分为如下几类：

①瘦果(achene) 雌蕊和2~3心皮组成的复雌蕊的子房发育而来的小型闭果，成熟时内含1粒种子。果皮坚硬成革质或木质，易于种皮分离。如白头翁[*Pulsatilla chinensis* (Bge.) Regel.]、向日葵、荞麦(*Fagopyrum esculentum* Moench.)等的果实。

②颖果(caryopsis) 2~3个心皮合生组成的复雌蕊的一室子房发育而来的闭果，成熟时内含1粒种子。果皮与种皮愈合，不易分离。如小麦和玉米等禾本科植物的果实。

③翅果(samara) 单由单雌蕊或复雌蕊的子房形成的闭果。果皮的一部分常沿一侧或多侧延展成翅状以利于通过风传播，如臭椿[*Ailanthus altissima* (Mill.) Swingle]、榆属等植物的果实。

④坚果(nut) 雌蕊或合生心皮组成的复雌蕊的子房发育而来的闭果。果皮坚硬，内含1粒种子，如板栗、榛子(*Corylus heterophylla* Fisch. ex Bess.)、栓皮栎等。

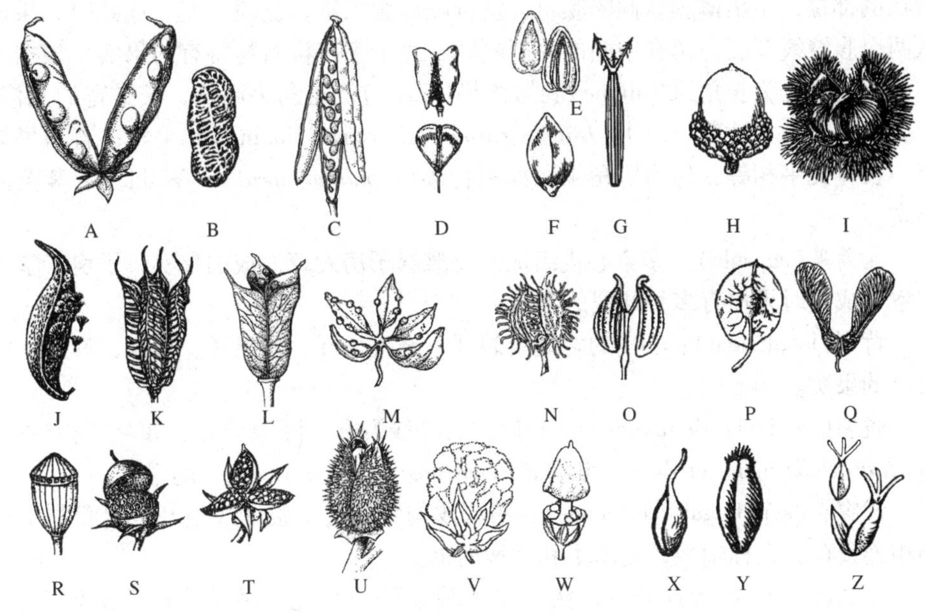

图 11-27　干果的主要类型

A、B. 荚果　C. 长角果　D. 短角果　E～G. 瘦果　H～J. 坚果　K～M. 蓇葖果　N、O. 分果(双悬果)　P、Q. 翅果　R～W. 蒴果　X、Y. 颖果　Z. 胞果

⑤分果(schizocarp)　由2个或2个以上的心皮组成的复雌蕊子房发育而来的闭果，有2个或多个子房室，每室含1粒种子，成熟时，各心皮沿中轴分开，形成2个或多个分果瓣。如胡萝卜、芹菜、小茴香(*Foeniculum vulgare* Mill.)等伞形花科植物的果实，是由两心皮组成的分果，成熟时2个分果悬挂于中央果柄上端的细长的心皮柄上，称为双悬果；苘麻(*Abutilon theophrasti* Medic.)果实成熟时可分为多个分果瓣。

⑥胞果(utricle)　2～3个心皮合生组成的复雌蕊子房发育而来的闭果，具1粒种子，果皮薄、疏松地包围种子，且易与种子分离，如藜科植物的果实。

(2)裂果(dehiscent fruit)　果实成熟后，果皮开裂的果实。根据心皮数目及开裂方式，裂果可分为下列几种类型：

①蓇葖果(follicle)　单心皮雌蕊或离生多心皮雌蕊的子房发育而成的果实，成熟时果皮从腹缝线或背缝线一面裂开。从心皮的腹缝线裂开的，如牡丹(*Paeonia suffruticosa* Andr.)、梧桐、八角(*Illicium verum* Hook. f.)等的果实；从心皮的背缝线开裂的，如白兰(*Michelia alba* DC.)、含笑等的果实。

②荚果(legume)　单雌蕊的子房发育而成的果实，成熟时，果皮从腹缝线和背缝线两侧同时裂开，如大豆、豌豆等大多数豆科植物的果实。而少数豆科植物的果实不开裂，如花生、皂荚等；有的荚果则呈分节状节节脱落，每节包含一粒种子，如决明子(*Catsia tora* L.)等；有的荚果呈螺旋状，如苜蓿的果实；有的荚果的分节呈念珠状，如槐的果实。

③角果　联合组成的一室的复雌蕊的子房发育而来的果实，因后来在腹缝线

所在的部位，生出薄膜状假隔膜将一室分隔成假二室，侧膜胎座。成熟时，果皮从两个腹缝线开裂，留在中间的为假隔膜，为十字花科植物特有的果实。根据果实的长短，分为长角果(silique)和短角果(silicle)。若角果细长，长是宽的几倍，称为长角果，如油菜、萝卜(*Daucus carota* var. *sativus* Hoffm.)的果实；若角果较短，长宽几乎相等，称为短角果，如独行菜(*Lepidium apetalum* Willd.)、荠菜的果实。

④蒴果(capsule) 多个心皮组成的复雌蕊子房发育而成的果实，子房1室或多室，成熟时果皮有多种开裂的方式：

背裂(loculicidal)：心皮的背缝线裂开，隔膜分开，如棉属、百合、鸢尾、酢浆草的果实。

腹裂(septicidal dehiscence)：心皮的腹缝线裂开，隔膜分开，如马兜铃(*Aristolochia debilis* Sieb. et Zucc.)和薯蓣(*Dioscorea opposita* Thunb.)的果实。

背腹裂(septifragal dehiscence)：沿心皮的背缝线或腹缝线裂开，隔膜与中轴仍相连残存，又称轴裂，如牵牛和茑萝的果实。

孔裂(porous dehiscence)：从心皮顶端裂开一小孔，种子从小孔散发出去，如罂粟(*Papaver somniferum* L.)的果实。

齿裂(dentate dehiscence)：从果实顶端呈齿状裂开，如石竹科植物。

盖裂(pyxis)：又称周裂(circumscissile dehiscence)，果实成熟时呈盖状横裂为二，如车前草、樱草(*Primula malacoides* Franch.)、马齿苋等。

(二)聚合果

聚合果(aggregate fruit)是由一朵花中许多的离生心皮组成的单雌蕊子房聚集于膨大的花托上发育形成的果实(图8-12)。每一雌蕊单独形成的果实称为小果。根据小果的性质，聚合果分为聚合瘦果，如草莓；聚合蓇葖果，如玉兰、八角；聚合核果，如悬钩子(*Rubus corchorifolius* L. f.)；聚合坚果，如莲。

(三)聚花果

又名复果(multiple fruit)，是由整个花序发育而成的果实。花序中的每一朵花形成一个小果，许多小果聚集于花序轴上，外形上像一个果实(见图8-13)，如菠萝的果实是由许多花聚集于肉质花轴上发育而来；桑葚是由每朵花的子房发育而成的小坚果，被肉质的花萼所包裹；无花果是由内陷呈囊状的肉质花轴及其上的花发育形成的果实，许多小坚果着生于囊内壁上。

第二节 双子叶植物纲(Dicotyledoneae)

双子叶植物纲(Dicotyledoceae)，又称木兰纲，其植物特点是胚多具2片子叶；主根发达，大多数为直根系；茎内为无限维管束，呈环状排列，能进行次生生长形成次生结构；网状叶脉；花粉的萌发孔常为3个。

一、木兰科(Magnoliaceae)

⚥ $* P_{6\text{-}15} A_{\infty} \underline{G}_{\infty:1}$

【形态特征】乔木或灌木；树皮、叶、花具香气；单叶互生；托叶大，早落后在枝上留有环状托叶痕；花大、多两性、整齐、3 基数，于枝顶或叶腋处单生；花萼和花瓣分化不明显，呈数轮排列，分离；花托柱状；雄蕊、雌蕊多数、分离，螺旋状排列于柱状花托上；花药长、花丝短，花药大具单沟；子房上位，每心皮含胚珠 1~2 个。果实为聚合蓇葖果，背缝开裂，少翅果或核果。种子胚小，胚乳丰富；虫媒传粉；染色体：X = 19。

【识别要点】木本；单叶互生，有托叶；花大、单生、两性，花萼、花瓣不分，为同被花；雌蕊、雄蕊多数，分离，螺旋状排列于伸长的柱状花托上；子房上位；聚合蓇葖果。

【分类】本科是双子叶植物中最原始的科，全世界共有 15 属，约 335 种，主要分布于亚洲的热带和亚热带地区，少数分布于北美和中美洲。我国有 11 属，165 种，主要分布于西南和华南地区，向东北、西北分布渐少。常见的 4 个属为：

(一)木兰属(*Magnolia* L.)

花单生生枝顶，花被多轮；每心皮含 1~2 个胚珠；背缝开裂；蓇葖果。本属约 90 种，我国有 30 种。常见的植物有：厚朴(*M. officinalis* Rehd. et Wils.)，落叶乔木，树皮厚；叶大、顶端呈圆形，集生枝顶。分布于长江流域及华南。为我国特产，树皮及花、果由于含有厚朴酚，可药用，具止痛、理气、健脾消食等功效。玉兰(*M. denudata* Desr.)，落叶乔木，花白色、顶生，先于叶开放。供观赏，各地均有栽培(图 11-28)。辛夷又名紫玉兰(*M. liliflora* Desr.)，落叶小乔木，叶倒卵形；花被外面紫红色或紫色。荷花玉兰(*M. grandiflora* L.)，又名广玉兰、洋玉兰，常绿乔木，革质叶，叶下表面密被茸毛，花大直径为 15 cm 以上。

图 11-28　玉兰和荷花玉兰(丛靖宇摄)

（二）含笑属（*Michelia* L.）

不同于木兰属，花生于叶腋处；托叶与叶柄分离；雌蕊轴在结实时伸长成柄，每心皮含胚珠2个以上。本属约50种，我国有41种，为西南地区常绿阔叶林的组成树种。常见的植物有：含笑[*M. figo*（Lour.）Spreng.]，常绿灌木，树皮呈灰褐色，幼枝及叶柄被毛；花香，淡黄色，边缘有时红色或紫色，栽培供观赏。白兰花（*M. alba* DC.），又名缅桂，叶披针形或长椭圆形，花瓣白色、狭长有芳香，原产印度尼西亚爪哇，现广为栽培供观赏。花及叶可提取芳香油，花还可入药。黄兰花（*M. champaca* L.）又名黄缅桂，花黄色，用途与白兰花相似。

此外，本科植物还有：①鹅掌楸[*Liriodendron chinense*（Hemsl.）Sarg.]，落叶乔木；小枝灰色或灰褐色；花顶生，花瓣外面红色，内侧的花被片有黄色条纹；叶片中部分裂，叶尖截形似马褂，又名马褂木，树皮可入药。分布于湖北、江西等省。②北美鹅掌楸（*L. tulipifera* L.），又名百合木，落叶乔木；小枝褐色或紫褐色；每片叶两边各有1～4个短尖的裂片，花被片灰绿色有蜜腺，分布于北美大西洋沿岸，我国有栽培，主要供观赏。木莲[*Manglietia fordiana*（Hemsl.）Oliv.]，材质较好；叶披针形；叶柄红棕色；果实及树皮皆可入药。

二、毛茛科（Ranunculaceae）

⚥ *，↑ $K_{3\sim\infty}\ C_{3\sim\infty}\ A_{\infty}\ \underline{G}_{\infty:1:1\sim\infty}$

【形态特征】草本，稀灌木或木质藤本；叶基生或互生，无托叶；单叶分裂呈羽状或掌状，复叶分裂为羽状；花多为两性，整齐或两侧对称；各花部分离，螺旋状排列于膨大突起的花托上；萼片和花瓣3至多数或退化；常具蜜腺；雄蕊多数；心皮多数，每心皮含1至多数胚珠；花粉近球形，常有多型萌发孔和3个萌发沟；上位子房；聚合瘦果或聚合蓇葖果；种子有胚乳；染色体：X = 6～10，13。

【识别要点】草本；花两性；萼片、花瓣常基数5；雌、雄蕊多数、离生、螺旋状排列于膨大的花托上；单叶分裂为羽状或掌状或为羽状复叶；子房上位；聚合瘦果或聚合蓇葖果。

【分类】本科共有59属，2500种，广布世界各地，主要集中于北温带。我国有43属，700多种，分布于全国各地。由于本科植物中含有多种生物碱，许多植物成为药用植物或有毒植物。

（一）毛茛属（*Ranunculus* L.）

直立草本；叶基生和互生；花黄色，辐射对称，萼片和花瓣均为5，花瓣基部具蜜腺；雄蕊与雌蕊多数、离生，螺状排列于突起的花托上；聚合瘦果。本属约400种，我国有80余种，南北均有分布。常见的植物有：毛茛（*R. japonicus* Thunb.），多年生草本，全株被白色柔毛；基生叶3，掌状深裂；聚合果近球形（图11-29）。我国各地均有分布，生于沟边和田边。全草有毒，可药用，治关节炎和疟疾。茴茴蒜（*R. chinensis* Bunge.），多年生草本；全株被长硬毛；三出复叶；花顶生或腋生；聚合瘦果成椭圆或圆形。全草有毒，含原白头翁素，可供药用。石龙芮（*R. sceleratus* L.），一年生草本；茎叶光滑无毛；叶3深裂；聚合瘦果呈长圆形；喜湿，生沟边湿地。全株有毒，可治蛇毒等。

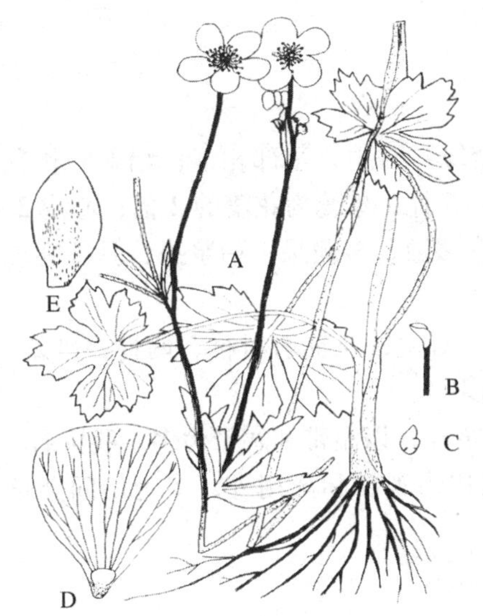

图 11-29　毛茛（肖红梅摄）

A. 植株　B. 聚合果　C. 种子　D. 花瓣　E. 萼片

（二）铁线莲属（*Clematis* L.）

木质或草质藤本，或直立草本；羽状三出复叶对生；萼片4呈花瓣状；无花瓣；雄蕊多数；心皮多数；瘦果具宿存的羽毛状花柱。本属约300余种，广布全球；我国有133种，主产西南，少数有毒。常见的植物有：棉团铁线莲（*C. hexapetala* Pall.），直立草本，枝圆柱形、有纵沟；叶片绿色、近革质，花后常变黑色；单叶至复叶，一至二回羽状深裂；叶尖多锐尖或凸尖；网状脉；聚伞花序顶生，萼片常6，白色，密生棉毛，花蕾像棉花球，瘦果倒卵形，根可药用。毛蕊铁线莲（*C. lasiandra* Maxim.），羽状三出复叶，花丝具长硬毛，可药用，具通气功效。黄花铁线莲（*C. intricata* Bunge.），二回羽状三出复叶，灰绿色；3朵花组成的聚伞花序腋生，萼片淡黄色，为有毒植物。粉绿铁线莲（*C. glauca* Willd.），一至二回羽状复叶，3花组成的聚伞花序，萼片边缘有短毛。全草药用，祛风湿。

此外，本科常见的植物还有黄连（*Coptis chinensis* Franeh.），根状茎黄色，味苦；叶三角状卵形，3全裂，中央裂片具细柄；花两性；萼片线形；花瓣5，基部有蜜腺；蓇葖果。产于我国中部、南部和西南各省。根茎可入药，治疗痢疾等。乌头（*Aconitum carmichaeli* Debx.），又名草乌、附子，多年生草本；具肥厚块根；叶掌状3~5裂；总状花序；密生白色柔毛；花萼蓝紫色，最上面的一片成盔状；心皮3个，分离；雄蕊多数；蓇葖果沿腹缝线开裂。因块根含有乌头碱，有毒，可药用，能祛风镇痛、除湿。翠雀花(*Delphinium grandiflorum* L.)多年生草本，叶肾形；萼片花瓣状，蓝紫色，上萼片有距。其根可入药，治疗牙痛。瓣蕊唐松草(*Thalictrum petaloideum* L.)，草本植物；三至四回三出或羽状复叶；小叶形态多样；萼片4，卵形、白色；雄蕊多数；花丝白色；瘦果卵形；生山坡草地。

三、石竹科(Caryophyllaceae)

⚥ $* K_{(4\sim5)}C_{4\sim5}A_{8\sim10}\underline{G}_{(2\sim5:1:\infty)}$

【形态特征】草本；节背部膨大；单叶全缘，对生，基部相连；辐射对称花，两性；花瓣4~5片，有爪；花萼常缩存，4~5片；雄蕊为花瓣的2倍；心皮2~5，合生；上位子房；特立中央胎座；胚珠常多数；多蒴果，稀浆果；具外胚乳。染色体：X=6，9~15，17，19。

【识别要点】草本；节膨大；单叶全缘、对生；花辐射对称、两性；雄蕊为花瓣的2倍；上位子房；特立中央胎座；蒴果。

【分类】本科约75属，2000余种，广布全球，以温带和寒带为多。我国有32属，400种，遍布全国各地。本科除部分植物为观赏和药用外，多为田间杂草。常见的属如下：

(一)石竹属(*Dianthus* L.)

草本；节膨大；花单生或为圆锥状聚伞花序；具花萼筒，花瓣5，檐部和爪部明显，交成直角；10枚雄蕊，呈2轮排列；花柱2，种子多数，蒴果。本属约300种，分布于欧、亚、非三洲。我国有20种，南北均有分布。可观赏或药用。常见的植物有：石竹(*D. chinensis* L.)，茎直立；叶线形或宽披针形；萼下的4苞片呈叶状展开；花白色或红色；供观赏和药用。香石竹，又名康乃馨，叶狭披针形、灰绿色；花单生或簇生；花色多种，有香气；原产南欧，各地可栽培。什样锦(*D. barbatus* L.)，又名五彩石竹、须苞石竹、美女石竹或美国石竹，花密集成聚伞花序，颜色深红，有白斑，栽培供观赏(图11-30)。瞿麦(*D. superbus* L.)，苞片4~6个，花瓣粉红色，先端深裂成细丝状，分布全国各地，可药用。

(二)繁缕属(*Steilaria* L.)

丛生或直立草本，常被毛；圆锥状聚伞花序；萼片分离；花瓣白色，先端2深裂或花瓣缺；花柱3；蒴果瓣裂。本属约120种，全球分布。我国有60余种，分布各地。繁缕[*S. media*(L.)Cyr.]，一年生草本；茎细；叶卵形；花白色，花瓣5，每片2深裂，为田间杂草。

本科常见的植物还有旱麦瓶草(*Silene jenisseenis* Willd.)，又名山蚂蚱草，多年生草本；根粗壮；叶披针状条形；基生叶多数；花萼筒状、近膜质；花两性、白色或淡绿色2裂；成圆锥花序或总状花序；花柱3；主产东北、华北地区。可入药，治阴虚潮热等症。太子参[*Pseudostellaria heterophylla*(Miq.)Pax.]、王不留行[*Vaccaria segetalis*(Neck.)Garcke]、满天星(*Gypsophila oldhamiana* Miq.)、卷

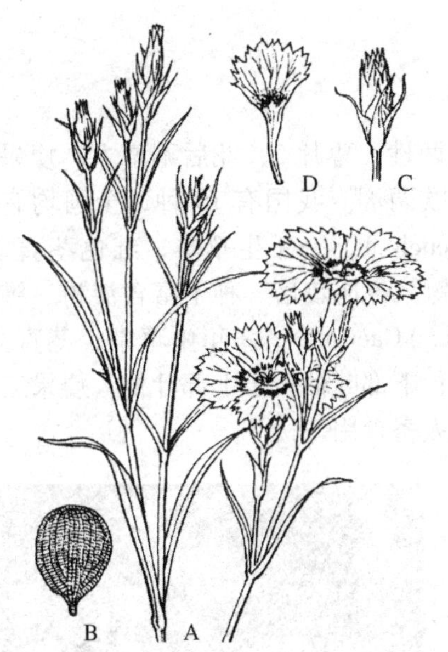

图 11-30　石竹（左图仿徐汉卿，1995；右侧照片为肖红梅拍摄）

A. 花枝　B. 种子　C. 花　D. 花瓣

耳（*Cerastium arvense* L.）等植物。

四、蓼科（Polygonaceae）

⚥ * $K_{3\sim6}C_0A_{3\sim9}\underline{G}_{(2\sim4:1:1)}$

【形态特征】多草本；常茎节膨大，具膜质抱茎的托叶鞘；单叶全缘、互生；花多两性，呈辐射对称；花序穗状或圆锥状；单被花；萼片呈花瓣状 3～6；雄蕊 3～9；心皮合生成 1 室上位子房；1 个直生胚珠；花柱 2～4；瘦果三棱形或凸透形；种子具胚乳。染色体：X＝6～11，17。

【识别要点】草本；茎节膨大；单叶全缘、互生；托叶鞘膜质、抱茎；单被花、两性；萼片花瓣状；上位子房；瘦果三棱形或凸透形。

【分类】本科约 40 属 1200 余种，广布全球，主产北温带。我国有 12 属 200 多种，全国各地均有分布。常见的属如下：

（一）蓼属（*Polygonum* L.）

多草本；花序穗状或总状；花被片具色彩 4～5 片；雄蕊 3～9 个；子房多三棱形。本属有 240 余种，全球广布。我国有 120 多种，全国各地都有分布。常见的植物有：篇蓄（*P. aviculare* L.），一年生草本，茎平卧；叶小、全缘呈椭圆形或披针形；花腋生；雄蕊 8；全草可入药。酸膜叶蓼（*P. lapathifolium* L.），顶生花序穗状；叶背面有黑色斑点；叶披针形。果实可药用，消肿止痛等。何首乌（*P. multiflorum* Thunb.），多年生草本；缠绕茎；托叶鞘筒状；叶心形；块根；瘦果。全国各地广布，块根可入药。此外，还有红蓼（*P. orientale* L.）、水蓼（*P.*

hydropiper L.)等植物。

(二)荞麦属(*Fagopyrum* Gaertn.)

直立草本；叶全缘，三角形或箭形；花两性；萼片5，花后不增大；瘦果三棱形，伸出花萼外。本属有15种，广布亚欧两洲。我国有10种，全国均有分布。常见的植物有：荞麦(*F. esculentum* Moench.)，一年生草本；红色茎直立，叶三角形；瘦果卵状(图11-31)；为喜凉作物，各地栽培。种子富含淀粉、维生素及其他营养成分。苦荞麦[*F. tataricum*（L.）Gaertn.]，一年生草本；茎直立，绿色或微紫色；叶宽三角形；叶脉呈乳突状；下部叶柄长于上部叶柄；瘦果三棱形。根如药，可利耳目，健脾胃，种子可供人畜食用。

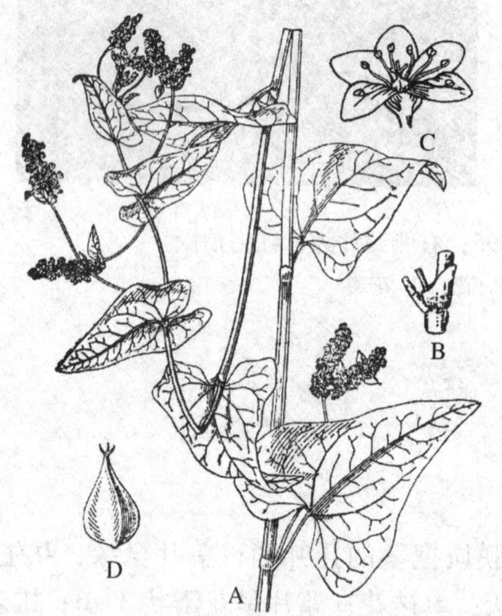

图11-31 荞麦(左图仿自《江苏植物志》；右侧照片为肖红梅拍摄)

A. 花果枝 B. 托叶鞘 C. 花 D. 瘦果

本科常见的植物还有大黄(*Rheum officinale* Baill.)，叶掌状浅裂；花白色；根黄色、药用，具阻滞、泻热毒等功效。掌叶大黄(*Rh. palmatum* L.)，叶宽圆，掌状浅裂或半裂；根入药，清热解毒、止血。华北大黄(*Rh. franinzenbachii* Munt.)，基生叶卵形；叶柄及基出脉紫红色；根肥厚入药；瘦果生翅。酸模(*Rumex acetosa* L.)，叶锯圆形，基部箭形；瘦果椭圆形。嫩茎、叶可食用。巴天酸模(*Rumex patientia* L.)，多年生草本；根肥厚，可入药；叶长圆形，基部圆形或近心形；瘦果卵形，有3锐棱。

五、锦葵科(Malvaceae)

$⚥ * K_{(5),5}C_5A_{\infty}\underline{G}_{(3\sim\infty:3\sim\infty:1\sim\infty)}$

【形态特征】草本或灌木，体表被毛，茎有发达的韧皮纤维；单叶、互生、具托叶；常为掌状脉；花两性、5基数、辐射对称；花单生或为聚伞花序，萼片

5，分离或合生，常具副萼；花瓣5，旋转状排列；雄蕊多数联合而成的单体雄蕊；花粉多孔或3~4沟，具刺；雌蕊由3个或3个以上心皮合生或分离构成，子房3至多室；具1至多数胚珠；上位子房；中轴胎座；蒴果或分果；种子具胚乳。染色体：X＝5~22，33，39。

【识别要点】单叶；茎纤维发达；花两性，整齐，5基数，有副萼；上位子房；中轴胎座；单体雄蕊；蒴果或分果。

【分类】本科有75属，约1500种，分布于热带及温带。我国有16属，80多种，36变种或变型，分布全国各地，尤以云南最多，有13属，约56种，21变种或变型。常见的属如下：

（一）棉属（*Gossypium* L.）

一年生草本；叶有紫斑点，掌状分裂；萼片杯状；副萼3或5，呈叶状，边缘有尖裂；花单生叶腋，花瓣乳白色，后变紫色；心皮合生；蒴果背部开裂；种子表皮细胞向外延伸成棉毛，常称棉花，是重要的纺织原料；种子球形，可榨油。本属有30多种，分布于热带和亚热带。我国引种4种，2变种。常见的植物有：陆地棉（*G. hirsutum* L.），又称细绒棉，枝有疏柔毛；叶片常3浅裂；苞片有齿裂；花瓣乳白色，原产美洲，目前是世界广为种植的棉种。海岛棉（*G. barbadense* L.），雄蕊管筒长；叶片常3半裂；花丝不等长，副萼5（图11-32）；南方栽培。此外，还有中棉（*G. arboreum* L.）和草棉（*G. herbaceum* L.）等。

图11-32　陆地棉（左图仿周云龙，1999；右侧照片为肖红梅拍摄）

A. 花枝　B. 开裂的蒴果　C. 蒴果　D. 花纵剖　E. 种子　F. 花药

（二）锦葵属（*Malva* L.）

草本；叶呈掌状浅裂或深裂；花瓣白色或粉红色，顶端凹入；萼杯状，5裂；副萼常3，离生；子房由9~15心皮组成；果熟时，各心皮分离；分果，每果瓣含种子1枚。本属植物约30种，分布于亚洲、欧洲和非洲北部。我国4种，遍布各地。常见的植物有锦葵(*M. sylvestris* L.)，茎直立多分枝；花瓣5，白色或蓝紫色；叶5~7掌状浅裂；分果；为观赏植物。圆叶锦葵(*M. rotundifolia* L.)，茎匍匐，花小，白色或粉红色；花梗长2~5cm，为杂草。野葵(*M. verticillata* L.)又名冬葵，叶柄长；小花簇生叶腋；花柱细、白色；花白色或浅红色；幼苗可食，清热解毒。

本科常见的植物还有木槿(*Hibiscus syriacus* L.)，又称荆条，落叶灌木，小枝密被绒毛；叶具中部以上3裂或不裂，叶缘呈不规则锐齿，无毛；3大基出脉；花冠钟形，淡紫色、白色、粉红色；花柱和柱头低于花冠；卵圆形蒴果，原产东亚，全株入药，茎皮纤维可造纸。现全国各地栽培供观赏。木芙蓉(*H. mutabilis* L.)，又名山芙蓉，木本；叶5~7裂呈掌状；花大，单生枝端叶腋，花瓣近圆形，具多种颜色；花梗近端具节；副萼10，线形；蒴果扁球形被毛，喜暖湿环境，除东北、西北外，我国其余各省均有分布，花、叶和根皮可入药，具清凉、解毒作用。扶桑(*H. rosasinensis* L.)，又名朱槿、大红花，常绿灌木；叶尖渐尖；叶基圆形或楔形；叶柄被长柔毛；花常为红色，下垂；花萼钟形；花冠漏斗形；蒴果有喙。分布于南方各省，供观赏。蜀葵(*Althaea rosea* Cav.)，又名一丈红，原产四川，为多年生草本；花较大，色彩丰富，单生叶腋或成花序；可栽培观赏；全草可入药，清热止血。苘麻(*Abutilon theophrasti* Medicus)，为一年生杂草，叶心形，先端渐尖；叶缘具锯齿；叶柄长3~12cm。除青藏高原外，其他各地均有分布。纤维可作编织材料；种子榨油供制皂、油漆和工业用油；种子药用，称“冬葵子”。金铃花(*A. striatum* Dickson)，常绿灌木；叶3~5掌状深裂；花单生叶腋；花梗长；花冠橘黄色夹带紫色条纹，钟形下垂；别名“灯笼花”，可栽培观赏。秋葵[*Abelmoschus esculentus*(L.) Moench.]，一年生高大草本，叶3~5浅裂，裂片卵形，副萼线形，结果后脱落，嫩果可作蔬菜食用。野西瓜苗(*H. trionus* L.)，常见杂草，一年生草本，叶似西瓜叶。

六、葫芦科(Cucurbitaceae)

$♂ * K_{(5)} C_{(5)} A_{(2)+(2)+1}$，$♀ * K_{(5)} C_{(5)} \overline{G}_{(3:1:\infty)}$

【形态特征】草质藤本，多具螺旋状卷须；茎具双韧维管束，5棱；互生单叶，分裂呈掌状；单性花整齐，雌雄同株或异株；萼裂片和花冠裂片各5，雄蕊5枚，花丝常两两结合，一个分离；花药折叠、弯曲成S，为聚药雄蕊；花粉有3~5孔沟；雌蕊由3个心皮联合构成；子房下位；侧膜胎座；1室，胚珠多数，3个柱头；常为瓠果，肉质或后期干燥变硬，不开裂，稀蒴果；种子扁平、多数、无胚乳。染色体：X=7~14。

【识别要点】常具卷须的草质藤本；单叶互生、掌状深裂；花单性，5基数；雌雄异株或同株；聚药雄蕊；下位子房；侧膜胎座；胚珠多数；瓠果。

【分类】本科约100余属，800余种，主要分布于热带和亚热带。我国有20属，130种，引种栽培7属，约30种，分布于全国各地。葫芦科大多数植物为人们所食用的瓜果蔬菜和药用植物，具极高的经济价值。常见的属如下：

（一）南瓜属（*Cucurbita* L.）

粗糙的草质藤本；卷须分枝；叶有长硬毛；花冠钟状，5 裂，花黄色；瓠果大，颜色多种、形状多样。本属约 30 种，主要分布于美洲。我国有 4 种。南方和北方均有分布。常见的植物有：南瓜[*C. moschata*（Duch.）Poir.]，因产地不同，又名麦瓜、番瓜、倭瓜、面瓜、金冬瓜、金瓜，卷须分 3～4 叉；果柄有不发达棱槽；果实多为椭圆形，先端凹陷，表面光滑或具瘤状突起和纵沟，颜色呈橙黄至橙红色，可食用，作蔬菜、杂粮、饲料或制药；种子卵形或椭圆形，可食用或榨油；全世界广为栽培。西葫芦（*C. pepo* L.），又名美洲南瓜，一年生草质藤本植物；果柄具发达棱槽；果实作蔬菜及饲料；南北均有栽培。笋瓜（*C. maxima* Duch.），又名印度南瓜、玉瓜、北瓜，一年生草质藤本植物；瓜蒂不扩大或稍扩大；果柄短而无棱槽；可作蔬菜或饲料。黑籽南瓜（*C. ficifolia* Bouche），多年生草质藤本植物；果皮硬、绿色，有白色条纹或斑纹；种子黑色。

（二）黄瓜属（*Cucumis* L.）

一年生草质藤本植物；具不分枝的纤细卷须；花单生，黄色；果肉质，多形。本属约 70 种，分布于热带、亚热带和温带地区，主产非洲。我国有 4 种 3 变种。黄瓜（*C. sativus* L.），茎上有细刺毛；果实细长，圆柱形，表面常有棱且棱上有带刺的瘤状突起（图 11-33）；为常见的蔬菜，原产印度、南亚与非洲。甜瓜（*C. melo* L.），又名香瓜，果实为椭圆形、香甜；果皮光滑；为常见的水果。原产印度，现中国栽培最多，尤以新疆甜瓜最负盛名。

本科常见的植物还有葫芦[*Lagenaria siceraria*（Molina）Standl.]，瓠果呈葫芦状，下部大，上部小，中间缢细；嫩果可食用，成熟果皮木质化，可作各种容器或药用。长圆柱形瓠果，有时稍弯曲，皮白绿色，长 60～80 cm，果肉白色，可作蔬菜。瓠瓜[*L. siceraria* var. *makinoi*（Nakai）Hara.]，瓠果梨形，嫩时可作蔬菜，成熟后作水瓢使用；果皮入药，利尿消肿。西瓜[*Citrullus lanatus*（Thunb.）Matsu. et Nakai]，大型圆形或椭圆形瓠果；果肉多汁，常为红色或黄色；侧膜胎座发达，为食用的瓜瓤部分。原产非洲，现各地普遍栽培。具有清热解暑、利尿等作用，号称“盛夏之王”水果；种子也可食用。丝瓜[*Luffa cylindria*（L.）Roem.]，一年生草质藤本植物；果实外皮无凸棱、圆柱形；嫩果可作蔬菜，果熟后，其内的维管束网称“丝瓜络”，可药用或作洗涤器皿用具。冬瓜[*Benincasa hispida*（Thunb.）Cogn.]，也称白瓜，果实通常为长圆柱形。由于其形状如枕，又名枕瓜，果实可作蔬菜，外果皮和种子可入药。苦瓜（*Momordica charantia* L.），为一年生草质藤本，花黄色，瓠果长卵形或椭圆形；表面具瘤状突起，并有红色假种皮包被；果肉味苦，具清暑、解毒、止痢等功效，可作蔬菜和药用。木鳖子（*Momordica cochinchinensis* Spreng.），瓠果圆形、红色，具刺状突起；种子入药，称为“木鳖子”，能消肿解毒。罗汉果（*M. grosoenori* Swingle.），果实圆形，可入

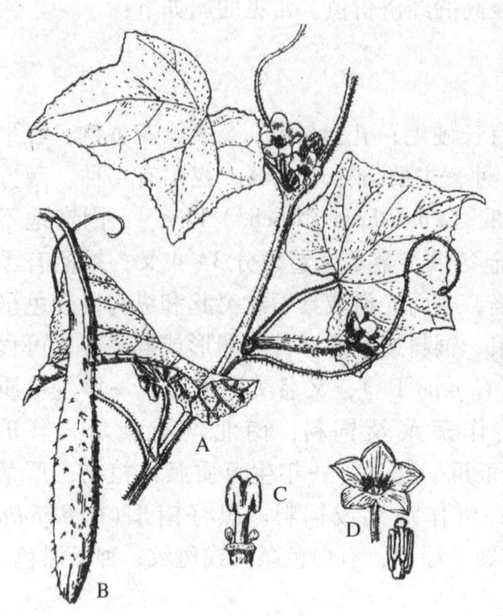

图 11-33 黄瓜(左图仿周云龙，1995；右侧照片为肖红梅拍摄)

A. 花枝 B. 果实 C. 柱头及花柱 D. 雄花及雄蕊

药，具清肺、润喉、止咳等功效，广西特产。佛手瓜[*Sechium edule* (Jacq.) Sw.]，又名洋丝瓜，果实和嫩茎可作蔬菜。还有绞股蓝[*Gynostemma pentaphyllum* (Thunb.) Makino]、栝楼(*Trichosanth kirilowii* Maxim.)、喷瓜(*Ecballiurn elaterium* A. Rich.)、小葫芦[*Lagenaria siceraria* var. *mcrocarpa* (Naud.) Hara.]、瓠子[*L. siceraria* (Molina) Standl. var. *hispida* (Thunb.) Hara.]等。

七、杨柳科(Salicaceae)

♂ $\uparrow P_0A_{2\sim\infty}$，♀ $\uparrow P_0\underline{G}_{(2:1:\infty)}$

【形态特征】木本；单叶互生，有托叶；花单性，多雌雄异株；柔荑花序常先叶开放，花被缺；具膜质苞片；有花盘或蜜腺；雄蕊 2 至多数，离生；雌蕊由 2 心皮合生，上位子房，1 室；侧膜胎座；蒴果，2～4 瓣裂；种子小，胚直生，无胚乳；种子基部具丝状长毛。染色体：X＝19，22。

【识别要点】木本；单叶互生；雌雄异株；无花被，有花盘或蜜腺；柔荑花序；子房上位；蒴果；种子具长毛。

【分类】本科植物约 3 属，620 余种，分布于北温带和亚热带地区。我国有 3 属 320 多种，分布于全国各地。常见的属如下：

(一)杨属(*Populus* L.)

落叶乔木；具顶芽；冬芽具树脂及芽鳞多枚；单叶互生，叶片宽阔，叶柄长；柔荑花序下垂；杯状花盘，无蜜腺；苞片边缘裂口尖细；雄蕊多数；花粉无蒴发孔，外壁薄，具不清晰的雕纹；蒴果 2～4 裂；种子小，具白毛；风媒花。本属植物有 100 多种，分布于北温带。我国约 62 种，主产西南、西北及北部地区。常见的植物有：毛白杨(*P. tomentosa* Carr.)，树皮淡绿色或灰白色；叶三角状卵形、宽卵形，背面密被灰白色或白色绒毛，边缘具齿裂；长枝叶基部，具2腺体，短枝叶基部无腺体(图 11-34)，我国特产，主要分布于华北地区，作为北部防护林和行道树的主要树种。胡杨(*P. euphratica* Oliv.)，树皮淡灰褐色；叶形变化多样，幼枝上的叶常呈针形，老枝上的叶呈三角状圆形、宽卵形或肾形，因

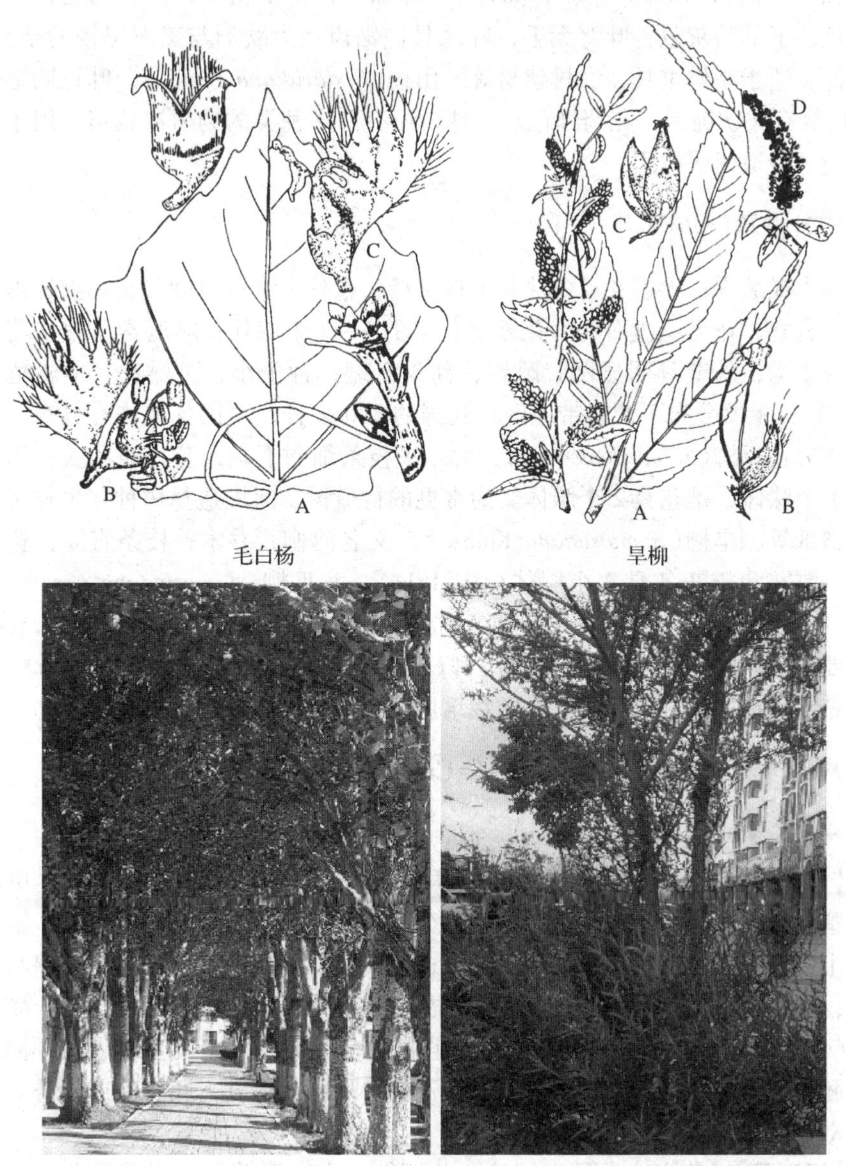

图 11-34 杨柳科(上图仿金银根，2010；下图照片为肖红梅拍摄)

A. 叶枝 B. 雄花 C. 雌花 D. 雄花枝

而具有“异叶杨”和“变叶杨”之称，叶柄较长。主要分布于荒漠地区的河岸及盐碱地，是荒漠地区地下水位较高地段造林的优良树种，也是荒漠地区特有的珍贵森林资源，木材可制作家具和农具，树脂、根和花序具有药用价值。银白杨（*P. alba* L.），树皮白色；幼枝、叶背密被银白色毡毛；叶3~5掌状浅裂，常作绿化树种。小叶杨（*P. simonii* Carr.），别名青杨，树皮筒状，幼树皮灰绿色，老皮色较暗，粗糙，表面具圆形皮孔和纵纹；叶菱状椭圆形，叶背苍白色。分布于我国华北、东北、西北、华中及西南各地，为主要的绿化树种之一，具药用价值。加拿大杨（*P. canadensis* Moench.），即加杨，树皮粗厚，具纵沟裂，上部呈褐灰色，下部暗灰色；叶背无毛，叶缘具钝锯齿。为欧洲与美洲黑杨的杂交种，材质好，适于制作家具、农村建材等。山杨（*P. davidiana* Dode.），叶近圆形、较小，边缘有波状钝齿；花药红色。此外，还有许多种类的杨树被栽培，用于防护林建设、行道树或材用。

（二）柳属（*Salix* L.）

乔木或灌木；无顶芽；冬芽具1枚芽鳞；苞片全缘；单叶狭长呈披针形；柔荑花序直立；花无花盘而具由花被退化来的1~2个腺体；雄蕊常2枚；花粉常具3或2沟，外壁具明显网状雕纹；蒴果2裂；种子小；虫媒花。本属植物约500多种，主要分布于北温带地区。我国约200多种，全国各地均有分布。常见的植物有：垂柳（*S. babylonica* L.），乔木；枝条细弱下垂；苞片线状披针形；雌花具1个腺体，雄花具2个腺体。为常见的行道树、河堤造林树种。木材可制家具、造纸等。旱柳（*S. matsudana* Koidz.），又名河柳，乔木；枝条直立；苞片三角形；雌花和雄花各具2个腺体（图11-34）。龙爪柳（*S. matsudana* var. *tortuosa* Vilm.），为旱柳的变种，枝条扭曲。常栽培观赏。杞柳（*S. purpurea* L.），灌木，为重要的固堤植物，茎可编筐。银柳（*S. argyracea* E. Wolf.），又名桂香柳，灌木；冬芽呈银白色，花具香气，常栽培用于插花。

八、十字花科（Brassicaceae，Cruciferae）

$⚥ * K_{2+2}C_{2+2}A_{2+4}\underline{G}_{(2:1:1\sim\infty)}$

【形态特征】多草本，稀灌木；常具辛辣汁液；被毛类型多样；茎生单叶互生，基生叶莲座状；叶缘光滑、有齿或分裂；无托叶；花两性，4基数，辐射对称，十字形花冠；总状花序或伞房花序；花瓣基部常具爪；花托常有蜜腺与萼片对生；雄蕊6，内轮4枚较长，外轮2枚较短，为四强雄蕊；花粉3沟；雌蕊由2个心皮合生组成1室或中间被次生的假隔膜分隔成假2室的上位子房；侧膜胎座；胚珠1至多数；角果常2瓣裂，稀不裂；种子无胚乳，胚弯曲或折叠。染色体：X=4~15。

【识别要点】草本；常具辛辣味；花两性、十字形花冠；四强雄蕊；具假隔膜；侧膜胎座；角果。

【分类】本科植物有300余属，约3000种，全世界广泛分布，主产北温带。

我国有96属，约430种，遍布全国各地，以西北最多。其中许多为重要的蔬菜、油料、蜜源、药用和观赏植物。常见的属如下：

(一)芸薹属(*Brassica* L.)

草本，基生叶具柄，莲座状，呈羽状分裂；茎生叶抱茎、无柄；总状花序；花瓣黄色或白色，有爪；长角果圆柱形，果实顶端有长喙，成熟后开裂；种子球形。本属植物约100种，主要分布于西欧、地中海地区及亚洲的温带地区。我国有15种，南北各地均有分布，多为栽培的油料作物和蔬菜。常见植物有：白菜(*B. pekinensis* Rupr.)，二年生草本；花黄色；原产我国，为北方春、冬季的主要蔬菜。青菜(*B. chinensis* L.)，又名小白菜，为一年生草本(图11-35)；茎、叶可用作蔬菜，种子可榨油，称为菜籽油，是重要的食用油。花是优良的蜜源。品种很多，有甘蓝型油菜(*B. napus* L.)、芥菜型油菜(*B. juncea* L.)和白菜型油菜(*B. campestris* L.)。卷心菜(*B. oleracea* L. var. *capitata* L.)，又名包菜、圆白菜、洋白菜、椰菜、莲花白、大头菜等，为甘蓝的变种，叶裹成球状。花椰菜(*B. oleracea* var. *botrytis* L.)，又名菜花，二年生草本，被粉霜；顶生球形白色花序为食用蔬菜。西兰花(*B. oleracea* var. *italica* Plenck.)，又名绿菜花，一二年生草本植物；顶生半球形青绿色花序可食用。芥菜类蔬菜有[*B. juncea* (L.) Czern et Coss. var. *multiceps* Tsen. et Lee.]、雪里蕻(*B. juncea* var. *multiceps* Tsen. et Lee.)、榨菜(*B. juncea* var. *tunvida* Tsen. et Lee.)、芜菁(*B. rapa* L.)等。羽叶甘蓝(*B. oleracea* L. var. *acephala* DC. f. *tricolor* Hout.)，既可食用，也可作为冬季观赏植物。

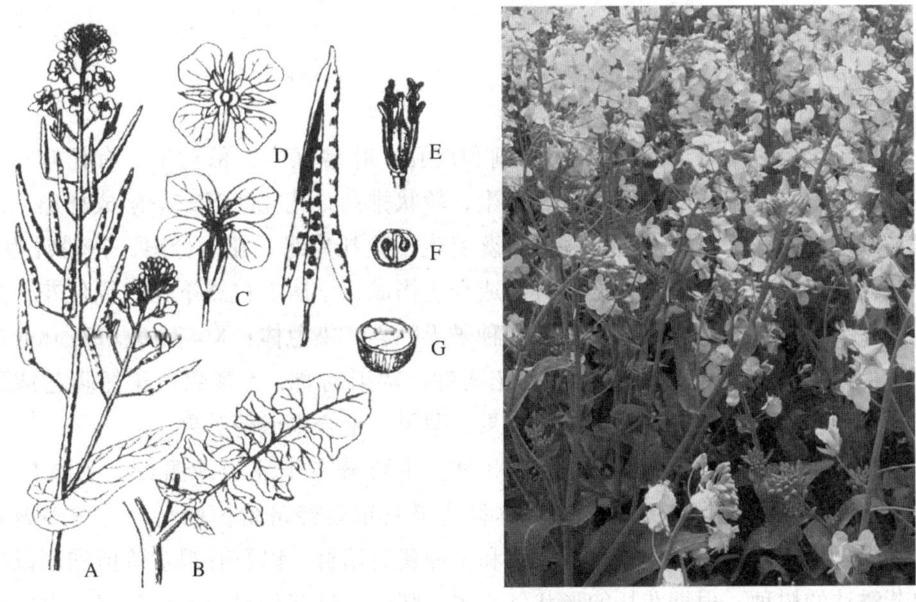

图11-35 油菜(左图引自周云龙，1995；右侧照片为肖红梅拍摄)

A. 花果枝 B. 中下部叶 C. 花 D. 花俯视观 E. 雄蕊和雌蕊 F. 子房横切面观 G. 种子横切，示子叶对折

（二）萝卜属（*Raphanus* L.）

草本，具单毛；常肉质块根；叶大，羽状半裂，边缘上部多锯齿；花大、花色呈白色或紫色；花瓣倒卵形，有深色脉纹，具长爪；萼片直立，长圆形，内轮最下端略成囊状；长角果圆筒状，于种子间缢缩成两节，果实顶端有细喙，成熟后不开裂。本属植物约 10 种，主要分布于地中海地区。我国有 2 种 2 变种，各地广泛栽培。常见的植物如萝卜（*R. sativus* L.），肉质直根食用，有很多品种，为常见蔬菜；种子可药用，称“莱菔子”，具消食、预防痢疾、止咳等功效。

本科常见的植物还有：荠菜[*Capsella bursa-pastoria*（L.）Medic.]，基生叶丛生、羽状分裂；花白色；短角果倒三角形。全国广布，具食用和止血、利尿、清热等药用价值。独行菜（*Lepidium apetalum* Willd.），植株分枝多，被腺毛；花瓣极小，萼片舟状；雄蕊常为 2；短角果近圆形，扁平；种子可药用，具利尿、止咳化痰的作用，为我国北方常见的短命杂草。松蓝（*Isatis tinctoria* L.），具黄色花；短角果长圆形，边缘具翅；具 1 粒种子。根、叶均可入药，叶称大青叶，根称板蓝根，具解毒清热作用。拟南芥（*Arabidopsis thaliana* L.），草本，茎直立；基生有柄，具叉状毛；花白色，角果线形。为分子生物学研究的模式植物。紫罗兰（*Matthiola incana* R. Br.），又名草桂花，草本，被灰白色星状毛；茎直立而分枝多；花色多种，有香味；可供观赏，也具养颜等功效。播娘蒿[*Descurainia sophia*（L.）Webb. ex Prantl.]，遍及全国各地（华南除外），种子含油量高，可供食用和工业用油；种子也可药用，有利尿消肿、祛痰功效。

九、蔷薇科（Rosaceae）

⚥ $* K_5 C_5 A_{\infty} \underline{G}_{\infty:1}$，$\overline{G}_{(2\sim5)}$

【形态特征】草本或木本；茎具刺和皮孔；叶常互生，稀对生，有托叶；花两性，整齐，花瓣、萼片 5 基数，离生，轮状排列；花托隆起或下陷成杯形、浅盘形或壶形；花序类型多种；多数雄蕊着生于花托边缘，花丝分离；花粉常为 3 个孔沟；雌蕊由 1 枚或多枚心皮分离或合生构成；子房上位或下位；周位花；果实为核果、梨果、聚合果或蓇葖果；种子无胚乳。染色体：X = 7 ~ 9，17。

【识别要点】叶互生，有托叶；花两性，辐射对称，5 基数；花托隆起或凹陷；雄蕊多数，生长于花托边缘；核果、梨果、聚合果或蓇荚果。

【分类】本科植物约 124 属，3300 种，主要分布于北半球温带。我国有 52 属，1000 余种，全国各地均分布。本科为极具重要经济价值的科，有许多著名的水果、用于雕刻、制作家具、农具和工业建筑用材，以及有观赏价值和用以提取芳香油的树种。根据花托的形状、心皮、胚珠及雌蕊数目、子房位置、果实形态特征等分为 4 个亚科，各亚科特征比较见表 11-1。

表 11-1　蔷薇科 4 个亚科特征的比较

亚科	茎质地	叶	雌蕊群	花托	子房位置	果实类型
绣线菊亚科	多灌木，稀草本	单叶，稀复叶；常无托叶	心皮 2 ~ 5 离生	浅盘状	子房上位	聚合蓇葖果或蒴果
蔷薇亚科	木本或草本	复叶，稀单叶；托叶发达	心皮多数离生	隆起或壶状	子房上位	聚合瘦果或蔷薇果
李亚科	木本	单叶；有托叶	心皮 1	杯状	子房上位	核果
苹果亚科	木本	单叶或复叶；有托叶	心皮 2 ~ 5 合生	壶状	子房下位	梨果

（一）绣线菊亚科（Spiraeoideae）

$⚥ * K_5 C_5 A_{\infty} \underline{G}_{2\sim5}$

本亚科约 22 属，其中我国有 8 属。常见的属如下：

1. 绣线菊属（*Spiraea* L.）

落叶小灌木；单叶，叶缘有缺刻或锯齿。花瓣、萼片、心皮各 5 离生；花白色、粉红色或红色；花萼筒钟状；伞形、伞房或总状花序；蓇葖果。本属约 100 余种，主要分布于北温带山地。我国有 70 余种，南北各地均有分布，常为观赏植物。常见的植物有：光叶绣线菊［*S. japonica* var. *ortunei*（Planch.）Rehd.］，灌木，小枝棕红色或棕黄色，高 1 ~ 1.5 m；叶披针形，基部圆形；背面灰白色。花粉红色、红色；复伞房花序；雄蕊远长于花瓣；萼片直立；种子较小，长圆形。绣球绣线菊（*S. blumei* G. Don.），灌木，小枝深红褐色或暗灰褐色，高 1 ~ 2 m；叶卵形、3 浅裂；花白色；伞形花序。华北绣线菊（*S. fritschiana* Schneid.），枝粗壮、密集，紫褐色有棱；叶卵形，叶缘有锯齿深裂；花白色，展开前淡红。土庄绣线菊（*Spiraea pubescens* Turcz.），幼枝褐黄色，被短毛，老枝灰褐色，无毛；叶片菱状卵形或椭圆形，基部楔形，叶缘中部以上锯齿较深，腹面具疏柔毛，背面具灰色短柔毛。

2. 珍珠梅属（*Sorbaria* A. Br.）

落叶灌木：奇数羽状复叶：花小，未展开呈珍珠状，顶生圆锥花序；花瓣 5；心皮 5；雄蕊多数；蓇葖果（图 11-36）。本属约 9 种，分布于亚洲；我国约有 4 种，主要分布于华北、东北及西南地区。常见的植物有：华北珍珠梅［*S. kirilowii*（Regel）Maxim.］，花白色；圆锥花序无毛，像珍珠；抗寒能力强，作观赏植物栽培。

（二）蔷薇亚科（Rosoideae）

$⚥ * K_5 C_5 A_{\infty} \underline{G}_{\infty}$

本亚科约 35 属，其中我国有 21 属。常见的属如下：

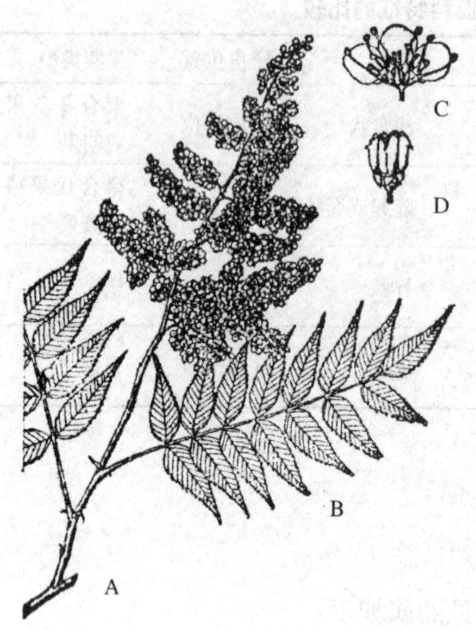

图 11-36　珍珠梅(肖红梅摄)

A. 花枝　B. 对生叶　C. 花　D. 果实

1. 蔷薇属(*Rosa* L.)

皮刺发达的灌木；羽状复叶；花托肉质，常凹陷呈杯壶状；雄蕊多数；聚合瘦果包于肉质的花托内，组成“蔷薇果”。本属植物约150余种，分布于北温带和亚热带。我国有100种，南北各地均有分布。常见的植物有：玫瑰(*R. rugosa* Thunb.)，叶皱缩，茎多皮刺、刺毛，花瓣玫红色，重瓣或单瓣；花柱低于花托筒口。月季(*R. chinensis* Jacq.)，萼有羽状裂片；托叶具毛；花大，少数单生；花柱高于花托筒口。野蔷薇(*R. multiflora* Thunb.)，花白色；伞房花序；花、果、根可入药。

2. 草莓属(*Fragaria* L.)

多年生小草本；茎匍匐；托叶膜质；花单生或聚伞花序；萼片两轮，每轮各5；花瓣白色，5片；聚合瘦果，鲜红色。本属植物约50种，分布于欧洲、亚洲和美洲。我国有7种，各地栽培。草莓(*F. ananassa* Duch.)，为多年生匍匐草本，聚合瘦果肉质膨大，可食，现广为栽培(图11-37)。

本亚科还有许多常见植物，如鹅绒委陵菜(*Potentilla anserina* L.)，多年生匍匐草本；羽状复叶；小叶多，圆形或椭圆形，腹面绿色，背面密被白色绢毛；花于叶腋处单生。各地均有分布。二裂委陵菜(*P. bifurca* L.)，花瓣黄色，倒卵形；聚伞花序；幼芽密集簇生；小叶顶端常2裂。地榆(*Sanguisorba officinalis* L.)，羽状复叶；小叶间有附属小叶；短穗状花序，暗红色。根为收敛药止血药。龙芽草(*Agrimonio pilosa* Ledeb.)，又名仙鹤草，羽状复叶；小叶大小间隔排列，花黄色。全草入药，具止泻功效。茅莓(*Rubus parvifolius* L.)，具3小叶复叶；背面有密白毛；聚合核果红色；分布全国各地。果可生食、制糖和酿酒，叶及根皮提

图 11-37　草莓(肖红梅摄)

A. 植株　B. 花　C. 果实

制栲胶等。

(三)李亚科(Prunoideae)

⚥ $* K_5 C_5 A_{\infty} \underline{G}_{1:1:2}$

本亚科约 10 属，全世界广泛栽培。我国有 9 属，各地均有分布。

1. 桃属(*Amygdalus* L.)

具顶芽，侧芽 3；叶披针形，叶缘重锯齿；花红色，单生；核果常被绒毛，果核表面具孔穴及网状痕。本属约 40 种，主要分布于亚洲中部至地中海地区。我国有 12 种，全国各地均有分布，主产西部和西北部。常见的植物有：桃(*A. persica* L.)，果皮密被毡毛；核有孔纹(图 11-38)。主产我国长江流域，为著名的水果，种仁可药用。蟠桃(*A. persica* var. *ompressa* Bean.)、垂枝桃(*A. persica* cv. Pendula)等为桃的变种。榆叶梅[*A. triloba*(Lindl.)Ricker.]，叶顶端 3 裂，叶缘具重锯齿；花粉红，先叶开放。为我国东北部观赏植物。

2. 李属(*Prunus* L.)

无顶芽；花白色或粉红色，单生或簇生，与叶同放；叶基有腺体；果实无毛，表面有蜡粉；核具沟纹，两侧扁平。本属约 30 余种，主要分布于北温带地区。我国有 7 种，主要于北方分布。常见的植物有：李子(*P. saLicina* Lindl.)，果食用，核仁药用。樱桃李(*P. cerasifera* Ehrhart)，俗称野酸梅，花白色；品种变种较多，为世界上极珍贵和濒危灭绝的原始野生林果，果可食用。其中紫叶李[*P. cerasifera* Ehrhar f. *atropurpurea* (Jacq.) Rehd.]，叶片常年紫色，可观赏。

本亚科常见的植物还有：杏(*A. vulgaris* Lam.)，当年枝红棕色；叶卵形或近

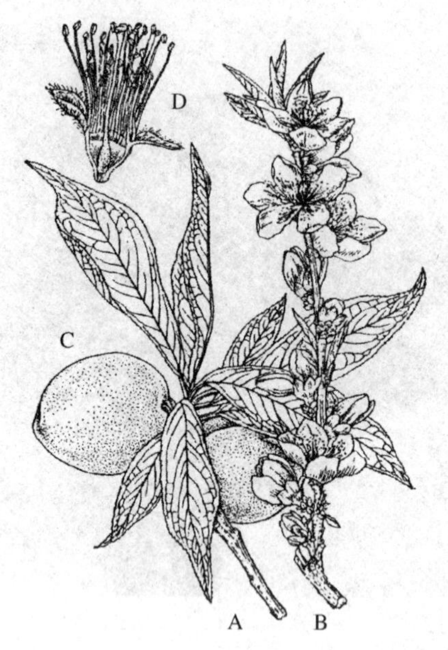

图 11-38 桃(肖红梅摄)

A. 果枝 B. 花枝 C. 果实 D. 雄蕊

圆形；果杏黄色，略生短毛或无毛，核光滑。果食用，杏仁入药，具润肺止咳作用。梅(*A. mume* Sieb.)，当年枝绿色；叶卵形，具长尾尖；花白色或红色；果黄色有短柔毛；核有孔。果食用，花、果可入药，木材用以雕刻。

(四)苹果亚科(Maloideae)

⚥ $* K_5C_5A_{\infty}\overline{G}_{(2\sim5:2\sim5:1\sim2)}$

本亚科约 20 属，全世界广泛栽培。我国有 16 属，各地均有分布。

1. 梨属(*Pyrus* L.)

叶近卵形；花柱 2~5 个，离生；果梨形，果肉具石细胞。本属约 30 种，我国有 14 种，各地均有分布，以华北、西北为多。常见的植物有：沙梨[*P. pyrifolia*(Burm. f.)Nakai.]，主产珠江和长江流域，果可食，亦可入药。白梨(*P. bretschneideri* Rehd.)，果黄色品种较多，有蜜梨、鸭梨、雪花梨和红宵梨等品种(图 11-39)。

2. 苹果属(*Malus* Mill.)

叶近椭圆形；花柱基部联合；梨果，果肉无石细胞。本属植物约 35 种，主要分布于北温带。我国有 24 种，各地均有分布，集中分布于四川、陕西、甘肃和山东。常见的植物有：苹果[*M. pumila*(L.)Mill.]，果柄较短，萼片宿存；果扁圆两端凹。果可鲜食或酿酒。花红(*M. asiaiica* Nakai.)，又名沙果，果较小、扁球形；果柄长。垂丝海棠(*M. halliana* Koehne)，果柄较细长，花下垂；栽培供观赏。西府海棠(*M. micromalus* Makino)，为中国的特有植物。分布云南、甘

图 11-39　白梨(肖红梅摄)

A. 花果枝　B. 花　C. 果实

肃、陕西、山东等地。

本亚科常见的植物还有：山楂(*Crataegus pinnatifida* Bunge.)，具枝刺；叶深裂为羽状；果红色，近球形；果可鲜食或加工果、果糕。木瓜(*Chaenomeles sinensis* Koehne)，果长椭圆形，暗黄色；主产于华东至华南地区；果可药用，治关节炎、肺病等症。火棘[*Pyracantha fortuneana*(Maxim.)L.]，又名救军粮，常绿灌木；具顶芽；果熟时橘红色或深红色；果实可食用。枇杷[*Eriobotrya japonica*(Thunb.)Lindl.]，果球形，黄色或橘黄色。果可食；叶药用，利尿、清热、止渴等。樱桃(*Cerasus pseudocerasus*)，萼片反折；花柄多毛；果实可食用，叶、核入药。

十、豆科(Fabaceae，Leguminosae)

【形态特征】草本或木本；多复叶，常为羽状复叶或三出复叶，少单叶；有托叶；常具根瘤；花两性，多两侧对称，少辐射对称；萼片、花瓣各5，蝶形或假蝶形花冠；雄蕊多数或10个，离生或成二体雄蕊；花粉有孔沟；雌蕊由1心皮构成的上位子房1室，胚珠多数或1；荚果；种子无胚乳。染色体 X＝5～16，18，20，21。

【识别要点】叶常为羽状复叶或三出复叶；有托叶；花两性，两侧对称；蝶形或假蝶形花冠；雄蕊二体、单体或分离，荚果；种子无胚乳。

【分类】本科植物约690属，17 000余种，全世界广布。我国151属，1300余种，分布南北各地。根据花冠形态、花瓣排列方式及雄蕊特征，将豆科分为3个亚科。各亚科特征及常见属如下：

(一)含羞草亚科(Mimosoideae)

⚥ $* K_{(5)} C_5 A_{\infty} \underline{G}_{1:1:1\sim\infty}$

多木本；1~2 回羽状复叶；花两性，不整齐；萼片 5，合生；花瓣 5，镊合状排列；雄蕊多数；荚果偶具次生隔膜。约 56 属，2800 种，主要分布于热带、亚热带地区，少数分布温带。我国有 17 属，约 66 种，主产西南至东南地区。

1. 含羞草属(*Mimosa* L.)

茎常具刺；花小，头状花序或穗状花序；叶敏感；荚果横裂。本属植物约 500 种，多数有毒，主产于美洲热带。我国有 3 种及 1 变种，分布于广东及海南等地。含羞草(*M. pudica* L.)，多年生草本；小叶线性，受触动闭合而下垂；萼钟状，8 齿；花瓣和雄蕊均 4。可供观赏和药用。

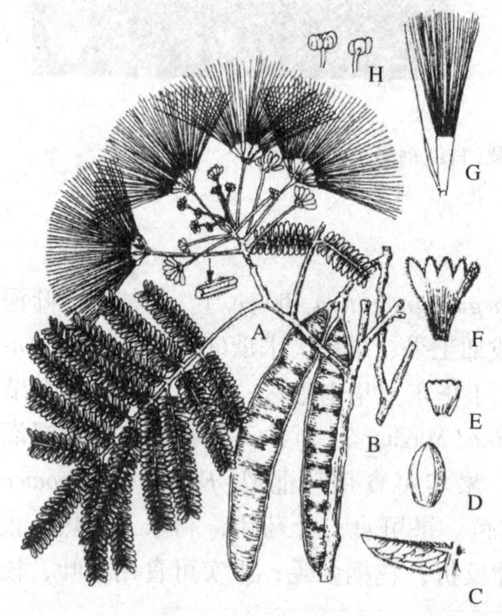

图 11-40 合欢(左图仿强胜，2006；右侧照片丛靖宇拍摄)

A. 花枝 B. 果枝 C. 小叶 D. 种子 E. 花萼
F. 花冠 G. 雄蕊及雌蕊 H. 花药

2. 合欢属(*Albizzia* Durazz)

木本；小叶多而小；花淡黄色或淡红色，头状花序或穗状花序；萼片 5 齿；荚果不开裂。本属约有 150 种，分布于热带、亚热带地区。我国 17 种，主产于南方各省。合欢(*A. julibrissin* Durazz.)，又名马缨花，乔木，小叶线形，花瓣小、淡红色；头状花序；花丝细长。常作行道树，树皮和花可药用(图 11-40)。

(二)云实亚科(Caesalpinioideae)

⚥ $\uparrow K_{(5)} C_5 A_{10,5+5} \underline{G}_{1:1}$

多木本；偶数羽状复叶；花瓣呈上升覆瓦状排列；花两性，不整齐；萼片和花瓣均为5；假蝶形花冠；雄蕊10或较少。荚果。约180属，3000余种，分布于热带和亚热带地区，少数属分布于温带地区。我国有21属，130余种，主产西南部。

1. 云实属(*Caesalpinia* L.)

木本；花白、黄或橙黄色；萼5裂、花瓣5，有爪；雄蕊10个，分离；胚珠少数；荚果卵形至披针形；种子无胚乳。本属植物约100种，分布于热带和亚热带；我国有17种，主产西南部。云实[*C. decapetala*(Roth) Alston]，灌木、有刺；分枝长而四散；总状花序顶生；花黄色，其中1瓣具红色条带；雄蕊红色；荚果舌形，开裂，有狭翅；常作篱笆。根、果可入药(图11-41)。苏木(*C. sappan* L.)，小乔木，心材红色，可提取红色染料；根可提取黄色染料；干心材可入药，作为清血剂。

图11-41　云实(肖红梅摄)

A. 花枝　B. 花瓣　C. 雄蕊

2. 皂荚属(*Gleditsia* L.)

木本，具粗刺；羽状复叶；花淡绿色或白色；雄蕊6~10。荚果大、扁平，不开裂。本属植物约有16种，主要分布于美洲和亚洲中部。我国有6种，广布全国各地。皂荚(*G. sinensis* Lam.)，羽状复叶；花白色；总状花序；荚果黑棕色。木材坚硬，可作家具、农具等。荚果煎汁可代替肥皂。果、种子和刺可入药，具有祛痰、利尿、通便等功效。

本亚科还有紫荆(*Cercis chinensis* Bge.)、红花羊蹄甲(*Bauhinia blakeana* Dunn.)、决明(*Cassia tora* L.)、凤凰木[*Delonix regia*(Bojea) Raf.]等观赏和药用植物。

(三)蝶形花亚科(Papilionoidideae)

⚥ $\uparrow K_{(5)}C_5A_{10,(9)+1,5+5}\underline{G}_{1:1}$

草本或木本；羽状复叶或三出复叶；有时具卷须，有托叶；花两侧对称；花瓣呈下降覆瓦状排列，蝶形花冠；二体雄蕊或10枚雄蕊离生；子房1室；荚果；种子无胚乳。约440属，12 000种，广布于全世界。我国有103属，引种11属，1380余种，分布于全国各地。

1. 槐属(*Sophora* L.)

木本或草本；奇数羽状复叶；小叶对生；花黄色或白色；总状花序；荚果念珠状，具短柄。本属80余种，主要分布于亚热带和温带。我国有23种，南北均有分布。多数有毒。常见的植物有：苦豆子(*S. alopecuroides* L.)，草本，灰绿色，被毛；小叶披针形或矩圆形；花淡黄色；翼瓣有耳。耐旱、耐碱性，是良好的环保植物，具清热解毒，杀虫功能。槐(*S. japonica* L.)，又名国槐，原产中国，落叶乔木；树皮灰黑色，纵裂；叶卵状长圆形，先端急尖；花为淡黄色，可烹调食用，也可作中药或染料；花期7~8月；荚果串珠状，为我国北方常见的行道树。国槐和刺槐(*Robinia pseudoacacia* L.)有很大区别，刺槐原产于北美洲，叶为卵状椭圆形，先端较圆；花白色，花萼筒上有红色斑纹；花期4~5月；荚果扁平。

2. 豌豆属(*Pisum* L.)

草本；偶数羽状复叶；有分枝卷须；花紫色、白色或红色；二体雄蕊；花柱纵折；荚果长圆形、肿胀；种子球形。本属植物6种，分布于西亚和地中海地区。豌豆(*P. sativum* L.)，一年生草本；有卷须；花白色或紫红(图11-42)；分布广泛，主产东北。

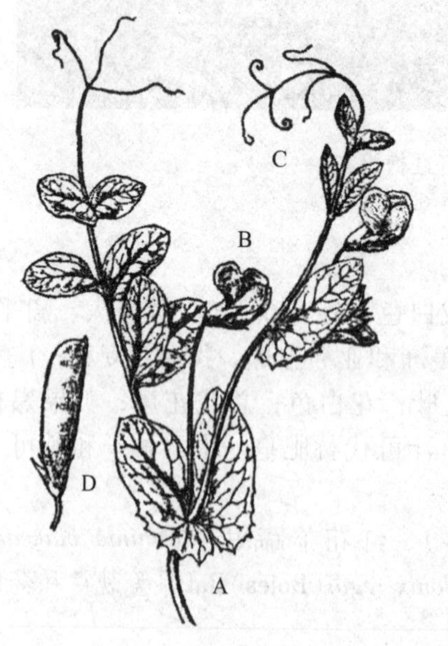

图11-42　豌豆(肖红梅摄)

A. 果枝　B. 花　C. 卷须　D. 荚果

本亚科植物种类很多，除上述以外，还有用作油料作物的如大豆[*Glycine max*(L.)Merirr.]、花生(*Arachis hypogaea* L.)；作牧草和绿肥的如苜蓿(*Medicago sativa* L.)、紫云英(*Astragalus sinicus* L.)、白车轴草(*Trifolium repens* L.)、胡枝子(*Lespedeza bicolor* Turcz.)、草木犀[*Melilotus officinalis*(L.)Pall.]；还有一些药用和有毒植物如苦参(*Sorphora flavescens* Ait.)、黄芪[*Astragalus membranaceus*(Fisch.)Bunge.]、甘草(*Glycyrrhiza uralensis* Fisch.)、小花棘豆[*Oxytropis glabra*(Lam.)DC.]；作优质木材用的紫檀(*Pterocarpus indicus* Willd.)、黄檀(*Dalbergia hupeana* Hance.)等。

十一、大戟科(Euphorbiaceae)

♂ $*K_{0\sim5}C_{0\sim5}A_{1\sim\infty}$，♀ $*K_{0\sim5}C_{0\sim5}\underline{G}_{(3:3:1\sim2)}$

【形态特征】草本或木本，常具乳汁；多单叶，互生；具托叶且早落；叶基部多有2腺体；花单性，多雌雄同株，少异株；常呈杯状聚伞花序；萼片3~5，花瓣常无；雄蕊1至多数；花粉粒常具3孔沟；雌蕊由3心皮合生构成3室的上位子房；中轴胎座，每室1或2胚珠；多蒴果，少浆果或核果；种子有胚乳。染色体：X=6~12。

【识别要点】常具乳汁；单叶，互生；花单性；子房上位；中轴胎座；蒴果。

【分类】本科植物约300属，8000余种，全世界广布。我国66属，360余种，主要于长江流域及其以南地区分布。

(一)大戟属(*Euphorbia* L.)

草本或半灌木，具乳状汁液；呈杯状聚伞花序，绿色的杯状总苞包于外面，苞片具4~5个萼状裂片，且裂片与肥厚肉质腺体互生；内面含有多数雄花；1雌花于杯状花序中央着生而突出于外，具长柄；花单性，无花被；3个心皮构成了3室子房，每室含1胚珠；具3个上部分为2叉的花柱；蒴果。本属植物约2000种，产于温带和亚热带地区。我国有60余种，全国各地广布，多数植物具有毒性。常见的植物有：一品红(*E. pulcherrima* Willd.)，又名圣诞花，灌木；叶互生；开花时，苞片黄色或鲜红色；杯状聚伞花序多生于枝端；原产墨西哥一带，现各地栽培观赏。大戟(*E. pekinensis* Rupr.)，茎被白色柔毛；叶条形或披针形；总苞4裂，腺体肾形；蒴果具瘤状物；根可药用。泽漆(*E. helioscopia* L.)又名猫眼草，田间杂草，可药用。乳浆大戟(*E. esula* L.)，茎无毛；叶条形或披针形；总苞4裂；腺体新月形，两端有短角。全草入药。地锦(*E. humifusa* Willd.)，茎紫红色，平卧；杯状花序生于叶腋。虎刺梅(*E. milii* Desmoul. ex Boiss)，肉质，茎蔓生，有硬刺，总苞片洋红色。此外还有霸王鞭(*E. nerifolia* L.)、银边翠(*E. marginata* Pursh.)、猩猩草(*E. heterophylla* L.)等。

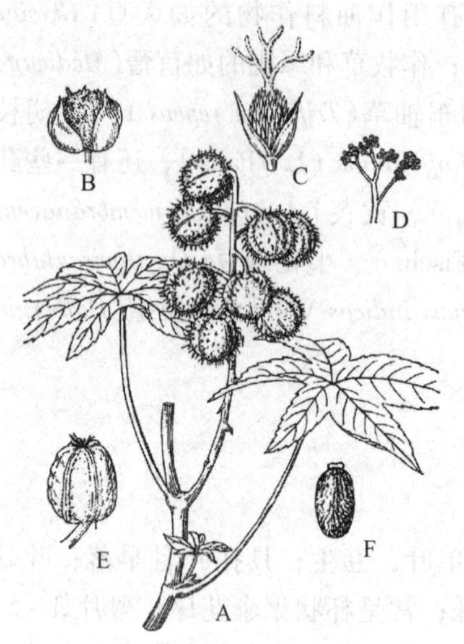

图 11-43 蓖麻(左图仿华东师范大学；右侧照片肖红梅摄)

A. 果枝 B. 雄花 C. 雌花 D. 雄花花序 E. 果实 F. 种子

(二)蓖麻属(*Ricinus* L.)

一年生草本；大型掌状单叶，5~11 深裂，互生，花单性同株；花瓣缺；雄蕊多数，花丝多分枝组成多体雄蕊；蒴果有刺，球形；种子含油量高，可榨油，作为工业润滑油；种皮有斑纹；根、茎、叶可药用，具祛湿、通络等功效。叶也可养蓖麻蚕。本属仅有蓖麻 1 种。原产非洲，我国广泛栽培(图 11-43)。

本科还有木薯(*Manihot esculenta* Crantz.)、铁苋菜(*Acalypha australis* L.)、乌桕[*Sapium sebiferum*(L.)Roxb.]、油桐(*Aleurites fordii* Hemsl.)、一叶荻[*Securinega suffruticosa*(Pall.)Rehd.]、巴豆(*Croton tiglium* L.)、巴西橡胶树(*Hevea brasiliensis* Muell. Arg.)等植物。

十二、伞形科(Apiaceae，Umbelliferae)

⚥ $* K_{(5)\sim 0}C_5A_5\overline{G}_{(2:2:1)}$

【形态特征】草本，具芳香；茎多中空；叶互生，为一回至多回羽状复叶或三出复叶、一回掌状复叶；叶柄基部膨大呈鞘状，抱茎；多复伞形花序，少伞形花序，常有总苞；花小，两性，整齐花；离生花瓣 5，花瓣顶端中部有时内褶；雄蕊 5，花瓣与雄蕊互生；花萼与子房结合；花粉长球形，有 3 个孔沟；2 心皮构成具 2 室的下位子房，每室具 1 胚珠；花柱 2，基部常膨大，称作上位花盘。有的果实表面具皮刺或瘤状突起；成熟时于 2 个心皮结合处分离成 2 个分果，顶部悬挂于细丝状的心皮(果)柄上；称为双悬果。每个分果的果皮具 5 条主棱与沟槽相间排列，沟槽下面及结合面常有 1 至多条纵向的油管；具 1 枚种子；胚小，含丰富的胚乳。染色体：X =4 ~12。

【识别要点】芳香草本；叶互生，具鞘状叶柄；花5基数；复伞形花序；子房下位；双悬果；具5棱，分果具1粒种子；胚小，胚乳丰富。

【分类】本科约30属，3000种，主产于北温带。我国90属，500余种，广布于全国各地，大多为蔬菜和药用植物。常见属如下：

(一)胡萝卜属(*Daucus* L.)

叶呈2~3回羽状全裂；总苞片叶状；复伞形花序；花序周边花外侧的花瓣较大；果实有刺，主棱不明显。本属约60种，我国有1种1变种。各地均有分布。常见的植物有：野胡萝卜(*D. carota* L.)，根细，为农田杂草，可药用，具驱虫、解毒等功效。胡萝卜(*D. carota* var. *sativa* DC.)，为广泛栽培蔬菜，橙红色或黄色的肥大肉质直根营养丰富，可药用(图11-44)。

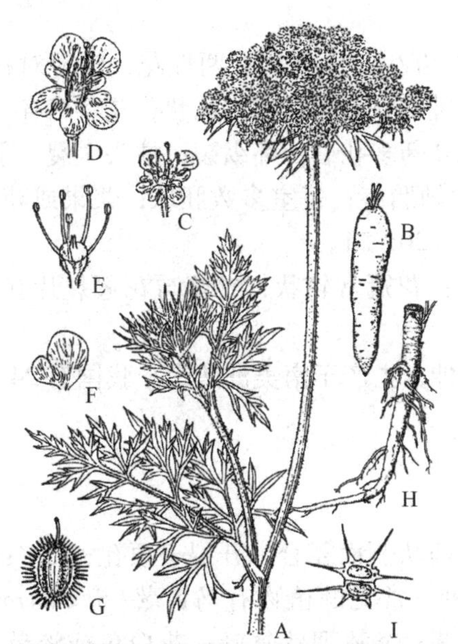

图11-44　胡萝卜与野胡萝卜(左图引自强胜，2006；右侧照片肖红梅拍摄)

A. 植株及复伞形花序　B. 肉质直根　C. 边缘花　D. 中心花　E. 雌雄蕊　F. 花瓣　G. 果实　H. 野胡萝卜肉质直根　I. 果实横切

(二)当归属(*Angelica* L.)

大形草本；茎多中空；三出复叶或三出羽状复叶；花白色或紫色；复伞形花序；背腹压扁的卵形果实，侧棱具翅。本属约70种，主要分布于北温带。我国40种。常见的有：白芷[*A. dahurica*(Fisch. ex Hoffm.)Benth. et Hook.]，又名兴安当归，根药用，治疗头痛、止血。当归[*A. sinensis*(Oliv.)Diels.]，根为妇科良药，具活血补血，调经止痛等作用。

本科还有许多经济植物如芹菜(*Apium graveolens* var. *dulce* DC.)，草本，无毛；茎直立；基生叶为1~2回羽状全裂，叶柄发达，为常见蔬菜。芫荽(*Coriandrum sativum* L.)，又名香菜，草本，有香味；基生叶1~2回羽状全裂叶；茎生叶2~3回羽状全裂。茎叶作蔬菜或调味品。茴香(*Foeniculum vulgare* Mill.)，具强烈芳香的草本；叶裂片线形；花黄色。嫩茎、叶作蔬菜食用，果实作调料或药用。防风[*Saposhnikovia divaricata*(Turcz.)Schischk.]，根粗壮，有分枝；基生叶丛生，基部有叶鞘；叶二至三回羽状分裂，分裂回数不同，叶柄长度不同；复伞形花序多数顶生；花白色。可药用，治疗风寒。北柴胡(*Bupleurum chinense* DC.)，叶倒披针或剑形；中上部较宽，先端急尖。分布于华中、华东及北方各区；根药用，清热解郁。

十三、茄科(Solanaceae)

⚥ $* K_{(5)} C_5 A_5 \underline{G}_{(2:2:\infty)}$

【形态特征】多草本，稀木本；单叶，互生，无托叶；两性花，辐射对称或两侧对称；五基数；花冠合生呈漏斗状、钟状、高脚碟状或坛状；花萼宿存、随果实成熟而增大；雄蕊与花冠裂片互生；花药多孔裂，稀纵裂；柱头2裂；上位子房；2心皮合生成2室或假3~5室；中轴胎座；每室多数胚珠；浆果或蒴果；种子具胚乳。染色体：X=7~12，17，18，20~24。

【识别要点】多草本；花两性，5基数；花冠常轮状；雄蕊与花冠裂片互生；花萼宿存；子房上位；蒴果或浆果。

【分类】本科植物约80余属，3000多种，主产于南美洲热带。我国有24属，约115种，分布于南北各地。

(一)茄属(*Solanum* L.)

草本或木本；多单叶，辐状花冠；花药从侧面靠合，开裂于顶孔；2室；浆果。本属约2000种，我国39种，14变种。常见的植物有马铃薯(*S. tuberosum* L.)，又名洋芋、土豆，多年生草本；块茎；奇数羽状复叶；花白色或淡紫色；花萼钟状；球形浆果。原产美洲热带，现全球广泛栽培。块茎含有丰富淀粉可食用，为重要的蔬菜和粮食作物。茄(*S. melongena* L.)，全株被星状毛；叶卵形，边缘波状；花单生，紫色或白色；花萼钟状；花冠裂片三角状；浆果多样(图11-45)，为重要蔬菜，根茎可药用。龙葵(*S. nigrum* L.)，草本，多分枝；节间生有短蝎尾状花序；黑色浆果，田间杂草，可药用。

(二)烟草属(*Nicotiana* L.)

草本，常具强烈气味，被腺毛；花白色、黄色、淡绿或淡紫色，聚伞花序；花萼宿存，于果成熟时稍增大；花冠漏斗状、筒状或高脚碟状；花药纵裂；蒴果，瓣裂；种子多数。本属约95种，分布于非洲、美洲和大洋洲。我国栽培4种。烟草(*N. tabacum* L.)，大型草本，被腺毛；叶大，长椭圆形；顶生花淡红

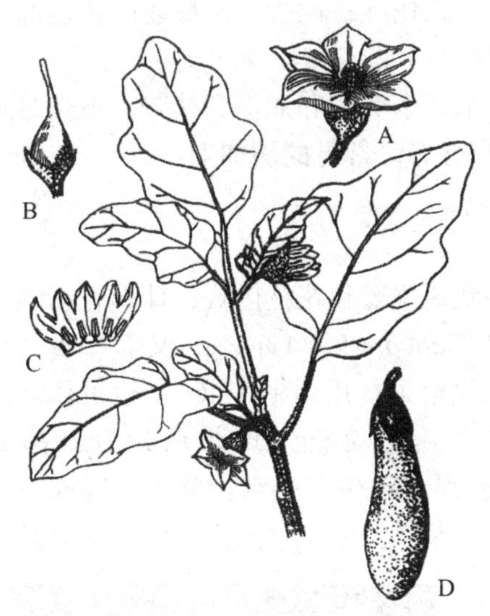

图 11-45 **茄**(左图仿周云龙，1996；右侧照片肖红梅拍摄)

A. 花 B. 雌蕊 C. 花冠及雄蕊 D. 果实

色；圆锥花序顶生。原产南美，现热带和温带地区广泛栽培。由于全株含有尼古丁，有剧毒，可药用或作杀虫剂。叶作烟丝或卷烟的原料。花烟草(*N. alata* Link et Otto.)，叶小；花色多种。

本科常见的植物还有番茄(*Lycopersicon esculentum* Mill.)，又名西红柿，全株被腺毛；聚伞花序生于节间；花药顶端圆锥状，纵裂；浆果红色多汁，即为蔬菜又为水果。辣椒(*Capsicum annuum* L.)，花单生，白色；果柄较粗壮；浆果无汁、，中空；果皮肉质具味辣，可食用。为重要的蔬菜和调味品，种子油可食用。由于栽培历史较长，杂交品种很多，形成形状各异、辣味程度不同的品种。朝天椒[*C. annuum* L. var. *conoides* (Mill.) Irish.]，供观赏和调味。枸杞(*Lycium chinense* Mill.)，花萼常3裂，花冠裂片边缘具毛。分布广；果甜，与根均可入药。另外，还有曼陀罗(*Datura stramonium* L.)、洋金花(*D. metel* L.)、天仙子(*Hyoscyamus niger* L.)、颠茄(*Atropa beiladonna* L.)、碧冬茄(矮牵牛，*Petunia hybrida* Vilm.)、酸浆[红姑娘，*Physalis alkekengi* var. *franchetii* (Mast.) Makino]等。

十四、旋花科(Convolvulaceae)

⚥ $* K_5 C_{(5)} A_5 \underline{G}_{(2:2\sim4:2)}$

【形态特征】常缠绕草本、稀木本；偶具乳汁；茎为双韧维管束：单叶互生，无托叶；花两性，5基数，辐射对称；花于叶腋单生或成聚伞花序，有苞片；萼宿存；花冠多漏斗状，冠檐近全缘或5裂；雄蕊与花冠裂片互生；花粉粒形状多样，具多孔沟、或3沟；花盘杯状或环状；雌蕊多由2个心皮合生构成子房上位，2或4室，每室有2个胚珠；中轴胎座；多蒴果；种子胚乳小。染色体：X =7~15。

【**识别要点**】缠绕草本；花整齐，单叶，无托叶；两性，5基数；花冠漏斗状；中轴胎座；蒴果。

【**分类**】本科植物约56属，1800多种，主产于美洲和亚洲的热带、亚热带地区。我国有22属，约125种，全国各地均有分布。常见的属如下：

(一)甘薯属(*Ipomoea* L.)

草本或灌木；茎缠绕；花冠钟状或漏斗状；雄蕊和花柱内藏；球形花粉粒有刺。本属约300种，我国有20种。甘薯[*I. batatas*(L.)Lam.]，又名番薯、红薯，叶阔卵形，花白色或紫色；肉质膨大，块根可食用(图11-46)，也可作食品加工原料；茎、叶作为饲料；蒴果。原产热带美洲，现栽培广泛。蕹菜(*I. aquatica* Forsk.)，又名空心菜，茎缠绕或浮于水中，中空；单叶全缘或波状缺刻；花浅粉红或白色；萼片顶端钝，无毛；蒴果。原产我国，茎叶可作蔬菜。

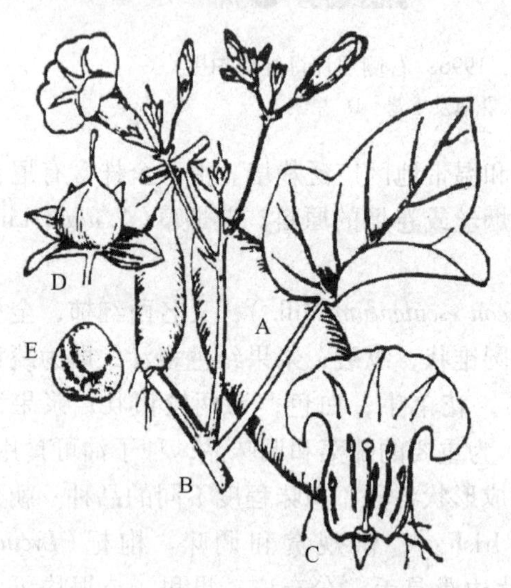

图11-46 甘薯(肖红梅摄)

A. 块根 B. 花枝 C. 花纵切 D. 果实 E. 种子

(二)牵牛属(*Pharbitis* Choisy)

多缠绕草本，被硬毛；聚伞花序腋生；花冠紫红色或白色漏斗状；萼片背面被毛；子房3室，6个胚珠；蒴果。本属约20种，我国有3种。牵牛[*P. nil*(L.)Choisy]，不具乳汁；叶片3裂。种子入药，称牵牛子，颜色黑褐色的称黑丑，米黄色的称白丑，均具利尿、驱虫等功效。

本科常见的植物还有田旋花(*Convolvulus arvensis* L.)，叶戟形；花红色或白色；苞片线状、小；全草入药。打碗花(*C. haderacea* Wall.)，又名小旋花，叶片三角状戟形或卵形，苞片叶状、大；花小，花色多种，喉部近白色。茑萝松[*Quamoclit pennata*(Desr.)Bojer.]，叶羽状分裂，花冠深红色，高脚碟状。菟丝子(*Cuscuta chinensis* Lam.)，黄色细丝状缠绕茎；无叶，具吸器；常寄生于豆科作物上。种子可入药，具补肝肾、益精、明目等药效。有的作者按照克朗奎斯特系统把菟丝子另立为菟丝子科。

十五、唇形科(Lamiaceae)

$⚥\uparrow K_{(5\sim4)}C_{(5\sim4)}A_{2+2}\underline{G}_{(2:4:1)}$

【形态特征】多草本，稀灌木；常含芳香油，茎四棱形；单叶或复叶，多对生，稀轮生或互生，无托叶；花腋生，两性，常呈两侧对称；轮伞花序，稀总状、穗状或圆锥状花序；萼片宿存，4～5 齿裂；花冠常 5 裂呈二唇形，即下唇 3 花瓣合生，上唇 2 花瓣合生，称为唇形花冠；雄蕊常为 4，与花冠裂片互生呈二强雄蕊，有时退化为 2 个雄蕊；花粉具 3～6 孔沟；子房上位；由 2 心皮合生构成子房 4 室；每室 1 胚珠；花柱基生，柱头 2 浅裂；具 4 个小坚果，种子无胚乳或具少量胚乳。染色体：X＝5～11，13，17～33。

【识别要点】多草本；茎四棱；叶对生；唇形花冠；二强雄蕊；心皮 2 个；子房 4 室；小坚果 4 个。

【分类】本科植物约 220 属，3500 余种，广布全世界，主产地中海及小亚细亚的半干旱和干旱地区。我国有 99 属，800 多种，全国各地均分布，西部干旱区分布最多。由于本科植物大多具芳香油，所以可提取香精。常见的属如下：

(一)益母草属(*Leonurus* L.)

草本；花萼漏斗状；萼齿近等大，内面无毛环或具斜向、近水平的毛环。本属约 20 种，我国有 12 种，广布全国各地。益母草(*L. japonicus* Houtt.)，两型叶，基生叶卵状心形，茎生叶羽裂数回；花冠淡紫红色，上唇全缘，下唇 3 裂；矩圆状三棱小坚果。全草为妇科用药。其种子称茺蔚子，具利尿明目的功效。

(二)鼠尾草属(*Salvia* L.)

多草本；奇数羽状复叶；轮伞花序组成假总状或圆锥花序；上唇直立拱曲，下唇平展；2 个雄蕊。本属 900 余种，我国有 84 种。丹参(*S. miltiorrhiza* Bge.)，根肥厚，外红内白，具活血通经、治疗冠心病等作用；其花冠蓝紫色。一串红(*S. splendens* Ker. -Gawl.)，草本，花冠与花萼均为红色，轮伞花序密集于顶(图 11-47)，可观赏。

本科植物还有薄荷(*Mentha haplocalyx* Briq.)，多年生草本，有薄荷味；具根茎；叶长圆形或卵形，两面具毛；花淡紫色，轮伞花序。可药用及提取薄荷油。留兰香(*M. spicata* L.)，叶披针形，边缘有锯齿；轮伞花序集聚于顶呈穗状花序；含留兰香油，为有名的香料植物。藿香[*Agastache rugosus*(Fisch. et Mey.) Kuntze]，茎叶含挥发油，药用，解暑止吐。另外还有五彩苏[*Coleus scutellarioides*(L.)Benth.]、薰衣草(*Lavandula angustifolia* Mill.)、裂叶荆芥[*Schizonepeto tenuifolia*(Benth.)Briq.]、夏至草[*Lagopsis supina*(Steph.)IK. -Gal.]、糙苏(*Phlo-*

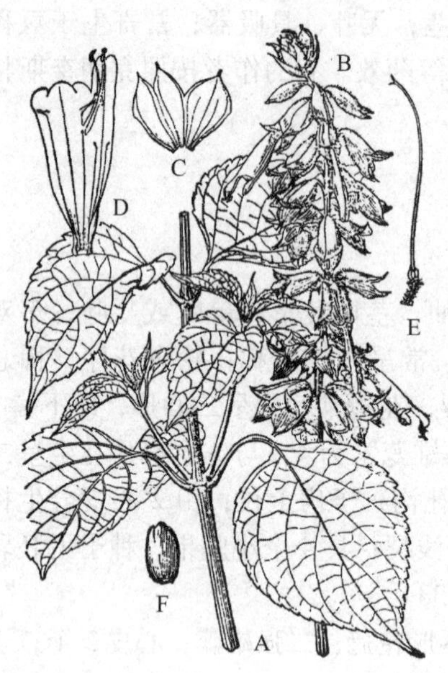

图 11-47 一串红(左图引自高等植物图鉴；右侧照片肖红梅拍摄)
A. 植株 B. 轮伞花序 C. 花萼 D. 花冠及雄蕊 E. 雌蕊 F. 果实

mis umbrosa Turcz.)、草石蚕(*Stachys sieboldii* Miq.)、黄芩(*Scutellaria baicalensis* Georgi)及香薷[*Elsholtzia ciliate*(Thunb.)Hyland]、夏枯草(*Prunella vulgris* L.)等。

十六、木犀科(Oleaceae)

⚥ $* K_{(4)} C_{(4)} A_2 \underline{G}_{(2:2:1\sim3)}$

【形态特征】直立木本或藤本；单叶、三出复叶或羽状复叶；多对生叶，少轮生或互生叶；无托叶；花常两性，稀单性，辐射对称；常排列成圆锥花序、聚伞花序或总状花序，稀单生；花萼和花冠合生，常为4裂，有香味；雄蕊多为2，稀3~5；花粉具3孔沟；上位子房，2心皮合生构成2室，每室胚珠1~3个；柱头2裂；中轴胎座；蒴果、核果、翅果或浆果。染色体：X=10~14，23，24。

【识别要点】木本；叶对生；花常两性，整齐；花萼和花冠合生4裂；雄蕊2；子房上位；2室；浆果、核果、蒴果或翅果。

【分类】本科植物约30属，600种，分布于热带和温带地区。我国有12属200余种，全国各地均有分布。本科植物具有重要的经济价值，有许多药用、观赏和经济用材植物。

(一)丁香属(*Syringa* L.)

落叶灌木或小乔木，具皮孔；小枝圆柱状或四棱形，实心；冬芽为鳞芽，常无顶芽；多单叶对生，全缘，稀复叶；花两性，花萼小、宿存、钟状、不规则齿裂；花冠漏斗状、高脚碟状或近辐状，4裂；雄蕊2，于花冠管喉部着生或中部着生伸出花冠筒；聚伞花序集聚成圆锥花序；子房2室，每室含下垂2个胚珠；

花柱丝状；蒴果，背缝纵裂；种子具翅。本属约30种，分布于欧洲、亚洲。我国20余种，主产西南至东北地区。本属植物大多供观赏，有些种类可提取芳香油，为蜜源植物。常见的植物有：紫丁香(*S. oblate* Lindl.)，落叶灌木，单叶多卵形，对生；花冠紫色；圆锥花序腋生(图11-48)。主产于北方地区。白丁香(*S. oblata* Lindl. var. *affinis* Lingdelsh)，紫丁香的变种，花白色。

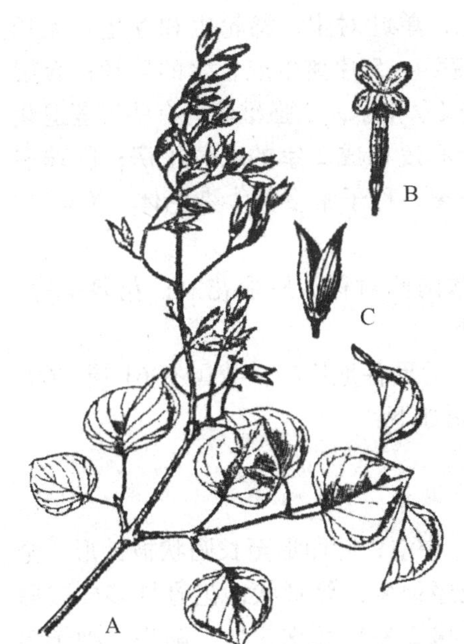

图11-48　紫丁香(肖红梅摄)

A. 植株　B. 花冠　C. 果实

(二)连翘属(*Forsythia* Vahl.)

落叶灌木；枝中空或有髓；花黄色，两性，先叶开放；1至数朵花腋生；蒴果；种子具窄翅。本属植物约11种，我国有6种，现各地广泛栽培。连翘[*F. suspensa*(Thunb.)Vahl.]，灌木；枝空心；单叶或三出复叶；花常单生于叶腋，黄色。果含连翘酚、甾醇等化合物，可药用，解热清毒。金钟花(*F. viridissima* Lindil.)，又名黄金条，枝有髓；1~3朵花腋生，供观赏。

本科常见的植物还有：桂花(*Osmanthus fragrans* Lour.)，革质叶，椭圆形；花芳香，簇生于叶腋，花柄纤细而短；果椭圆形，紫黑色。为我国特产的著名观赏植物，可作香料和入药。女贞(*Ligustrum lucidum* Ait.)，常绿乔木；枝无毛；革质叶卵形，无毛；花冠裂片和花冠筒近等长；核果略弯近肾形，蓝黑色，被白粉。其果实称为“女贞子”，具补肾、明目作用，枝叶可放养白蜡虫。小蜡(*Ligustrum sinense* Lour.)，落叶或半常绿灌木；小枝被毛；薄革质叶背被短毛；花白色，花冠筒短于花冠裂片长度；核果近球形。主产长江以南。果可药用和酿酒。茉莉花[*Jasminum sambac*(L.)Ait.]，常绿灌木；叶背脉腋具黄色簇毛；花白色、清香。原产印度，现各地栽培。可制作花茶或提制香精。油橄榄（*Olea europaea* L.），叶全缘；花白色，芳香；核果椭圆状近球形，可榨橄榄油，供食用和药用。

十七、玄参科（Scrophulariaceae）

$⚥\uparrow K_{(4\sim5)}C_{(4\sim5)}A_{2+2}\underline{G}_{(2:2:\infty)}$

【形态特征】多草本，稀木本，具星状毛；单叶对生，稀轮生和互生；无托叶；两性花，多两侧对称，少辐射对称；宿存4~5片离生或合生的萼片；合瓣花冠，常呈2唇形；花冠裂片4~5；总状或聚伞花序；二强雄蕊；有些雄蕊退化为1~2个；花粉有孔沟2~3，稀4；由2个心皮构成2室的上位子房；胚珠多数；中轴胎座；果实为蒴果，多瓣裂或稀孔裂；种子常多数。染色体：X=6~16，18，20~26，30。

【识别要点】草本；叶对生。花两性；常两侧对称；唇形花冠；花萼宿存；二强雄蕊；子房上位，2室；中轴胎座；蒴果。

【分类】本科植物200多属，约4500种，世界各地广布。我国有61属，600余种，分布于全国各地，主产西南。常见的属如下：

（一）马先蒿属（*Pedicularis* L.）

常多年生草本，半寄生；茎粗壮具方棱，中空；叶卵形至长圆状披针形，全缘或羽状分裂；叶柄短；总状花序或穗状花序顶生；萼管状，花冠具多样二唇形；花药藏于花瓣中，基部偶尔具刺尖；子房2室，胚珠多数；蒴果；种子多样，种皮具孔纹。本属植物600余种，主要分布于北半球的北极、近北极以及温带的高山地区。我国有329种，全国各省均有分布，以西南部最多。常见的植物有：中国马先蒿（*P. chinensis* Maxim.），一年生低矮草本；主根圆锥形；茎具深沟纹；基生叶柄长于茎生叶柄且近基部长有长毛；叶片披针状或线状长圆形，羽状浅裂至半裂，花序常占植株的大部分；苞片较小、叶状；花柄短；花萼管状，有白色毛；花冠黄色，外面有毛。红纹马先蒿（*P. sfriata* Pall），多年生草本；根粗壮；茎直立、密被短卷毛；叶披针形，羽状深裂或全裂；苞片披针形；花萼钟状，有毛或近无毛；花冠黄色，具暗红色脉纹。可药用，具补肾阳、利水、治蛇毒等功效。

（二）地黄属（*Rehmannia* Libosch. ex Fisch. et Mey.）

草本，被黏毛；叶互生，叶缘具粗齿；花冠二唇形；萼宿存；钟形；5裂；蒴果。本属8种，我国均产。常见的植物有：地黄[*R. glutinosa*（Gaertn.）Libosch.]，多年生草本；具白长毛和腺毛；黄色根状茎肉质、肥厚；茎常无叶，花冠紫红色；总状花序顶生；蒴果，种子多数（图11-49）。主要分布于东北、西北、华北至华东地区。根茎含地黄素、甘露醇等成分，可药用，具滋阴养血作用。怀庆地黄[*R. glutinosa* Libosch. f. *hueichingensis*（Chao et Schin）Hsiao]，为地黄的上品。主产河南。

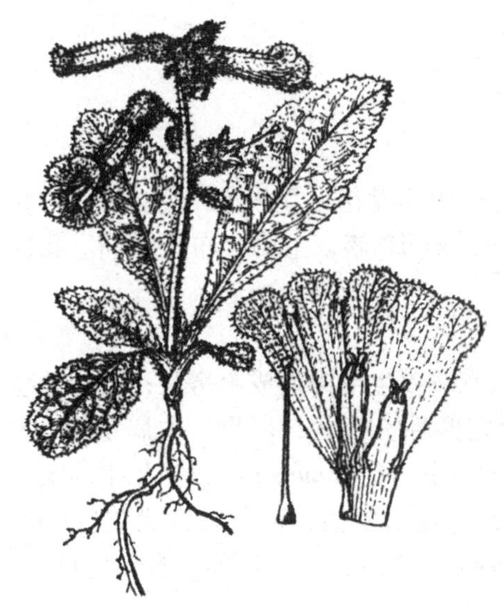

图 11-49　地黄(左图引自郑湘如，2007；右侧照片为肖红梅拍摄)

本科常见的植物还有毛泡桐[*Paulozemia tomentosa*(Thunb.)Steud.]，枝条具皮孔；树皮褐灰色，具白色斑点；叶和花均有星状毛；萼钟状，花冠外淡紫色具毛，内白色，具紫色纹；蒴果卵圆形，各地多有栽培。玄参(*Scrophularia ningpoensis* Hemsl.)，茎四棱；花冠紫褐色，下唇明显短于上唇；圆锥花序顶生；主产浙江，块根为著名的药材，清火行淤。细叶婆婆纳(*Veronica linariifolia* Pall. ex Link)，多年生草本；茎方形，直立；花冠蓝紫色。全株药用，遍布南北各省。水苦荬(*Veronica undulata* Wall.)，多年水生或沼生草本；花淡紫色或白色；花序腋生。全株药用。婆婆纳(*V. didyma* Tenore)，苞片与花柄等长或长；花淡红紫色。分布华北各省区。另外还有阴行草(*Siphonostegia chinensis* Benth.)、爆仗竹(*Russelia equisetiformis* Schlecht et Cham.)、美丽桐[*Wightia speciosissima*(D. Don) Merr.]、柳穿鱼(*Linaria vulgaris* Mill.)、金鱼草(*Antirrhinum majus* L.)等植物。

十八、菊科(Asteraceae，Compositae)

【形态特征】多草本，有的具乳汁；叶常互生，稀对生，无托叶；花多两性，少单性或中性；花冠合瓣，常为管状、舌状；萼片变为冠毛或鳞片；头状花序具总苞；雄蕊 5；聚药雄蕊；花粉多样；子房下位；由 2 心皮构成 1 室，胚珠 1 个，直立或倒生；柱头 2 裂；连萼瘦果，顶端常有冠有羽状毛、刺毛或鳞片等；种子无胚乳。染色体：X =8 ~29。

【识别要点】多草本；头状花序；花冠管状或舌状；聚药雄蕊；子房下位；瘦果。

【分类】本科为被子植物中最大的一科，经济价值较大，1000 余属，30 000 多种，全世界广布，主产北温带。我国有 200 余属，约 2300 种，全国各地分布。根据花冠、花序的类型以及有无乳汁等特征，将菊科分为管状花和舌状花两个亚科。各亚科特征及常见属如下：

(一)管状花亚科(Carduoideae)

$⚥ * K_{(5)} C_{(5)} A_{(5)} \overline{G}_{(2:1:1)}$

植物体无乳汁；头状花序为同形管状花或中间盘花为管状花，边缘为假舌状花、漏斗状花构成。包括菊科的大多数属种，分12族，主要分布于非洲。我国有11族，分布于全国各地。

1. 向日葵属(*Helianthus* L.)

草本；上部叶常互生，下部叶对生；头状花单生或排列成伞房状；数轮总苞片，外轮叶状；边缘花中性、假舌状，盘花两性、管状；瘦果。本属植物100种，主要分布北美洲，我国引种4~5种。向日葵(*H. annuus* L.)，一年生高大直立草本；不分枝；单叶大，卵圆形，互生；边花为中性、黄色假舌状花(图11-50)；种子含油量高，可榨油。菊芋(*H. tuberosus* L.)，又名洋姜，多年生草本；块茎含丰富淀粉和菊糖，常为食用蔬菜或酿酒。

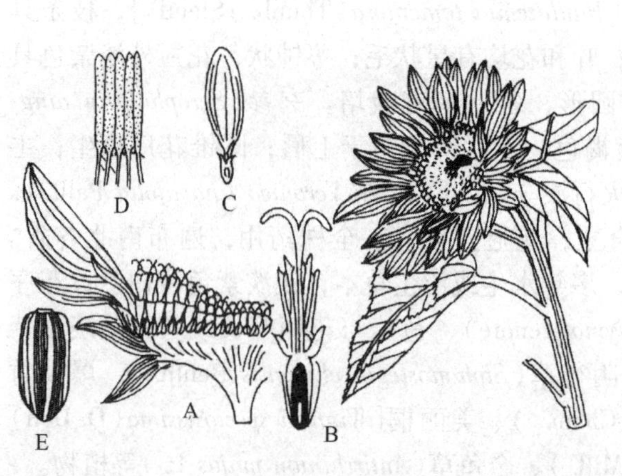

图11-50 向日葵(李敏摄)

A. 头状花序纵切 B. 管状花 C. 舌状花 D. 聚药雄蕊 E. 瘦果

2. 菊属[*Dendranthema*(DC.) Des Moul.]

多年生芳香草本；头状花序单生枝顶或排成伞房状；总苞半球形，多列；盘花管状，边花为假舌状雌性花；瘦果有多数纵肋，无冠毛。本属植物100多种，我国有30余种，广布。菊花[*D. morifolium*(Ramat.) Tzvel.]，叶分裂；花色、叶形多样；为我国原产的著名观赏植物，全国各地分布。野菊[*D. indicum* (L.) Des Moul.]，花药用，清热解毒。

本亚科常见的植物还有：黄花蒿(*Artemisia annua* L.)，又名青蒿，一年生草本；叶2~3回羽裂；异味强烈；全株含青蒿素，可治疟疾。艾蒿(*A. argyi* Levl. et Vant.)，多年生芳香性草本；叶背面长有白色毛；可药用。风毛菊[*Saussurea japonica*(Thunb.)DC.]，二年生草本；茎具纵棱，粗壮直立，被毛；基生叶长椭圆形，羽状深裂，叶柄长；茎生叶自下而上渐小；有时基部下延成翅状；多层总苞片；花紫红色。可药用，祛风活络。雪莲花(*Saussurea involucra* Kar. et Kir.)，头状花序为管状花，分布于新疆天山，妇科良药。另有红花(*Carthamus tinctorius* L.)、白术(*Atractylodes macrocephala* Koidz.)、千里光(*Senecio scantiens* Buch et Ham.)、除虫菊(*Pyrethrum cinerariifolium* Trev.)、头状大蓟(*Cirsium japonicum* DC.)、金盏菊(*Calendula officinalis* L.)、飞蓬(*Echinops canadensis* L.)、刺儿菜[*Cirsium setosum*(Willd.)MB.]、茼蒿(*Chrysanthemum coronarium* L. var. *spatiosum* Baily)、茵陈蒿(*A. capillaries* Thunb.)、蓝刺头(*Echinops latifolius* Tausch.)、火绒草(*Leontopodium leontopodioides* Beauv.)、沙蒿(*A. ordosica* Kraschen.)等。

(二)舌状花亚科(Liguliflorae)

⚥ $\uparrow K_{(5)}C_{(5)}A_{(5)}\overline{G}_{(2:1:1)}$

植物体具乳汁；头状花序为舌状花，花两性，小。本亚科只包括1族。

1. 蒲公英属(*Taraxacum* Wigg.)

多年生草本；基生莲座状；叶分裂；头状花序单生于花葶之顶；花黄色。瘦果具棱，纺锤形，先端成喙；多冠毛。本属植物约2000种，主产北温带。我国70种，1变种，全国广布。蒲公英(*T. mongolicum* Hand-Mazz.)，叶基生；瘦果具伞状冠毛(图11-51)。为常见的植物，全草食用或药用，能解毒清热。

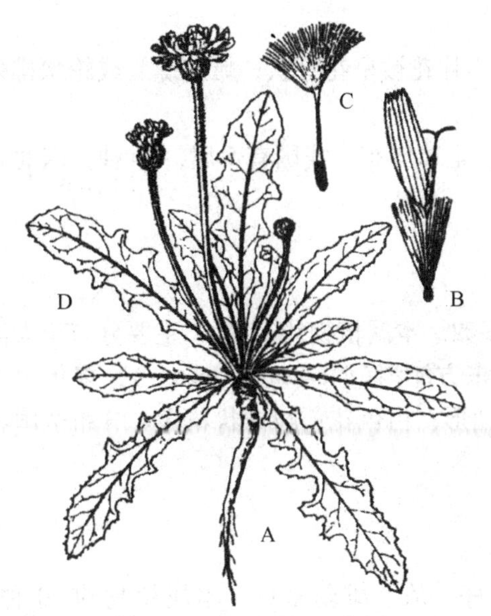

图11-51　蒲公英(肖红梅摄)

A. 植株　B. 舌状花　C. 瘦果　D. 叶

2. 莴苣属(*Lactuca* L.)

草本；叶全缘或羽状分裂；总苞圆筒形；瘦果具长喙，冠毛细。本属植物

70 余种，我国有 40 种，全国各地分布。莴苣(*L. sativa* L.)，头状花序生于枝顶；花黄色。品种甚多，如莴笋(*L. sativa* var. *angustata* lrish. ex Bremer)、生菜(*L. sativa* var. *romasa* Hort.)作为蔬菜，各地普遍栽培。

舌状花亚科植物很多，除上述外，还有苦菜[*Ixeris chinensis*(Thunb.)Nakai]、苦荬菜(*I. sonchifolia* Hance)、鸦葱(*Scorzonera austriaca* Willd.)、黄鹌菜[*Youngia japonica*(L.)DC.]、毛连菜(*Picris japonica* Thunb.)等。

第三节　单子叶植物纲(Monocotyledoneae)

单子叶植物纲，又称百合纲，其植物特点是胚具 1 顶生子叶；常为须根系；茎维管束散状排列，无形成层和次生组织；叶多平行脉；花部基数通常为 3；花粉常具单萌发孔。

一、泽泻科(Alismataceae)

⚥，♀，♂ $*P_{3+3}A_{6\sim\infty}G_{6\sim\infty:1:1:1\sim2}$

【形态特征】水生或沼生草本；具球茎、根状茎；基生叶，基部有叶鞘；花辐射对称，常 3 基数；2 轮花被，内轮 3 片花瓣状，外轮 3 片花萼状；总状或圆锥花序；雄蕊 6 至多数；花粉具 2 或多个孔沟；离生心皮 6 至多数，螺旋状或轮状排列于花托上；子房上位；1 或 2 个胚珠；聚合瘦果；种子无胚乳。染色体：$X=7\sim11$。

【识别要点】水生或沼生草本；外轮 3 片花被呈花萼状；雌蕊螺旋或轮状排列于花托上；子房上位；聚合瘦果。

【分类】本科植物约 13 属，90 多种，全球广布。我国有 5 属，13 种，南北各省均有分布。

(一)泽泻属(*Alisma* L.)

花两性；花托扁平；雄蕊 6；心皮多数。本属植物约 11 种，主要分布于大洋洲和北温带地区。我国有 6 种，广布。东方泽泻(*A. orientale* Juzep.)，多年生水生草本，具地下茎；叶基生，卵形或椭圆形；白色花；圆锥状花序。分布全国各地，地下茎药用，具清热利尿作用。

(二)慈姑属(*Sagittaria* L.)

花单性，白色；花托突起；总状花序；雌、雄蕊多数。本属植物约 20 种，分布于热带和温带地区。我国有 6 种，广布。慈姑(*S. sagittifolia* L.)，沉水叶带状，浮水或水上叶戟形或卵形；花序下部为雌花，上部为雄花(图 11-52)；球茎可食用和药用。

泽泻科植物比较原始，由于具 3 基数花部，雌雄蕊多数且螺旋状排在花托上等特征，被认为与毛茛科和睡莲科有密切的亲缘关系。

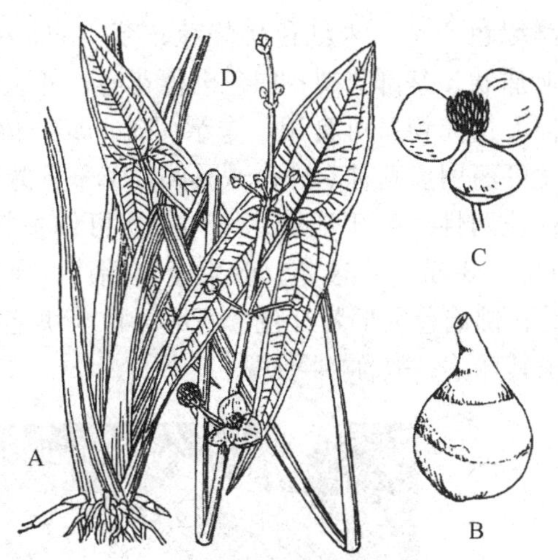

图 11-52　慈姑(肖红梅摄)

A. 植株　B. 球茎　C. 花　D. 花序

二、天南星科(Araceae)

♂ $* P_{0,4\sim6} A_{4,6}$，♀ $* P_{0,4\sim6} \underline{G}_{(1\sim\infty:1\sim\infty:11\sim\infty)}$

【形态特征】多草本；汁液常含草酸钙结晶，有时具辛辣味；具根状茎或块茎；常基生叶，稀互生茎生叶；叶部有膜质鞘；花单性或两性，小；单性花的花被常缺，两性花的花被 4~6 片；许多花排成具佛焰苞片的肉穗花序；雌雄同株时，肉穗花序上方为雄花，中部为中性花，下方为雌花；雄蕊常 4 或 6，离生或合生；1 至多数心皮组成 1 室或多室子房；子房上位；浆果。染色体：X = 7 ~ 17，22。

【识别要点】多草本；肉穗花序；基生叶；花序下或外具佛焰苞；子房上位；浆果。

【分类】本科植物约 115 属，2000 余种，主要分布于亚热带、热带地区。我国有 35 属，206 种，主产南方。

天南星属(*Arisaema* Mart.)

为多年生草本；具块茎；叶常 3 裂，偶由 5 小叶组成复叶，或辐射状分裂；花多单性，聚集成肉穗花序；雌花序比雄花序密；具佛焰苞；浆果；种子有胚乳。本属 150 多种，主要分布亚洲热带、温带。我国有 80 余种，全国各地均有分布，以西南地区为多。异叶天南星(*A. heterophyllurn* Bl.)，叶鸟趾状分裂，裂片 13~19；花序附属物尾状；红色浆果。块茎可药用，能祛风止痉，消肿散结。一把伞南星[*A. erubescens*(Wall.)Schott]，叶放射状分裂，裂片 5~20。花序附属物棒状或圆柱形；红色浆果。块茎可药用，解毒、祛风、化痰。

本科还有许多供观赏和药用、食用的植物如马蹄莲(*Zantedeschi aaethiopica* Spr.)，佛焰苞白色；龟背竹(*Monstera delicioa* Liebm.)，叶大，形似龟背；红鹤芋(*Anthurium andreanum* Lindl.)，叶鲜绿色心形，朱红色佛焰苞；芋[*Colocasia esculenta*(*L.*)Schott.]，多年生草本；叶盾状，基部2裂；白色肉穗花序，外包大型佛焰苞；块茎卵形(图11-53)，富含大量淀粉，可食用。魔芋(*Amorphophallus rivieri* Durien)，大块茎，既可食用，又可药用。菖蒲(*Acorus calamus* L.)，芳香草本；根状茎粗大；叶剑形，具中肋；花两性。生于池塘，水沟等。可作香料、驱蚊虫等。半夏[*Pinellia ternata* (Thunb.) Breit.]，球茎；叶生于茎端；一年生叶为单叶，卵状心形；多年生叶为复叶；佛焰苞上部紫红色，下部绿色。块茎有毒，可药用，治慢性气管炎。因仲夏采其球茎，故称“半夏”。

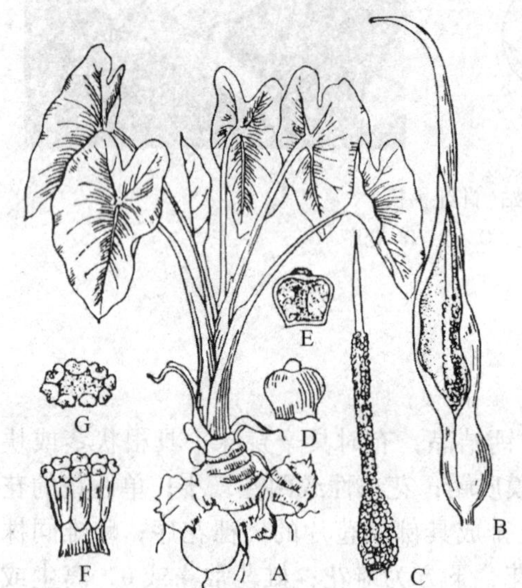

图11-53 芋(左图仿李阳汉，1984；右侧为陈育贤摄)

A. 植株 B. 佛焰苞肉穗花序 C. 肉穗花序 D. 雌蕊 E. 雌蕊纵切 F. 雄蕊群 G. 雄蕊群平面观

三、莎草科(Cyperaceae)

$☿ * P_0\ A_3\ \underline{G}_{(2\sim3:1:1)}$

【形态特征】常多年生草本，具根状茎；茎通常无节，实心，三棱形；叶3裂，无叶舌，叶鞘闭合；有的甚至无叶片而有鞘；花小，多两性，无花被或退化成鳞片或刚毛；多雌雄同株，少雌雄异株，生于鳞片腋内；小穗简单，单生，排列成各种花序；苞片形状多样；雄蕊常为3；花粉具1~4孔沟；雌蕊由2~3心皮组成上位子房；1室，1直立胚珠；小坚果；种子具丰富胚乳。染色体：X = 5~60。

【识别要点】草本；茎常实心，三棱形，无节；叶3列，叶鞘闭合；花被退化；子房上位，小坚果。

【分类】本科植物约96属，9000余种，世界各地分布，主产温带和寒带。我国有31属，600余种，分布于南北各地，常生长在湿润或沼泽地区。常见的属如下：

(一)莎草属(*Cyperus* L.)

茎棱柱状；小穗略扁；总苞叶状；鳞片2列；柱头3，小坚果3棱。本属约380种，主产热带和温带。我国约30种，全国广布，主产东南部至西南部。香附子(*C. rotundus* L.)，多年生草本；叶线形；小穗紫红或红棕色；聚伞花序(图11-54)；黑褐色纺锤形块茎可入药，称"香附子"，具理气、调经止痛等功效。小坚果倒卵形。油莎草(*C. esculentus* L. var. *sativus* Boeck.)，根状茎细长，顶端为膨大黑褐色块茎，可食用。

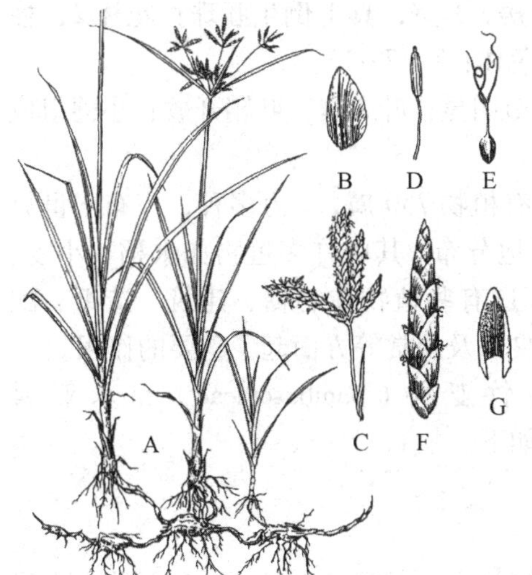

图11-54 香附子(右图肖红梅摄)

A. 植株 B. 鳞片背面 C. 聚伞花序 D. 雄蕊
E. 雌蕊 F. 小穗 G. 鳞片腹面

(二)藨草属(*Scirpus* L.)

茎多三棱形，直立；聚伞花序或头状花序；颖片螺旋排列；坚果3棱或扁平。本属约200种，广布；我国有40余种。藨草(*S. triqueter* L.)，茎三棱形，粗壮；叶条形；最上面的叶鞘顶端具叶片。除广东外，分布全国各地。幼草为马、牛等青饲，茎纤维可作为编织和造纸的原料。扁秆藨草(*S. planiculmis* Fr. Schmidt.)，多年生草本，具块茎、根状茎，为盐碱性水田杂草。

莎草科常见的植物还有荸荠(*Eleocharis tuberosa* Roem. et Schult)，又名马蹄，茎丛生；具细长匍匐根状茎，其顶端膨大成可食用和药用的棕红色球茎；各地栽培。双穗飘拂草(*Fimbristylis subbispicata* Nees et Meyen)、短叶水蜈蚣(*Kyllinga brevifolia* Rottb)、蒲草[*Lepironia articulate*(Ret. L.)Domin]、水莎草[*Juncellus serotinu*(Rottb.)C. B. Clarkirk.]、舌叶苔草(*Carex ligulata* Ness ex Vight)、乌拉草(*C. meyeriana* Kunth.)等。

四、禾本科(Poaceae，Gramineae)

⚥ $*P_{2\sim3}A_{3,6}\underline{G}_{(2\sim3:1:1)}$

【形态特征】多草本，少木本；具须根系和根状茎；地上茎常称为秆，圆柱形，节明显，节间常中空；茎基部常分枝，称为分蘖；单叶狭长，互生，2裂；叶鞘多开放；叶片和叶鞘连接处常有叶耳、叶舌，叶舌膜质，有时退化；具平行叶脉；花小，多两性；每朵小花由1片具芒的外稃和无芒的内稃、2~3个透明而肉质的浆片、3~6个雄蕊以及1个雌蕊组成；1或多个小花与2~3枚颖片共同组成一个小穗，再由多个小穗排列成各种顶生或侧生花序；花粉粒为单孔，为3-细胞花粉；雌蕊由1~2心皮构成上位子房，1室，具1倒生胚珠；花柱2，柱头常为羽毛状；颖果；种子胚乳丰富。染色体：X=7~13。

【识别要点】秆圆柱形；节间常中空，节明显；叶2裂，叶鞘开放；小穗组成各种花序；子房上位；颖果。

【分类】本科是经济价值最高的科，约有植物750属，1万多种，广布于世界各地。我国有225属，1200余种，南北各地分布。其中许多植物如水稻、小麦、玉米、高粱等作为人类的主要粮食作物；还有些植物在制糖、建筑、造纸、酿造、纺织、水土保持、防风固沙、土壤改良以及观赏等方面起了重要的作用。

根据秆的质地将禾本科常分为竹亚科(Bambusoideae)和禾亚科(Agrostidoideae)。各亚科特征及常见的属如下。

(一)竹亚科(Bambusoideae)

多年生木本；主秆叶为秆箨即笋壳，箨片小，无明显中脉；叶易脱落。本属70多属，1000种，分布热带和亚热带及部分温带和寒温带地区。我国约有37属，500多种，主产南方。

毛竹属(*Phyllostachys* Sieb. et Zucc.)：秆散生，圆筒形，一侧扁平或有沟槽；每节两分枝。本属50余种，均产于我国，主产黄河流域以南各地。毛竹[*P. edulis*(Carr.)H. de Lehaie]，高大乔木；幼秆具白粉和毛，老秆无毛。主要分布于长江流域及以南地区，笋芽可食用。龟甲竹[*P. heterocycla*(Carr.)Mitford]、绿槽毛竹(*P. heterocycla* cv. Viridisulcata)、紫竹(*P. nigra* Munro)等为观赏竹类。

此外，还有孝顺竹[*Bambusa multiplex*(Lour.)Raeusch]，每节簇生多数枝条；幼秆被白粉，老时变黄色，略弯曲。叶片披针形；叶表面深绿色，背面粉白色；原产中国，主要分布于两广、福建等省区。凤尾竹[*Bambusa glaucescens* var. *riviererum*(R. Maire)Chia et Tung]，小枝上常着生10余片叶，似羽状复叶，供观赏。佛肚竹(*B. ventricosa* McClure)，秆有异型，畸形秆节间膨大呈肚状，供观赏。

(二)禾亚科(Agrostidoideae)

草本；普通叶，叶片与叶鞘连结处无关节；叶片不易脱落；具中脉，无叶柄。本亚科植物约 575 属，9500 多种，广布世界各地。我国约 170 余属，700 余种。

1. 小麦属(*Triticum* L.)

一年或二年生草本；穗状花序顶生，直立；小穗有小花 3~9，两侧扁，无柄；于穗轴的各节单生；颖片革质，卵形，主脉隆起；颖果易与稃片分离。本属约 20 种，主要分布于欧洲、亚洲西部及地中海，我国栽培。小麦(*T. aestivum* L.)，茎常具 6~7 节；叶片条状披针形，颖片具明显突起的脊；外稃具芒，与内稃等长；椭圆形颖果，腹面有纵沟，易与稃片分离。麦粒为主要粮食；麦芽助消化；麦麸可做饲料；麦秆可编织、造纸。主产北方(图 11-55)。

图 11-55 小麦(左图仿强胜，2006；右图为肖红梅摄)

A. 植株 B. 麦穗 C. 叶鞘口 D. 小穗 E. 雌雄蕊 F. 小花

2. 稻属(*Oryza* L.)

小花 3，仅顶花结实，其余两朵退化，只留有外稃；小穗两侧压扁，颖片退化成两半月形；圆锥花序顶生；雄蕊 6；颖果与稃片不易分离。本属植物约 25 种，主产热带。我国 4 种，引种栽培 2 种，于我国南方广泛栽培。稻(*O. sativa* L.)，一年生草本；圆锥花序下垂。品种很多，根据黏性可分为籼稻、粳稻和糯稻。水稻原产我国，栽培历史悠久，为最重要的粮食作物。

本亚科常见的重要植物还有大麦(*Hordeum vulgare* L.)，颖果不易与稃分离，可酿啤酒、制麦芽糖。裸麦(*H. vulgare* var. *nudum* Hook. f.)，又名青稞，颖果易与稃片分离；为西部高寒地区的粮食作物，酿酒。野大麦[*H. brevisubutum*(Trin.) Linle]为优良牧草。玉米(*Zea mays* L.)，花单性同株，雄性圆锥花序顶生，每小穗含 1 小花；雌性肉穗状花序腋生，并为多数鞘状苞片包藏，每小穗含 2 小花(图 11-56)；原产美洲，为重要的粮食及饲料作物，品种较多。燕麦(*Avena sativa*

L.），小穗轴近无毛，粮食作物，无芒或具直芒。谷子［*Setaria italica*（L.）Beauv.］，可作杂粮，原产中国。甘蔗（*Saccharum sinense* Roxb.），秆直立，紫红色；花序下有白色丝状毛。秆含糖量多，为我国重要的制糖原料；叶片可作饲料。另有高粱（*Sorghum vulgare* Pers.）、糜子（*Panicum mziliaceum* L.）、薏苡（*Coix lacrymajobi* L.）、芦苇（*Phragmites communis* Trin.）、茭白［*Zizania latifolia*（Griseb.）Stapf.］、草地早熟禾（*Poa pratensis* L.）、羊草［*Leymus chinensis*（Trin.）Tzvel.］、鹅观草（*Roegneria kamoji* Ohwi）、大针茅（*Stipa grandis* P. Smirn.），以及一些杂草如狗尾草［*Setaria viridis*（L.）Beauv.］、金狗尾草［*S. glauca*（L.）Beauv.］等。

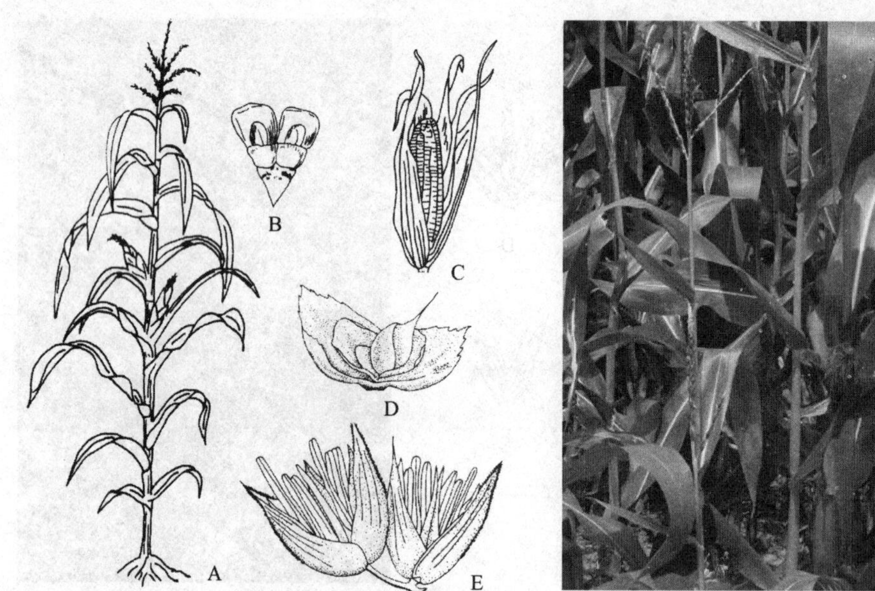

图 11-56　玉米（左图仿金银根，2010；右侧照片为肖红梅拍摄）
A. 植株　B. 颖果　C. 雌花序　D. 雌小穗　E. 雄小穗

五、百合科（Liliaceae）

⚥ $* P_{3+3} A_{3+3} \bar{G}_{(3:3:\infty)}$

【形态特征】常多年生草本；多种变态地下茎；单叶多互生、少轮生及对生，有时退化为鳞片状；花多两性，整齐；花被花瓣状，6 片，排成 2 轮；雄蕊 6，与花被片对生；花药纵裂；3 心皮合生构成 3 室的上位、下位或半下位子房；每室多数胚珠；中轴胎座；蒴果或浆果。染色体：X＝3～27。

【识别要点】多年生草本；单叶互生；花被片 6 与雄蕊 6 对生，子房 3 室；蒴果或浆果。

【分类】本科植物 200 多属，4000 余种，广布全世界，以亚热带和温带为多。我国有 60 属，600 多种，分布南北各省，西南最多。

（一）百合属（*Lilium* L.）

多年生草本，具鳞茎；茎直立，不分枝；花单生或排列成总状花序；花被漏斗状；花药丁字着生；蒴果。本属约80种，分布北温带。我国60余种，各地分布。常见的植物有：百合（*L. brotwnii* F. E. Brown ex Miellez），花大，白色；叶倒披针形；可观赏，食用（图11-57）。山丹（*L. pumilum* DC.），叶狭长条形；花被片红色，反卷；可观赏。卷丹（*L. lancifolium* Thunb.），叶披针形；花被橘红色，常有斑点；可食用、观赏。

图11-57 百合（肖红梅摄）
A. 植株 B. 鳞茎 C. 花

（二）葱属（*Allium* L.）

鳞茎具鳞被；有刺激性葱蒜味；叶基生，叶鞘闭合；伞形花序；蒴果。本属约500种，产于北温带。我国有100多种，广布。常见植物有：葱（*A. fistulosum* L.），叶管状，中空；花葶中空。洋葱（*A. cepa* L.），鳞茎呈扁球形；鳞叶肉质肥厚。还有蒜（*A. sativum* L.）、韭菜（*A. tuberosum* Rottler.）等，皆作为蔬菜和调味品。

本科植物还有许多，药用植物如川贝母（*Fritillaria cirrhosa* Don.）、知母（*Anemarrhena asphodeloides* Bge.）、黄精（*Polygonatum sibiricum* Delar. ex Red.）、萱草（*Hemerocallis fulva* L.）；观赏植物有吊兰［*Chlorophytum comosum*（Thunb.）Jacques］、郁金香（*Tulipa gesneriana* L.）、文竹［*Asparagus setaceus*（Kunth）Jessop］、芦荟［*Aloe vera* L. var. *chinensis*（Saw.）Berg.］、万年青［*Rohdea japonica*（Thunb.）Roth］、风信子（*Hyacinthus orientalis* L.）、黄花菜（*Hemerocallis* citrina Baroni.）等。

六、鸢尾科(Iridaceae)

$⚥ * P_{3+3} A_3 \overline{G}_{(3:3:\infty)}$

【形态特征】一年或多年生草本；具根状茎、球茎或鳞茎；叶条形或剑形，常基生；花两性，单生或聚集为各种顶生花序；花被片 6，基部联合成花被管，排列 2 轮；雄蕊 3；3 心皮合生构成 3 室的下位子房；多数胚珠；柱头 3~6；中轴胎座；蒴果，种子具胚乳。蒴果。X =3~18，22。

【识别要点】草本；叶常基生，花被片 6，2 轮；雄蕊 3；下位子房，3 室；中轴胎座；蒴果。

【分类】本科植物约 80 属，1500 余种，分布于热带、亚热带及温带地区，以南非最多。我国有 11 属 71 种，主产北方及西南。本科植物以花形奇异、鲜艳著称，具有药用和观赏价值。

(一)鸢尾属(*Iris* L.)

多年生草本；具根状茎和块茎；叶剑形，基部套折；花被花瓣状，外面 3 花被片大，外弯，内面 3 较小，常作拱形；花色多种；聚伞花序。本属约 300 种，产于北温带。我国约有 60 种、13 变种及 5 变型，主产西北、东北及西南。常见的植物：鸢尾(*I. tectorum* Maxim.)，花大，蓝紫色(图 11-58)；根状茎药用，具消炎、保肝等功效。马蔺(*I. lactea* Pall. var. *chinensis* Koidz)，花蓝紫色；叶条形，无中脉；根系发达；叶可用于编织。

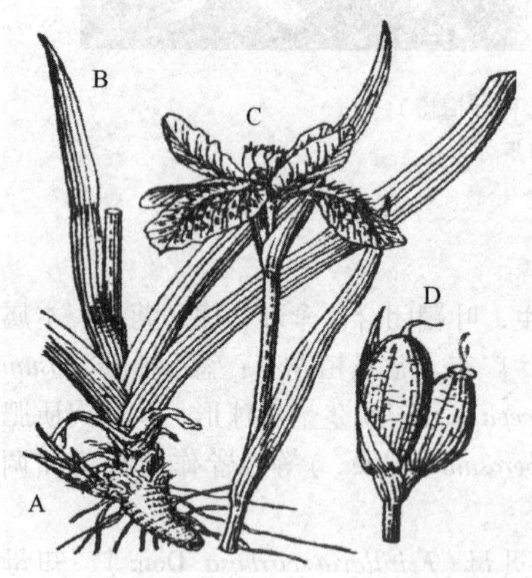

图 11-58 鸢尾(肖红梅摄)

A. 根茎 B. 叶 C. 花 D. 果实

(二)番红花属(*Crocus* L.)

多年生草本；具球茎；叶条形；花红紫或白色；花药黄色。番红花(*C. sativus* L.)，又名藏红花，球茎被黄褐色膜质包被；佛焰苞基生；花淡紫色；花药黄色、大；花柱深红色，伸出花被外下垂。花柱及柱头可药用，具活血、通经等功效。原产地中海沿岸，我国栽培。

七、兰科（Orchidaceae）

⚥ ↑ $P_{3+3}A_{1\sim2}\overline{G}_{(3:1:\infty)}$

【形态特征】多年生草本，陆生、附生或腐生；附生的具肥厚直立的气生根和茎基部膨大的假鳞茎；陆生和腐生常具块茎或根状茎，须根系；单叶多互生或退化为鳞片，2裂；花两性，两侧对称，单生或形成花序；花被排成2轮，外轮3萼片状，中央的1片称中萼片，其余两片称侧萼片；内轮3花瓣状，中央1片较大，鲜艳，特化为唇瓣，构造复杂。常因子房180°扭转、弯曲而使唇瓣位于下方或有时中部缢缩分为上、下唇；其上通常有脊、褶片等附属物，基部囊状或有距，含蜜腺；雄蕊1或2，与柱头、花柱合生成合蕊柱，有时其基部延伸成足；在柱头与雄蕊之间具1个由柱头裂片变态而来的能分泌黏液的舌状器官，称蕊喙；花药常2室，花粉具1~2沟、3~4孔或无沟孔，常结成花粉块，有时部分变成柄状物，称花粉块柄；3心皮合生构成1室的下位子房；侧膜胎座；蒴果；种子小，多数，无胚乳。染色体：X=6~29。

【识别要点】草本；花两性，两侧对称，内轮花被特化为唇瓣；雄蕊1~2；3心皮；雄蕊与雌蕊结合成合蕊柱；花粉结合成花粉块；下位子房；侧膜胎座；种子多、微小。

【分类】本科为被子植物第二大科，约700属，20 000多种，主产在热带、亚热带和温带，以热带最多。我国约170属，1000种，主要分布于南方各省区。其中有许多名贵的花卉及药用植物。

（一）兰属（*Cymbidium* Sw.）

附生或陆生草本；茎极短或假鳞茎；叶带状、革质，多基生；花大，具芳香味；椭圆形蒴果。本属约60种，主要分布亚洲热带和亚热带。我国有40种，分布于秦岭以南各地。常供观赏的植物：春兰[*C. goeringii*（Rchb. f）Rchb. f.]，叶狭带形；花单生，淡黄绿色；唇瓣乳白，具紫红斑点；早春开花。建兰（*C. ensifolium* Sw.），假鳞茎；带形叶弯曲下垂；花葶直立；总状花序具4~7朵花，淡黄绿色，具暗紫色条纹（图11-59）；秋季开花。还有寒兰（*C. kanran* Makino.），丛生叶狭线形；直立总状花序；外花被狭长而内花被短；花色多样。墨兰[*C. sinense*（Andr.）Willd.]，丛生叶剑形；花被具褐色条纹。

（二）天麻属（*Gastrodia* R. Br.）

腐生草本具根状茎；唇瓣较小；合蕊柱常有足；花粉块2。本属约20种，产于东亚、东南亚至大洋洲。我国有13种，分布于东北、西南、华东等地。该属大部分植物的根均可药用。天麻（*G. selata* Blume.），块茎肥厚肉质，黄褐色；茎直立；叶鳞片状；花淡黄绿色或红褐色（图11-60）。根状茎入药，具镇痛、治疗

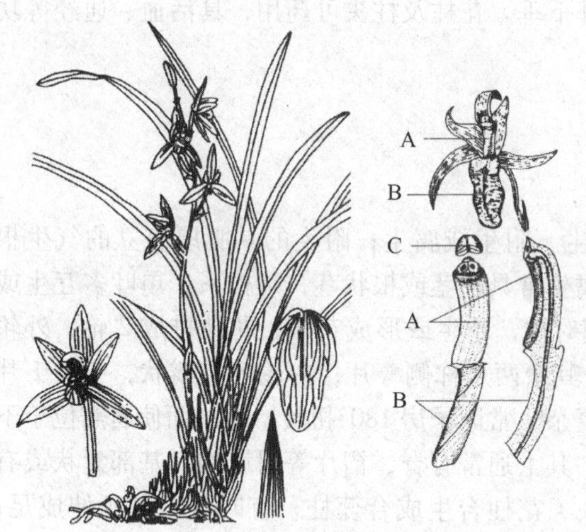

图 11-59　建兰花的构造(左图引自金银根，2010；右图为肖红梅摄)

A. 合蕊柱　B. 子房　C. 药帽

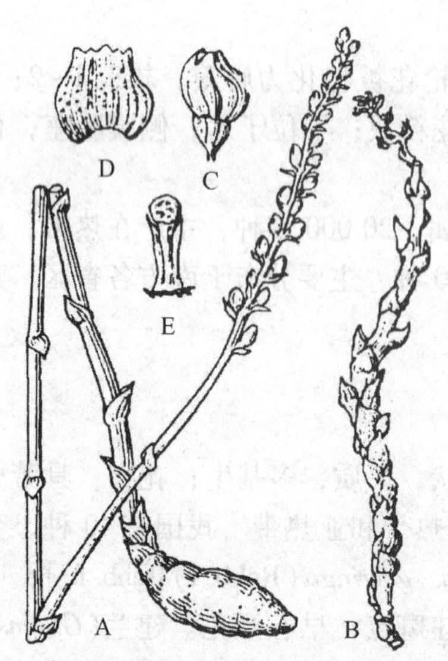

图 11-60　天麻(徐洲锋摄)

A. 植株　B. 地上茎　C. 花　D. 内轮花被　E. 蕊柱

神经衰弱等症，为名贵药材，现已人工栽培。

本科的资源植物丰富，除上述外，还有许多药用和观赏植物如：石斛(*Dendrobium nobile* Lindl.)、手参(*Gymnadenia conopsea* R. Br.)、绶草(*Spiranthes sinensis* Ames.)、蝴蝶兰(*Phalaenopsis aphrodite* Rchb. f.)、大花杓兰(*Cypripedium macranthum* Sw.)、白芨[*Bletilla striata*(Thunb.)Rchb.]等。

兰科被认为是单子叶植物中最进化的类群，其进化特征主要表现在：草本，附生或腐生；花具有多种形状、结构、大小、颜色和香味，高度适应昆虫传粉；两侧对称；内轮花被中央1片特化为唇瓣；雄蕊数目减少到3、2乃至1；种子微小，数量极多。而这些特征是自然选择的结果，也是与各种昆虫协同进化的趋向。

第四节　被子植物的起源及分类系统简介

一、被子植物的起源

国内外对于被子植物的起源时间、起源地点、起源类群的认识和了解，已经经历了长时间的探索和验证，但目前仍存在不同观点，没有形成最终结论。

（一）起源时间

1. 国外主要观点

拉姆肖（Ramshaw）根据被子植物细胞色素C中的氨基酸排列顺序的相似程度，提出被子植物起源于古生代的奥陶纪到志留纪；坎普（Camp）等学者根据在南非二叠纪地层中发现的舌蕨（*Elaphoglossum conforme* Schott）的两性器官特征，主张被子植物起源于二叠纪。另外一些学者则根据白垩纪或晚侏罗纪地层中的植物化石，认为被子植物起源于白垩纪或晚侏罗纪。

2. 国内主要观点

国内的许多学者普遍认为被子植物的起源时间应在种子蕨灭绝前。张宏达以大陆漂移和板块学说为前提，结合现代有花植物区系及古植物进行研究，提出了被子植物起源于三叠纪的观点。而且潘广在我国辽宁省燕辽地区中侏罗纪海防沟组地层中发现的胡桃科枫杨属（*Pterocarya*）的果序化石以及鼠李科马甲子属（*Paliurus*）和枣属（*Ziziphus*）的植物，证明了被子植物应该发生于三叠纪。吴征镒、路安民等在对56个种子植物不同演化水平的重要科属分布的研究基础上指出，被子植物的起源时间可能要追溯到早侏罗纪，甚至晚三叠纪。孙革等在我国辽宁早白垩纪义县组中下部地层中发现的辽宁古果（*Archaefructus liaoningensis* Sun *et al.*）、十字里海果［*Hyrcantha decussata*（Leng et Friis）Dilcher］及李氏果（*Leefructus*）等早期被子植物，进一步证实了真双子叶植物的基部分支在早白垩纪已经出现。

综上所述，最早出现的早期被子植物化石提示我们：在早白垩纪被子植物即已发生，并有了很大的分化。但被子植物的具体起源时间，依然是个未解之谜。

（二）起源地

被子植物的起源地是被子植物起源问题中分歧最大的问题，古植物学家和植物系统学家对此提出了许多假说，具代表性的主要有以下2个学说。

1. 热带起源说

此学说最早是由前苏联学者塔赫他间提出的。他和其他国外学者根据斐济、南美亚马孙河流域的热带雨林等地区存在丰富的原始被子植物，而认为这些区域是被子植物的发源地。我国植物分类学家吴征镒教授经过探索研究，提出“整个被子植物区系早在第三纪以前的热带大陆地区发生；我国南部、西南部和中南半岛，即在北纬20°~40°的广大地区，富有特有的古老科属。这些第三纪古热带起源的植物区系既是近代东亚温带、亚热带植物区系的开端，也是北美、欧洲等北温带植物区系的开端和发源地”。目前，依据被子植物化石最早出现于中、低纬度地区以及较原始的科如木兰科、八角科等在热带的集中分布，大多数学者认为被子植物起源于低纬度热带。

2. 华夏起源说

由我国学者张宏达教授在考察不同地层的古植物系统发育顺序和现代植物区系的基础上，提出的华夏植物区系理论体系，又称亚热带起源说。他认为有花植物应起源于中国的亚热带地区，热带地区只能是有花植物的现代分布中心，而不可能是起源中心，热带植物区系是亚热带区系的后裔。石炭纪全球4大植物区系，华夏就有3个植物区系。许多古老的类群如木兰目(Magnoliales)、毛茛目(Ranunculales)、睡莲目(Nymphaeales)等均为华夏所特有，即在中国种数最多。还有大量在系统发育过程中具关键作用的科目，如杜仲目(Eucommiales)、百合目(Liliales)、泽泻目(Alismatales)等共同组成被子植物发育完整的体系。

(三) 祖先类群

被子植物的祖先类群是被子植物起源诸问题中最根本的问题，在研究过程中存在着不同的假说，主要有多元论、二元论和单元论3种。

1. 多元论(polyphyletic theory)

维兰德等认为：现存被子植物来自许多不相亲近的类群，彼此平行演化，即被子植物出自多元。

2. 二元论(diphyletic theory)

兰姆和恩格勒等从被子植物形态特征的多样性出发，认为被子植物来自不存在直接关系的两个不同祖先类群，二者平行发展。

3. 单元论(monophyletic theory)

现代多数植物学家依据被子植物在形态学、胚胎学方面具高度特化的共同特征如茎内都有导管、筛管；雌、雄蕊生长位置固定不变；都有双受精现象和三倍体胚乳等共同发生的概率不可能多于一次，而主张被子植物起源于一个共同的祖先类群。基于此观点，我国的路安民认为现存的被子植物分类系统只是一个“亲缘”系统。哈钦松、塔赫他间和克朗奎斯特等认为现代被子植物来自于前被子植物，多心皮类的木兰目比较接近前被子植物，有可能是它们的直接后裔。

在单元论的前提下，被子植物究竟发生于哪一类植物？众说纷纭。比较流行的是种子蕨假说。究竟哪一类种子蕨才是被子植物的祖先？观点各异。到目前为止，被子植物的祖先类群在植物学界尚未形成统一的认识，被子植物的祖先也仍无定论。探索被子植物的起源将是一个漫长的过程。

二、被子植物的系统演化

花是探求被子植物系统演化的最主要特征。目前有关被子植物系统演化有两种不同观点，即假花学说(Pseudanthium theory)和真花学说(Euanthium theory)(如图 11-61)。

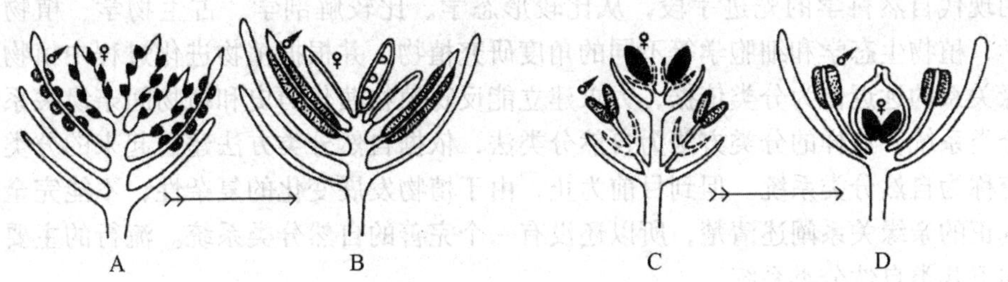

图 11-61 真花学说与假花学说

A→B 真花学说示意图 C→D 假花学说示意图

(一)假花学说(恩格勒学派)

假花学说是由韦特斯坦(Wettstein)提出的(图 11-61C、D)，认为被子植物和裸子的花完全一致，每一个雄蕊和心皮分别相当于一个极端退化的雄花和雌花，因而设想裸子植物的买麻藤类演化为原始被子植物。由于买麻藤类多为单性花，推测原始的被子植物必然是单性花。

恩格勒(A. Engler)学派以假花学说为基础，认为现代被子植物的原始类群是具单性花的柔荑花序类植物；花由单被花进化到双被花，风媒花进化到虫媒花，单性花进化到两性花。合点受精、单层珠被、风媒传粉、单被花、单性花等为原始特征。现在，多数学者持反对观点，认为以上特征不是原始的，而是进化的。单花被是高度适应风媒传粉而产生的次生现象；单层珠被是双层珠被退化而来；合点受精，在较进化的兰科中同样具有。因而这些特征可以看成进化过程中的简化现象。

(二)真花学说(毛茛学派)

该学说由哈笠尔(Hallier)首先提出，之后为柏施(Bessey)等发展。认为被子植物的花是由裸子植物中早已灭绝的本内苏铁目具两性孢子叶球的植物进化而来的。孢子叶球上覆瓦状排列的苞片演变为被子植物的花被，小孢子叶演化为雄蕊，大孢子叶演化为雌蕊(心皮)，孢子叶球轴则缩短成花轴，单性花是由两性花演变来的(图 11-61 A、B)。

真花学说认为现代被子植物中的多心皮类，尤其是木兰目植物是现代被子植物中较原始的类群。因此，两性花、双被花和虫媒传粉是较原始的特征；单性花、单被花和风媒花则是次生简化现象。目前，这一学说得到了许多学者的支持，哈钦松、塔赫他间、克朗奎斯特等人建立的被子植物分类系统均以此学说为基础。

三、被子植物的分类系统

随着达尔文的进化理论在19世纪后期(1859)产生以后，人们对植物的分类不再以主观愿望为原则，而是在进化论思想的引导下，经过长期不懈的努力，利用现代自然科学的先进手段，从比较形态学、比较解剖学、古生物学、植物化学、植物生态学和细胞学等不同的角度研究植物，并根据植物进化过程中植物亲缘关系的远近作为分类依据，力求建立能反映植物演化历史和植物间亲缘关系的分类系统，这样的分类方法为自然分类法，依据自然分类方法建立起来的分类系统称为自然分类系统。但到目前为止，由于植物发展变化的复杂性，不能完全把真正的亲缘关系阐述清楚，所以还没有一个完善的自然分类系统。流行的主要有如下几类自然分类系统。

(一)恩格勒系统

这一系统是德国植物学家恩格勒(Engler)和柏兰特(Prantl)于1897年在其巨著《植物自然分科志》(*Dienaturlich pflenzenfamilien*)一书中发表的，是植物分类学史上第一个建立起来的比较完整的自然分科系统，后于1964年重新修订完善。该系统坚持假花学说和二元起源的观点，将植物界分为17门，其中被子植物独立成被子植物门，包括2纲、62目、344科，分别为双子叶植物纲(Dicotyledoneae)和单子叶植物纲(Monocotyledoneae)。又将双子叶植物纲分为古生花被亚纲(离瓣花亚纲)和后生花被亚纲(合瓣花亚纲)。认为无花瓣、单性花、木本、风媒花等为原始的性状，而双被花、两性花、虫媒花是进化特征，所以把柔荑花序类植物当作被子植物中最原始的类群，而把木兰目、毛茛目等看作较为进化的类型。此观点被许多植物学家所否认。

(二)哈钦松系统

此系统是由英国植物学家哈钦松(J. Hutchinson)于1926年在《有花植物科志》(*The Families of Flowering Plants*)中提出的，根据真花学说和单元起源为理论基础建立的。1973年修订，由原来的332科增加到411科。认为：两性花比单性花原始；花各部分分离，多数比联合、定数原始，花各部螺旋状排列比轮状排列原始；木本比草本原始。主张被子植物单元起源，双子叶植物分别以木兰目和毛茛目为起点，平行演化出木本和草本两大支。哈钦松系统为毛茛学派奠定了基础，但由于他将双子叶植物分为木本和草本两支，导致许多亲缘关系很近的科如伞形科与山茱萸科等系统位置距离很远，使人难以接受。

(三)塔赫他间系统

俄罗斯植物分类学家塔赫他间(A. Takhtajan)在1954年出版的《被子植物起

源》一书及 1997 年出版的《有花植物多样性和分类》(*Diversity and Classification of Flowering Plants*)中，将被子植物分为 2 纲、17 亚纲、71 超目、232 目、591 科。该系统主张真花学说和单元起源的观点，认为两性花、双被花、虫媒花是原始的性状；被子植物起源于种子蕨；草本植物是由木本植物演化而来的；双子叶植物中木兰目最原始，单子叶植物中泽泻目最原始；泽泻目起源于原始的水生双子叶植物的具单沟舟形花粉的睡莲目莼菜科。打破了传统的把双子叶植物纲分成离瓣花亚纲和合瓣花亚纲的概念，增加了亚纲的数目，调整了一些目、科，使各目、科的安排更为合理。但该分类系统在分类等级上增设了“超目”，科的数量达到了 591 科，不利于教学中的应用。

(四)克郎奎斯特系统

这个系统是美国植物学家克郎奎斯特(A. Cronquist)于 1958 年发表，至 1981 年经多次修订而成，主张真花学说和单元起源观点。认为被子植物起源于已绝灭的种子蕨，现代所有生活的被子植物各亚纲都不可能是从现存的其他亚纲的植物进化来；木兰目是被子植物的原始类型；柔荑花序类各目起源于金缕梅目；单子叶植物来源于类似现代睡莲目的祖先；泽泻亚纲是百合亚纲进化线上近基部的一个侧支。把被子植物门分为木兰纲(双子叶植物纲)和百合纲(单子叶植物纲)2 纲、11 亚纲、83 目、383 科。该系统简化了塔赫他间系统，取消了“超目”分类单元，因而使此系统更为合理，被多数植物分类学家所采用(图 11-62)。

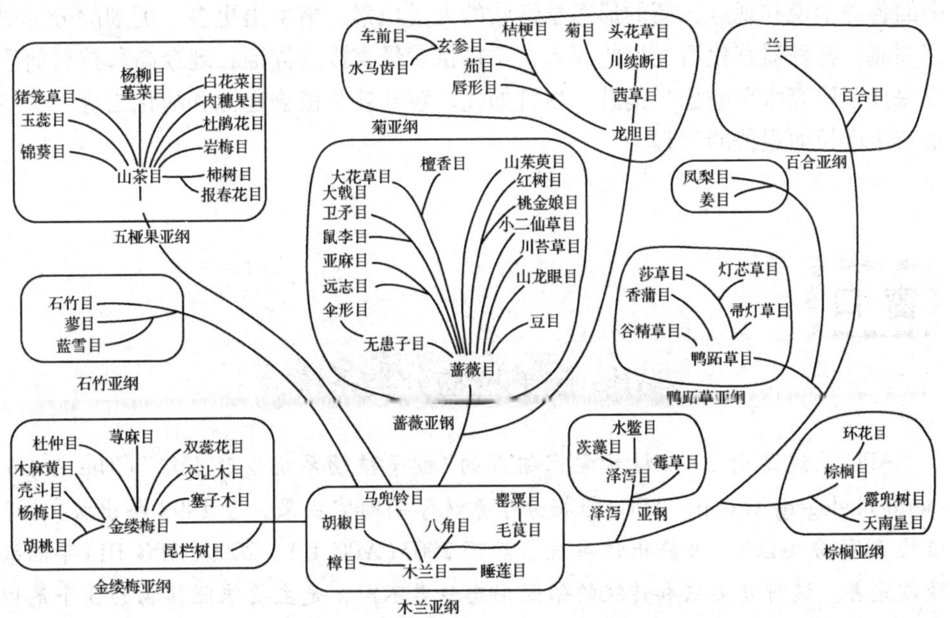

图 11-62　克朗奎斯特被子植物分类系统

(五)吴征镒分类系统

我国植物学家吴征镒等人综合了与植物起源和进化相关学科的研究成果，于2002年提出了被子植物的一个“多系、多期、多域”新分类系统，即“八纲新分类系统”。该系统认为：进化分类研究要反应类群间的谱系关系；在早白垩纪结束之前，被子植物的8条主传代线似已明显出现；以后，这些主传代线必然要受到内在的和外在的影响，通过进化、“杂交”和灭绝，呈现出极复杂的网状系统；各主传代线分化以后，在缺乏化石资料的情况下，只能依靠研究现存类群的各方面资料，并以多系、多期、多域的观点来推断它们的古老性以及它们之间的系统关系；被子植物门下的一级分类要反映被子植物早期分化的主传代线，每一条主传代线可确认为1个纲。也就是说，被子植物通过8条主传代线进化至现今的被子植物8个纲，即：木兰纲(Magnoliopida)、樟纲(Lauropida)、胡椒纲(Piperopida)、毛茛纲(Ranunculopida)、金缕梅纲(Hamamelidopida)、蔷薇纲(Rosopida)、石竹纲(Caryophyllopida)和百合纲(Liliopida)。“八纲系统”包含40亚纲、202目、572科，其中有22个新亚纲和6个新目为新命名，并对每个科所包含的属、种数和地理分布作了说明。“多系、多期、多域”新系统得到了广泛重视，也产生广泛影响。

随着科学进步和社会发展，被子植物的系统研究有着新的进展：被子植物各大类群的系统发育树不断充实和增加，进一步验证和评断着被子植物起源和发展中的各种学说和观点；新的形态学性状的大量积累，衍生出更多、更细的分部研究领域；各种器官化石发掘的深入，正提供着最直接的佐证；现今高科技科研手段保证了研究水平的稳步提升。尽管如此，解开被子植物起源和演化之谜，仍将是一个漫长而艰苦的过程。

APG被子植物分类系统

APG系统是由29位植物学家组成的“被子植物系统发育小组”(The Angiosperm Phylogeny Group，APG)根据分子系统学的研究成果，于1998年出版《被子植物APG分类法》，并提出该系统，后经2003(APG II)、2009(APG III)年陆续修订完善。这种分类法和传统的依照形态分类不同，是主要依照植物的3个基因组DNA的顺序，以亲缘分支的方法分类，包括两个叶绿体和一个核糖体的基因编码。该分类系统是现今分子系统学研究成果和全世界大部分著名植物分类学家智慧的结晶。

APG系统提出了一个以“目”为单位的被子植物分类系统(An ordinal classification for the families of flowering plants)，APG III 承认被子植物的目、科共有59目、415科。在APG III分类法中，无油樟目、睡莲目及木兰目形成了被子植物的基底旁系群，而木兰类植物、单子叶植物及真双子叶植物则形成了被子植物的核心类群，其中金粟兰目及金鱼藻目分别是木兰类及真双子叶植物的旁系群。在单子叶植物之下，鸭跖草类植物成为了其核心类群，而在真双子叶植物之下，蔷薇类及菊类则是核心真双子叶植物最主要的两大分支。

本章小结

被子植物在长期的演化过程中，各器官形成了丰富多样的形态特征。根系通常分为直根系和须根系两大类。根据茎的质地，将植物分为木本植物、草本植物与藤本植物；根据生长习性，将茎分为直立茎、平卧茎、匍匐茎、攀缘茎和缠绕茎等。双子叶植物茎的分枝方式主要有单轴分枝、合轴分枝和假二叉分枝，其中合轴分枝是较进化的分枝方式。禾本科植物的分枝方式为分蘖。叶分为单叶和复叶两大类。复叶有单身复叶、三出复叶、掌状复叶和羽状复叶等。对于叶的形态特征，常从叶形、叶尖、叶基、叶缘、叶脉、叶序等方面进行描述。花是植物鉴别的最主要特征，不同植物的花萼、花冠、雄蕊、雌蕊和花序类型不同。果实是植物分科的另一个重要依据，分为三大类，即单果、聚合果和聚花果。

被子植物依据各器官的不同形态特征，分为双子叶植物和单子叶植物两个纲。木兰科与毛茛科是双子叶植物中的原始类群。锦葵科中有重要的纤维作物，如棉花、洋麻等。单体雄蕊、花药1室及蒴果为该科的显著性状。十字花科是蔬菜类植物较多的科，并有重要的油料作物油菜。豆科中有著名的油料作物和豆类杂粮，如大豆、花生等。蔷薇科中有许多果树及观赏植物。唇形科中芳香植物和药用植物较多，它的最突出性状是唇形花冠。菊科是双子叶植物中种类最多、最进化的一科，表现出多样的适应能力及进化性状。泽泻科和百合科是单子叶植物中较古老的类型。百合科中蔬菜、药用、观赏植物较为丰富，是单子叶植物的典型代表。禾本科的花高度简化，是进化的类群，并有许多重要的粮食作物，与人类有密切的关系。其小穗和小花的结构特征是分类的重要依据。兰科植物的花形和结构高度特化适应于昆虫传粉，是被子植物中最进化的类群。

有关被子植物起源的时间、地点及祖先现还存在争议。一般认为起源时间在白垩纪之前；在起源地方面，主要存在热带起源和华夏起源2种学说；可能的祖先，有单元论、二元论和多元论3种。而现代多数学者多主张单元论。被子植物的分类系统很多，但没有一个是比较完美的，现较为流行的系统是恩格勒系统、哈钦松系统、塔赫他间系统、克朗奎斯特系统以及近年由吴征镒等提出的“多系、多期、多域”新分类系统。

思考题

一、名词解释

形态学术语　合蕊柱　二体雄蕊　四强雄蕊　花序　聚花果　聚合果

二、问答题

1. 说明西瓜、黄瓜、柑橘、桑葚、苹果、桃、草莓、向日葵、小麦等果实的主要食用部位。

2. 木兰科是被子植物中最原始的科，其原始特性表现在哪些方面?

3. 简述真花学说和假花学说的主要内容及其代表系统。

4. 为什么说毛茛科代表了草本植物原始的类群?

5. 唇形科植物花的哪些构造适应昆虫传粉?

6. 调查校园植物，进行分类并编制检索表。

7. 为什么说禾本科是单子叶植物中风媒传粉最特化的类群? 并阐述其在人类生活中的意义。

8. 为什么说兰科是单子叶植物中最进化的类群? 列出几个常见代表植物并简述其特征。

9. 简述蔷薇科各亚科区别点。

10. 简述豆科各亚科的特征及其代表植物。

推荐阅读书目

强胜 . 2006. 植物学 . 北京：高等教育出版社 .

金银根 . 2010. 植物学 . 2 版 . 北京：科学出版社 .

马炜梁 . 2009. 植物学 . 北京：高等教育出版社 .

参考文献

贺学礼 . 2009. 植物生物学[M]. 北京：科学出版社 .

贺学礼 . 2010. 植物学[M]. 2 版 . 北京：高等教育出版社 .

金银根 . 2010. 植物学[M]. 2 版 . 北京：科学出版社 .

李扬汉 . 1984. 植物学[M]. 2 版 . 上海：上海科学技术出版社 .

刘胜祥，黎维平 . 2007. 植物学[M]. 北京：科学出版社 .

马炜梁，王幼芳，李宏庆 . 2009. 植物学[M]. 北京：高等教育出版社 .

强胜 . 2006. 植物学[M]. 北京：高等教育出版社 .

王全喜，张小平 . 2004. 植物学[M]. 北京：科学出版社 .

吴国芳，等．1992. 植物学[M]. 2 版．北京：高等教育出版社．
徐汉卿．1996. 植物学[M]. 北京：中国农业出版社．
杨世杰．2000. 植物生物学[M]. 北京：科学出版社．
张宏达，等．2004. 种子植物系统学[M]. 北京：科学出版社．
张宪省，贺学礼．2003. 植物学[M]. 北京：中国农业出版社．
赵桂芳．2009. 植物学[M]. 北京：科学出版社．
郑湘如，王丽．2007. 植物学[M]. 2 版．北京：中国农业出版社．
周云龙．2011. 植物生物学[M]. 3 版．北京：高等教育出版社．

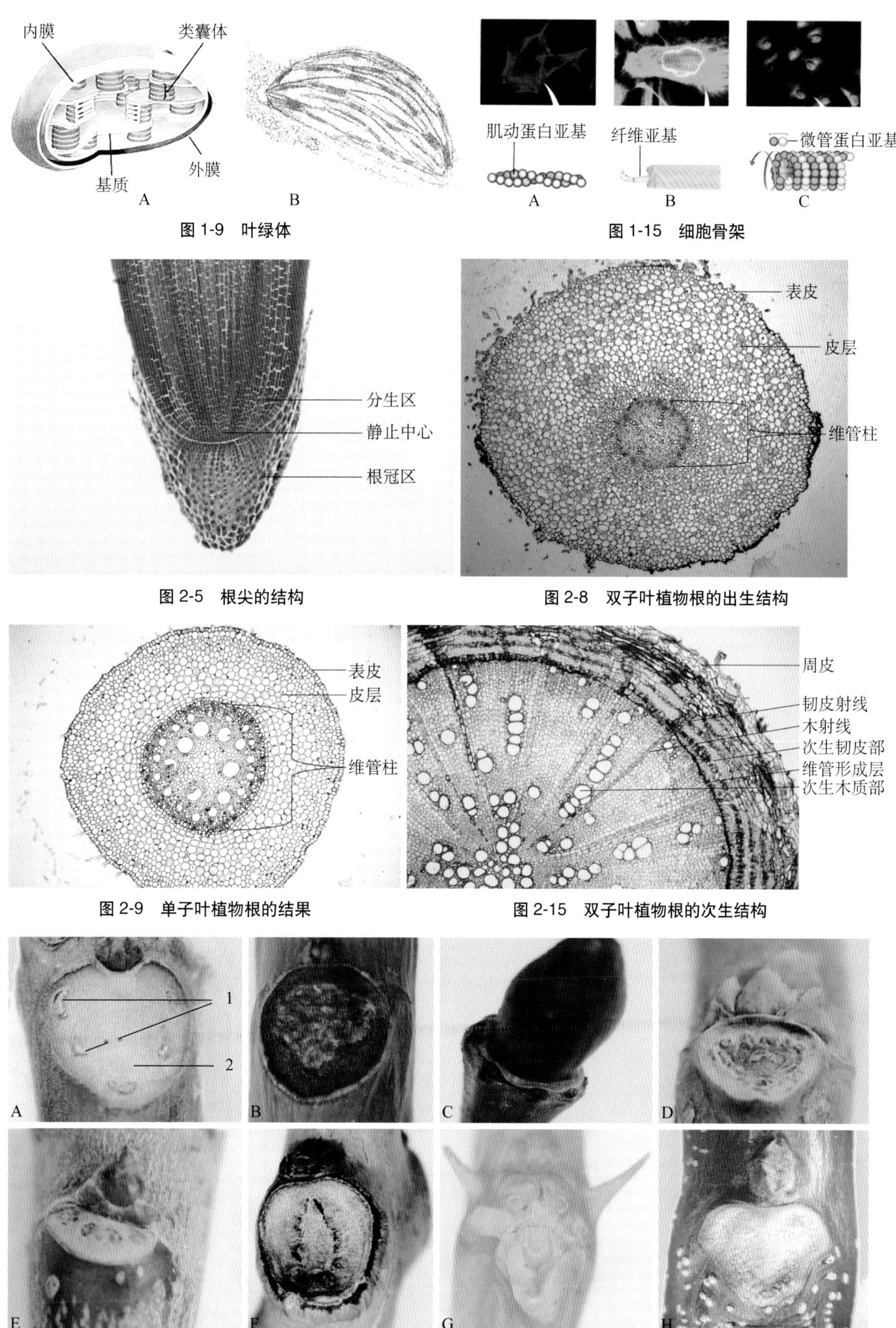

图 1-9　叶绿体

图 1-15　细胞骨架

图 2-5　根尖的结构

图 2-8　双子叶植物根的出生结构

图 2-9　单子叶植物根的结果

图 2-15　双子叶植物根的次生结构

图 3-2　叶痕及维管束痕

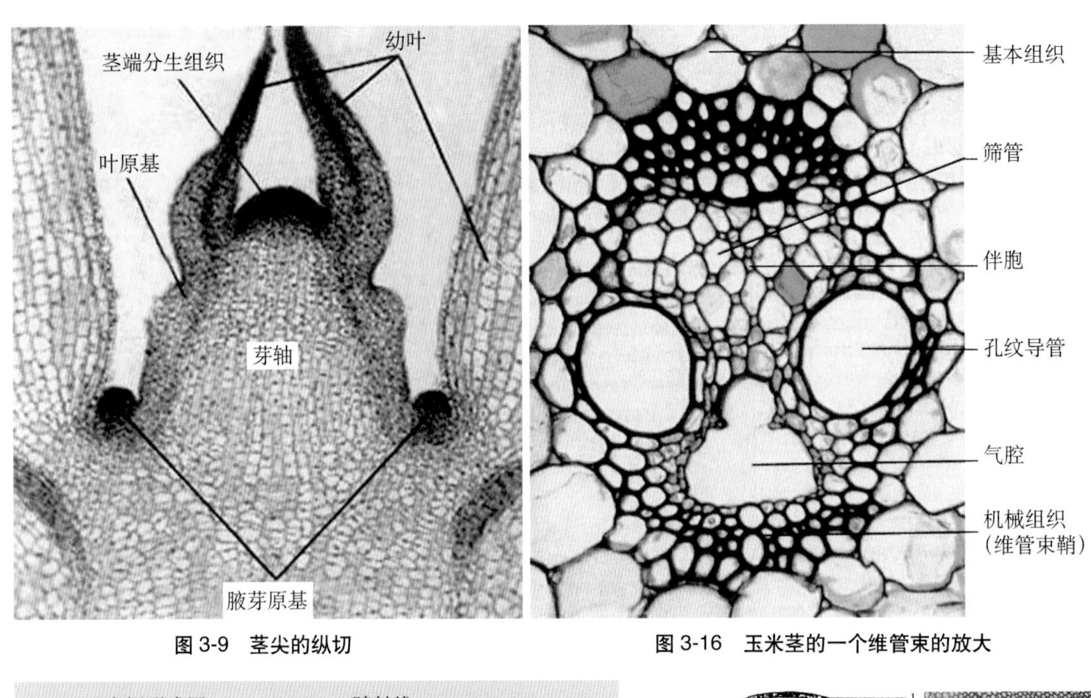

图 3-9 茎尖的纵切

图 3-16 玉米茎的一个维管束的放大

图 3-18 束间形成层的发生以及与束中形成层的衔接

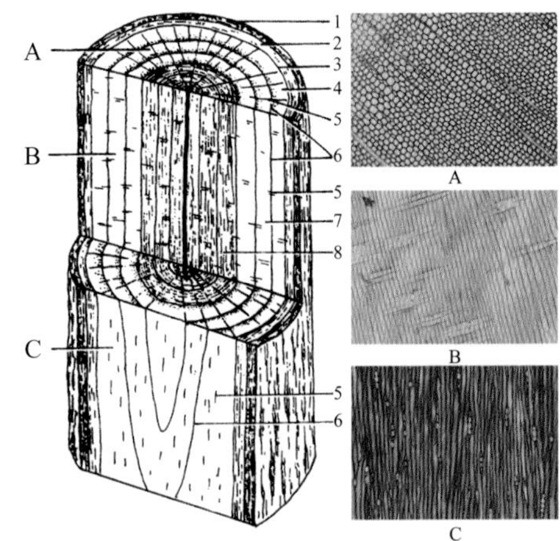

图 3-23 木材的三种切面

图 4-1 完全叶的组成

图 6-4 玉米的支柱根

图 6-10A 卷丹的珠芽

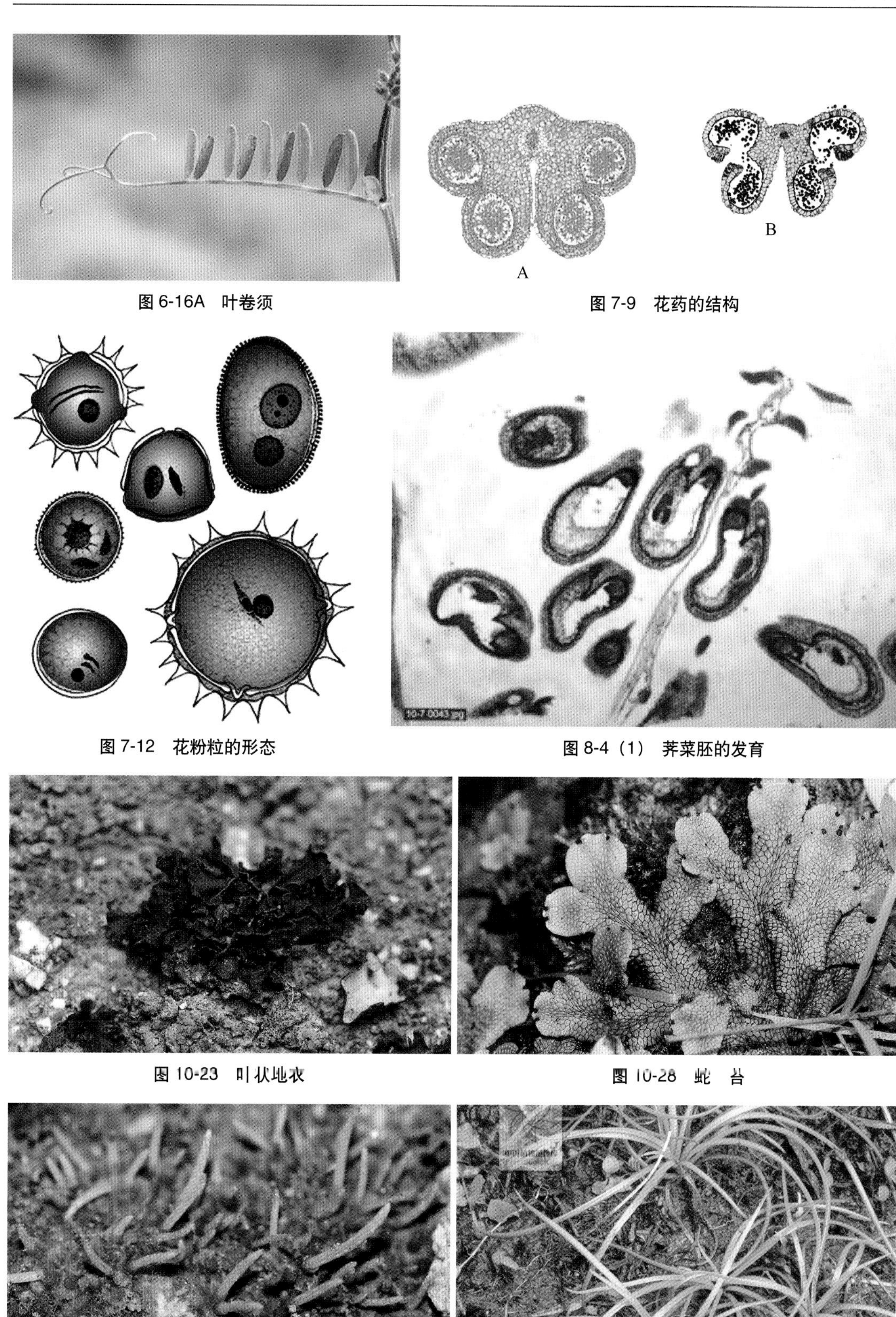

图 6-16A 叶卷须

图 7-9 花药的结构

图 7-12 花粉粒的形态

图 8-4（1） 荠菜胚的发育

图 10-23 叶状地衣

图 10-28 蛇 苔

图 10-31 黄角苔

图 10-36 中华水韭

图 11-14 叶 序

图 11-15 花冠类型

图 11-24 无限花序的类型

图 11-28 荷花玉兰

图 11-29 毛 茛

图 11-55 小 麦